G. S. Gudožnik

Wissenschaftlich-technischer Fortschritt

G. S. GUDOŽNIK

Wissenschaftlich-technischer Fortschritt

Wesen
Grundlegende Tendenzen

Überarbeitete und ergänzte deutsche Ausgabe

AKADEMIE-VERLAG BERLIN
1974

Der deutschen Ausgabe liegt folgende russische Ausgabe zugrunde:

Научно-технический прогресс: сущность, основные тенденции
Verlag Nauka, Moskau 1970.
Bearbeitet für die deutsche Auflage.

Verantwortlicher Redakteur der russischen Ausgabe: Prof. S. V Šuchardin, Moskau

Ins Deutsche übertragen von Dipl.-Ing. Werner Kolbe, Berlin.
Kontrollübersetzung und wissenschaftliche Bearbeitung der deutschen Ausgabe: Dr. Dieter Graf, Berlin

Erschienen im Akademie-Verlag, 108 Berlin, Leipziger Str. 3—4

Umschlaggestaltung: Nina Striewski
Lizenznummer: 202 · 100/32/74
Gesamtherstellung:
Bestellnummer: 752 237 5 (6050) LSV 0325
Printed in GDR
EVP 19,50

Inhaltsverzeichnis

Vorwort zur deutschen Ausgabe

Nach Abschluß des vorliegenden Buches waren Ereignisse von weittragender historischer Bedeutung zu verzeichnen — der XXIV. Parteitag der KPdSU, die Feierlichkeiten zum 50. Jahrestag der Gründung der UdSSR, der VIII. Parteitag der SED sowie die Parteitage anderer sozialistischer Länder. Das Komplexprogramm zur weiteren Vertiefung und Vervollkommnung der Zusammenarbeit im Rahmen der sozialistischen ökonomischen Integration wurde beschlossen, und seine Erfüllung schreitet erfolgreich voran. Das vom XXIV. Parteitag der KPdSU angenommene Friedensprogramm wird in die Tat umgesetzt.

Ein wichtiger Aspekt all dieser Ereignisse ist, daß sie das Wesen des wissenschaftlich-technischen Fortschritts, die soziale Bedeutung von Wissenschaft und Technik, die außerordentlich enge Verbindung der wissenschaftlich-technischen Revolution mit dem revolutionären Weltprozeß zutiefst deutlich machen.

Gestützt auf die Beschlüsse der Parteitage der Bruderparteien untersuchen die Gesellschaftswissenschaftler der sozialistischen Länder allseitig die wissenschaftlich-technische Revolution, decken ihre neuen Gesetzmäßigkeiten auf und erfassen immer tiefer ihre gesellschaftliche Bedeutung. In diese Richtung zielt auch das vorliegende Buch.

Die gemeinsame Ausarbeitung philosophisch-soziologischer Probleme der wissenschaftlich-technischen Revolution und der Austausch entsprechender Literatur stellen eine wichtige Form der ideologischen Zusammenarbeit der Gesellschaftswissenschaftler der sozialistischen Länder dar. Es ist für mich eine große Freude, mit meinem Buch einen Beitrag zu dieser großen Sache leisten zu können.

Ich möchte dem Akademie-Verlag der DDR und besonders den für die Herausgabe des Buches unmittelbar verantwortlichen Mitarbeitern dafür danken, daß es der kritischen Aufmerksamkeit des deutschen Lesers nunmehr vorgestellt wird. Ich danke gleichfalls auch all denjenigen, die nicht wenig Mühe aufwandten, um das im Buch Gesagte in der herrlichen deutschen Sprache wiederzugeben.

Moskau, im September 1973 G. S. Gudožnik

Einleitung

In den Direktiven des XXIV. Parteitages der KPdSU für den Fünfjahrplan 1971 bis 1975 zur Entwicklung der Volkswirtschaft ist festgelegt, die „... Weiterentwicklung der Gesellschaftswissenschaften, (die) komplexe Untersuchungen der modernen gesellschaftlichen Entwicklungsprozesse für die wissenschaftliche Leitung der sozialistischen Wirtschaft und für die Lösung der Aufgaben des kommunistischen Aufbaus“ unbedingt zu gewährleisten.[1]

Im Beschluß über die Hauptaufgabe des Fünfjahrplans — die Sicherung eines bedeutenden Aufschwungs des materiellen und kulturellen Lebensniveaus des Volkes — ist das Wichtigste, das Tempo des wissenschaftlich-technischen Fortschritts zu erhöhen. Gerade deshalb erlangt in komplexen Untersuchungen gegenwärtiger Prozesse der gesellschaftlichen Entwicklung das Studium und die Aufdeckung allgemeiner Gesetzmäßigkeiten des wissenschaftlich-technischen Fortschritts erstrangige Bedeutung.

Die Klassiker des Marxismus-Leninismus widmeten der Aufdeckung solcher Gesetze der Entwicklung von Wissenschaft und Technik große Aufmerksamkeit und verwiesen wiederholt auf die dialektisch-materialistische Analyse des wissenschaftlich-technischen Fortschritts als eine außerordentlich wichtige Aufgabe des dialektischen Materialismus.

Die Notwendigkeit einer allseitigen Ausarbeitung von Prozessen des wissenschaftlich-technischen Fortschritts

[1] Direktiven des XXIV. Parteitages der KPdSU zum Fünfjahrplan für die Entwicklung der Volkswirtschaft der UdSSR in den Jahren 1971—1975, in: XXIV. Parteitag der KPdSU. Dokumente, Moskau-Berlin 1971, S. 52.

ist gegenwärtig dadurch bedingt, daß sich in der heutigen Welt die wissenschaftlich-technische Revolution mit einem solchen Tempo und in einem solchen Umfange entfaltet, daß alle Seiten des gesellschaftlichen Lebens davon erfaßt werden. Die wissenschaftlich-technische Revolution ist engstens mit der gegenwärtigen Epoche verbunden, deren Hauptinhalt der Übergang vom Kapitalismus zum Sozialismus bildet. Sie ist untrennbar mit dem revolutionären Weltprozeß verknüpft, den sie beschleunigt.

Probleme der gegenwärtigen wissenschaftlich-technischen Revolution werden unter verschiedenen Aspekten von allen Gesellschaftswissenschaften untersucht, so von der politischen Ökonomie, der Geschichte der Technik, der Sozialpsychologie, der Wissenschaftswissenschaft u. a.

Umfassend werden philosophisch-soziologische Probleme der gegenwärtigen wissenschaftlich-technischen Revolution erforscht.

Die Aktualität des vorliegenden Themas ergibt sich daraus, daß unter den Bedingungen der gegenwärtigen wissenschaftlich-technischen Revolution eine wissenschaftliche Leitung der gesellschaftlichen Entwicklung nur dann erfolgreich sein kann, wenn das Wesen und die grundlegenden Tendenzen des wissenschaftlich-technischen Fortschritts voll berücksichtigt werden. Nicht zufällig wird in den Direktiven des XXIV. Parteitages der KPdSU zum neuen Fünfjahrplan darauf hingewiesen, daß einer der Wege zu einer verstärkten wissenschaftlichen Begründung der Pläne die vollständige Ausarbeitung von Prozessen des wissenschaftlich-technischen Fortschritts ist.

Die Aktualität des Themas ergibt sich ferner daraus, daß unter den Bedingungen eines heftigen ideologischen Kampfes der beiden entgegengesetzten gesellschaftspolitischen Systeme in der Welt — des sozialistischen und des kapitalistischen — ein richtiges und tiefes Verständnis vom Wesen des wissenschaftlich-technischen Fortschritts von entscheidender Bedeutung ist für den Kampf gegen die verschiedenen Theorien des technischen Fetischismus, der Technokratie, der „postindustriellen“ und „technokratischen“ Gesellschaft sowie anderer Spielarten bürgerlicher, reformistischer und revisionistischer Auffassungen.

In der bürgerlichen Philosophie und Soziologie kann man zwei Richtungen unterscheiden. Die erste ist eine rein apologetische Richtung, die annimmt, daß die technische Entwicklung den Kapitalismus festigt. Zu ihr gehören die Soziologen William F. Ogburn, Emile Ducassé, Jeremy Bentham, Walth W. Rostow, Luther L. Bernard u. a.

Die Besonderheit der zweiten Richtung, die sie von der ersten unterscheidet, ist das negative Verhältnis zur Technik, der Pessimismus, das Bestreben, aus der technischen Entwicklung alle gesellschaftlichen Mißstände zu erklären. Oswald Spengler schrieb: „Die Maschine ist ein Werk des Teufels“.[2] Nikolaj Berdjajew bezeichnete die Technik als „Sündenfall der Kultur“ und behauptete, daß alles Böse auf der Welt dadurch entsteht, daß die „Maschine magische Gewalt über den Menschen gewann“.[3] Diese Lehren der bürgerlichen Soziologen werden sowohl in der sowjetischen als auch in der ausländischen Literatur vom marxistischen Standpunkt aus kritisiert. Das Problem des technischen Fortschritts, das Wesen der gegenwärtigen wissenschaftlich-technischen Revolution, nimmt in der marxistischen Soziologie einen bedeutenden Platz ein. Karl Marx zeigte im „Kapital“ den Einfluß der maschinellen Technik auf alle Seiten des Lebens der kapitalistischen Gesellschaft und forderte, den Prozeß der Entstehung und Entwicklung der produktiven Organe des gesellschaftlichen Menschen zu untersuchen. Marx schreibt: „Eine kritische Geschichte der Technologie würde überhaupt nachweisen, wie wenig irgendeine Erfindung des 18. Jahrhunderts einem einzelnen Individuum gehört. Bisher existiert kein solches Werk. Darwin hat das Interesse auf die Geschichte der natürlichen Technologie gelenkt, d. h. auf die Bildung der Pflanzen- und Tierorgane als Produktionsinstrumente für das Leben der Pflanzen und Tiere. Verdient die Bildungsgeschichte der produktiven Organe des Gesell-

[2] O. Spengler, Die Wirtschaft. Das Geld. Die Maschinen, München 1924, S. 61.

[3] N. Berdjajew, Der Sinn der Geschichte. Versuch einer Philosophie des Menschengeschickes. Mit einer Einleitung des Grafen H. Keyserling, Darmstadt 1925, S. 23.

schaftsmenschen, der materiellen Basis jeder besondren Gesellschaftsorganisation, nicht gleiche Aufmerksamkeit ?"[4]

Die Entwicklung einer gesellschaftlichen Erscheinung als naturwissenschaftlich-historischen Prozeß zu betrachten, bedeutet nichts anderes, als den inneren notwendigen Zusammenhang objektiver Erscheinungen und Fakten aufzudecken, als die vom Willen der Menschen unabhängige Bedingtheit der einen Fakten durch andere und die gesetzmäßige Ablösung der einen Entwicklungsstufe durch eine andere aufzuspüren. Im Produktionsprozeß lösen die Menschen vordringliche Aufgaben und machen eine Vielzahl großer und kleiner Entdeckungen und Erfindungen, tragen mehr oder weniger zur Vervollkommnung der Produktionstechnik und zur wissenschaftlich-technischen Entwicklung bei. Wie die Geschichte der Wissenschaft und Technik zeigt, kann sich jedoch keiner von ihnen all der Folgen, die bei der praktischen Anwendung dieser Errungenschaften entstehen, voll bewußt werden. Denken wir an die Entdeckung der elektromagnetischen Wellen durch Hertz. Er selbst betrachtete seine Entdeckung lediglich als Bestätigung der Maxwellschen Gleichung. 10 Jahre später hatte indessen der triumphale Entwicklungsgang der Funktechnik begonnen. Aus der Aktivität der Menschen heraus (ob sie es wollen oder nicht) ergibt sich ein objektiver historischer Ablauf, eine objektiv notwendige Kette von Ereignissen, eine Entwicklungskette, die objektive Logik der wissenschaftlich-technischen Evolution.

In den „Philosophischen Heften" wies V. I. Lenin* auf die Notwendigkeit einer dialektisch-materialistischen Untersuchung des wissenschaftlich-technischen Fortschritts als wichtigste Aufgabe der marxistischen Philosophie hin.

Die sowjetischen Wissenschaftler haben eine maßgebliche und nicht geringe Arbeit bei der Auslegung der methodologischen Ideen der Klassiker des Marxismus-Leninismus geleistet, aber es ist hier zweifellos noch viel zu tun.

Ein klassisches Beispiel für die konkrete Anwendung der dialektischen Logik ist das „Kapital". Hierbei nutzte

[4] K. Marx, Das Kapital., Erster Band, in: MEW, Bd. 23, Berlin 1962, S. 392 (Fußnote).

* Vgl. V. I. Lenin, Bd. 38, Berlin 1964.

Marx seine logische Methode nicht nur für die zentrale Aufgabe — die Ausarbeitung der Mehrwerttheorie —, sondern auch für andere Probleme, die im „Kapital" untersucht wurden, insbesondere für das Studium der Entwicklung der maschinellen Technik.

Vor Marx stand die Notwendigkeit, die Entwicklung der produktiven Organe des gesellschaftlichen Menschen ebenso zu studieren, wie es Darwin bezüglich der Pflanzen- und Tierorgane getan hatte. Dabei hatte Marx nicht einfach eine Ähnlichkeit der Produktionsmittel des Menschen mit den Organen von Pflanzen und Tiere im Auge. Die Hauptsache waren vielmehr die Methodologie der Untersuchung selbst, die Grundprinzipien, von denen Darwin sich leiten ließ, als er die Evolution der Organismen entdeckte.

In Würdigung der Darwinschen Theorie bemerkt K. A. Timirjazev: „Das Hauptverdienst *Darwins* besteht in jenem logischen Umschwung, den er in unseren Grundanschauungen über die organische Natur vollzog."[5] Timirjazev zeigt, daß es im Studium des Lebens von Pflanze und Tier zahlreiche Fragen gegeben hat, die alle übereinstimmen und die „in die einzige alles umfassende Frage aller Fragen zusammenfließen: Wie sind all diese unfaßbar vollkommenen Formen entstanden? ... und warum sind sie so vollkommen?"[6] Darwins Buch „Über die Entstehung der Arten", sagt Timirjazev, löst diese Frage außerordentlich zufriedenstellend: Darwin deckte die Prinzipien auf, die der Entwicklung der lebenden Organismen zugrunde liegen. „Auf diese Weise war der Schlüssel für eine Erklärung der Grundschwierigkeit, vor der die früheren Evolutionstheorien haltgemacht hatten, gefunden. Damit wurde eine Erklärung dafür gegeben, weshalb dieser Prozeß im allgemeinen den Charakter des Fortschritts trägt, d. h. zur Vervollkommnung der Organismen ... führt."[7]

[5] K. A. Timirjazev, Kurzer Abriß der Theorie Darwins, in: Ausgewählte Werke in vier Bänden, Bd. II, Charles Darwin und seine Lehre, Berlin 1954 (24. Beiheft zur Sowjetwissenschaft), S. 164.

[6] Ebenda, S. 23.

[7] K. A. Timirjazev, Die durch Darwin vollzogene Umwälzung in der modernen Naturwissenschaft, in: Ausgewählte Werke in vier Bänden, Bd. II, a. a. O., S. 191/192.

Ein solches „Grundmerkmal des Organisierten", bemerkt Timirjazev weiter, ist die „Übereinstimmung zwischen Form und Funktion".[8]

Auf dieses grundlegende Entwicklungsprinzip der Organismen wies schon Friedrich Engels hin. Er schrieb: Die gesamte organische Natur ist ein ununterbrochener Beweis, daß „Form und Funktion (sich) einander wechselseitig (bedingen)".[9]

Darwin deckte auch den Charakter, das Wesen der Vervollkommnung, der Vorwärtsentwicklung der Organismen auf und folglich auch das Kriterium dieser Vervollkommnung, d. h. die Unterschiede zwischen mehr oder weniger Vollkommenem. Das ist „das Maß der Differenzierung der verschiedenen Teile ein und desselben Tieres ... und ihre Spezialisation für verschiedene Verrichtungen, oder Vollständigkeit der Teilung der physiologischen Arbeit ..."[10]

Als die wichtigsten Momente der Darwinschen Methodologie erscheinen somit zwei eng verflochtene Prinzipien: 1. Die Entwicklung der Organismen besteht in einer Differenzierung und Spezialisierung entsprechend der zu erfüllenden Funktion. 2. Die Wechselwirkung zwischen der Form eines Organes und dessen Funktion ist der Ausgangspunkt, das Hauptglied im Entwicklungsmechanismus von Pflanzen und Tieren.

Gerade auf diese Darwinschen Prinzipien richtet Marx seine Aufmerksamkeit bei der Erforschung der Entwicklung der produktiven Organe des gesellschaftlichen Menschen, bei der Untersuchung des technischen Fortschritts. Marx überträgt jedoch diese Darwinschen Prinzipien nicht einfach auf seine „kritische Technologie", sondern interpretiert sie entsprechend für die Analyse der technischen Entwicklung.

[8] Ebenda.

[9] F. Engels, Dialektik der Natur, in: MEW, Bd. 20, Berlin 1962, S. 563.

[10] Ch. Darwin: Gesammelte Werke, Zweiter Band, Über die Entstehung der Arten durch natürliche Zuchtwahl oder die Erhaltung der begünstigten Rassen im Kampfe um's Dasein, 6. Aufl., Stuttgart 1876, S. 147.

Form[11] und Funktion werden von Marx als zwei in dialektischer Wechselbeziehung stehende Gegensätze betrachtet. Ihre Wechselwirkung spielt im Entwicklungsmechanismus der Technik eine sehr bedeutende Rolle. Der Begriff der Funktion bedeutet im allgemeinen Tätigkeit, Wirkung, Verrichtung, Verpflichtung, Arbeit, Zweck, Fähigkeit zur systematischen Ausführung einer Handlung. Die Funktion des Hammers ist das Ausführen von Schlägen, die Funktion des Piloten das Steuern des Flugzeuges. Letzteres kann aber auch die Funktion eines Automaten sein. Dieser oder jener Charakter der Funktion eines Systems ist durch dessen Form bedingt und umgekehrt. Die Wechselwirkung zwischen Form und Funktion bewirkt das Funktionieren und die Entwicklung beliebiger Systeme, also auch biologischer und technischer Systeme. Jedes System besteht aus Elementen. Deshalb kann man jede beliebige Form in Unterformen und jede Funktion in Unterfunktionen[12] einteilen. Marx betrachtet das Arbeitsmittel als „Leiter der Tätigkeiten des Menschen auf den Arbeitsgegenstand".* Er untersucht die Entwicklung der Technik daher in untrennbarem Zusammenhang mit jenen Naturgegenständen, auf die der Mensch einwirkt. Diese Einwirkung wird in jedem Fall konkretisiert bezüglich des Arbeitsmittels, aber auch bezüglich des Arbeitsgegenstandes — und zwar in der Operation.

Die Operation ist ein Teil der Funktion, ein elementarer Akt der Einwirkung des Menschen auf die Natur. Mit der Entwicklung von Wissenschaft, Technik und Praxis des Menschen verändert sich der Umfang einer Operation. In einer neuen Etappe tritt sie dann wiederum als endlicher,

[11] Der Begriff der Form wird hier und im folgenden von uns mit den Begriffen Struktur, Konstruktion gleichgesetzt (die Unterscheidung dieser Begriffe stellt ein spezielles Forschungsgebiet dar). Bei der Analyse der technischen Entwicklung benutzt Marx den Begriff der Form.

[12] Der Terminus „Unterfunktion" wird von Marx im Sinne eines Teils einer bestimmten Tätigkeit benutzt. Siehe K. Marx, Das Kapital, Erster Band, in: MEW, Bd. 23, Berlin 1962, S. 531.

* Vgl. hierzu K. Marx, Das Kapital, Erster Band, in: MEW, Bd. 23, S. 194.

unteilbarer Akt der menschlichen Tätigkeit auf. Die ständige Fähigkeit sich zu verändern, sich zu differenzieren und in jeder Etappe der technischen Entwicklung zur gleichen Zeit stabil und unteilbar aufzutreten, stellt eine der Haupteigenschaften der Operation dar. Dank dieser Eigenschaften ist die objektive Möglichkeit der Entwicklung von Mitteln zur Einwirkung des Menschen auf die Natur vorhanden.

Die Natur liefert dem Menschen zunächst den Arbeitsgegenstand. In der Natur gibt es nun jedoch eine Vielzahl unterschiedlicher Gegenstände. Die Frage, welche Gegenstände und Materialien angeeignet werden, wird vom Charakter der Aneignungsmittel, der produktiven Organe, bestimmt. Die Materialien, die angeeignet werden, bestimmen durch die Aneignungsmittel den Charakter der Tätigkeit. Die Methode der Aneignung eines Naturstoffes wird durch diesen Stoff selbst bestimmt.

Ein Arbeitsgegenstand, der vermittels der Arbeit eine bestimmte Veränderung erfahren hat, wird als Rohmaterial bezeichnet. Im Arbeitsprozeß führt der Mensch eine vorausberechnete Veränderung am Arbeitsgegenstand aus. Im Ergebnis soll ein Arbeitsprodukt erzielt werden. Das Arbeitsprodukt ist ein Naturstoff, der an menschliche Bedürfnisse angepaßt worden ist.

Jeder Naturstoff ist in natürlichem Zustand in unterschiedlichem Maße für menschliche Bedürfnisse geeignet. Um einen Naturstoff an menschliche Bedürfnisse anzupassen, um ein Arbeitsprodukt zu produzieren, müssen am Rohmaterial eine oder eine Vielzahl von Operationen vollzogen werden.

Diese Operation hat einen Doppelcharakter, der von Marx aufgedeckt wurde: Er besteht in der Allgemeinheit (der Schlag als solcher, der Schlag allgemein) und in der Spezifik der Operation (zum Beispiel das Einschlagen von Nägeln zur Befestigung einer Tischplatte). In der Marxschen Terminologie sind dies die „Gesamtoperation“ und die „Teiloperation“.[13] Der Doppelcharakter der Operation

[13] Siehe z. B.: K. Marx, Das Kapital, Erster Band, Kapitel XII, in: MEW, Bd. 23, Berlin 1962, S. 356—390 und: Rezension des Ersten Bandes ‚Das Kapital‘ von K. Marx, in: MEW, Bd. 16, Berlin 1962, S. 288—290.

bestimmt den Dualismus der Funktion dieses Mittels, mit dem diese Operation ausgeführt wird: die „Gesamtfunktion“ und die „Teilfunktion“.

Der Dualismus der Funktion bedingt den Doppelcharakter der Form des Mittels, das diese Funktion ausübt — den universellen und den spezifischen Charakter der produktiven Organe. Zur Ausführung eines Schlages ist ein Instrument erforderlich, das ein bestimmtes Gewicht hat und hart ist. Es muß einen ebenen Arbeitsteil besitzen und bequem in der Hand zu halten sein, es muß über eine bestimmte Schaftlänge verfügen usw. Das ist z. B. ein Hammer, ein Handwerkzeug für Schlagarbeiten. Außer den allgemeinen besitzt jedoch in unseren Beispielen jede Operation auch spezifische Eigenschaften.

Zur Ausführung der Operation muß das Werkzeug ebenfalls nicht nur allgemeine, sondern auch spezifische Eigenschaften besitzen, die den spezifischen Besonderheiten der Operation entsprechen (Schmiedehämmer, Zimmermannshämmer, Schusterhämmer usw.). Marx bemerkt, daß allein in Birmingham in der Manufakturperiode bis zu 500 Arten von Hämmern hergestellt wurden.

Die entscheidende Bedeutung der Operation für die Form des Ausführungsmittels ist ein objektives Gesetz. Bei verschiedenen Tieren, die untereinander keinerlei äußere Verbindung haben und in verschiedenen Gebieten des Erdballs leben, haben sich zur Ausübung der gleichen Funktionen analoge Organformen herausgebildet. Zur Ausführung derselben Operation, zum Beispiel zum „Baumfällen“, sind durch die Erfahrung der Menschen Werkzeuge geschaffen worden (geschärfte Steine oder Beile), die der Form nach analog sind, obgleich sich Menschen auf verschiedenen Kontinenten bemühten und von einem „Erfahrungsaustausch“ nicht die Rede sein konnte. In der Geschichte der Technik sind viele Fakten bekannt, wonach einige Erfinder unabhängig voneinander analoge Maschinenkonstruktionen geschaffen haben. Die Ähnlichkeit der Erscheinungen erklärt sich daraus, daß die Operation selbst auf eine entsprechende Form desjenigen Werkzeuges, das sie ausführen kann, hinweist.

Marx behandelt das Grundprinzip der Differenzierung und Spezialisierung, das den Entwicklungsmechanismus der produktiven Organe des Menschen aufdeckt, von anderer Warte aus als Darwin. Nach Darwin besteht die Entwicklung in einer grenzenlosen Spezialisierung und Differenzierung, ohne daß etwas Neues, Undifferenziertes (oder wenig Differenziertes), daß weniger Lebensfähiges entsteht. Dennoch vollzieht sich eine Entwicklung. Marx analysiert die Entwicklung der maschinellen Technik und überwindet die Mängel des Darwinschen Differenzierungs- und Spezialisierungsprinzips, indem er es durch das Prinzip der „Kombination" ergänzt, durch einen Begriff, der einen Prozeß charakterisiert, der der Differenzierung entgegengesetzt ist. Als Ergebnis wurde von ihm ein völlig neues Prinzip formuliert, das den widersprüchlichen Charakter des technischen Fortschritts aufdeckt: Die Differenzierung der Arbeitsmittel führt zu deren Kombination, zur Herausbildung einer neuen Form. Umgekehrt setzt die Kombination erneut eine Differenzierung voraus.

Von prinzipieller Bedeutung ist die Frage nach der Richtung des Prozesses von Differenzierung und Kombinierung. In der biologischen Evolution ist diese Richtung durch die natürliche Zuchtwahl, durch den Kampf ums Dasein diktiert, in der Entwicklung der Technik durch die Ziele, die der Mensch der Produktion stellt.

Marx betrachtet die Differenzierung und die Kombination in organischem Zusammenhang mit der Funktion des Arbeitsinstrumentes, mit der Spezialisierung, mit der Form sowie den gesellschaftlich bedeutsamen Zielen. Der Entwicklungsmechanismus der Technik spiegelt die Wechselbeziehung dieser Kategorien wider. Im Arbeitsprozeß differenziert der Mensch die Operationen, zerstückelt sie in immer kleinere Teiloperationen. Da diese Operationen aber einen Teil der Einwirkung auf einen entsprechenden Gegenstand bilden, vollzieht sich auch gleichzeitig der entgegengesetzte Prozeß, die Kombination der Teiloperationen, d. h. es entwickelt sich die Gesamtoperation. Dieser Differenzierungs- und Kombinationsprozeß spiegelt sich in der Spezialisierung und Universalität der Funktion wider, in der Entwicklung einer Teil- und einer Gesamtfunktion des produktiven Organs. Für die Form, für die Konstruktion des Organs bedeutet dieser Entwicklungsprozeß der Funktion einerseits die Differenzierung der Organe, andererseits deren Kombination, d. h. es entwickeln sich gleichzeitig produktive Teilorgane (Teilwerkzeuge, Teilarbeiter, Teilmaschinen) und produktive Gesamtorgane (Gesamtwerkzeuge, Gesamtarbeiter, Gesamtmaschinen). Mit anderen Worten, es zeigt sich der spezifische und der universelle Charakter der produktiven Organe des gesellschaftlichen Menschen. Die innere Logik des wissenschaftlich-technischen Fortschritts ist die objektive Aufeinanderfolge wissenschaftlicher Entdeckungen und technischer Erfindungen, die streng definierte Abfolge einer wissenschaftlich-technischen Entwicklungsetappe nach der anderen.

Die Richtung und der Charakter des technischen Fortschritts resultiert aus dem Wesen der Technik selbst, Bindeglied zwischen Mensch und Natur zu sein. Marx definiert das Arbeitsmittel als Ding oder Komplex von Dingen, die der Mensch zwischen sich und den Arbeitsgegenstand schiebt. Der technische Fortschritt ist einerseits dem Zwang der Naturgesetze unterworfen und stellt andererseits die materielle Verkörperung des Erkenntnisprozesses, die vergegenständlichte Kraft des Wissens sowie die Verwirklichung der gesellschaftlich bedeutsamen Ziele dar, die sich aus den sozial-ökonomischen Aufgaben der gesellschaftlichen Produktion ergeben.

Aufzudecken, wie Natur und gesellschaftlicher Mensch in ihrer Wechselwirkung die objektive Logik des wissenschaftlich-technischen Fortschritts verwirklichen, bedeutet also, die Grundgesetze des wissenschaftlich-technischen Fortschritts als naturwissenschaftlich-historischen Prozeß zu entdecken.

Die Technik muß mit den Naturgesetzen in Übereinklang stehen. Der Mensch paßt jede zu entwickelnde technische Einrichtung den Naturgesetzen an und steuert die gesamte historische Entwicklung der Technik.

Der Einfluß der Naturgesetze auf die Entwicklung der Technik vollzieht sich nicht unmittelbar, sondern durch das nach Erkenntnis strebende und praktische Handeln des Menschen. Die Menschen erkennen Naturgesetze, schaffen auf dieser Grundlage verschiedene technische Mittel, Ausrüstungen und Einrichtungen.

Jede technische Einrichtung muß den Gesetzen jener Naturerscheinungen entsprechen, nach deren Ausnutzung der Mensch strebt. Die Grundprinzipien eines technischen Mittels, seiner Konstruktion, bilden sich nicht willkürlich heraus, sondern werden durch die Gesetze und Eigenschaften derjenigen Naturerscheinungen oder -gegenstände bestimmt, die von der betreffenden technischen Einrichtung ausgenutzt werden sollen.

Die Geschichte der Technik stellt eine eigentümliche Chronik der Erkenntnisentwicklung und des Fortschritts des menschlichen Gedankens dar. „Man sieht, wie die Geschichte der *Industrie* und das gewordne *gegenständliche* Dasein der Industrie", schrieb Marx, „das *aufgeschlagne* Buch der *menschlichen Wesenskräfte*, die sinnlich vorliegende menschliche *Psychologie* ist ...".[14]

Die Knotenpunkte der Erkenntnis finden in den technischen Einrichtungen ihre gegenständliche Verkörperung. Der technische Fortschritt ist der reale Ausdruck dafür, daß die Entwicklung der Erkenntnis mit den Gesetzmäßigkeiten der Natur sich in Übereinklang befindet.

Die ganze Dialektik des technischen Fortschritts, die Entwicklung der Technik von den einfachsten Werkzeugen zu den kompliziertesten Maschinen, die Einbeziehung vorhergehender Prinzipien und Formen in jede nachfolgende technische Einrichtung, der widersprüchliche Charakter jedes technischen Mittels, die Entwicklung des technischen Mittels durch quantitative Veränderungen und qualitative Umwandlungen, die ununterbrochene Negation und Reproduktion gewisser Züge vorausgegangener Konstruktionen auf höherer Stufe, die Wechselbeziehung und die wechselseitige Bedingtheit aller Zweige des technischen Fortschritts, die Übergänge, Transformationen und Modifikationen verschiedener konstruktiver Formen und Prinzipien — all das ist die materielle Reproduktion der Dialektik des menschlichen Denkens, der Bewegung der Erkenntnis und

[14] K. Marx, Ökonomisch-philosophische Manuskripte, in: MEW, 1. Ergänzungsband, Berlin 1968, S. 542.

des Zusammenfallens der Dialektik der Erkenntnis mit der objektiven Welt.

Der Mensch richtet in seiner praktischen Tätigkeit, wie Hegel scharfsinnig bemerkte, eine Naturkraft gegen die andere und erreicht so sein Ziel. Damit die eine Naturkraft auf die andere einwirken kann, ist es notwendig, daß diese Kräfte erstens bestimmte qualitativ unterschiedliche Eigenschaften besitzen und daß zweitens — und das ist die Hauptsache — diese Eigenschaften in einem bestimmten Wechselverhältnis zueinander stehen.

Die Technik stellt ein vermittelndes Glied zwischen Mensch und Natur dar und stellt in ihrer historischen Entwicklung den Einfluß sowohl der Natur als auch den des Menschen auf die Probe. Marx und Lenin erforschten die Wechselbeziehungen zwischen Mensch und Technik und wiesen auf eines der Grundgesetze des technischen Fortschritts hin, auf das Gesetz der fortgesetzten Übertragung produktiver Funktionen vom Menschen auf technische Mittel.

Im Hinblick auf die Entstehung der Maschinentechnik schreibt Marx: „Das entwickelte Prinzip des Kapitals ist grade das besondre Geschick überflüssig zu machen und die Handarbeit, die unmittelbar körperliche Arbeit überhaupt als geschickte Arbeit sowohl, wie als Muskelanstrengung überflüssig zu machen; das Geschick vielmehr in die toten Naturkräfte zu legen."[15] Die Form der geschaffenen Werkzeuge tritt „. . . als äußerlich an sie gesetzte Zweckmäßigkeit" auf."[16]

Marx zeigte im „Kapital", daß mit dem Ersatz des Menschen durch eine technische Einrichtung bei der Ausübung bestimmter Funktionen gewaltige revolutionäre Umwälzungen verbunden sind. So weist Marx auf die Erfindung der Arbeitsmaschine, insbesondere auf den Werkzeugschlitten hin und bemerkt, daß diese mechanische Vorrichtung die menschliche Hand ersetzte. Die Arbeitsmaschine, schreibt Marx an anderer Stelle, ersetzt den Arbeiter, und dort, wo die menschlichen Muskeln als einfache Antriebskraft

[15] K. Marx, Grundrisse der Kritik der Politischen Ökonomie, S. 482.

[16] Ebenda, S. 506.

wirken, „kann Wind, Wasser, Dampf usw. an die Stelle treten."[17]

Lenin zeigte, daß „der technische Fortschritt . . . gerade darin zum Ausdruck (kommt), daß die Arbeit des Menschen immer mehr hinter der Arbeit von Maschinen zurücktritt".[18] Weiterhin unterstrich Lenin: In „der Ersetzung der manuellen durch die maschinelle Arbeit . . . besteht ja die ganze progressive Wirksamkeit der menschlichen Technik. Je mehr die Technik entwickelt wird, desto mehr wird die manuelle Arbeit des Menschen verdrängt und durch eine Reihe immer komplizierterer Maschinen ersetzt . . ."[19] Die Übertragung von Funktionen des Menschen auf technische Mittel ist das wichtigste Kennzeichen des wissenschaftlich-technischen Fortschritts.

In dem Maße, wie immer zweckmäßigere Formen technischer Mittel hervorgebracht werden, zeigt sich auch immer deutlicher der technische Charakter der natürlichen Organe des Menschen. Dies bezieht sich gleichermaßen auf die Vorrichtungen der Hand wie auch auf die intellektuelle Tätigkeit.

Sobald die Differenzierung und Kombinierung, die Schaffung zweckmäßiger Formen und die Offenbarung des technischen Charakters eine bestimmte Grenze erreicht haben, eröffnet sich die objektive Möglichkeit der Übertragung jener Funktionen der natürlichen Organe des Menschen, die technischen Charakter tragen, auf technische Mittel. Es vollzieht sich in der Entwicklung der produktiven Organe des Menschen ein qualitativer Sprung.

Ganz am Anfang wird der Arbeitsprozeß nicht unbedingt mit Hilfe eines Arbeitsmittels verwirklicht. Marx wies darauf hin, daß der Arbeitsprozeß, wenn er eine gewisse Entwicklung erreicht hat, eines Arbeitsmittels bedarf.[20] In den ersten Entwicklungsetappen der produktiven Organe des Menschen sind die produktiven Funktionen hauptsäch-

[17] K. Marx, Das Kapital, Erster Band, in: MEW, Bd. 23, S. 396.
[18] V. I. Lenin, Werke, Bd. 1, Berlin 1961, S. 75.
[19] V. I. Lenin, Werke, Bd. 1, S. 97.
[20] Siehe: K. Marx, Das Kapital, Erster Band, in: MEW, Bd. 23, S. 192/193.

lich mit den natürlichen Organen des Menschen ausgeführt worden. Das leistungsstärkste von ihnen war die Hand. Ähnlich wie die fünf Finger der gesamten Mathematik zugrunde liegen, so liegt auch die Hand der Entwicklung der Arbeit, dem menschlichen Intellekt und dem technischen Fortschritt zugrunde. „Selbst die Dampfmaschine", sagt Engels, „bis jetzt sein (des Menschen — G. G.) mächtigstes Werkzeug zur Umgestaltung der Natur, beruht, weil Werkzeug, in letzter Instanz auf der Hand".[21]

Die Hand als produktives Organ unterscheidet sich von den Organen der Tiere durch ihre Universalität. Die Produktionsinstrumente der Tiere sind eng spezialisiert, sie sind zur Ausführung streng definierter Funktionen bestimmt: die Krallen zum Kratzen, die Zähne zum Beißen usw. Das Organ, das sich zur Hand des Menschen entwikkelt hat, tritt ursprünglich ebenfalls spezialisiert in Erscheinung. Bei der Tätigkeit führte die Hand verschiedene Operationen aus, die Doppelcharakter tragen, bewahrte das Allgemeine der unterschiedlichen Operationen und verwandelte sich allmählich in ein universelles produktives Organ.

Die Eigenschaften der Hand, des produktiven Organs, entstehen nach den Worten Engels „...nur durch Arbeit, durch Anpassung an immer neue Verrichtungen, durch Vererbung der dadurch erworbenen besondern Ausbildung der Muskeln, Bänder, und in längeren Zeiträumen auch der Knochen, und durch immer erneuerte Anwendung dieser vererbten Verfeinerung auf neue, stets verwickeltere Verrichtungen . . ."[22]

Mit der Universalität der Hand entwickelte sich die Fähigkeit des Gehirns zu abstrahieren, zu verallgemeinern. Da das Denken durch die Arbeitstätigkeit entstanden ist, wirkt es auf die Entwicklung der Arbeit zurück. Das Wissen, das die allgemeinen Eigenschaften, die allgemeinen Seiten der Dinge und Prozesse in der Natur widerspiegelt, ermöglichte solche Aufgaben- und Zielstellungen, die durch

[21] F. Engels, Dialektik der Natur, in: MEW, Bd. 20, Berlin 1962, S. 323.

[22] Ebenda, S. 445/446.

die natürlichen produktiven Organe allein nicht erfüllt werden konnten.

Den Stimulus zur Entwicklung der Arbeitstätigkeit stellen letzten Endes immer die Bedürfnisse der Menschen dar, die Bedürfnisse aber setzten das Wissen des Menschen über die Dinge und Erscheinungen voraus, die in der Lage sind, diese Bedürfnisse zu befriedigen. In dem Maße, wie sich der Horizont des Menschen erweiterte, wie sich seine Kenntnisse vertieften, verschärfte sich der Grundwiderspruch der menschlichen Tätigkeit, der Widerspruch zwischen den Aufgaben und Zielen einerseits und den produktiven Möglichkeiten, sie zu lösen, sie zu erreichen, andererseits. Dieser Widerspruch wirkt und wird im Verlaufe der gesamten Geschichte der Menschen weiter wirken. Seine Lösung ist zu allen Zeiten mit kleineren oder größeren revolutionären Veränderungen in der Produktionstätigkeit des Menschen verbunden. In der frühen Entwicklungsstufe der produktiven Organe des Menschen fand dieser Widerspruch seine konkrete Äußerung wie folgt.

Um auf der Grundlage allgemeiner und verallgemeinerter Kenntnisse auf ein einzelnes Ding einzuwirken, ist eine eng spezialisierte Operation erforderlich.

Die bezüglich ihrer produktiven Möglichkeiten universelle Hand war zur Ausführung solcher Operationen ungeeignet. Diese Universalität setzte einer hohen Effektivität in einzelnen Teilbereichen ständig Grenzen. Die Vielzahl von Funktionen der Hand hatte ihre Form so bestimmt, daß sie einer einzigen dieser Funktionen nicht mehr voll entsprechen konnte. Als dabei die Notwendigkeit heranreifte, eng spezialisierte Operationen auszuführen, stellte die Hand kein optimales produktives Organ mehr dar. Es mußte ein Mittel geschaffen werden, das eine bestimmte Funktion der Hand wahrnimmt, und zwar nur diese eine Funktion, und das nur hierauf spezialisiert war.

Der Widerspruch zwischen der Notwendigkeit, eng spezialisierte Operationen auszuführen und den universellen produktiven Möglichkeiten der Hand wurde durch die Entstehung des Werkzeuges gelöst. Das wurde der Beginn des technischen Fortschritts. Eines seiner Grundgesetze stellt die fortgesetzte Übertragung produktiver Funktionen der natürlichen produktiven Organe des Menschen auf technische Mittel dar. Eine technische Einrichtung, die eine Funktion des Menschen wahrnimmt, wird in ihrer Formgebung nicht nur durch jene Operationen bestimmt, die sie bei der Einwirkung auf die Natur ausführen soll, sondern auch durch die auf sie zu übertragende Funktion des natürlichen produktiven Organs des Menschen. Die ersten Arbeitsmittel findet der Mensch in Form verschiedener Gegenstände in der Natur. Durch das Übertragen von Funktionen des Menschen auf Naturgegenstände vervollkommnet er sich und entwickelt seine Funktionen. Dadurch aber deckt er in der Natur auch neue Eigenschaften auf. Die Umwandlung von Eigenschaften der Naturgegenstände in Funktionen der menschlichen Tätigkeit macht den Inhalt des wissenschaftlich-technischen Fortschritts und des Produktionsfortschritts des Menschen aus.

Auf diese Weise übt der gesellschaftliche Mensch durch seine produktiven Funktionen Einfluß auf den Charakter und die Entwicklungsrichtung der Technik aus. Die wechselseitige Unterordnung dieser Funktionen stellt ihrer Natur nach das Programm des technischen Fortschritts und dank diesem Umstand die Grundlage für eine Prognose der technischen Entwicklung dar.

Die Aufgabe der Prognostik besteht in dieser Hinsicht in folgendem: Analyse der produktiven Tätigkeit des Menschen mit dem Ziel, die verschiedenen Funktionen aufzugliedern, diese Funktionen zu beschreiben und ihre Hierarchie aufzudecken.

In der Geschichte der Technik werden Perioden beobachtet, wo sich solche technischen Mittel entwickeln, auf die irgendeine produktive Funktion der natürlichen produktiven Organe des Menschen nicht in klar erkennbarer Form übertragen wird, obgleich diese Mittel ebenfalls bestimmte Stufen des technischen Fortschritts darstellen. Das widerspricht jedoch nicht dem allgemeinen Gesetz der Funktionsübertragung. Die Analyse der technischen Entwicklung zeigt, daß die Entwicklung solcher technischen Mittel ihrer Natur nach objektiv die Vorbereitung, die Schaffung der technischen Voraussetzungen zur Übertragung einer bestimmten Funktion von den natürlichen Organen des Menschen auf technische Mittel darstellt. Diese historischen Momente stellen selbst revolutionäre Veränderungen in der Technik dar. Die Übertragung einer bestimmten, sehr wichtigen Funktion gibt ihrerseits der Schaffung technischer Mittel breiten Raum, die zunächst keinerlei Funktionen der natürlichen Organe wahrnehmen. Die Schaffung solcher technischen Mittel führt jedoch allmählich zu einem Widerspruch zwischen den produktiven Zielen und den Möglichkeiten der natürlichen Organe des Menschen. Die Lösung dieses Widerspruchs besteht darin, wiederum eine neuerliche Funktion der natürlichen Organe des Menschen auf technische Mittel zu übertragen.

Der Übertragungsprozeß produktiver Funktionen des Menschen auf künstliche technische Mittel ist unendlich, da sich der Mensch im Arbeitsprozeß ständig vervollkommnet, neue Kenntnisse gewinnt, sich neue Fähigkeiten erarbeitet und neue Funktionen schafft, die danach speziellen technischen Mitteln übertragen werden können.

Die Natur einerseits und der gesellschaftliche Mensch andererseits stellen jene entscheidenden Faktoren dar, die in ihrer Entwicklung das Wesen, den Charakter und die Richtung des wissenschaftlich-technischen Fortschritts bestimmen.

Die gesellschaftlichen Bedürfnisse dienen nicht nur als Triebkraft für die Entwicklung der produktiven Organe, sondern beeinflussen auch das Wesen jeder technischen Entwicklung sowie das Wesen der historischen Entwicklung der produktiven Organe, des wissenschaftlich-technischen Fortschritts. Dies vollzieht sich nicht unmittelbar, sondern über ein gesellschaftlich bedeutsames Ziel.

Das Ziel tritt als bestimmtes Auswahlkriterium auf. Der Erkenntnisstand, das technische Schöpfertum einerseits und die gesellschaftlichen Bedürfnisse und ökonomischen Möglichkeiten andererseits eröffnen in jeder Entwicklungsetappe eine Vielzahl unterschiedlicher Varianten für die Entwicklung der produktiven Organe.

Die Wahl dieser oder jener Variante ist durch das Ziel bestimmt. Die bestimmende Rolle des Ziels wächst im Verlauf der gegenwärtigen wissenschaftlich-technischen Revolution. Im Kapitalismus ist das Hauptziel der Mehrwert, unter imperialistischen Bedingungen ist es der Maximalprofit. Dieses Ziel bestimmt letzten Endes das Wesen des wissenschaftlich-technischen Fortschritts im Kapitalismus, verleiht ihm die „Profit-"Richtung.

Im Sozialismus verändern sich von Grund auf der Inhalt der gesellschaftlichen Bedürfnisse und das Ziel des wissenschaftlich-technischen Fortschritts, der Entwicklung der Produktion. „Die Partei (geht) vor allem davon aus", sagte L. I. Breźnev auf dem XXIV. Parteitag der KPdSU, „daß die maximale Befriedigung der materiellen und kulturellen Bedürfnisse der Menschen das höchste Ziel der gesellschaftlichen Produktion im Sozialismus ist".[23]

Die Wege zur Erreichung dieses Ziels werden durch die technische Politik der Partei konkretisiert, deren Hauptthesen im Hinblick auf die gegenwärtige wissenschaftlich-technische Revolution und den Aufbau des Kommunismus in den Beschlüssen des XXIV. Parteitags der KPdSU niedergelegt sind.

Der wechselseitige Einfluß dieser Faktoren auf das Wesen der Technik zeigt sich auf allen Gebieten des wissenschaftlich-technischen Fortschritts besonders klar in Zeiten revolutionärer Umwälzungen. Diese Umwälzungen sind gewöhnlich mit einem tieferen Eindringen der Erkenntnis in die Struktur der Natur, mit der Übertragung produktiver Funktionen des Menschen auf ein technisches Mittel und in der allgemeinhistorischen Entwicklung der Technik mit der Veränderung der Gesellschaftsordnung und dem Ziel verbunden, das die Gesellschaft der Entwicklung der Technik stellt.

Die objektive Logik des wissenschaftlich-technischen Fortschritts konnte z. B. in der Periode der Verbreitung der Arbeitsmaschinen oder der Dampfmaschine nicht aufgedeckt werden. Die Technik mußte sich zur Aufdeckung ihrer eigenen Entwicklungsgesetzmäßigkeiten erst auf einem hohen Niveau befinden. Erst von der Analyse automatischer Maschinen ausgehend stellte Marx theoretische Sätze über den wissenschaftlich-technischen Fortschritt auf.

[23] Rechenschaftsbericht des Zentralkomitees der KPdSU, Referat von L. I. Breźnev, Moskau-Berlin 1971, S. 57.

Die gegenwärtige wissenschaftlich-technische Revolution, deren Herzstück die Automatisierung darstellt, deckt die innere Logik der technischen Entwicklung auf und erschließt sie der Forschung nunmehr völlig.

Die Schwierigkeiten bei der Aufdeckung der inneren Logik der technischen Entwicklung sind mit einer Vielzahl von Richtungen des technischen Fortschritts verbunden. Die Entwicklung vieler Zweige der Technik, die unterschiedlichen inneren logischen Gesetzmäßigkeiten unterworfen ist, verläuft historisch gesehen gleichzeitig, wodurch sich verschiedene Zweige und folglich auch logische Prozesse überschneiden, verflechten und sogar miteinander verschmelzen. Um das Wesen des wissenschaftlich-technischen Fortschritts zu verstehen, abstrahieren wir hier von einer Reihe von Momenten und determinieren die Vielfalt der Formen des wissenschaftlich-technischen Fortschritts durch drei hauptsächliche formbildende Ursachen — durch das Gesetz der Bestimmung des Wesens der Technik und des technischen Fortschritts mittels Naturprozessen, durch das Gesetz der Funktionsübertragung sowie durch das Gesetz des bestimmenden Einflusses gesellschaftlich bedeutsamer Ziele.

Die gedankliche Reproduktion der objektiven inneren Logik der Entwicklung der Technik vollzieht sich aufsteigend vom Abstrakten zum Konkreten.

Marx analysierte hochentwickelte Arbeitsmittel, die sich bereits in einen Mechanismus verwandelt haben, der einen technologischen Prozeß ohne unmittelbare Teilnahme des Menschen durchzuführen gestattet, der nach Naturgesetzen funktioniert, und deckte das Prinzip, die „Zelle“, auf, die der Bildung und Entwicklung der produktiven Organe des gesellschaftlichen Menschen als Beziehung von Form und Funktion zugrunde liegt. Diese Bestimmung einer einfachen, tausendfach anzutreffenden Beziehung, die Kenntnis dieser Beziehung ist die Kenntnis vom Gegenstand als Ganzem; aber diese Kenntnis ist noch „einseitig“, abstrakt.

Um den Entwicklungsprozeß der produktiven Organe des gesellschaftlichen Menschen in seiner ganzen Konkretheit zu erkennen, um den Inhalt dieser abstrakten Kenntnis mit Leben zu erfüllen, ist ein theoretisches Aufsteigen von der einfachen Beziehung zu anderen, komplizierteren Beziehungen erforderlich. Das Resultat dieses Aufsteigens muß die Kenntnis der inneren Logik der Entwicklung der produktiven Organe sein. Die Beziehung zwischen Form und Funktion der produktiven Organe ist die Existenzbedingung für jede beliebige andere ihrer Beziehungen. Von dieser „Zelle" ausgehend ergibt sich die allgemeinste Bestimmung aller Beziehungen der produktiven Organe in ihrer Spezifik, d. h., es wird sofort der Kreis der Untersuchungen abgesteckt, der durch das Denken erfaßt und von diesem zur Aufdeckung der inneren Beziehungen des Gegenstandes genutzt wird.

Vor dem Forscher, der an die Untersuchung des Bildungs- und Entwicklungsprozesses der produktiven Organe des gesellschaftlichen Menschen herangeht, steht sofort eine konkrete Frage: Die Form welchen Organs ist in Wechselwirkung mit welcher Funktion die Ausgangsform?

Kehren wir zu den Anfängen der Entwicklung der produktiven Organe des gesellschaftlichen Menschen zurück, so finden wir mehrere Ausgangsbeziehungen, die gleichermaßen möglich sind. Ebenso wie Darwin feststellte, daß die Entwicklung der Organismen von einigen einfachen Formen ausgeht, sind auch bei der Analyse der Entwicklung der produktiven Organe des gesellschaftlichen Menschen einige produktive Organe klar zu erkennen, die bestimmte Funktionen erfüllen, die den Ursprung der gesamten Entwicklung darstellen: die greifende Hand, der Stein zum Schaufeln, der Stein zum Schaben, der Grabstock u. a. Ob man zuerst die Wechselwirkung zwischen der Funktion des Schaufelns und der Form des Steines, der zum Schaufeln dient, analysiert oder ob man mit der Analyse der Wechselwirkung zwischen der Grabefunktion und der Form des Grabstockes beginnt, ist in einem gewissen Umfang willkürlich.[24]

[24] Die Untersuchung von L. Noiré, Das Werkzeug und seine Bedeutung für die Entwicklungsgeschichte der Menschheit, Stuttgart 1880, zeigt, daß die Verben die Grundlage der Wortbildung darstellen. Sie bezeichnen diese oder jene Arbeit, die als Funktion der produktiven Organe des Menschen auftritt. Die Genealogie führt zu den Worten „Graben" und „Flechten",

Ausgehend von den grundlegenden Beziehungen besteht die Aufgabe darin, mit logischer Konsequenz das Entstehen aller Funktionen und Formen der produktiven Organe des gesellschaftlichen Menschen zu verfolgen, zu sehen, auf welche Weise die neue Form eines produktiven Organes aus einer vorhergehenden, weniger vollständigen, der Funktion weniger adäquaten Form hervorgeht. Die Aufgabe besteht darin, mit den einfachsten Ausgangsbeziehungen zu beginnen und die innere Logik, die spezifischen Gesetzmäßigkeiten des Entstehens der riesigen Vielfalt von Funktionen, die durch die produktiven Organe des Menschen und die Formen eben dieser Organe erfüllt werden, aufzudecken. Die Kenntnis dieser Gesetzmäßigkeiten hat gewaltige Bedeutung für das Verständnis der Perspektiven der künftigen Entwicklung der produktiven Organe des gesellschaftlichen Menschen.

* *

*

die gegensätzliche Tätigkeiten bezeichnen. Sie wurzeln tief im instinktiven Verhalten der Tiere und der menschlichen Vorfahren. Diese ursprünglichen Prinzipien der Vereinigung und Trennung erstrecken sich über die gesamte nachfolgende Entwicklung der Arbeitsarten. Das uralte Graben kommt in der Schneidearbeit des Messers zum Ausdruck, im Hacken des Beils, in der Bohrarbeit des Bohrers, in der hobelnden Tätigkeit des Meißels usw., und das uralte Flechten im Zusammenfügen komplizierter Gegenstände aus Einzelteilen, im Verschweißen von Metallen, in verschiedenen Montagearbeiten usw.

Die Erforschung der Sprachgeschichte und der Geschichte der Technik könnte helfen, einen genealogischen Baum aufzustellen. Seine Wurzeln würden wenige unterschiedliche instinktive Handlungen der menschlichen Vorfahren bezeichnen, der Stamm die Entwicklung einiger Hauptfunktionen der produktiven Organe des Menschen in der Anfangsperiode der gesellschaftlichen Entwicklung und die Äste zahlreiche Funktionen, die durch moderne technische Einrichtungen ausgeführt werden. Dieses Bild würde die Entwicklungswege des menschlichen Denkens reproduzieren, das in der praktischen Tätigkeit materialisiert ist. Die Tätigkeit stellt die Grundlage der Entwicklung von Denkweisen, von Denkformen dar, die auf die Vereinigung und Zerlegung gerichtet sind, wie die Analyse und Synthese, die Induktion und Deduktion u. a.

Der Begriff „Technik" ist einer der allerältesten, um dessen Definition sich viele Denker der Vergangenheit bemühten. Im Zusammenhang mit der Erarbeitung von Problemen der wissenschaftlich-technischen Revolution wurde in den letzten Jahren die Definition der „Technik" und der ihr benachbarten Begriffe zum Gegenstand breiter Erörterungen.[25]

Dem Begriff „Technik" begegnet man bereits in den Werken des altgriechischen sophistischen Philosophen Antiphon (zweite Hälfte des 5. Jahrhunderts v. u. Z.). Er vertritt den für die Sophisten üblichen Gedanken, dem in der Natur Existierenden das gegenüberzustellen, was nur nach Ansicht der Menschen existiert. Daher benutzt Antiphon zwei Termini — *φυσις* und *τεχνη*. Der erste Terminus bezeichnet die unbestreitbaren Gesetze der Natur, der zweite die Gesetze der Moral, die von den Menschen aufgestellt wurden.[26]

In erheblich breiterem Sinne wird der Terminus *τέχνη* in Platons Werken genutzt. Im 10. Buch der „Gesetze" und besonders im „Nachwort zu den Gesetzen" untersucht Platon, welche Tätigkeiten den Menschen weise machen, und bemerkt, daß man dies nur durch das Studium der Natur *φυσις* erreichen könne, während *τεχνη* den Menschen gewandt und geschickt mache, sein Gedächtnis vervollkommne, ihn aber niemals weise mache. In diesen letzten Terminus schließt Platon alles ein, was mit der menschlichen Tätigkeit verbunden ist: die Landwirtschaft, die Herstellung von Gerstengrütze, „das Bauen von Häusern und Wohnungen, die Fabrikation verschiedener Geräte, das Schmieden, die Herstellung von Werkzeugen zum Tischlern, Bilden, Flechten und ähnlichem", das Heilen, die Feldherrenkunst, die Malerei, das Versemachen, die Navigationslehre usw.[27] Auch Aristoteles stellt diese beiden

[25] Vgl. hierzu: Die gegenwärtige wissenschaftlich-technische Revolution. Eine historische Untersuchung, Zweite Auflage, Berlin 1972.

[26] С. Я. Лурье. Новый оксиринхский отрывок. — Известия Российской академии наук, 1918, VI серия, № 15.

[27] Platon, Epinomis, in: Platonis opera, neu hrsgg. v. J. Burnet, Bd. V, Oxford (1906), S. 975.

Termini gegenüber. Er versteht unter φυσις alles Natürliche, unter τεχνη aber alles Künstliche.[28]

Einen anderen Sinn legt Immanuel Kant in den Terminus Technik (technica). Er versteht unter Technik jegliche Handlung, die auf die Erreichung eines bestimmten Zieles gerichtet ist. Dabei sagt Kant über die Technik der Natur: „Wir wollen, indem wir das Verfahren (die Kausalität) der Natur, wegen des Zweckähnlichen, welches wir in ihren Produkten finden, Technik nennen, diese in die absichtliche (technica intensionalis) und in die unabsichtliche (technica naturalis) einteilen. Die erste soll bedeuten, daß das produktive Vermögen der Natur nach Endursachen für eine besondere Art von Kausalität gehalten werden müsse..."[29] Nach Kant besitzt der Mensch „technische Anlagen", sofern er zweckmäßig handelt.[30]

Georg Wilhelm Hegel verband den Begriff Technik ebenfalls eng mit der Zweckmäßigkeit.[31]

Eine wissenschaftliche, dialektisch-materialistische Definition des Wesens der Technik gibt Marx im „Kapital", indem er an Hand der Begriffe Technik, Technologie, technischer Charakter der Arbeit, Arbeitsmittel, technische Voraussetzungen des Arbeitsprozesses, produktive Organe des gesellschaftlichen Menschen u. a. dieses Wesen deutlich macht.

Gleich zu Beginn des ersten Kapitels im Ersten Band des „Kapitals", in dem Marx die Ware analysiert, begegnen wir der Definition des ersten Begriffs, der sich auf die Erforschung des technischen Fortschritts bezieht — die „Produktivkraft der Arbeit". „Die Produktivkraft der Arbeit", sagt Marx, „ist durch mannigfache Umstände bestimmt, unter anderem durch den Durchschnittsgrad des Geschickes der Arbeiter, die Entwicklungsstufe der Wissenschaft und

[28] Aristoteles, Werke, Hrsgg. v. E. Grumach, Bd. 11, Physikvorlesung, Berlin 1967, S. 32—34.

[29] I. Kant, Kritik der Urteilskraft, Hrsgg. v. R. Schmidt, Leipzig, 1960, S. 323.

[30] I. Kant, Anthropologie in pragmatischer Hinsicht abgefaßt, Hrsgg. v. K. Vorländer, 5. Auflage, Frankfurt a. M./Leipzig 1799, S. 187.

[31] Siehe G. W. F. Hegel, Sämtliche Werke, neu hrsgg. v. H. Glockner, Siebenter Band, 4. Aufl., Stuttgart 1968, S. 276.

ihrer technologischen Anwendbarkeit, die gesellschaftliche Kombination des Produktionsprozesses, den Umfang und die Wirkungsfähigkeit der Produktionsmittel, und durch Naturverhältnisse."[32]

Die Definition der Produktivkraft der Arbeit schließt die Grundbcgriffe des technischen Fortschritts in sich ein. Alle diese Begriffe, wie auch der sie vereinigende Begriff der „Produktivkraft der Arbeit", treten hier noch in einfacher, unmittelbarer Form als Faktoren auf, die die Produktivkraft der Arbeit bestimmen, wobei die Produktivkraft der Arbeit die Dauer der Arbeitszeit verändert und die Wertgröße der Ware beeinflußt. Nehmen wir einen dieser Faktoren, zum Beispiel das Produktionsmittel, so bedarf es keiner großen vorherigen Erläuterungen, um den unmittelbaren Einfluß von Umfang und Effektivität des Produktionsmittels auf das Niveau der Produktivkraft der Arbeit klar zu machen. Die Untersuchung dessen, worin sich die Produktivkraft der Arbeit verkörpert, beginnt Marx mit der Analyse des Arbeitsmittels, das er als „Ding oder ein Komplex von Dingen" definiert, „die der Arbeiter zwischen sich und den Arbeitsgegenstand schiebt und die ihm als Leiter seiner Tätigkeit auf diesen Gegenstand dienen".[33] Die Benutzung von Arbeitsmitteln ist eine spezifisch menschliche Tätigkeit.

Das Arbeitsmittel bildet die materielle Grundlage der menschlichen Tätigkeit. In dieser Qualität tritt das Arbeitsmittel als technische Basis, als Grundlage der Produktion auf. Marx geht in seiner Untersuchung von der Analyse des Arbeitsprozesses beim Handwerk und in der Manufaktur zum Studium der Entwicklung der maschinellen Industrie über und erweitert dabei den Begriff „Arbeitsmittel" zu dem allgemeineren Begriff der „technischen Basis", der „technischen Grundlage der Produktion". „Wir erblicken hier also in der Manufaktur", schreibt Marx, „die unmittelbare technische Grundlage der großen Industrie. Jene produzierte die Maschinerie, womit diese in den Produktionssphären, die sie zunächst ergriff, den handwerks-

[32] K. Marx, Das Kapital, Erster Band, in: MEW, Bd. 23, S. 54.
[33] Ebenda, S. 194.

und manufakturmäßigen Betrieb aufhob".[34] Die Grundlage der Manufaktur war das Handwerk. „Diese enge technische Basis", sagt Marx, „schließt wirklich wissenschaftliche Analyse des Produktionsprozesses aus . . ."[35] In der vorindustriellen Periode war die technische Basis dem Wesen nach konservativ, da sie keine Möglichkeit zu einer schnellen und breiten Entwicklung der Produktion bot.

Die technische Basis der Fabrik, die der modernen Großindustrie entspricht, ist die Maschine. In der modernen Industrie ist die „. . . technische Basis . . . revolutionär . . . Durch Maschinerie, chemische Prozesse und andre Methoden wälzt sie beständig mit der technischen Grundlage der Produktion die Funktionen der Arbeiter und die gesellschaftlichen Kombinationen des Arbeitsprozesses um".[36]

Der Begriff „technische Basis der Produktion" ist genügend breit. Er umfaßt das Arbeitsmittel (Werkzeuge, Maschinen), den Transport, die unterschiedlichen Naturprozesse (chemische Prozesse u. a.), die in der Produktion genutzt werden, die Anwendung verschiedener Methoden zur Erhöhung der Arbeitsproduktivität, z. B. die Aufteilung des Arbeitsprozesses in Operationen, die Schaffung einer kontinuierlichen Produktion u. a.

Die technische Basis ändert sich mit der Entwicklung der Produktionstätigkeit des Menschen und nimmt verschiedene, historisch vergängliche Formen an. So bildeten in der Periode der handwerklichen, der manufakturmäßigen und besonders der maschinellen Produktion hauptsächlich mechanische Arbeitsmittel die technische Basis. Marx bemerkt, daß die mechanischen Arbeitsmittel charakteristische Unterscheidungsmerkmale einer bestimmten Epoche der gesellschaftlichen Produktion darstellen.[37]

Bei der Analyse der gesellschaftlichen Produktion entwickelt Marx auch einen anderen Begriff, der bei der ursprünglichen Definition der Produktivkraft der Arbeit erwähnt wurde — das Geschick des Arbeiters. Indem der Manufakturarbeiter das ganze Leben hindurch eine be-

[34] Ebenda, S.403
[35] Ebenda, S. 358.
[36] Ebenda, S. 511—512.
[37] Ebenda, S. 195.

stimmte Funktion ausführt, verwandelt er sich in einen automatisch funktionierenden Mechanismus.

Diese Seite, dieser Faktor des Arbeitsprozesses, trägt rein technischen Charakter. Die inhaltsarme Tätigkeit eines Arbeiters, der als „funktionierender Arbeitskörper" auftritt, nennt Marx den technischen Charakter der Arbeit. Der Begriff „technischer Charakter der Arbeit" spiegelt jene Seite der Produktionstätigkeit des Menschen wider, wo er „als bloßes Dasein von Arbeitskraft", als „ein Naturgegenstand, ein Ding, wenn auch lebendiges, selbstbewußtes Ding" auftritt. Durch den technischen Charakter der Arbeit tritt die Arbeitskraft als „in menschlichen Organismus umgesetzter Naturstoff" auf.[38] Dieser technische Charakter der Arbeit ist nicht nur der Manufaktur eigen, die den Arbeiter zum Krüppel macht, indem sie bei ihm künstlich nur eine einseitige Fertigkeit ausbildet, indem sie eine ganze Welt produktiver Neigungen und Anlagen unterdrückt. In nicht geringerem Maße ist dieser technische Charakter auch der maschinellen Produktion eigen, sogar auf der höchsten Stufe ihrer Entwicklung. Obwohl die Maschinerie die manufakturmäßige Arbeitsteilung technisch über den Haufen wirft, sagt Marx, und mit ihr das technische Geschick des Arbeiters, ist es doch bei der Maschinerie auch notwendig, daß „er (der Arbeiter — d. Ü.) seine eigne Bewegung der gleichförmig kontinuierlichen Bewegung eines Automaten anpassen lerne".[39]

Der Inhalt des technischen Charakters der Arbeit ändert sich historisch. Diese Veränderung findet ihre Widerspiegelung in verschiedenen Begriffen, die Marx erarbeitete. In der Periode der handwerksmäßigen Produktion ist es das „Geschick des Arbeiters", in der Manufakturperiode die „Virtuosität", in der frühen Periode der maschinellen Produktion die „Fähigkeit, an der Maschine zu arbeiten", unter den Bedingungen des automatischen Maschinensystems die „praktische Erfahrung".

Dank des technischen Charakters der Arbeit setzt sich das Gesetz der Funktionsübertragung vom Menschen auf

[38] Ebenda, S. 217, S. 229, Anm. 27.
[39] Ebenda, S. 443.

technische Mittel durch. Die Übertragung von Funktionen wäre nicht möglich, würde der Mensch im Arbeitsprozeß nicht irgendwelche technische Eigenschaften entwickeln, die den technischen Mitteln im wesentlichen verwandt sind.

Die Begriffe „technische Basis" und „technischer Charakter der Arbeit" in ihrer historisch bestimmten Form kann man auch in dem allgemeinen Begriff „Technik" zusammenfassen.

Zur Analyse der Technik geht Marx erst bei der Untersuchung komplizierterer ökonomischer Verhältnisse des Kapitalismus — der Produktion des relativen Mehrwertes — und bei der Analyse der Großindustrie über. Den Begriff „Technik" beginnt Marx erst zu benutzen, nachdem erstens die Entwicklung des Arbeitsmittels von sehr einfachen Werkzeugen bis zur Schaffung eines automatischen Maschinensystems und nachdem zweitens die Entwicklung des technischen Charakters der Arbeit vom handwerklichen Geschick bis zur Ausbildung und umfassenden Verbreitung der Arbeitserfahrung an der automatischen Maschine erforscht waren. „Die außerordentliche Elastizität des Maschinenwesens infolge gehäufter praktischer Erfahrung, des schon vorhandnen Umfangs mechanischer Mittel und des beständigen Fortschritts der Technik zeigte uns sein Sturmmarsch . . .", sagte Marx.[40] Unter technischem Fortschritt versteht Marx hier die Entwicklung praktischer Erfahrung und mechanischer Mittel, deren Fortschritt zum Siegeszug des Maschinensystems führte. Technik bedeutet technische Basis, bedeutet hauptsächlich die Einheit von mechanischen Mitteln und Arbeitskraft, die im allgemeinen für jeden beliebigen Produktionsprozeß notwendig ist. Jedes mechanische Mittel ist, wenn es mit der Tätigkeit des Menschen, mit seinen Produktionsfunktionen nicht verbunden ist, lediglich Anhäufung von Metall oder eines anderen Stoffes. In den Händen des Arbeiters wird es jedoch zum Organ seiner Tätigkeit, zu einem Organ, das er „seinen eignen Leibesorganen hinzufügt, seine natürliche Gestalt verlängernd."[41]

[40] Ebenda, S. 456.
[41] Ebenda, S. 194.

Weiterhin zieht Marx einen solchen Begriff wie „technisches Gesetz des Produktionsprozesses" heran. „Lieferung von gegebnem Produktenquantum in gegebner Arbeitszeit wird dagegen in der Manufaktur technisches Gesetz des Produktionsprozesses selbst".[42] Dieses Gesetz erfordert Kontinuität, Einheitlichkeit, Regelmäßigkeit, eine streng festgelegte Ordnung und beginnt nur in einer bestimmten Etappe der sozialökonomischen Entwicklung unter dem Einfluß der Konkurrenz zu wirken. Die Einhaltung des Gesetzes ist nur unter genauer Berücksichtigung der natürlichen Kräfte, Eigenschaften und Erscheinungen möglich, die am technologischen Prozeß beteiligt sind. Marx bemerkt übrigens, daß die Manufaktur dieses technische Gesetz sehr oft nicht einhalten kann, da sie im allgemeinen nicht in der Lage ist, die chemischen und physikalischen Bedingungen des Produktionsprozesses genau zu kontrollieren.

Marx konkretisiert den Begriff „technologische Anwendung der Wissenschaft": „Der Gesamtprozeß wird hier objektiv, an und für sich betrachtet, in seine konstituierenden Phasen analysiert, und das Problem, jeden Teilprozeß auszuführen und die verschiednen Teilprozesse zu verbinden, durch technische Anwendung der Mechanik, Chemie usw. gelöst."[43] „Technologische Anwendung der Wissenschaft" ist somit erstens die wissenschaftliche Analyse des Produktionsprozesses und dessen Zerlegung in jene Teilphasen, die den Prozeß selbst hervorrufen; zweitens die Ausnutzung aller wissenschaftlichen Errungenschaften zur Ausführung jedes Teils dieses Produktionsprozesses; drittens die Anwendung der Wissenschaft, um alle Teilprozesse am rationellsten in einem einheitlichen Produktionsprozeß zusammenzuschließen.

Gleichzeitig konkretisierte Marx auch den Begriff „gesellschaftliche Kombination des Produktionsprozesses". Während er ihn ursprünglich als Akt des Warenaustausches betrachtete, der auf der abstrakten Arbeit beruht, konkretisierte er ihn im folgenden mit Hilfe des Begriffs „technische

[42] Ebenda, S. 366.
[43] Ebenda, S. 401.

Einheit". Marx betont, daß in der Manufaktur eine Vereinigung von Arbeits- und Produktionsprozessen notwendig wird, da der Arbeitsgegenstand hier in jedem Teilprozeß der Produktion nur teilweise bearbeitet wird. Die „gesellschaftliche Kombination des Produktionsprozesses" bedeutet hier die Vereinigung verschiedener, sich gegenseitig ergänzender Manufakturen, die gesonderte Prozesse ausführen. Beispielsweise werden eine Manufaktur zur Herstellung von Glas, eine Manufaktur zum Schleifen von Glas und eine Manufaktur für die Herstellung von Brillenfassungen zu einer kombinierten Manufaktur für die Herstellung von Brillen zusammengeschlossen. „Trotz mancher Vorteile", sagt Marx, „welche die kombinierte Manufaktur bietet, gewinnt sie, auf eigner Grundlage, keine wirklich technische Einheit. Diese entsteht erst bei ihrer Verwandlung in den maschinenmäßigen Betrieb".[44]

Bei der Betrachtung der maschinellen Produktion deckte Marx den Inhalt des Begriffes „gesellschaftliche Kombination des Produktionsprozesses" in seiner konkreten Gestalt auf. „Die Maschinerie", sagt Marx, „...funktioniert nur in der Hand unmittelbar vergesellschafteter oder gemeinsamer Arbeit. Der kooperative Charakter des Arbeitsprozesses wird jetzt also durch die Natur des Arbeitsmittels selbst diktierte technische Notwendigkeit".[45] Somit schließt der vorliegende Begriff folgende Sätze ein: Das Arbeitsmittel kann nur in den Händen unmittelbar zusammengeschlossener, vergesellschafteter, gemeinschaftlich arbeitender Menschen funktionieren; der gemeinsame und kooperative Charakter der Arbeit stellt eine technische Notwendigkeit dar; das Arbeitsmittel kann nur in den Händen vergesellschafteter Arbeit funktionieren; die technische Notwendigkeit des kooperativen Charakters des Arbeitsprozesses wird vom Wesen des Arbeitsmittels diktiert und hervorgerufen.

Die Einheit dieser Begriffe spiegelt sich im Begriff „Technologie" wider. Diesen Begriff beginnt Marx erst bei der Analyse des hochentwickelten Maschinensystems zu

[44] Ebenda, S. 368.
[45] Ebenda, S. 407.

benutzen. Er schreibt: „Ihr Prinzip (das der großen Industrie — d. Ü.), jeden Produktionsprozeß, an und für sich und zunächst ohne alle Rücksicht auf die menschliche Hand, in seine konstituierenden Elemente aufzulösen, schuf die ganz moderne Wissenschaft der Technologie".[46] Weiterhin beschreibt Marx, womit sich die Technologie als Wissenschaft befaßt: „Die buntscheckigen, scheinbar zusammenhangslosen und verknöcherten Gestalten des gesellschaftlichen Produktionsprozesses lösten sich auf in bewußt planmäßige und je nach dem bezweckten Nutzeffekt systematisch besonderte Anwendungen der Naturwissenschaft".[47]

Die Technologie befaßt sich vor allem mit der bewußten und planmäßigen Zergliederung des gesellschaftlichen Produktionsprozesses. Es ist nicht schwer zu erkennen, daß der Inhalt der beiden vorangegangenen Begriffe in dieser These eine weitere Entwicklung erfährt. Die planmäßige Zergliederung setzt auch eine Wechselbeziehung des zu zergliedernden Produktionsprozesses, eine Kombination der Teilprozesse voraus. Marx zeigte, daß die Formen, in die der Produktionsprozeß zerlegt wurde, systematisch zergliedert werden. Als oben auf die Notwendigkeit hingewiesen wurde, zur Ausführung von Teiloperationen wissenschaftliche Errungenschaften auszunutzen, wurde die Frage nach der Reihenfolge in der Ausführung jedes Teilproduktionsprozesses nicht berührt. Jetzt wird auf das Systematische, auf eine bestimmte, wissenschaftlich begründete Reihenfolge der Zergliederung des Produktionsprozesses hingewiesen. Auf diese Weise wird die Wechselbeziehung, die Kombination der Teilprozesse zur Produktion materieller Güter klarer herausgestellt. Das nächste, worauf Marx hinweist, wenn er von der Technologie spricht, ist, daß die Zergliederung des gesellschaftlichen Produktionsprozesses in Abhängigkeit von dem gewünschten Nutzeffekt durchgeführt wird. Auch früher wurde darauf hingewiesen, daß sowohl die Zergliederung des Produktionsprozesses als auch seine Vereinigung sich auf wissenschaft-

[46] Ebenda, S. 510.
[47] Ebenda, S. 510.

licher Grundlage vollziehen, das heißt, daß der Mensch mit Überlegung handelt. Jetzt, bei der Aufdeckung des Inhaltes der Technologie, zeigt Marx, daß die Zergliederung in Abhängigkeit vom gewünschten Effekt durchgeführt wird. Er hebt hier die wachsende Rolle der Wissenschaft im Produktionsprozeß hervor.

Wenn andererseits bei der Analyse des Begriffs „gesellschaftliche Kombination des Produktionsprozesses" auf die entscheidende Rolle des Arbeitsmittels hingewiesen wurde, so erklärt Marx jetzt umfassender und tiefer einen Faktor, der den ganzen Charakter der Zergliederung des gesellschaftlichen Produktionsprozesses klärt — den Nutzeffekt. Wenn Marx vom Nutzeffekt spricht, so meint er den gesellschaftlich nützlichen Effekt, da es sich um die Zergliederung des gesellschaftlichen Produktionsprozesses handelt.

Zur Aufdeckung des Inhalts der Technologie schreibt Marx: „Die Technologie entdeckte ebenso die wenigen großen Grundformen der Bewegung, worin alles produktive Tun des menschlichen Körpers, trotz aller Mannigfaltigkeit der angewandten Instrumente, notwendig vorgeht . . ."[48] Somit beschäftigt sich die Technologie als Wissenschaft nicht nur mit dem Produktionsprozeß an sich, unabhängig vom Menschen, der daran teilnimmt, sondern gleichzeitig mit dessen produktiver Tätigkeit. Es muß bemerkt werden, daß Marx anfangs den Menschen ausschließt und den Produktionsprozeß „an und für sich und zunächst ohne alle Rücksicht auf die menschliche Hand"[49] betrachtet. Später aber kommt er darauf zurück, die Beziehung der Technologie zum Menschen zu erläutern. Die Technologie betrachtet den in den Produktionsprozeß einbezogenen Menschen vom Standpunkt seiner körperlichen Tätigkeit, die darauf gerichtet ist, die Arbeitsmittel in Bewegung zu setzen, deckt die Bewegungsformen des menschlichen Körpers auf, die Prinzipien, den Mechanismus, das Schema dieser Bewegung und zeigt, wie man sie im Produktionsprozeß ausnutzt.

[48] Ebenda, S. 510.
[49] Ebenda, S. 510.

An der Veränderung der Begriffe des technischen Fortschritts erkennen wir ebenso wie an der Veränderung anderer Begriffe, z. B. der Wertformen, wie sich das erkennende Denken vom Abstrakten zum Konkreten bewegt. Eine Definition des Begriffes „Technologie“ gibt Marx erst ganz am Ende des XIII. Kapitels im Ersten Band des „Kapitals“. Das ist kein Zufall. Wäre diese Definition am Anfang des „Kapitals“ gegeben worden, wo sie, wie es auf den ersten Blick hin scheint, auch gegeben werden müßte, da hier der Arbeitsprozeß betrachtet wird, so hätte diese Definition den ganzen Inhaltsreichtum nicht ausdrücken können. Die Ausgangsthesen für die inhaltliche Untersuchung des Begriffs „Technologie“ — die „technologische Anwendung der Wissenschaft“ und die „gesellschaftliche Kombination des Produktionsprozesses“ — stellen einseitige Begriffe dar, die den in Wirklichkeit vielseitigen Prozeß der realen Produktion, den Prozeß, der später in seinem ganzen Reichtum zum Vorschein kommt, nur teilweise widerspiegeln. Diese Begriffe beleuchten das Konkrete nur von bestimmten Seiten, unter der Sicht bestimmter Zusammenhänge und Beziehungen. Sie sind in diesem Sinne abstrakt. Bei der Analyse der ersten abstrakten Definitionen entdeckt Marx in ihnen immer neue Zusammenhänge und Beziehungen, bis eine gedankliche Reproduktion des konkreten, realen, tatsächlichen Prozesses in Form von Begriffen und Kategorien erreicht ist. Ein solcher konkreter Begriff ist auch die Technologie. Vom ersten Unterabschnitt des I. Kapitels bis zum Ende des XIII. Kapitels im Ersten Band des „Kapitals“ vollzieht sich ein Prozeß aufsteigend vom Abstrakten zum Konkreten.

Der Begriff „Technik“ wird im Verlaufe der Untersuchung von Marx ebenfalls mit Hilfe der Methode, vom Abstrakten zum Konkreten aufzusteigen, abgeleitet. Zu Anfang des ersten Kapitels wird eine Definition des Begriffes „Produktivkraft der Arbeit“ gegeben. Da die Faktoren, die diesen Begriff ausmachen — wie das Geschick des Arbeiters, die technologische Anwendung der Wissenschaft usw. —, hier noch in einfacher, einseitiger und abstrakter Form gegeben sind, wird auch der Begriff der Produktivkraft der Arbeit selbst unvollständig, äußerlich und abstrakt wiedergegeben. Erst nachdem verfolgt worden ist, wie sich die Verhältnisse, die die Produktivkraft der Arbeit bestimmen, entwickeln, sind die Begriffe „Technik“ und „Technologie“ abgeleitet worden. Seitdem benutzt Marx den Begriff „Produktivkraft der Arbeit“ in konkreter Form.

Er betont, daß sich die Produktivkraft der Arbeit mit dem Fortschritt von Wissenschaft und Technik entwickelt und versteht hier unter Wissenschaft keine rein theoretischen Forschungen, sondern die Ausnutzung der wissenschaftlichen Ergebnisse im Produktionsprozeß. Marx klärt den Einfluß des wissenschaftlichen Fortschritts auf die Entwicklung der Produktivkraft der Arbeit und weist insbesondere auf die Anwendung der Chemie in der Produktion hin, deren Ergebnisse die Anzahl nützlicher Stoffe, die in der Produktion verwandt werden, vervielfachen und neue Einsatzmöglichkeiten bereits bekannter Stoffe erschließen. Die Wissenschaft beeinflußt die Produktivkraft der Arbeit aber unmittelbar über die Technologie, die die Produktionsprozesse nicht nur wissenschaftlich zergliedert und kombiniert und sie dadurch in „wissenschaftlich disponierte Produktionsprozesse“[50] umwandelt, sondern die auch naturwissenschaftliche Erkenntnisse ausnutzt.

Marx schenkte Problemen der Ausnutzung von Naturkräften große Aufmerksamkeit. In der ursprünglichen Definition des Begriffes Produktivkraft der Arbeit (erstes Kapitel des „Kapitals“) erinnert er an Naturbedingungen und meint das Wetter (beispielsweise ein günstiges oder ungünstiges Jahr für die Weizenproduktion), das Vorhandensein von Bodenschätzen, den Reichtum an Metallerzen usw. Die Naturbedingungen treten hier als ein Faktor auf, der nicht der Macht des Menschen unterliegt und dem sich der Mensch unterwerfen muß. Eine andere Erklärung des natürlichen Faktors gibt Marx, nachdem von ihm die Entwicklung der wesentlichen Umstände, die die Produktivkraft der Arbeit bestimmen, untersucht und Definitionen der Begriffe Technik und Technologie abgeleitet worden sind.

Nunmehr deckt er den Hauptinhalt des Begriffs Produktivkraft der Arbeit auf und zeigt, daß „ungeheure Natur-

[50] Ebenda, S. 656.

kräfte in den Dienst der Produktion gepreßt und die Verwandlung des Produktionsprozesses in technologische Anwendung der Wissenschaft vollzogen werden können".[51] Die Technologie nutzt die Ergebnisse der Naturwissenschaften, um die Wissenschaft in der Produktion anzuwenden, um die erkannten Naturkräfte dem Produktionsprozeß zu unterwerfen.

„Wenn der Produktionsprozess zur *Anwendung der Wissenschaft*" (wird), sagt Marx, „wird umgekehrt die Wissenschaft zu einem Faktor, sozusagen, zu einer Funktion des Produktionsprozesses".[52] Die Rolle der Wissenschaft wächst mit der technischen Entwicklung ständig. Durch den Fortschritt der Wissenschaft wird es möglich, eine ständig wachsende Anzahl verschiedenartiger Mittel zu schaffen, die die Kräfte der Natur in „Agenten der gesellschaftlichen Arbeit" verwandeln. Dies widerspiegelt sich „in der Größenabnahme des subjektiven Faktors des Arbeitsprozesses verglichen mit seinen objektiven Faktoren".[53]

Somit bedingen die Technik und die Technologie die Produktivkraft der Arbeit. Marx vereint diese beiden Begriffe zu einem allgemeinen — den produktiven Organen des gesellschaftlichen Menschen. Dieser Begriff umfaßt die subjektiven und objektiven Faktoren des Arbeitsprozesses, spiegelt die Gesamtheit aller vom Menschen geschaffenen Mittel wider, die in den Arbeitsprozeß der Naturkräfte einbezogen sind, ferner die Gesamtheit der wissenschaftlichen und beruflichen Kenntnisse sowie der organisatorischen Maßnahmen, die gleichfalls in die Produktivkraft der Arbeit einbezogen sind. Die produktiven Organe des gesellschaftlichen Menschen charakterisieren die Arbeit als zweckmäßige Tätigkeit, als allgemeine Voraussetzung des Stoffwechsels zwischen Mensch und Natur, unabhängig von diesen oder jenen gesellschaftlich-ökonomischen Bedingungen.

[51] Ebenda, S. 652.
[52] K. Marx, Zur Kritik der Politischen Ökonomie (1861—1863), Heft XX, S. 1261, in: K. Marx, Машины. Применение природных сил и науки. В: Вопросы истории естествознания и техники, 1968, вып. 25, стр. 75.
[53] K. Marx, Das Kapital, Erster Band, in: MEW, Bd. 23, S. 651.

Erstes Kapitel

Die Hauptrichtungen der historischen Entwicklung der Technik

Der Mensch eignet sich zur Befriedigung seiner Lebensbedürfnisse den Naturstoff an. Die ersten Mittel hierzu stellen seine eigenen natürlichen Organe, die Hände und Finger dar. Diese Organe sind ihren natürlichen Möglichkeiten entsprechend nur in der Lage, mechanisch auf den Naturstoff einzuwirken. Das später vom Menschen erfundene Werkzeug ist nur ein Mittel, die Einwirkung der natürlichen Organe zu verstärken, es verändert den mechanischen Charakter dieser Einwirkung nicht. Durch diesen Charakter der Aneignungsmittel war festgelegt, daß nur derjenige Naturstoff der Aneignung unterlag, der durch mechanische Einwirkung den menschlichen Bedürfnissen angepaßt werden konnte. Vom Charakter der Mittel, mit denen der Mensch sich den Naturstoff aneignet, hängt ab, welches Material angeeignet wird.

Bei mechanischer Einwirkung nimmt der Mensch an dem Komplex der natürlichen Eigenschaften des anzueignenden Naturstoffes wie Aggregatzustand, Härte, Feuerbeständigkeit, Elastizität, chemische Reaktion, Farbe, Geruch usw. keinerlei beabsichtigte Veränderungen vor. Es gab lange Perioden in der Geschichte des Menschen, wo er zur Werkzeugherstellung nur Material benutzte, das unmittelbar in der Natur vorhanden war. Die Beherrschung der nützlichen Eigenschaften des Feuers durch den Menschen stellte den ersten Schritt dar, neue Mittel zur Einwirkung auf den Naturstoff in die Hand zu bekommen. Das war entscheidend dafür, daß der Mensch begann, sich neue Materialien anzueignen — die Metalle, die in aufbereiteter Form in der Natur nicht existieren. Die Eigenschaften solcher Materialien wie Holz oder Stein nutzte der Mensch jedoch in einer Form, wie ihm die Natur dieses Material überließ.

Die Materialien, die der Mensch sich durch mechanische Einwirkung aneignet, ohne ihre natürlichen Eigenschaften wesentlich zu verändern, bilden die Klasse der Naturstoffe.

Da jeder Naturstoff im natürlichen Zustand eine unterschiedliche Neigung besitzt, menschliche Bedürfnisse zu befriedigen, muß der Mensch in bestimmter Reihenfolge eine gewisse Anzahl unterschiedlicher Operationen ausführen, um den Naturstoff in ein Arbeitsprodukt zu verwandeln.

Betrachten wir die Funktionen der natürlichen Organe des Menschen, die das Arbeitsmittel in Bewegung setzen.

Damit das Werkzeug die Operation ausführen kann, ist erstens erforderlich, es unmittelbar in Bewegung zu setzen, es der Funktion entsprechend in bestimmter Weise zu führen, d. h. das Werkzeug erfordert eine ausführende Tätigkeit. Diese ausführende Funktion erfolgt im wesentlichen durch die Extremitäten des Menschen, in der Hauptsache durch die Hände. Werkzeug und Mittel, die gemeinsam die ausführende Funktion ausüben, bilden, sofern sie sich unmittelbar auf den Arbeitsgegenstand beziehen, den Arbeitsteil der produktiven Organe des gesellschaftlichen Menschen.

Zweitens ist es zur Ausführung einer Operation notwendig, alle Teilmomente in bestimmter Weise miteinander in Beziehung zu setzen, die zur Ausführung einer bestimmten Operation erforderliche Raum-Zeit-Beziehung des Arbeitsgegenstandes, des Werkzeuges und der ausführenden Organe des Menschen herzustellen, d. h., es ist eine Leitung des gesamten Arbeitsprozesses erforderlich. Diese Funktion erfüllt das menschliche Denken. Drittens ist eine Antriebsquelle, ein Motor erforderlich, um mit Hilfe der ausführenden Organe und des logisch denkenden Organs die genannten Funktionen auszuführen. Die Antriebsfunktion üben die Muskeln des menschlichen Organismus aus.

Keine der drei Funktionen existiert ohne die beiden übrigen, sie treten nur gemeinsam in Erscheinung. Nur in ihrer Einheit ergeben diese drei Funktionen den technologischen Prozeß, den Prozeß zur Bearbeitung eines Stoffes, den sich der Mensch aneignet. Diese Funktionen nennen wir ebenso wie die Mittel, die sie ausführen, technische Mittel und Funktionen.

Technische Funktionen sind solche physischen und intellektuellen Handlungen des Menschen, die einen maschinenähnlichen, mechanischen, formalen Charakter tragen. Marx und Engels nannten solche Handlungen des Menschen „technischen Charakter der Arbeit“[1], „Maschinenarbeit“, die „... die Entwicklung der Industrie mehr und mehr den Maschinen anheim gibt“.[2] In den Tätigkeiten der natürlichen Organe, bei der Erfüllung technischer Funktionen, offenbaren sich Eigenschaften, die dem Wesen nach auch technischen Einrichtungen eigen sind. Dies bildet die objektive Grundlage dafür, daß technische Funktionen vom Menschen auf technische Mittel übertragen werden können.

In Abhängigkeit davon, inwieweit im einzelnen die Wirkung der natürlichen produktiven Organe des Menschen erforscht ist, kann man eine mehr oder weniger große Anzahl technischer Funktionen hervorheben. Im wesentlichen sind es drei: die ausführende, die bewegende und die regelnde (steuernde) Funktion.

Da die technischen Funktionen auf die Ausführung von Arbeit gerichtet sind, regelt letztere deren Beziehung untereinander. Es liegt eine bestimmte Hierarchie vor, eine Koordinierung der Funktionen. Diese Hierarchie der technischen Funktionen ist durch die historische Aufeinanderfolge ihrer Übertragung auf technische Mittel determiniert. Das gleiche trifft zu auf den Gang der Entwicklung der produktiven Organe und des wissenschaftlich-technischen Fortschritts, wobei ersterer das Wesen des letzteren beeinflußt.

Die Einheit der technologischen Funktionen verkörpert sich seit jeher in der Arbeit des einzelnen Menschen, des Individuums, wobei das Werkzeug, die Hand und der Kopf sozusagen nicht zu trennen sind. „Soweit der Arbeitsprozeß ein rein individueller, vereinigt derselbe Arbeiter alle Funktionen, die sich später trennen“[3], hebt Marx hervor. Die höchste Form dieses Nichtgetrenntseins der technologi-

[1] K. Marx, Das Kapital, Erster Band, in: MEW, Bd. 23, S. 214.

[2] K. Marx und F. Engels, Die deutsche Ideologie, in: MEW, Bd. 3, Berlin 1959, S. 377.

[3] K. Marx, Das Kapital, Erster Teil, in: MEW, Bd. 23, S. 531.

schen Funktionen liegt in der Arbeit des Handwerkers vor. Der Handwerker setzt mit seinen Händen tatsächlich seine wenigen Werkzeuge unmittelbar in Bewegung, d. h., seine Hände üben die ausführende Funktion aus, seine Muskeln dienen als Energiequelle und durch logisches Denken leitet er den gesamten Arbeitsprozeß, organisiert er seine Arbeit. Da die Wesenszüge in einer entwickelten Erscheinungsform am klarsten zum Ausdruck kommen, analysieren wir die vom Handwerker ausgeübten Funktionen.

Der universelle Charakter der ausführenden Organe des Handwerkers umfaßt jene Momente der Tätigkeit, die in den verschiedenen Tätigkeitsarten von allgemeiner Natur sind. Gleichzeitig ist die ausführende Tätigkeit aber auch unterschiedlich, da die Operationen unterschiedlich sind, die zur Lösung dieser oder jener Produktionsaufgabe erforderlich sind. Der Handwerker muß ein Werkzeug nicht nur in Bewegung setzen, sondern muß es auch in strenger Übereinstimmung mit der gegebenen Operation, die ausgeführt wird, zweckmäßig lenken. Somit trägt die ausführende Funktion des Handwerkers neben dem allgemeinen, universellen Charakter auch einen spezifischen, zweckmäßigen Charakter, d. h. sie trägt Doppelcharakter.

Eine leichtere und qualitativ bessere Ausführung der Operationen wird dann stattfinden, wenn der Mensch seine gesamte Tätigkeit auf die Erfüllung einer bestimmten, sehr einfachen Operation konzentriert und dieser Operation sein Werkzeug anpaßt. Ein besser angepaßtes Werkzeug gestattet, eine Operation zu zergliedern, sie in kleinere Teile zu zerlegen und sie in Form einzelner, selbständiger Operationen auszuführen. Diese differenzierten Operationen erfordern für die schnellere und qualitativ bessere Ausführung eine größere Anpassung des Werkzeugs und damit auch der natürlichen Organe des Menschen, die dieses Werkzeug in Bewegung setzen. Die ausschließlich im Arbeitsprozeß entstehende Notwendigkeit, Funktionen schneller und qualitativ besser auszuführen, bedingt die Notwendigkeit, Organe, die diese Funktionen erfüllen, zu vervollkommnen. In der Handwerksarbeit vollzieht sich diese Vervollkommnung durch das schöpferische Denken des Handwerkers.

Der schöpferisch denkende Mensch verfolgt im Arbeitsprozeß unmittelbar den Zusammenhang zwischen der durchzuführenden Operation und dem ausführenden Werkzeug und deckt zwischen beiden eine Beziehung auf, die einen qualitativ neuen Zusammenhang zwischen der durchzuführenden Operation und dem ausführenden Werkzeug entstehen läßt, einen Zusammenhang, der sie in eine bessere Übereinstimmung zueinander bringt. Der Mensch verwirklicht diesen Zusammenhang und vervollkommnet damit sowohl die Operation als auch das Werkzeug in der Richtung und in dem Maße, wie ihm dies die Logik der Dinge selbst diktiert. Ein besser angepaßtes Werkzeug gibt das Maß und die Richtung für die Veränderung der Operationen an, und die veränderte Operation gibt das Maß und die Richtung für die Veränderung des Werkzeugs an. „Die Richtung ihres (des Werkzeugs — d. Ü.) Formwechsels“, sagt Marx, „ergibt sich aus der Erfahrung der besondren Schwierigkeiten, welche die unveränderte Form in den Weg legt.“[4] Die Vervollkommnung und Entwicklung eines Werkzeuges ist, losgelöst von der unmittelbaren Arbeit, von der unmittelbaren Gewinnung von Erfahrungsdaten, unmöglich. Die persönliche Produktionserfahrung ist für die schöpferische Entwicklung von Werkzeugen eine notwendige Voraussetzung.

Der Handwerker vervollkommnete seine Werkzeuge durch sein schöpferisches Denken selbst, „. . . während auf den frühren Stufen der Produktion, beschränktes Mass der Kenntnis und Erfahrung unmittelbar mit der Arbeit selbst verbunden ist, sich nicht als von ihr getrennte, selbständige Macht entwickelt. . .“, sagt Marx. „Hand und Kopf nicht trennt“.[5]

Die Funktion der schöpferischen Entwicklung ist die vierte und letzte Funktion, die die produktiven Organe des

[4] Ebenda, S. 361.

[5] K. Marx, Zur Kritik der Politischen Ökonomie (1861—1863), Heft XX, S. 1262, in: Коммунист, 1958, Nr. 7, S. 22—23. Der hier und in weiteren Abschnitten wiedergegebene Text bisher im Deutschen nicht veröffentlichter Schriften von Marx stützt sich auf die vom IML, Berlin, freundlicherweise zur Verfügung gestellte Entzifferung der entsprechenden Handschriften von Karl Marx (Anm. d. Bearbeiters).

gesellschaftlichen Menschen erfüllen. Diese Funktion ist auf das Material gerichtet, das man durch die ausführende Tätigkeit erhält. Dabei wird der Charakter der schöpferischen Tätigkeit durch die ausführende Tätigkeit bestimmt, ist von ihr abhängig, da das schöpferische Denken in der Richtung und in dem Maße wirkt, wie die Logik der Dinge es ihm diktiert. Es muß auch betont werden, daß die Notwendigkeit, die produktiven Organe des gesellschaftlichen Menschen zu vervollkommnen, nicht den produktiven Organen selbst innewohnt, sondern durch die Bedürfnisse des Menschen bestimmt wird. Zur schnelleren und qualitativ besseren Befriedigung seiner Bedürfnisse muß der Mensch seine produktiven Organe, die den Naturstoff den menschlichen Bedürfnissen anpassen, vervollkommnen. Auch die Bedürfnisse selbst, indem sie befriedigt werden, entwickeln sich und stellen immer höhere Anforderungen an die Produktion. Die notwendige Entwicklung der Arbeitswerkzeuge, die von den gesellschaftlichen Bedingungen abhängt, kann sich in geringerem oder größerem Maße vollziehen, und der Mensch kann seine produktiven Organe mehr oder weniger rasch vervollkommnen. Sobald aber der Mensch ihre Vervollkommnung einmal in Angriff genommen hat, kann er nicht willkürlich verfahren. Hier wirken eigene Entwicklungsgesetze und eigene Vervollkommnungsprinzipien. Die vierte Funktion besitzt relative Selbständigkeit, was dagegen bei keiner der technischen Funktionen der Fall ist. Die technischen Funktionen und die Funktionen der schöpferischen Entwicklung kann man in Anlehnung an die Terminologie von Marx gemeinsam als produktive Funktionen[6] bezeichnen.

In der Wechselwirkung von Operationen und Werkzeugen vollzieht sich eine wesentliche Veränderung, die sich auf das Verhältnis der universellen und der spezifischen Seite des Werkzeugs und der ausführenden Organe des Menschen bezieht. Der Mensch paßte das Werkzeug immer mehr einer bestimmten elementaren Operation an und schuf so eine Werkzeugform, die es ihm auf die beste Weise ermöglichte, eine bestimmte Operation auszuführen. In

[6] Siehe: K. Marx, Das Kapital, Erster Band, in: MEW, Bd. 23, S. 369 f.

einer solchen Werkzeugform verkörpert sich die zweckmäßige Tätigkeit der ausführenden Organe des Menschen in der höchsten Form. Das Werkzeug erfordert nun von seiten des Menschen nicht mehr jenes Maß an Zweckmäßigkeit, wie dies bei der Arbeit mit unvollkommenen Werkzeugen erforderlich war. Bei der Entwicklung seiner Werkzeuge konzentrierte sich der Mensch ausschließlich auf die rein ausführende Tätigkeit. Er verwandelt seinen Körper in ein eintönig handelndes Organ, indem er die ganze Zweckmäßigkeit seiner ausführenden Tätigkeit in die Form des von ihm geschaffenen Werkzeugs legte. Es vollzieht sich eine extreme Differenzierung der Werkzeuge und die Verwandlung des Menschen in einen verlängerten Arm des Werkzeugs. Es ist dies der charakteristische Zug der Manufaktur.

Mit der Periode der entwickelten Manufaktur geht die erste Etappe einer Zerstörung des inhaltlichen Reichtums der Arbeit, die für die Periode des aufkommenden Kapitalismus charakteristisch ist, zu Ende. Den größten Inhaltsreichtum besaß die Arbeit des Handwerkers, der alle produktiven Funktionen in sich verkörperte. Da die Werkzeuge nicht spezialisiert waren, waren seine Arbeitsbewegungen, wie Marx sagt, frei. Arbeitswerkzeuge sowie die verwendeten Tiere wurden dem zweckgerichteten Willen des Menschen unterworfen.[7] Den Handwerker beherrschte lediglich ein natürlicher Zwang, sich bei jeder konkreten Arbeitstätigkeit den Eigenschaften des Arbeitsgegenstandes unterzuordnen.

Der Manufakturarbeiter ordnet seinen Willen ebenso wie der Handwerker den natürlichen Notwendigkeiten unter, darüber hinaus jedoch auch dem spezialisierten Werkzeug. Dadurch, daß der Mensch eine eng spezialisierte Operation ausführt, ist er gezwungen, das Spiel seiner physischen und intellektuellen Kräfte gewaltsam zu beschränken.

Als sich Differenzierung und Anpassung bis zum äußersten entwickelt hatten, war eine weitere Steigerung der Arbeitsproduktivität auf dem Wege, auf dem sich das Werk-

[7] Siehe K. Marx, Zur Kritik der Politischen Ökonomie (1861 bis 1863), Heft XX, S. 1261, in: Машины. Применение природных сил и науки, там же, стр. 30.

zeug bisher entwickelt hatte, d. h. auf dem Wege einer immer stärkeren Differenzierung und Anpassung an eine bestimmte elementare Operation, bereits nicht mehr möglich. Die Entwicklung eines Werkzeuges und die Anzahl seiner Spielarten sind nicht unbegrenzt, sondern durch die Differenzierungsmöglichkeiten, die in der Operation und im Werkzeug enthalten sind, beschränkt. Hierbei wirkt jedoch eine außerordentlich wichtige Gesetzmäßigkeit der Entwicklung der produktiven Organe des gesellschaftlichen Menschen. Sie besteht in folgendem: Wie die Form eines Arbeitsmittels die Möglichkeiten zur Steigerung der Arbeitsproduktivität bis zum äußersten ausschöpft, so offenbart sich auch im weiteren Entwicklungsweg das gleiche Resultat, wie es sich im Entwicklungsprozeß des Werkzeugs und der ausführenden Organe des Menschen gezeigt hat.

Wir wollen diesen Übergang näher betrachten. Wie bereits gesagt, ist durch den Menschen im Differenzierungsprozeß des Werkzeugs der zweckmäßige Charakter der ausführenden Funktion in Form des von ihm geschaffenen Werkzeuges verkörpert. Der Mensch tritt jetzt neben dem Werkzeug als einfache Bewegungskraft auf, die sich vom Werkzeug selbst nicht unterscheidet. Es ergab sich die Möglichkeit, die Anzahl gleichartiger Werkzeuge, auf die der Arbeiter gleichzeitig einwirken konnte, zu vergrößern. Die Anzahl der Werkzeuge, mit denen der Mensch gleichzeitig arbeiten kann, ist jedoch durch die Anzahl der natürlichen Organe seines Körpers begrenzt. Marx führt folgenden Fakt an: „Man versuchte in Deutschland erst einen Spinner zwei Spinnräder treten, ihn also gleichzeitig mit zwei Händen und zwei Füßen arbeiten zu lassen. Dies war zu anstrengend. Später erfand man ein Tretspinnrad mit zwei Spindeln, aber die Spinnvirtuosen, die zwei Fäden gleichzeitig spinnen konnten, waren fast so selten als zweiköpfige Menschen.“[8]

Der Mensch gelangte aber letzten Endes zu dem Schluß, daß es notwendig ist, zwei, drei, zehn, hundert sehr einfacher, gleichartiger Werkzeuge so zu vereinigen, daß sie mit einer einzigen Bewegungsquelle arbeiten.

[8] K. Marx, Das Kapital, Erster Band, in: MEW, Bd. 23, S. 394.

Die Vereinigung einer bestimmten Menge sehr einfacher Instrumente liefert ein qualitativ neues Arbeitsmittel, die Maschine. Marx zitiert Babbage: „Wenn durch die Arbeitsteilung jede besondere Arbeitsleistung auf die Handhabung eines einfachen Instrumentes reduziert wurde, so bildet die Vereinigung aller dieser durch einen einzigen Motor in Bewegung gesetzten Werkzeuge eine Maschine.“[9] Das Wesen der Entwicklung eines Werkzeuges bestand darin, daß es sich differenziert und eine Vielzahl von Spielarten anhäuft. Das Arbeitsmittel tritt nunmehr in seiner Entwicklung in ein neues, höheres Stadium, in dem es eine neue materielle Existenzform erwirbt und zur Maschine wird. Dieser Übergang des Arbeitsmittels vom Werkzeug zur Maschine war um so einfacher, als es bereits ein Vorbild gab. Die Maschine existierte bekanntlich in elementarer Form — zum Beispiel als Mühle — bereits im Altertum.

Worin besteht nun das Wesen des neuen Entwicklungsstadiums des Arbeitsmittels in Form der Maschine, und worin unterscheidet sich die Maschine vom Werkzeug?

Marx geht davon aus, daß es ein Arbeitsmittel gibt, bei dem der Mensch im eigentlichen Sinne Arbeit ausführt, und eines, bei dem er nur als einfache Bewegungskraft auftritt. Zur vollständigen Herstellung eines Arbeitsproduktes ist die Ausführung einer großen Anzahl von Operationen am Arbeitsgegenstand erforderlich. In dem einen Fall werden sie von einem selbständigen Handwerker mit Hilfe von zwei, drei Instrumenten ausgeführt, im anderen Fall werden sie von einer Manufakturwerkstatt mittels differenzierter Werkzeuge und der Bewegungskraft einer großen Anzahl von Arbeitern ausgeführt.

Es existieren aber auch solche Arbeitsgegenstände, die ihrer Natur nach keine große Anzahl von Operationen bis zur vollständigen Fertigung als Produktionserzeugnisse erfordern. Diese Arbeitsgegenstände benötigen, um zum Arbeitsendprodukt zu werden, nur eine sehr einfache Operation, eine solche, die nur einen unbedeutenden Teil im manufakturmäßigen Bearbeitungsprozeß des Arbeitsgegenstandes ausmacht. Ein sehr charakteristischer Arbeits-

[9] K. Marx, Das Elend der Philosophie, in: MEW, Bd. 4, Berlin 1959, S. 153.

gegenstand dieser Art ist das Korn, das zu Mehl zermahlen wird. Zur Herstellung von Mehl führte der Mensch seit uralten Zeiten die eigentlich ausführende Tätigkeit mit Hilfe von zwei Mühlsteinen durch. Er wirkte als einfache Bewegungskraft, der zweckmäßige Charakter der ausführenden Funktion aber war von Anfang an vom Menschen in der Kombination zweier übereinander gelegter Steine, d. h. im Arbeitsteil der Mühle, verwirklicht worden.

Um den Charakter von Arbeitsmitteln dieser Art (in unserem Beispiel die einfache Mühle zur Mehlbereitung) sowie das unterschiedliche Wesen von Maschine und Werkzeug aufzudecken, analysierte Marx das hochentwickelte, als Maschine auftretende Arbeitsmittel und gelangte zu dem Schluß: „Alle entwickelte Maschinerie besteht aus drei wesentlich verschiednen Teilen, der Bewegungsmaschine, dem Transmissionsmechanismus, endlich der Werkzeugmaschine oder Arbeitsmaschine.“[10] Indem er jedes Teil einzeln betrachtet, zeigt er, daß weder der Motor noch der Transmissionsmechanismus für sich allein einen Sinn haben. „Beide Teile des Mechanismus sind nur vorhanden, um der Werkzeugmaschine die Bewegung mitzuteilen, wodurch sie den Arbeitsgegenstand anpackt und zweckmäßig verändert.“[11]

Der Maschine, die zur Veränderung des Arbeitsgegenstandes Arbeit ausführt, ist es gleichgültig, aus welcher Quelle sie die Bewegungsenergie bekommt, ob die Antriebskraft vom Menschen ausgeht oder von der Maschine selbst. Das Wesen des Antriebsmechanismus besteht darin, daß er „. . . nach Mitteilung der entsprechenden Bewegung mit seinen Werkzeugen dieselben Operationen verrichtet, welche früher der Arbeiter mit ähnlichen Werkzeugen verrichtete.“[12]

Das Werkzeug unterscheidet sich folglich von der Maschine dadurch, daß das Instrument, das auf den Arbeitsgegenstand einwirkt, unmittelbar durch die natürlichen Organe des Menschen gelenkt wird, während es bei der Maschine von einem Mechanismus gesteuert wird.

[10] K. Marx, Das Kapital, Erster Band, in: MEW, Bd. 23, S. 393.
[11] Ebenda.
[12] Ebenda, S. 394.

Wenn wir nun jene Arbeitsmittel, mit denen der Mensch seit jeher den zweckmäßigen Charakter seiner Tätigkeit verwirklicht, eingehend betrachten, so erkennen wir leicht, daß dies bereits — wenngleich in ihrer Konstruktion primitive — Maschinen waren. Diese allerältesten Maschinen dienten als Vorbilder für die Umwandlung von Manufakturwerkzeugen in Maschinen, d. h. für die Umwandlung derjenigen Werkzeuge, die im Ergebnis ihrer Entwicklung in der Manufaktur den zweckmäßigen Charakter der menschlichen Tätigkeit übernommen hatten und dadurch hinsichtlich der Einfachheit ihrer Anwendung und des Charakters der Ausnutzung von Bewegungsquellen mit diesen ältesten Maschinen auf eine Stufe gestellt werden konnten. Diese Umwandlung bedeutete für die Technik eine riesige Umwälzung und stellte einen qualitativen Sprung im technischen Fortschritt dar. Die Erfindung der Arbeitsmaschine als eines technischen Mittels, auf das der Mensch die ausführende Funktion seiner natürlichen Organe überträgt, stellt eine technische Revolution dar.

Die Arbeitsmaschine nimmt den zweckmäßigen Charakter der ausführenden Tätigkeit der natürlichen Organe des Menschen wahr. Sie nimmt dem Menschen das Werkzeug aus den Händen und lenkt es zweckmäßig und selbständig bei der Ausführung einer Operation, wobei sie die Bewegung aus einer Energiequelle empfängt. Mit der Erfindung und dem Einsatz der Arbeitsmaschine vollzieht sich eine neue Etappe der Zerstörung des Inhaltsreichtums der menschlichen Arbeit im Kapitalismus, da sich der Arbeiter dem Arbeitsmittel noch mehr unterordnet. In der Manufaktur vollzog sich die Unterordnung des Menschen unter das Werkzeug durch Anpassung des Werkzeugs an die besonderen Funktionen der Teilarbeiter, d. h. der Mensch konnte das Werkzeug für sich aussuchen. Er wurde erst zum Sklaven des Werkzeugs, als er es sich ausgesucht hatte. In einer mechanischen Werkstatt paßt sich umgekehrt der Mensch der Maschine an. Daher wählt in bestimmtem Sinne nicht er sie, sondern sie ihn aus.

Als Marx die Manufaktur mit der mechanischen Werkstatt verglich, hob er hervor: „Dort *bedient* sich der Arbeiter des besondren Instruments; hier dienen besonderen Gruppen von Arbeitern verschiedne Maschinen, die besondre Prozesse verrichten".[13]

In der Manufaktur hatte der Mensch, wenn auch begrenzt, die Möglichkeit, seine physischen und intellektuellen Potenzen anzuwenden. In der mechanischen Werkstatt fiel die Arbeit nur noch zufällig mit den geistigen Interessen zusammen. In der Manufaktur war der Arbeiter Spezialist für diese oder jene Funktion. In der mechanischen Werkstatt spezialisieren die Maschinen den Menschen, sie fordern von ihm diese oder jene Kraft und Geschicklichkeit. Marx nennt dies „Spezialität der Passivität"*, was eine Zerstörung der Spezialisierung selbst bedeutet und ein charakteristisches Merkmal der maschinellen Arbeit darstellt. Die Entwicklung der Maschinen ist darauf gerichtet, jegliche Virtuosität, Geschicklichkeit und Gewandtheit in den Arbeitsbewegungen nach Möglichkeit zu beseitigen. „Die letzte Selbstbefriedigung des Arbeiters in der Arbeit fällt hier fort, absolute Gleichgültigkeit, die durch ihre Inhaltslosigkeit selbst bedingt wird."[14]

Da die Arbeitsmaschine bei der Ausführung von Operationen das Werkzeug zweckmäßig lenkt, stellt sie in der Entwicklung der Technik eine Reproduktion** des Arbeitsteils der produktiven Organe des Handwerkers auf höherer Stufe dar. Den Handwerker, der verschiedene Operationen

[13] K. Marx, Zur Kritik der Politischen Ökonomie (1861–1863), Heft XIX, S. 1240, in: Машимы. Применение природных сил и науки, там же, стр. 62.

[14] Ebenda.

* „Alle diese Leistungen zeichnen sich durch ihre *Passivität* aus, ihr Anschmiegen an und Unterordnen unter die Operationen und Bewegungen der Maschine selbst. Diese *Spezialität der Passivität,* d. h. die Aufhebung der Spezialität selbst als Spezialität, charakterisiert die Maschinenarbeit." (K. Marx, Zur Kritik der Politischen Ökonomie 1861–1863, Heft XIX, S. 1240, in: Ebenda. Anm. d. Bearbeiters).

** In der entsprechenden Stelle bei Marx heißt es: „... nun erscheint von vornherein an einer Maschine eine *Réunion dieser tools,* die gleichzeitig durch denselben Menschen in working motion gesetzt werden." (K. Marx, Zur Kritik der Politischen Ökonomie 1891–1863, Heft XIX, S. 1185, in: Ebenda. Anm. d. Bearbeiters).

ausführte, ersetzt eine einzige Maschine, die diese Operationen gleichzeitig ausführt, sagt Marx.[15]

Der Übergang der ausführenden Funktion von den natürlichen Organen des Menschen zur Maschine ist ein langwieriger Prozeß, in dessen Verlauf sich die Funktion der Leitung verändert. In dem Maße, wie sich eine Vielzahl von Teilarbeitern der Manufaktur jeweils auf eine bestimmte Funktion konzentrierte, verstärkte sich der Prozeß, die Leitungsfunktionen auf irgendwelche dritte Personen zu übertragen. Früher, als die Ausführung aller Funktionen in den natürlichen Organen des Handwerkers verkörpert war, gewährleistete sein Denken auch die gesamte Funktion der Leitung — sowohl die unmittelbare Ausführung einer Operation als auch die Verbindung zwischen den verschiedenen Operationen. Jetzt, wo die Ausführung der verschiedenen Operationen an die produktiven Organe verschiedener Individuen übergegangen ist, muß die Leitung der Prozesse notwendigerweise zur Sache und zum Beruf einer besonderen Person werden. Die Teilarbeiter stellen mittels dieser dritten Person die Verbindung im Arbeitsprozeß zwischen sich her. Diese Beziehungen von ausführenden Organen zueinander, in die sich die Teilarbeiter der Manufaktur bei der Ausführung der Operationen durch die Vermittlung eines speziellen Organs (Meister, Leiter, Leitungsmaschine) faktisch verwandeln, sind die technischen Beziehungen oder stellen nach Marx die „gesellschaftliche Kombination des Produktionsprozesses“ dar. Die technischen Beziehungen sind ebenso notwendig, wie auch die Leitung des Arbeitsprozesses überhaupt. Ohne sie kann der Mensch auf die Natur nicht einwirken.

Der Charakter dieser technischen Beziehungen ist durch die Eigenschaften und die Reihenfolge der Operationen bestimmt, die zur Herstellung eines bestimmten Arbeitsproduktes ausgeführt werden. Welcher Art die technischen Beziehungen zwischen den ausführenden Organen sind, wird durch das Verhältnis zwischen jenen Operationen bestimmt, die zur Herstellung eines bestimmten Arbeitsproduktes ausgeführt werden müssen. Die technischen Be-

[15] Ebenda, Heft XIX, S. 1238.

ziehungen sind keine sozialen Beziehungen, da alle sozialen Beziehungen durch die Produktionsverhältnisse bestimmt sind, denen bekanntlich das Verhältnis zu den Produktionsmitteln zugrunde liegt. Alle sozialen Verhältnisse ändern sich mit dem Wechsel der Eigentumsformen. Die Veränderung der technischen Beziehungen ist durch die Entwicklung der Technik und der Technologie bedingt, da ihnen die Wechselbeziehung zwischen den Funktionen zugrunde liegt, die im technologischen Prozeß von den produktiven Organen des gesellschaftlichen Menschen ausgeführt werden.

Die Übertragung der ausführenden Funktion von den natürlichen Organen des Menschen auf die Arbeitsmaschine veränderte auch die Funktion der schöpferischen Entwicklung der produktiven Organe des gesellschaftlichen Menschen. Das Aufkommen der maschinellen Produktionsweise ist mit dem Entstehen der Wissenschaft verbunden. „Als Maschinerie", sagt Marx, „erhält das Arbeitsmittel eine materielle Existenzweise, welche Ersetzung der Menschenkraft durch Naturkräfte und erfahrungsmäßiger Routine durch bewußte Anwendung der Naturwissenschaft bedingt."[16]

Somit wird jene Einheit unterschiedlicher Funktionen, die die Arbeit des Handwerkers charakterisiert, mit der Bildung der maschinellen Technik gespalten. Die ausführende Tätigkeit erfolgt nun durch die Arbeitsmaschine, und die Schöpfung neuer technischer Formen durch die Wissenschaft. Die Leitung spaltet sich in zwei Teilfunktionen auf. Eine davon, die Leitung einer bestimmten Operation, geschieht durch das Denken des Menschen, der an der Ausführung der Operation unmittelbar beteiligt ist. Die andere Teilfunktion, die Leitung des gesamten Herstellungsprozesses für ein gegebenes Arbeitsprodukt, ging auf eine spezielle Person über, die an der Arbeitsoperation nicht unmittelbar beteiligt ist. Sie ist nicht unmittelbar Ausführender, sondern Leiter, Meister, Organisator. Auch die Energiequellen haben sich verändert.

Die Erfindung der Arbeitsmaschine übte auf alle Seiten der produktiven Tätigkeit wesentlichen Einfluß aus und

[16] K. Marx, Das Kapital, Erster Band, in: MEW, Bd. 23, S. 407.

leitete jene industriell-ökonomischen Veränderungen ein, die die Bezeichnung industrielle Umwälzung oder industrielle Revolution erhielten. Die Entwicklung der Werkzeuge, der Arbeitsmaschinen und der Wissenschaft vollzog sich unter dem Einfluß unterschiedlicher gesellschaftlicher Stimuli.

Verfolgt man die Entwicklung des Handwerks in England, so wurde diese im 6. bis 13. Jahrhundert hauptsächlich durch die Entwicklung des Innen- und Außenhandels stimuliert. Jahrhundertelang existierte im Lande das Handwerk als Nebenbeschäftigung in der Landwirtschaft. Die Entwicklung der Produktivkräfte und verbunden damit die Steigerung der landwirtschaftlichen Produktion hatten jedoch eine Herauslösung des Handwerks als eine besondere Tätigkeit zur Verarbeitung der landwirtschaftlichen Produkte zur Folge (Käseherstellung, Buttererzeugung, Brotbacken, Bierbrauen usw.). Die Entwicklung von Werkzeugen für die Landwirtschaft führte zur Herausbildung von Handwerkern für die Gewinnung und das Schmelzen von Metallen für die Metallverarbeitung usw. Zwischen den Handwerkern, die sich in den Städten konzentrierten, und der Landbevölkerung entwickelte sich der Handel immer mehr. Mit der Entwicklung des Marktes erschienen Handwerker zum Errichten von Gebäuden, für den Schiffsbau, zur Bearbeitung von Leder und Geweben, für die Tuchherstellung, für die Töpferei, Salzsiederei u. a. Im 7. Jahrhundert war in England das Handwerk jedoch noch so wenig entwickelt, daß mehrere Handwerke von ein und derselben Person ausgeführt wurden.

Den technischen Fortschritt beeinflussen oft solche Erscheinungen, die, wie es scheinen könnte, keinerlei Beziehung zur Technik besitzen. So ersetzte der englische König Heinrich II. den persönlichen Kriegsdienst der Feudalen durch Geldzahlungen. Mit dem wachsenden Geldbedürfnis der Feudalen wandeln sich bei einem Teil der Leibeigenen die Naturalleistungen in Geldleistungen um. Nachdem sie sich ihrer Pflicht entledigt hatten, strömten die Leibeigenen in die Stadt, um Nebenverdienste zu erwerben. Der Zustrom an Schmieden, Holzarbeitern, Tuchwalkern usw. vom Lande macht den städtischen Handwerkern Konkurrenz. Dies hatte die Vereinigung der Handwerker eines bestimmten Produktionszweiges in Zünften zur Folge. Die Textilhandwerker zum Beispiel schlossen sich zur gemeinsamen Arbeit in einer Zunft zusammen. Die Zünfte erlangten für viel Geld vom Staat eine juristische Verbriefung für dieses oder jenes Handwerk. In den Urkunden war ausdrücklich vermerkt, daß jeder Handwerker bestrebt sein muß, gute Erzeugnisse herzustellen. Der Zusammenschluß der Handwerker in Zünften hatte auch die gemeinsame Nutzung bestimmter Räumlichkeiten für Produktion und Handel zum Ziel. Die Zünfte besaßen eigene Wahlfunktionen — den Ältesten und die Geschworenen. Die Entstehung und Entwicklung der Zünfte übte auf die Arbeitsteilung und die Entwicklung der Werkzeuge des Handwerks gewaltigen Einfluß aus. In dem Bestreben, die handwerklichen Erzeugnisse möglichst besser und schneller herzustellen, um den Ansprüchen des Marktes zu genügen, vervollkommneten die Handwerker die Werkzeuge immer mehr. Entwickelte handwerkliche Werkzeuge dienten als technische Basis für eine höhere Stufe der Produktion, die Manufaktur, die ihrerseits Möglichkeiten für den weiteren technischen Fortschritt eröffnete.

Die Entwicklung der Manufaktur in England ist eng mit der Agrarrevolution verbunden. Als Ergebnis dessen bildete sich einerseits ein freier Arbeitskräftemarkt, andererseits vollzog sich die Akkumulation des Kapitals. Die aufkommende Agrarbourgeoisie war immer mehr bestrebt, Kapital auch in der städtischen Industrie anzulegen. Nach den großen geographischen Entdeckungen, die die Absatzmärkte und die Rohstoffgewinnung für die Produktion bedeutend erweiterten, verstärkte sich dieser Prozeß besonders.

Unter diesen historischen Bedingungen vollzieht sich die Entwicklung der Produktion zur Manufaktur. „Das Anwachsen des Marktes, die Akkumulation von Kapitalien, die in der sozialen Stellung der Klassen eingetretenen Veränderungen, eine Menge von Personen, die sich ihrer Einnahmequellen beraubt sehen — das sind ebenso viele historische Vorbedingungen für die Entstehung der Manufaktur“, schrieb Marx.[17]

[17] K. Marx, Das Elend der Philosophie, in: MEW, Bd. 4, S. 152.

Es gab jedoch auch sozial-ökonomische Tendenzen, die auf den technischen Fortschritt hemmend einwirkten. Das bezieht sich vor allem auf die Tätigkeit der Zünfte. Sie schützten die Produktion durch Urkunden, Statuten und verschiedene königliche Verordnungen auf jede Art vor progressiven Veränderungen, die die Einführung des Kapitals mit sich brachte. Das im Jahre 1563 von Königin Elisabeth herausgegebene „Statut der Handwerker" beispielsweise regulierte sogar im 17. Jahrhundert nicht nur weiterhin die gesellschaftliche Seite des Handwerks, sondern auch ihre Technologie. Die Forderung nach einer siebenjährigen Lehre für alle, die Interesse hatten, ein Handwerk in der Stadt zu erlernen; das Verbot, unter einem Dach mehr als zwei Werkbänke zu unterhalten; das Verbot, in einer Werkstatt die Arbeit verschiedener Handwerker, zum Beispiel von Spinnern und Webern, zu vereinen; die Beschränkung der Anzahl der Gesellen, die bei einem Meister beschäftigt sind; das Verbot, Handwerk in den Vorstädten und Dörfern zu betreiben, die der Stadt benachbart sind; die ständige Kontrolle der Zunft über die Einhaltung der ein für allemal festgesetzten Standards in einem gegebenen Produktionszweig (der Länge und Breite eines Stück Tuches, der zugrunde gelegten Anzahl der Fäden, des Gewichts eines Stück Tuches, die Art und Weise der Ausführung jeder Operation und der dazugehörigen Werkzeuge) — all das konnte den technischen Fortschritt nicht begünstigen. Die zunftmäßige Produktion leistete jeglicher technischen Vervollkommnung und der geringsten Abweichung von der traditionellen Technologie Widerstand.

Der konservative Einfluß der Zünfte bewirkte, daß die kapitalistischen Manufakturen, die eine Vielzahl von Arbeitern einsetzten, ursprünglich in Zweigen organisiert waren, die neu entstanden (Glas-, Papier-, Seiden- und Seifensieder-Manufakturen, die Schießpulverherstellung, die Druckerei). Diese Produktionszweige waren frei von zunftmäßigen Traditionen und gaben dem Unternehmertum einen bestimmten Spielraum. Die Entwicklung der Manufakturen vollzog sich auch rasch in denjenigen Industriezweigen, die zur Organisation der Produktion gewaltige Anfangsinvestitionen benötigten (Erzbergbau, Hüttenmanufaktur u. a.).

Obwohl die Entstehung und die Entwicklung der Manufaktur keine grundlegende Umgestaltung in der Technik hervorgerufen hat, führte die Manufaktur doch zu einer neuerlichen Entwicklung der Arbeitsproduktivität, dazu auf einem höheren Niveau. Dies wurde in der ersten Zeit durch eine neue Organisation der Arbeit erreicht.

Die Zünfte bestanden aus drei Kategorien von Zunftarbeitern — dem Meister, dem Gesellen und den Lehrlingen. Die einfachsten Arbeiten führte der Lehrling aus, die komplizierteren der Geselle und die sehr komplizierten, gewöhnlich die den Herstellungsprozeß der Erzeugnisse abschließenden Arbeiten, der Meister. Alle Arbeiter einer Zunft waren in dem Sinne universell, daß jeder von ihnen auf einer bestimmten Kompliziertheitsstufe alle Arten von Arbeiten ausführte. In der Manufaktur wird dieses System durchbrochen. Kein Handwerker eignet sich mehr alle Operationen in seinem Handwerk an, sondern nur einige angrenzende oder sogar nur eine bestimmte Operation. Diesen Operationen paßten die Handwerker ihre Werkzeuge an. Die Teilung der Arbeit nach Operationen erhöht bedeutend die Produktivität, verkürzt die notwendige Arbeitszeit, führt zu Einsparungen an Produktionsmitteln usw. Die manufakturmäßige Produktion gibt den Besitzern die Möglichkeit, große Gewinne zu erzielen und Kapital zu akkumulieren. Die Akkumulation des Kapitals erlaubte es, die Produktion durch den Einsatz von Maschinen zu entwickeln.

Das Entstehen der Maschinerie war einerseits durch die Entwicklung von Wissenschaft und Technik vorbereitet worden, andererseits durch soziale und ökonomische Anforderungen bedingt, die ihrerseits bei der Entwicklung von Maschinen als Triebfedern auftraten. „Als in England der Markt eine solche Entwicklung gewonnen hatte", sagt Marx, „daß die Handarbeit ihm nicht mehr genügen konnte, empfand man das Bedürfnis nach Maschinen. Man sann nun auf die Anwendung der mechanischen Wissenschaft, die bereits im 18. Jahrhundert fertig da war."[18]

Das Erscheinen der Arbeitsmaschinen bedeutete eine industrielle Umwälzung. Den Beginn der industriellen

[18] Ebenda, S. 154.

Umwälzung datiert man gewöhnlich in England auf das letzte Drittel des 18. Jahrhunderts, in Frankreich und Deutschland auf den Beginn des 19. Jahrhunderts, in Rußland auf die 60er Jahre des 19. Jahrhunderts usw. Die Arbeitsmaschinen erschienen jedoch erheblich früher, und zwar — was von Bedeutung ist — in denjenigen Industriezweigen, in denen die industrielle Umwälzung begann. So erfand schon im Jahre 1598 William Lee eine Maschine zum Stricken von Strümpfen. Diese Maschine führte die grundlegenden Operationen für das Stricken von Strümpfen aus und stellte eine Arbeitsmaschine dar. Ihre Erfindung rief in der Industrie jedoch keine revolutionären Veränderungen hervor.

Der Grund dafür ist einerseits die begrenzte Verwendung dieser Maschine in der Produktion. Sie führte eine Operation aus, das Stricken von Strümpfen; zum Stricken anderer Erzeugnisse konnte sie nicht benutzt werden. Andererseits fehlten die ökonomischen Voraussetzungen für eine breite Anwendung der Strickmaschine. Erstens waren die mittelalterlichen Zunftordnungen und Vorschriften noch zu scharf, zweitens konnten die gesellschaftlichen Bedürfnisse nach entsprechenden Erzeugnissen in gewissem Umfang durch das Handwerk befriedigt werden.

Aus den gleichen Gründen leitete auch eine in Italien erfundene Maschine zum Zusammendrehen dünner Kokonfäden und damit zur Herstellung von Seidengarn oder Organzin, wie man es nannte, keine industrielle Umwälzung ein, ungeachtet dessen, daß zu Anfang des 18. Jahrhunderts in England eine ganze Fabrik zur Herstellung von Organzin errichtet worden war, in der rund 300 Arbeiter beschäftigt waren. Diese Maschine war eng spezialisiert und ihr Arbeitsprinzip konnte auf die Spinnindustrie in anderen Zweigen nicht übertragen werden. „Die Einführung von Maschinen zur Organzinherstellung bildete nicht für eine einzige neue Erfindung den Ausgangspunkt.“[19] Es waren aber auch die ökonomischen Voraussetzungen nicht vorhanden, um durch eine Maschine zum Zusammendrehen von Kokonfäden die gesamte Produktion bedeutend zu beeinflussen.

[19] П. Манту, Промышленная революция XVIII столетия в Англии. Москва 1937, стр. 158.

In Italien wurde das Bedürfnis nach Seidengarn teilweise manuell vom Handwerk und zum Teil durch Import aus östlichen Ländern befriedigt. In England, wo die Herstellung von Wollgeweben hoch entwickelt war, fand die teure Seide keine große Nachfrage. Die Tatsache, daß diese Erfindungen keine industrielle Umwälzung einleiteten, ist vor allem durch sozialökonomische Ursachen bedingt.

Die technischen Möglichkeiten für den Bau von Maschinen entstehen bereits zu Beginn der Entwicklung der Manufaktur. Es waren jedoch solche gesellschaftlichen Voraussetzungen erforderlich, die den schöpferischen Geist in verstärktem Maße für eine durchgängige Vervollkommnung der technischen Mittel und zur Lösung prinzipieller Probleme bei der Ausführung grundlegender Operationen in dieser oder jener Produktion hätten anspornen können. Es waren Kräfte erforderlich, die das zu erfinden veranlaßten, was technisch bereits möglich war. Solche Kräfte reiften mit der Entwicklung des Kapitalismus immer mehr heran.

Die aufkommende Industriebourgeoisie nutzte die Vorzüge der Manufaktur gegenüber der handwerksmäßigen Produktion aus und entwickelte verstärkt die Warenproduktion. Maßnahmen der englischen Regierung, die auf die Entwicklung des Handels gerichtet waren, förderten dies ebenfalls. Die Ausdehnung des inneren und äußeren Marktes vergrößerte die Nachfrage nach Industrieerzeugnissen immer mehr. Mitte des 18. Jahrhunderts beginnt die Nachfrage, die Produktionskapazität der Manufakturform der Industrie zu überflügeln. „Ihre eigne enge technische Basis", schreibt Marx, „trat auf einem gewissen Entwicklungsgrad mit den von ihr selbst geschaffnen Produktionsbedürfnissen in Widerspruch."[20] Es reift die Notwendigkeit heran, die technische Basis der Industrie umzugestalten, sie mit den Absatzmöglichkeiten und den Ansprüchen des sich erweiternden inneren und äußeren Marktes in Übereinstimmung zu bringen.

Besonders akut wurde die Notwendigkeit der Ablösung der technischen Basis in der englischen Textilindustrie.

[20] K. Marx, Das Kapital, Erster Band, in: MEW, Bd. 23, S. 390.

Die Textilindustrie Englands produzierte in der Hauptsache Wolle. Baumwollgewebe wurde aus den Ländern des Ostens, hauptsächlich aus Indien eingeführt. Ende des 17. Jahrhunderts erlangten indische Baumwollgewebe in England eine große Nachfrage. Sie begannen mit Wollgeweben in Konkurrenz zu treten. Dies zwang die englische Regierung seit dem Jahre 1700 zu einer Reihe von Maßnahmen, um die Einfuhr von Baumwollgeweben zu verbieten. Die Nachfrage nach diesen Geweben führte auch in England zum Entstehen und zur schnellen Entwicklung einer Baumwollindustrie. Dieser Industriezweig war für England neu, er war frei von konservativen Traditionen, Verordnungen, Vorschriften usw. und stellte ein Versuchsfeld eigener Art dar, das für Erfindungen und Initiativen jeglicher Art offenstand. Die Konkurrenz der Tuchweber spornte die Baumwollunternehmer zu technischen Vervollkommnungen an. Auch die ausländische Konkurrenz schloß sich dem an. Der neue Zweig mußte einer doppelten Konkurrenz standhalten.

Diese sozial-ökonomischen Kräfte veranlaßten das Entstehen von Maschinen anfangs in der Baumwollindustrie, dann aber auch in anderen Produktionszweigen. Die erste Erfindung war das von dem englischen Weber und Mechaniker John Kay im Jahre 1733 geschaffene „fliegende Schiffchen". Diese Erfindung trug technisch gesehen keinen engbegrenzten Charakter. Kay hatte eine Einrichtung erfunden, mit der man das Schiffchen schnell von einer Seite des Webstuhls zur anderen hinüberwerfen konnte. War beim Handantrieb die Breite des Gewebes durch die Armlänge des Arbeiters begrenzt und wurden zur Herstellung von breiterem Gewebe zwei oder mehrere Arbeiter benötigt, so konnte mit Hilfe des „fliegenden Schiffchens" ein Arbeiter breiten Stoff weben und gleichzeitig schneller arbeiten als zuvor. Durch diese Erfindung wurde eine Operation für die Herstellung unterschiedlicher Gewebe mechanisiert. Dadurch konnte das Prinzip auch in anderen Zweigen der Textilindustrie angewandt werden.

Der Einsatz von Maschinen in der Weberei rief gegenüber einer anderen Grundoperation der Textilindustrie, dem Spinnen, eine krasse Disproportion hervor. Zur Versorgung eines Webstuhls wurde Garn von 5 bis 10 Spinnern benötigt. Es entstand die dringende Notwendigkeit, Spinnmaschinen zu schaffen. Dies geschah auch im Jahre 1735 durch den Zimmermann John Wyatt. Wichtig ist, daß auch seine Spinnmaschine keinen engbegrenzten Charakter trug, sondern in gewissem Sinne universell war. Er mechanisierte die Operation des Spinnens allgemein, nicht nur für Baumwollgewebe. Auf dieses Moment weist Marx hin: „Eine Maschine, ‚um ohne Finger zu spinnen', lautete sein (J. Wyatts — d. Ü.) Programm."[21] Dieser universelle Charakter der Spinnmaschine ermöglichte eine weite Verbreitung in der Textilindustrie.

Der Einsatz der Spinnmaschine in anderen Zweigen der Textilindustrie führte zu bedeutenden Vervollkommnungen der Maschine von Wyatt. Es erscheint eine ganze Reihe von Spinnmaschinen des Typs „Jenny" (Spinning-Jenny) von James Hargraeves, ferner die „water-machine" von Richard Arkwright, die Mule-Maschine (Spinning-Mule) von Samuel Crompton.

Nachdem die Spinnmaschinen weit verbreitet waren, entstand zwischen den beiden Hauptprozessen in der Textilindustrie, dem Weben und Spinnen, erneut eine Disproportion. Das Weben mit Hilfe des „fliegenden Schiffchens" von Kay war nur teilweise mechanisiert und erforderte viel Handarbeit. Die Schaffung eines mechanischen Webstuhles wurde außerordentlich aktuell. Seit 1785 erscheint eine Webstuhlvervollkommnung nach der anderen, und erst in den 20er Jahren des 19. Jahrhunderts kam es zu einer mehr oder weniger zufriedenstellenden Konstruktion. Der Einsatz von Maschinen zur Ausführung der Haupttätigkeiten in der Textilindustrie, dem Weben und Spinnen, förderte die Erfindung von Maschinen zur Ausführung der Nebenoperationen.

Marx bemerkt, daß das maschinelle Spinnen und Weben in den Bleichereien, Kattundruckereien und Färbereien technische Veränderungen erforderlich machte. Der Einsatz von Maschinen in der Baumwollspinnerei führte zur Erfindung einer Maschine für die Trennung der Baumwoll-

[21] Ebenda, S. 392.

fasern von den Samen. Die revolutionären Veränderungen in der Industrie machten eine Revolution in den Transport- und Kommunikationsmitteln erforderlich. Es begann eine stürmische Entwicklung des Baues von Binnen- und Seeschiffen, des Eisenbahntransportes, der Telegraphie. „Die Umwälzung der Produktionsweise in einer Sphäre der Industrie", sagt Marx, „bedingt ihre Umwälzung in der andren."[22] Allmählich verbreiten sich die Arbeitsmaschinen in allen Produktionszweigen. Eine neue Entwicklungsetappe der industriellen Umwälzung war durch die Erfindung des Dampfmotors eingeleitet worden.

Die revolutionären Umwälzungen in der Produktionstechnik übten wesentlichen Einfluß auf die schöpferische Tätigkeit, auf die Wissenschaft aus. Die Wissenschaft entstand im Altertum auf der Grundlage solcher technischen Errungenschaften wie dem Keil, dem Hebel, dem Rohr, der Winde, der Rolle, der Schraube, dem Zahnrad, der Pumpe, der Mühle, der Uhr. Es entstanden Elemente der Mechanik, es entstanden die Wärmelehre, die Mathematik und die Optik.

Unter den Bedingungen der Sklavenhalterordnung war die Wissenschaft jedoch von der Technik getrennt. Die Sklavenhalter erhöhten die Arbeitsproduktivität nicht durch die Entwicklung der Technik, sondern in der Hauptsache durch die Erhöhung der Anzahl lebendiger Werkzeuge, der Sklaven. Die physische Arbeit wurde verachtet, und sich mit der Vervollkommnung von Werkzeugen zu befassen, galt als entwürdigend. Deshalb wurden die ersten wissenschaftlichen Ergebnisse, die bei der praktischen Vervollkommnung der Werkzeuge erzielt wurden, von der oberen Schicht der Sklavenhalter oder für militärische Zwecke ausgenutzt, wie zum Beispiel die wissenschaftlichen Arbeiten des Archimedes, oder als Spielerei bei Hofe, wie zum Beispiel das berühmte Spielzeugautomaten-Theater des Heron von Alexandria.

Bisher verlief die Entwicklung der Technik und mit ihr auch der wissenschaftlichen Erkenntnisse äußerst langsam. Die rasche Entwicklung der Wissenschaft und Technik

[22] Ebenda, S. 404.

beginnt erst im 15. Jahrhundert. Die Errungenschaften des technischen Fortschritts, die mit der Erfindung der Arbeitsmaschine verbunden sind, haben auch entsprechende Veränderungen in der schöpferischen Funktion hervorgerufen. Sie sind durch den Übergang von empirischen Routinemethoden zur bewußten Anwendung der Naturwissenschaften bei der Vervollkommnung der Technik sowie durch die Entstehung und Entwicklung der technischen Wissenschaften charakterisiert.

Der Handwerker erfüllt bei seiner schöpferischen Tätigkeit drei Funktionen: Erstens die Herstellung einer unmittelbaren Verbindung zwischen seinem Schöpfertum und dem Produktionsprozeß, und zwar einerseits durch Beobachtung und Studium der entstehenden Aufgaben und andererseits durch Konstruktion eines neuen Instrumentes; zweitens die theoretische Beherrschung des vorhandenen Materials durch analytisches Denken; drittens das Entstehen einer Idee für ein neues Instrument. Durch die Verbindung mit dem Produktionsprozeß wird diese Idee dann realisiert.

Die erste der erwähnten Funktionen nennen wir die empirisch-konstruktive Funktion, die zweite die Funktion der theoretischen Beherrschung des zu untersuchenden Materials und die dritte die Funktion des Problemlösens. In dem Maße, wie sich die Werkzeuge differenzieren, entwickelt sich der Handwerker zu einem Gesamtarbeiter, dessen differenzierte Werkzeuge die Arbeitsmittel einer gegebenen Manufaktur darstellen. Die Vervollkommnung der Werkzeuge wird nur durch die Koordinierung und die schöpferische Analyse aller Werkzeuge und Operationen, die zur Herstellung eines gegebenen Arbeitsproduktes gehören, möglich. Der Teilarbeiter ist an ein Werkzeug gefesselt. Es vollzieht sich vor ihm nur ein kleiner Teil des Bearbeitungsprozesses für einen gegebenen Arbeitsgegenstand. Die Erforschung des Bearbeitungsprozesses eines Arbeitsgegenstandes insgesamt und des Funktionierens aller Arbeitsmittel, die an diesem Prozeß beteiligt sind, sowie deren Vervollkommnung werden nun einer „dritten“ Person übertragen. Wir bezeichnen diese Person mit einem unscharfen Terminus als „Gelehrten“, der am Arbeitsprozeß nicht unmittelbar teilnimmt, sondern schöpferische Zuarbeit leistet. „Die Erfindung", sagt Marx, „wird dann ein Geschäft . . .".[23]

Die Absonderung der schöpferischen Tätigkeit von ihrer unmittelbaren Verbindung zu den technischen Funktionen gestattete es, nicht nur von einer gegebenen Situation ausgehend eine Untersuchung durchzuführen, wie das beim Handwerker der Fall war, sondern auch mit jenen Kenntnissen, Angaben und wissenschaftlichen Prinzipien Forschung zu betreiben, die vorher auf verschiedenen Gebieten von anderen Personen gewonnen wurden. Die schöpferische Tätigkeit schafft sich eine eigene Grundlage und entwickelt sich relativ unabhängig von der Technik.

Somit entsteht in der Arbeitstätigkeit des Menschen ein neues Element. Erfüllte der Handwerker sowohl technische als auch schöpferische Funktionen, so befaßt sich der Gelehrte nur mit schöpferischer Arbeit. Die vom Gelehrten ausgeführten schöpferischen Funktionen tragen aber darüber hinaus universellen Charakter. Ein Gelehrter erfüllt die empirisch-konstruktive Funktion, die Funktion der theoretischen Beherrschung des zu untersuchenden Materials, er löst aber auch alle schöpferischen Probleme. Der Hauptunterschied zwischen seiner Tätigkeit und der des Handwerkers besteht darin, daß er seine schöpferische Aufmerksamkeit nicht nur auf den Produktionsprozeß, sondern auch auf Naturerscheinungen lenkt. Der Handwerker unterzog nur die Elemente seiner Produktion einer schöpferischen Analyse. Er studierte die Einsatzmethoden eines Werkzeuges, seine Operationen, die Bewegung der Hände und der anderen natürlichen Organe und deckte dabei Reserven des technischen Fortschritts auf. Mit dem Erscheinen des Gelehrten beginnt die Erforschung der äußeren Natur des Menschen und des Produktionsprozesses mit dem Ziel, die Werkzeuge und die Technologie zu vervollkommnen.

Warum wandte der Handwerker sich nicht dem Studium der Naturgesetze zu, um sie im Produktionsprozeß auszunutzen? Das ist einerseits durch das Niveau seiner Arbeits-

[23] K. Marx, Grundrisse der Kritik der Politischen Ökonomie, Berlin 1953, S. 591.

mittel, durch den Charakter des Produktionsprozesses und die hieraus resultierenden Ziele bedingt, die sich der Handwerker in seiner schöpferischen Tätigkeit stellte, und andererseits durch das Wesen der Naturgesetze selbst. Der Handwerker setzt sich immer das Ziel, ein gegebenes Werkzeug zu vervollkommnen, es einer gegebenen Operation anzupassen. Mitunter nutzte er diese oder jene Fakten oder Prozesse aus, die er in der Natur bemerkte und die mit einzelnen Prozessen seiner Tätigkeit mehr oder weniger zusammenfielen. Der Mensch lernte von der Natur, ahmte sie nach und gestaltete sie gleichzeitig um.

Bekanntlich sahen die alten Philosophen die Grundlage des produktionstechnischen Fortschritts in der Nachahmung tierischer Handlungen. Die Übertragung der Wirkprinzipien und der konstruktiven Besonderheiten der produktiven Organe von der Natur auf den Produktionsprozeß spielte in der Entwicklung der Technik immer eine bestimmte Rolle. Gegenwärtig vollzieht sich dies mittels verschiedener Methoden der Kybernetik und der Bionik. Diese Wissenschaften aber haben ein gründliches Studium der Gesetzmäßigkeiten der biologischen, physiologischen und der anderen in den Organismen ablaufenden Prozesse zum Ziel.

Der Handwerker beobachtete oberflächlich und ließ sich dabei von einem streng festgelegten Ziel leiten, der Vervollkommnung eines gegebenen technologischen Prozesses oder eines gegebenen Werkzeuges. Die engen Schranken seiner schöpferischen Tätigkeit versperrten ihm den Weg zum Studium der Naturgesetze. Der Gelehrte hingegen überschreitet die Grenzen des Einzelnen. Er muß den gesamten Produktionsprozeß, die gesamten produktiven Organe des gesellschaftlichen Menschen vervollkommnen. Er verallgemeinert einzelne Aufgaben, deckt in ihnen allgemeine Züge auf und setzt sich dadurch das Allgemeine zum schöpferischen Ziel. Der Gelehrte wendet sich somit nicht dem Studium von Einzelerscheinungen, sondern von Naturgesetzen zu.

Die Wissenschaft als schöpferische Tätigkeit, die auf das Studium der Naturgesetze und deren Einführung in die Produktionsprozesse gerichtet ist, stellt in diesem Sinne die

Einheit von Allgemeinem (Kenntnis der Naturgesetze) und Einzelnem (die Aufgabe zur Vervollkommnung der Produktionsprozesse) dar.

Auf den ersten Entwicklungsstufen der Erkenntnis und der Technik, als das Studium der Naturgesetze mit dem Ziel, sie in der Produktion anzuwenden, erst begann, hatte das Einzelne in der schöpferischen Tätigkeit eine überwiegende Bedeutung. Die Kenntnis der Naturgesetze war unbedeutend, und daher stammt die hauptsächliche schöpferische Problematik unmittelbar aus der Produktion, aus den Aufgaben zur Vervollkommnung der Technik. Hier war die Wissenschaft eine Funktion des Produktionsprozesses. Der Gelehrte wandte sich der Erforschung der Natur zu mit dem unmittelbaren Ziel, für diese oder jene konkrete Produktionsaufgabe eine Lösung zu finden. Hier bestimmte die Produktion unmittelbar die Wissenschaft. So wie die produktiven Organe des gesellschaftlichen Menschen waren, so waren auch die Anforderungen an die schöpferische Arbeit, wobei die letzteren den Inhalt der wissenschaftlichen Untersuchungen bestimmten. Die Mittel, mit denen der Mensch in der Entstehungsperiode der Wissenschaft auf den Naturstoff einwirkte, waren mechanischer Art. Sie konnten das Naturmaterial nur äußerlich verändern, ohne die natürlichen Eigenschaften wesentlich zu beeinflussen. Diese Mittel legten fest, daß sich die Wissenschaft in ihrer ersten Entwicklungsetappe hauptsächlich mit der Erforschung der Bewegungsmechanik in der Natur und den mechanischen Eigenschaften der Stoffe befaßte.

Der Charakter der Technik und der Inhalt der schöpferischen Tätigkeit beeinflussen die schöpferischen Funktionen. In der schöpferischen Arbeit des Handwerkers spielten alle Funktionen — die empirisch-konstruktive Funktion, die Funktion der Beherrschung des zu untersuchenden Materials und die Problemlösungsfunktion — die gleiche Rolle und alle waren in gleicher Weise wenig entwickelt. Die Entstehung der Wissenschaft hatte hinsichtlich der schöpferischen Funktionen eine Veränderung zur Folge. Dies bezieht sich vor allem auf die empirisch-konstruktive Funktion. Durch den Umstand, daß die Wissenschaft die äußere Seite der Naturgegenstände und -prozesse erforschte

— in der theoretischen Beherrschung des zu untersuchenden Materials und im Problemlösen konnten sich keine wesentlichen Änderungen vollziehen —, untersuchen sowohl der Handwerker als auch der Gelehrte nur das äußere, unmittelbar zugängliche Material.

Die Tatsache jedoch, daß die Wissenschaft auf der ersten Stufe ihrer Entwicklung noch eng und unmittelbar mit der Technik verbunden war und, wie John D. Bernal sagt, eine „heilende Wirkung auf die Industrie" ausübte, rief eine relativ schnellere Entwicklung der konstruktiven Funktion hervor. Die Hauptschwierigkeiten entstanden bei der Entwicklung, bei der Konstruktion spezieller technischen Einrichtungen zur Ausnutzung der erkannten Naturerscheinungen. Schwierigkeiten entstanden auch bei der Einbeziehung „natürlicher Agenten" in den Produktionsprozeß. Mit der Entwicklung der schöpferischen Arbeit und der Erweiterung der technischen Mittel, die zur wissenschaftlichen Vervollkommnung erforderlich sind, gewinnt die empirisch-konstruktive Funktion in der schöpferischen Arbeit immer mehr einen dominierenden Einfluß.

Der Gelehrte, dessen Tätigkeit in der Anfangsperiode der Entwicklung der Wissenschaft universellen Charakter besaß, wird von der Logik der Dinge selbst in immer stärkerem Maße gezwungen, seine Aufmerksamkeit auf nur eine der schöpferischen Funktionen zu konzentrieren. Diese Spezialisierung des Gelehrten geriet jedoch mit seiner Universalität in Widerspruch. Einerseits soll der Gelehrte alle drei Funktionen der schöpferischen Arbeit erfüllen, andererseits bedingen die wachsenden Bedürfnisse zur Vervollkommnung von Technik und Technologie die Notwendigkeit, die gesamte schöpferische Arbeit auf die empirisch-konstruktive Funktion zu konzentrieren. Dieser Prozeß verschärfte sich auch noch dadurch, daß die Erfüllung der anderen schöpferischen Funktionen mit der Entwicklung der empirisch-konstruktiven Funktion ebenfalls komplizierter wurde.

Eine besondere Schärfe erreicht dieser Widerspruch in der Periode, in der die Arbeitsmaschine erfunden und verbreitet wurde. Die Arbeitsmaschinen stellen komplizierte ausführende Mechanismen mit unterschiedlichen kinematischen Beziehungen, Rotations-, Schwingungs- und anderen Vorgängen dar. Ihre Herstellung und Vervollkommnung erforderten einerseits eine detaillierte Aufdeckung der genauen quantitativen Beziehungen der Bewegungsmechanik, andererseits die ausschließliche Spezialisierung der schöpferischen Arbeit auf den Einsatz dieser Kenntnisse, auf das Konstruieren von Maschinen. Das Erscheinen des Ingenieurs, eines Menschen, der sich ausschließlich mit der Ausführung der empirisch-konstruktiven Funktion befaßt, löste die aufgetretenen Widersprüche. Es entstand ein neues Element in der schöpferischen Arbeit. Die Befreiung des Gelehrten von der empirisch-konstruktiven Funktion schuf für ihn Voraussetzungen für ein gründliches Studium der Natur. Mit der Person des Ingenieurs trennen sich die intellektuellen Kräfte des Produktionsprozesses von der physischen Arbeit, die Wissenschaft erlangt eine relative Selbständigkeit. Gleichzeitig bedeutet dies auch, daß sich die Wissenschaft der Produktion annäherte, da sie einen größeren Einfluß auf alle Seiten der Produktion ausübte.

Die Wissenschaft begann, nachdem sie gegenüber der Produktion eine relative Selbständigkeit erworben hatte, die verschiedenen Formen der mechanischen Bewegung allseitig zu studieren. Es werden Schwingungsbewegungen verschiedener Art, Stoßvorgänge von Körpern untersucht, es wird eine Theorie der Bewegung und des Gleichgewichts von Systemen starrer Körper aufgestellt, es wird die Bewegung und Beschleunigung eines Massepunktes in einem gegebenen Kräftefeld erforscht, es werden Prinzipien zur Addition und zur Zerlegung von Kräften erarbeitet, es werden Theorien über die Rotationsbewegung, die Flugbahn eines geworfenen Körpers aufgestellt usw.

Die Entwicklung der Wissenschaft erfordert die Vervollkommnung ihrer experimentellen Basis, was wiederum die wissenschaftlichen Untersuchungen vor neue Aufgaben stellte.

Die Tatsache, daß die ersten produktiven Organe des Menschen im Prinzip nur eine mechanische, äußere Umwandlung der Naturgegenstände vollziehen konnten, bewirkte zunächst eine wissenschaftliche Untersuchung der Bewegungsmechanik. Diese Untersuchungen übten ihrerseits großen Einfluß auf die Entwicklung der produktiven Organe des Menschen aus. Die Entwicklung der Arbeitsmaschinen und ihr Einsatz in den verschiedenen Produktionszweigen stellte die Wissenschaft vor neue, immer kompliziertere Aufgaben. Die Vielfalt dieser Aufgaben wird so beträchtlich, daß es zu ihrer Lösung bereits äußerst schwierig ist, lediglich mit einigen konkreten Teiltheorien, von denen jede auf eine einzelne konkrete Aufgabe der Praxis angewandt wird, auszukommen. Der Aufbau einer allgemeinen Theorie, die in der Lage ist, die wesentlichen allgemeinen Züge einzelner konkreter Aufgaben dieses oder jenes Bereiches zu erfassen und die im Erfassen der allgemeinen Gesetze der Mechanik besteht, wäre erforderlich. Es wird notwendig, eine abstrakte, wissenschaftliche Theorie der mechanischen Bewegung zu erarbeiten und daraus konkrete Schlußfolgerungen für die Anwendung auf konkrete praktische Aufgaben zu ziehen.

Solche Theorien wurden bereits in den Arbeiten von Galileo Galilei, René Descartes, Isaac Newton entwickelt. Diese zweifache Aufgabe der Wissenschaft hebt Newton im Vorwort zur ersten Ausgabe seiner Schrift „Philosophia naturalis principia mathematica" hervor, in der er die Mechanik in eine rationale und in eine praktische aufteilt. In der erstgenannten Mechanik werden seinen Worten zufolge die Naturkräfte betrachtet, in der zweiten Maschinen unterschiedlicher Art. Die Notwendigkeit, eine abstrakte Theorie der mechanischen Bewegung zu schaffen, bewirkte, daß sich die Gelehrten im 17. bis Anfang des 18. Jahrhunderts mit großer Aufmerksamkeit der Klärung grundlegender Begriffe und der Aufdeckung der Gesetze der Mechanik widmeten.

Nachdem sie eine allgemeine abstrakte Theorie der mechanischen Bewegung und der Gleichgewichte aufgestellt hatten, waren die Gelehrten bestrebt, aus dieser Theorie konkrete Schlußfolgerungen zu ziehen, die auf die Lösung konkreter angewandter Aufgaben zur Vervollkommnung der Technik und Technologie der Produktion orientiert waren. Daraufhin beginnt sich innerhalb der wissenschaftlichen Forschung das wissenschaftlich-technische Denken als spezifische Form der schöpferischen Arbeit herauszubilden. Das wissenschaftlich-technische Schöpfertum erwirbt, ebenso wie die technischen Wissenschaften, durch die nachfolgenden, mit der Erfindung der Bewegungsmaschine verbundenen revolutionären Veränderungen in Wissenschaft und Technik eine relative Selbständigkeit.

Hier müssen wir zunächst untersuchen, welchen Einfluß auch die Entstehung und Entwicklung der Naturwissenschaften auf den Inhalt der Arbeit ausübte.

Marx wies darauf hin, daß die Arbeit unter zwei Aspekten betrachtet werden muß: a) unter dem Aspekt ihrer historischen Form; b) unter dem Aspekt der Tätigkeit zur Regelung der Naturkräfte. Die historischen Formen der Arbeit sind die Sklavenarbeit, die „Frondearbeit", die Lohnarbeit und die freie Arbeit.[24]

Der Mensch selbst steht dem Naturstoff wie eine Naturkraft gegenüber. Wie Marx hervorhob, benutzt der Mensch im Arbeitsprozeß die mechanischen, physikalischen, chemischen Eigenschaften der Dinge, um sie als Machtmittel auf andere Dinge, seinem Zweck gemäß, wirken zu lassen.[25] Der erfolgreiche Verlauf der Arbeit, die Entwicklung der Produktion, die Erhöhung der Arbeitsproduktivität, der Fortschritt in jeder beliebigen Tätigkeit des Menschen werden durch die Fähigkeit bestimmt, die Naturkräfte, die Eigenschaften der Dinge in der vom Menschen gewünschten Richtung wirken zu lassen. Die Arbeit ist daher als Stoffwechselprozeß zwischen Mensch und Natur ihrem Wesen nach eine Tätigkeit zur Steuerung der Naturkräfte.

Die Arbeit, ihr Inhalt, hängt in dieser Gestalt wesentlich vom Grad der menschlichen Erkenntnis bezüglich der Natur, vom Grad der menschlichen Erkenntnis bezüglich der Naturkräfte ab. In der Periode bis zur Entstehung der Wissenschaft waren die empirisch gewonnenen Erkenntnisse hauptsächlich auf die Vervollkommnung der Werkzeuge oder einzelner technologischer Prozesse gerichtet. Das Verhältnis des Menschen zur Natur bestand unter diesen Bedingungen darin, daß der Mensch den Naturstoff

[24] Ebenda, S. 505.

[25] Siehe: K. Marx, Das Kapital, Erster Band, in: MEW, Bd. 23, S. 194.

seinen Körperorganen einverleibte. Da der Mensch aber gezwungen war, seinen Willen den Arbeitswerkzeugen, dem verwendeten Naturstoff, zu unterwerfen, kann das Verhältnis des Menschen zu den Naturkräften in dieser Periode als zweckmäßige Unterordnung des Menschen unter die Naturkräfte charakterisiert werden.

Die Entstehung und Entwicklung der Naturwissenschaften kennzeichnen den Beginn einer neuen Etappe in der Entwicklung des Verhältnisses von Mensch und Natur. Die Naturwissenschaften, sagt Marx, lehren, wie man die Arbeit des Menschen durch Naturkräfte ersetzt.[26] Ausnutzung von Ergebnissen der Wissenschaft bedeutet, daß der Mensch im Arbeitsprozeß die Naturkräfte einbezieht, daß die Natur für den Menschen zu arbeiten beginnt. „Die Produktion in Masse... unterwirft erst die *Naturkräfte* im Grossen ..., verwandelt sie in Agenten der *gesellschaftlichen Arbeit*". Dadurch beginnt die Wissenschaft, sich in eine unmittelbare Produktivkraft zu verwandeln, beginnt die Entwicklung „der Wissenschaft als eines selbständigen Faktors des Produktionsprozesses."[27] Dank der Ausnutzung wissenschaftlicher Ergebnisse in der unmittelbaren Arbeit „arbeiten" Naturprozesse im Dienste des Menschen oder zusammen mit ihm. Insoweit Naturkräfte als Agenten der gesellschaftlichen Arbeit in den Stoffwechsel zwischen Mensch und Natur einbezogen werden, müssen sie in Übereinstimmung mit der zweckmäßigen Tätigkeit des Menschen angewandt werden. Die Wirkung der Naturkräfte muß mit dem Arbeitsprozeß zusammenfallen.

Bei der Charakterisierung der Arbeit hob Marx hervor, daß die zweckmäßige Tätigkeit des Menschen diejenige ist, die auf die Vermittlung, Regelung und Kontrolle des Stoffwechsels zwischen Mensch und Natur gerichtet ist. Dies sind qualitativ unterschiedliche Momente der menschlichen Tätigkeit. Die Arbeit als Prozeß, der sich zwischen Mensch und Natur vollzieht, kann in die Funktionen Vermittlung, Regelung und Kontrolle unterteilt werden.

[26] Siehe: K. Marx, Theorien über den Mehrwert, Teil 2, in: MEW, Bd. 26, 2, Berlin 1967, S. 554.

[27] K. Marx, Zur Kritik der Politischen Ökonomie (1861—1863), Heft XX, S. 1261 f., in: Коммунист, 1958, Nr. 7, S. 22–23.

Die Vermittlung ist eine Tätigkeit, die darauf gerichtet ist, diesen oder jenen Gegenstand oder Prozeß aus dem natürlichen Zusammenhang herauszureißen und ihn, ohne die Natur des Gegenstandes selbst zu berühren, in die vom Menschen gewünschten Beziehungen zu bringen.

Die Regelung stellt eine Tätigkeit dar, die darauf gerichtet ist, das Wechselverhältnis der Elemente eines Systems so zu verändern, daß sein Funktionieren den gewünschten Charakter annimmt. Dabei entstehen systemfremde Bedingungen und deshalb muß unmittelbar vom Menschen oder mittels technischer Einrichtungen ununterbrochen eine regulierende Tätigkeit ausgeführt werden.

Die Kontrolle ist die Steuerung der Entwicklung eines Systems. Sie besteht in der periodischen Einwirkung auf das System, damit sich in Übereinstimmung mit den charakteristischen Gesetzen im System zielgerichtet die Verwandlung von der Möglichkeit in die Wirklichkeit vollzieht.

Die betrachteten Funktionen sind nicht mit den technischen Funktionen identisch. Die letzteren werden im Verlaufe der Entwicklung technischen Einrichtungen übertragen. Die Arbeitsfunktionen jedoch wie auch die Arbeit überhaupt sind nur dem Menschen eigen und auf jeder beliebigen Stufe des wissenschaftlich-technischen Fortschritts ohne den Menschen nicht denkbar. Diese Funktionen dekken den unterschiedlichen Charakter, die Tiefe und Kompliziertheit des sich zwischen Mensch und Natur vollziehenden Prozesses auf, in ihnen kommt die Macht der Arbeit über die Naturkräfte zum Ausdruck. Darin, daß sich die Naturkräfte sukzessive den Arbeitsfunktionen unterordnen, besteht auch die Entwicklung der Arbeit. Diese Unterordnung hängt vom Grad der Aneignung der Naturprozesse, vom Entwicklungsniveau von Wissenschaft und Technik ab.

Man kann die Arbeitsmittel in produzierte und nichtproduzierte unterteilen. „Hier tritt also der Unterschied", schrieben Marx und Engels, „zwischen den naturwüchsigen und den durch die Zivilisation geschaffenen Produktionsinstrumenten hervor. Der Acker (das Wasser etc.) kann als naturwüchsiges Produktionsinstrument betrachtet werden."[28]

Zu den produzierten Arbeitsmitteln gehört all das, was vor dem Gebrauch als Arbeitsmittel durch die Arbeit bereits einen Wandel erfahren hat. Nichtproduzierte Arbeitsmittel werden vom Menschen in der Form benutzt, wie sie in der Natur vorkommen. In der Landwirtschaft „erscheint ... die menschliche Arbeit vielmehr als Gehülfe des Naturprozesses, den sie nicht kontrolliert."[29]

Mit der Entwicklung der Wissenschaft wächst im System der Arbeitsmittel der Anteil der produzierten Arbeitsmittel wesentlich an. Die Entstehung und Entwicklung der Wissenschaft als selbständiger Faktor des Produktionsprozesses veränderte das Verhältnis des Menschen zur Natur. Früher ordnete sich der Mensch den Naturkräften unter, „... beim naturwüchsigen Produktionsinstrument werden die Individuen unter die Natur subsumiert"[30], schrieben Marx und Engels. Die Wissenschaft ermöglicht dem Menschen ein aktives Verhältnis zur Natur. In einer gegebenen Etappe des wissenschaftlichen und technischen Fortschritts ist die Anwendung „natürlichen Agenten" in der gesellschaftlichen Arbeit ein charakteristischer Zug der Arbeit.

In der frühen Periode der Arbeit werden die Naturvorgänge im Ackerbau und in der Viehzucht nicht kontrolliert, sie laufen selbsttätig ab und treten als Agenten der Arbeit nur insoweit auf, wie ihr natürlicher Verlauf und ihr Ergebnis dem Interesse des Menschen entsprechen. Die Kräfte des Windes und des Wassers werden vom Menschen nicht kontrolliert. Als Naturkräfte sind sie dem Menschen nicht untertan und werden lediglich als nichtproduzierte Arbeitsmittel genutzt.

[28] K. Marx und F. Engels, Die deutsche Ideologie, a. a. O., S. 65. Die Termini „natürlich entstandenes Produktionswerkzeug" und „Produktionswerkzeuge, die durch die Zivilisation geschaffen wurden" benutzen Marx und Engels in der Zeit, in der sie „Die deutsche Ideologie" schreiben. In späteren Arbeiten, besonders im „Kapital", verwendet Marx die Begriffe „nichtproduzierte" und „produzierte Arbeitsmittel".

[29] K. Marx, Zur Kritik der Politischen Ökonomie (1861—1863), Heft XX, S. 1261, in: K. Marx, Машины. Применение природных сил и науки, там же, стр. 75.

[30] K. Marx und F. Engels, Die deutsche Ideologie, a. a. O., S. 65.

Die Naturkräfte als „Agenten der gesellschaftlichen Arbeit“ treten in einer gegebenen Entwicklungsetappe der Wissenschaft und Technik nur als vermittelndes Glied zwischen dem Menschen und dem Arbeitsgegenstand auf. Die in den Prozeß zwischen Mensch und Natur einbezogenen Naturkräfte sind lediglich der vermittelnden Funktion der Arbeitstätigkeit des Menschen unterworfen.

Die umgestaltende Tätigkeit bestand darin, daß der Mensch die verschiedenen Gegenstände aus dem natürlichen Zusammenhang herausriß und sie in eine andere, für den Stoffwechsel mit der Natur notwendige Beziehung brachte. Da die Kenntnisse hauptsächlich auf die Gesetze der Mechanik beschränkt waren, konnte der Mensch nur die räumliche Anordnung der Körper verändern und brachte diese in eine solche Beziehung, wie sie in der Natur nicht existierte. Die umgestaltende Tätigkeit beschränkte sich auf den Bau von Gebäuden, Ausrüstungen und mechanischen Anlagen. Die Beziehungen der Körper, die der Mensch herstellte, war mechanischer Art.

Analysieren wir die Übertragung der Bewegungsfunktion vom Menschen auf technische Mittel etwas ausführlicher.

Ein Element in der Technik ist der Antrieb. Mit Hilfe des Antriebs nutzt der Mensch die in der Natur existierenden Energieformen aus.

In der handwerklichen Produktion diente die menschliche Muskelkraft als Energiequelle. Diese Energiequelle besaß die Eigenschaften, universell und überall vorhanden zu sein.

Mit der Arbeitsmaschine vollzieht sich bezüglich der Energiequellen eine Zersplitterung. Die Arbeitsmaschine kann durch die menschliche Muskelkraft, die tierische Kraft, die Kraft des Windes und des Wassers in Bewegung gesetzt werden. Da diese Naturkräfte aber außerhalb des Menschen existieren, sind sie bezüglich des Ortes, an dem sie auftreten, vom Menschen losgelöst. Die Energiequelle, die die Arbeitsmaschine in Bewegung setzte, besaß somit jene Eigenschaften nicht, über die die Muskelkraft des Menschen verfügte, um das Werkzeug in Bewegung zu setzen — universell und allgegenwärtig zu sein.

Die Entwicklung der produktiven Organe des gesellschaftlichen Menschen wird in ihrem Charakter, ihren Wegen und Tendenzen durch die wechselseitige Abhängigkeit zwischen dem Arbeitsteil und der Operation bestimmt, die zur Bearbeitung des Arbeitsgegenstandes ausgeführt werden muß. Hieraus resultieren letztlich Veränderungen aller Elemente der produktiven Organe des Menschen. Von wesentlicher Bedeutung ist jedoch auch die Wechselbeziehung zwischen diesen verschiedenen Elementen. Der relativ universelle Antrieb ermöglicht eine Entwicklung des Arbeitsteils der Maschine. Diese Entwicklung vollzieht sich in Richtung einer Differenzierung, die mit der Schaffung eines relativ universellen Arbeitsteiles der Maschine abgeschlossen ist. Der Arbeitsteil der Maschine ermöglicht eine Differenzierung der Antriebe, die mit der Schaffung eines neuen, relativ universellen Antriebes beendet ist.

Der hinsichtlich der technischen Anwendung universelle Antrieb — die Muskelkraft des Menschen — ermöglichte die Entwicklung des Arbeitsteils (des Werkzeugs und der ausführenden Organe), der mit der Differenzierung (des Werkzeugs) und der Spezialisierung (der ausführenden Organe) in Wechselwirkung stand. Nachdem eine maximale Differenzierung erreicht ist, werden die Werkzeuge zur Arbeitsmaschine vereinigt, die in ihrem ersten Entwicklungsstadium im wesentlichen universellen Charakter trägt, denn sie führt eine Summe unterschiedlicher, zur Herstellung eines Arbeitproduktes notwendiger Operationen aus, und zwar solche Operationen, die ehemals ein Handwerker oder eine Manufakturwerkstatt ausgeführt hat. In ihrer ersten Form beseitigt die Maschine die auf der Arbeitsteilung beruhende Manufaktur und die einfache Kooperation und setzt an ihren Platz scheinbar erneut den Handwerksbetrieb. Es „. . . tritt an die Stelle des Handwerkers, der verschiedne Operationen verrichtete und dessen Arbeit eine größre oder kleinre Totalität von Arbeiten darstellte, eine einzige Maschine, die diese Operationen gleichzeitig verrichtet.“[31] Im „Kapital“ führt Marx Beispiele für Maschi-

[31] K. Marx, Zur Kritik der Politischen Ökonomie (1861—1863), Heft XIX, S. 1238, in: K. Marx, Машины. Применение природных сил и науки, там же, стр. 59.

nen an (eine Maschine zur Herstellung von Briefkuverts u. a.), die eine Vielzahl von Operationen ausführen.[32] Die universelle Arbeitsmaschine unterscheidet sich technisch bezüglich des Antriebes nicht und bedingt dessen Differenzierung. Es entsteht eine Vielzahl unterschiedlicher Antriebskonstruktionen, die unter konkreten Anwendungsbedingungen in der Lage sind, Arbeitsmaschinen in Bewegung zu setzen.

Nach Erfindung der Arbeitsmaschine begannen Versuche, Federn als Antriebe zu verwenden. Es wurden fast alle gegenwärtig verwendeten Glieder und Bauteile kinematischer Ketten zur Übertragung einer mechanischen Bewegung entworfen.

Weite Verbreitung, besonders in Holland und Deutschland, fand auch der Windmotor. Er wurde hier in Tuchbetrieben, Papiermanufakturen, in der Metallverarbeitung, in der Müllerei, der Herstellung von Jagdschrot usw. eingesetzt.

Breiteste Anwendung für den Antrieb von Arbeitsmaschinen fand eine sehr alte Erfindung, das Wasserrad. Es gab an eine Antriebswelle eine gleichgerichtete, relativ kontinuierliche rotierende Bewegung ab, die mit Hilfe eines unkomplizierten Übertragungsmechanismus an die Arbeitsmaschine weitergegeben werden konnte.

Es wurde eine Vielzahl von Antriebskonstruktionen entwickelt, die die Kraft des Wasserdampfes ausnutzen. Seine Fähigkeit, Arbeit zu leisten, war schon im Altertum bekannt. (Heron von Alexandria erfand im 1. Jahrhundert v. u. Z. eine Maschine, die durch ausströmenden Wasserdampf in eine rotierende Bewegung versetzt wurde.) Am bekanntesten ist die atmosphärische Dampfpumpenanlage von Thomas Savery, die von ihm zum Auspumpen des Wassers aus Bergwerken geschaffen wurde.

Die Bedeutung der Anlage von Savery besteht darin, daß sie in der Neuzeit abermals die Möglichkeit der Anwendung von Wasserdampf als Arbeitskörper zeigte. Dies wurde von dem französischen Gelehrten Denis Papin theoretisch be-

[32] Siehe: K. Marx, Das Kapital, Erster Band, in: MEW, Bd. 23, S. 399.

gründet, der eine Beschreibung des atmosphärischen Zyklus des Dampfes gegeben hat. Er schuf das für eine Dampfmaschine notwendige Glied, den Kolben. Die von Papin gebaute Maschine bestand aus einem Eisenzylinder und einem sich darin bewegenden Kolben. In den Zylinder wurde Wasser gefüllt, erhitzt, und der Dampf hob den Kolben nach oben. Dann begoß man den Zylinder mit kaltem Wasser, und mit der Kondensation des Dampfes ließ der atmosphärische Druck den Kolben sinken. Nach einigen Vervollkommnungen ist diese Maschine ebenso bekannt, wie die Maschine von Thomas Newcomen. James Watt, der die Maschine von Newcomen verbesserte, richtete seine Aufmerksamkeit auf deren wesentliche Mängel. Nachdem er den Kondensator, den Schieber, das Doppelwirkungsprinzip u. a. erfunden hatte, war eine prinzipiell neue Konstruktion der Dampfmaschine geschaffen worden.

Die Erfindung der Dampfmaschine ist der erste Schritt zur Rückkehr des Menschen zu einem universellen und allgegenwärtigen Antrieb. Man muß erwähnen, daß dieser bedeutende Schritt in der Entwicklung der Technik von dem russischen Erfinder I. I. Pol'zunov 1763/66 in Rußland getan wurde. Unter den Bedingungen der Leibeigenschaft in Rußland geriet die von Pol'zunov erfundene Dampfmaschine jedoch für lange Zeit in Vergessenheit. Die Dampfmaschine besaß in hohem Maße die Eigenschaften, universell und überall einsetzbar zu sein. Die Dampfmaschine konnte tatsächlich unabhängig von irgendwelchen Naturbedingungen (Fluß, Wind) aufgestellt werden. Über die Antriebswelle gab sie eine kontinuierliche rotierende Bewegung ab, die mittels dieser oder jener Übertragungseinrichtungen auf jede beliebige Arbeitsmaschine weitergegeben werden konnte.

Die Dampfmaschine war die erste internationale Erfindung. Als zum Antrieb von Arbeitsmaschinen, die unter konkreten Bedingungen benutzt werden, Teilantriebe entwickelt wurden, ergab die Vereinigung aller grundlegenden Arbeitsprinzipien und konstruktiven Formen dieser Teilantriebe insgesamt einen Universalantrieb — die Dampfmaschine.

Das Grundprinzip der Bewegung, das die Arbeit von Arbeitsmaschinen gewährleistet — eine relativ kontinuierliche rotierende Bewegung an der Antriebswelle — wurde tatsächlich vom Wasserrad auf die Dampfmaschine übertragen. Dieses Bewegungsprinzip sicherte dem Wasserrad hinsichtlich der ausführenden Funktion eine Universalität in der technischen Anwendung. Das Wasserrad besaß jedoch eine Vielzahl von Mängeln, die Hauptsache aber, es war lokal gebunden, d. h. es war als Antrieb nicht überall anwendbar.

Die Ausnutzung des Wasserdampfes als Arbeitskörper durch Savery wurde von der Dampfpumpenanlage auf die Dampfmaschine übertragen. Dies sicherte der Dampfmaschine eine relativ günstige Einsatzmöglichkeit, sie war beim Einsatz wenig von diesen oder jenen lokalen Bedingungen abhängig. Das Grundprinzip der konstruktiven Form, der Zylinder mit dem darin beweglichen Kolben, wurde von der Pulvermaschine Christian Huygens' auf die Dampfmaschine übertragen.

Die Dampfmaschine kann ihre Funktion als universeller und allgegenwärtiger Antrieb (beides natürlich relativ gesehen) nicht erfüllen, wenn kein entsprechender Übertragungsmechanismus vorhanden ist, der die Bewegung vom Antrieb auf die Arbeitsmaschinen überträgt.

Prinzipielle Schemata für Übertragungsmechanismen, die bis zur heutigen Zeit angewendet werden, wurden bereits auf Grund der Erfahrung bei der Herstellung von Uhrwerken erarbeitet, Marx verwies auf die Uhren als jene materielle Grundlage, auf die sich — neben der Mühle — die Vorarbeit für die Maschinenindustrie stützte.

Somit verkörpern sich in der Dampfmaschine alle grundlegenden technischen Errungenschaften, die bei der Entwicklung der Teilantriebe erzielt worden waren.

Nach der mechanischen Einwirkung auf den Arbeitsgegenstand begann der Mensch die Wärmeenergie des Feuers auszunutzen. Da aber Naturmaterialien nur durch mechanische Bearbeitung angeeignet wurden, spielte die Wärme des Feuers eine zweitrangige Rolle. Sie wurde lediglich bei der mechanischen Bewegung gewonnen, lieferte selbst eine solche Bewegung aber nicht. Engels sagt: „Indes ist der Prozeß beim Reibfeuer noch einseitig ... Um den Vorgang zu vervollständigen, muß er umgekehrt, muß Wärme in mechanische Bewegung verwandelt werden. Dann erst ist der Dialektik des Prozesses Genüge geleistet, der Prozeß im Kreislauf erschöpft — wenigstens zunächst. Aber die Geschichte hat ihren eignen Gang, und so dialektisch dieser schließlich auch verlaufen mag, so muß die Dialektik doch oft lange genug auf die Geschichte warten."[33] „Der Kreislauf der Erfindungen war auf diesem Gebiet vollendet: Die Verwandlung von Wärme in mechanische Bewegung war durchgeführt."[34]

Die Entwicklung der Dampfmaschine ist somit dem allgemeinen Entwicklungsgesetz der produktiven Organe des gesellschaftlichen Menschen — dem Prinzip der Wechselwirkung von Form und Funktion — unterworfen.

Ein charakteristischer Zug der Entwicklung jedweden Antriebs besteht darin, daß zunächst der Arbeitskörper (aus Erfahrung oder durch wissenschaftliche Untersuchung) bekannt wird, und sich danach das Mittel entwickelt, das befähigt ist, diesen Arbeitskörper auszunutzen. Durch die Anpassung der Form der Dampfkraftmaschine an die Eigenschaften des Wasserdampfes deckte der Mensch neue technische Funktionen auf. Dies machte eine weitere Vervollkommnung der Konstruktion, der Form des Antriebs erforderlich.

Die Dampfmaschine war, wie Marx sagt, bezüglich der technischen Anwendung universell. Ähnlich wie die Textilmaschinen, die mit ihrem Erscheinen die technische Revolution kennzeichneten, löste die Dampfmaschine von Watt das Bewegungsproblem nicht für irgendwelche bestimmten spezifischen Bedingungen, sondern lieferte eine prinzipielle technische Lösung der Bewegung ganz allgemein, sie war eben eine „Bewegung erzeugende" Maschine. Antriebsmaschinen gab es schon lange vor der Maschine von Watt, darunter auch Dampfmaschinen, die aber für ganz bestimmte Zwecke vorgesehen waren. Als Marx von der Dampfmaschine für die Bergwerksentwässerung sprach, betonte er, daß sie eine „...bloße Hebemaschine für Wasser

[33] F. Engels, Dialektik der Natur, in: MEW, Bd. 20, Berlin 1962, S. 392.
[34] Ebenda, S. 393.

und Salzsole"[35] war. Diese Dampfmaschine hatte ganz spezifischen Charakter. Die Genialität Watts zeigte sich dagegen darin, sagt Marx, daß sie in der Beschreibung seiner Maschine „nicht als eine Erfindung zu besondren Zwecken, sondern als allgemeiner Agent der großen Industrie"[36] geschildert wird.

Die revolutionäre Bedeutung der Dampfmaschine bestand darin, daß sie den natürlichen Organen des Menschen die Funktion der Energiequelle abnahm und selbst eine solche Energiequelle darstellte, die in bestimmtem Maße die Eigenschaften der Universalität sowie der lokalen Ungebundenheit bei der technischen Anwendung besaß.

In seinen Vorarbeiten zum „Kapital" charakterisiert Marx die Erfindung der Dampfmaschine als zweite industrielle Revolution: „Von dem Augenblick wo die menschliche direkte Beteiligung an der Produktion nur noch darin bestand, daß er als einfache *power* wirkte, das Prinzip der Arbeit durch Maschinerie gegeben. Der Mechanismus war da; die Triebkraft selbst konnte später durch Wasser, Dampf etc. ersetzt werden.

Nach dieser ersten großen industriellen Revolution war die Anwendung der Dampfmaschine als Bewegung produzierende Maschine die zweite."[37]

Die Dampfmaschine ermöglichte, daß sich das Arbeitsmittel von der Maschine zum Maschinensystem entwickelte.

Die Entwicklung der Maschine durch den Menschen ist den gleichen Gesetzmäßigkeiten unterworfen wie die Entwicklung des Werkzeugs. Sie stellt ein Arbeitsmittel dar, das viele verschiedenartige Operationen zur Bearbeitung des Arbeitsgegenstandes gleichzeitig ausführt. Diese Operationen wurden ehemals von einem selbständig arbeitenden Handwerker ausgeführt oder in der Manufaktur von einer Vielzahl von Teilarbeitern, die den Arbeitsgegenstand nacheinander von Hand zu Hand gaben.

[35] K. Marx, Das Kapital, Erster Band, in: MEW, Bd. 23, S. 396, Anm. 94.

[36] Ebenda, S. 398.

[37] K. Marx, Zur Kritik der Politischen Ökonomie (1861–1863), Heft XIX, S. 1162, in: K. Marx, Машины. Применение природных сил и науки, там же, стр. 29.

Die Maschine hat eine um so höhere Produktivität, je enger der Kreis der auszuführenden Operationen ist, für den sie bestimmt ist. Die Maschine wurde daher sofort nach ihrer Entstehung vom Menschen differenziert und einem bestimmten Kreis von Operationen angepaßt. Die Möglichkeit der Differenzierung ist durch den universellen und örtlich nicht gebundenen Antrieb gegeben. In der Tendenz strebt die Differenzierung des Arbeitsmittels danach, die Ausführung einer elementaren Operation zu erreichen. Die Maschine stellt stets eine Einheit von Universellem und Spezifischem dar. Durch den gleichen Prozeß, den Differenzierungs- und Spezialisierungsprozeß der Arbeitsmaschinen, setzte auch ein anderer Prozeß, die Kombination, die Vereinigung verschiedener Arbeitsmaschinen, ein. Der Charakter dieser Vereinigung wird durch den Charakter und die Aufeinanderfolge derjenigen Operationen bestimmt, die zur Bearbeitung des Arbeitsgegenstandes ausgeführt werden müssen. Ebenso, wie die Operation die Form des Werkzeuges bestimmt, bestimmt auch die Reihenfolge der Ausführung der Operationen, die zur Herstellung eines bestimmten Arbeitsproduktes erforderlich sind, den Charakter des gesamten Maschinensystems insgesamt.

Das Maschinensystem „tritt an Stelle" einer einzelnen selbständigen Maschine im wahrsten Sinne des Wortes. Hier durchläuft der Arbeitsgegenstand eine aufeinanderfolgende Reihe in Wechselbeziehung stehender Teilprozesse, die von einer Kette verschiedenartiger, aber einander ergänzender Arbeitsmaschinen ausgeführt werden. Eine Produktion, wo der Arbeitsgegenstand nacheinander (Operation für Operation) an spezialisierten Maschinen bearbeitet wird, stellt eine Fließproduktion dar. Die Fließproduktion ist für das Maschinensystem, das selbst eine technische Einheit darstellt, charakteristisch, da diese vielen Arbeitsmaschinen nicht nur einem gemeinsamen Ziel dienen — der Bearbeitung dieses oder jenes Arbeitsgegenstandes —, sondern gleichzeitig und gleichmäßig ihren Impuls vom Herzschlag des gemeinsamen Primärantriebes empfangen. Im Maschinensystem, sagt Marx, „erscheint die der Manufaktur eigentümliche Kooperation durch Teilung der Arbeit wieder, aber jetzt als Kombination von Teilarbeitsmaschinen."[38]

In der entwickelten Manufaktur war der Mensch einfach ein Teilarbeiter. Er stellt hier eine Teilarbeitsmaschine dar. In der Manufaktur hob sich der Handwerker im Differenzierungs- und Spezialisierungsprozeß einerseits selbst auf, indem er sich in einen Teilarbeiter verwandelte, andererseits formiert er sich neu als kombinierter Gesamtarbeiter, der den lebenden Mechanismus der Manufaktur bildet. So entwickelte sich auch innerhalb desselben Prozesses, der zu einer Form führt, die immer mehr einer elementaren Operation entspricht, die Maschine zu einer Teilarbeitsmaschine und verwandelte sich gleichzeitig in einen Mechanismus, der die Einheit von zweckmäßiger Tätigkeit und reiner Antriebstätigkeit verkörpert. Das entwickelte Maschinensystem, die kombinierte Arbeitsmaschine, die jetzt ein gegliedertes System verschiedenartiger Einzelarbeitsmaschinen und Gruppen von Einzelarbeitsmaschinen darstellt, führt verschiedene Operationen aus und ist im wesentlichen eine Universalmaschine. Diese kombinierte Arbeitsmaschine bestimmt auch die weitere Entwicklung des Antriebes.

Das System der Arbeitsmaschinen gerät in seiner Entwicklung mit der Kapazität und dem Charakter des Übertragungsmechanismus in Widerspruch. Wie wird von einem universellen Antrieb die Bewegung auf die spezifische Teilmaschine übertragen?

Als die Erfüllung aller Funktionen auf ein Individuum konzentriert war, waren die Organe zur Übertragung der Energie von der Quelle zum Werkzeug zusammen mit den ausführenden Organen in den Händen des Menschen vereinigt. Die später entstandene Arbeitsmaschine, die ihrem Wesen nach universell war, besaß einen Teilantrieb, von dem die Bewegung mit Hilfe eines sehr einfachen Übertragungsmechanismus, der in jedem konkreten Fall spezifische Besonderheiten aufwies, übertragen wurde. Mit der Entwicklung des Maschinensystems erweiterte sich der Übertragungsmechanismus zu einem riesigen Transmissionssystem mit einer vom Antrieb ausgehenden Hauptwelle. Auf der Welle drehen sich Riemenscheiben, die über ein

[38] K. Marx, Das Kapital, Erster Band, in: MEW, Bd. 23, S. 400.

Riemensystem die Bewegung auf die Arbeitsmaschine übertragen. Der Transmissionsantrieb ist seinem Charakter nach universell, da er im Gesamtsystem jeder spezifischen Arbeitsmaschine gemeinsam ist.

Ein solcher universeller Antrieb ermöglichte die Entwicklung von Teilarbeitsmaschinen, die bei der Bearbeitung des Arbeitsgegenstandes für eine bestimmte Operation oder eine kleine Gruppe homogener Operationen bestimmt sind. Jede Arbeitsmaschine dieser Art führt die zur Herstellung eines Arbeitsproduktes notwendigen Operationen wie Hobeln, Drehen, Bohren usw. aus. Für ihre Arbeit muß jedoch eine Vielzahl von Hilfsoperationen ausgeführt werden wie das Einstellen des Werkzeugs, dessen Lageveränderung und Wechsel der Bewegungsrichtung, der Antransport des Arbeitsgegenstandes zur Maschine und dessen Überführung in die Arbeitslage, die Befestigung in der Arbeitslage, das Lösen und Entfernen aus der Arbeitslage usw. All diese Hilfsoperationen werden manuell oder mit Hilfe primitiver Mittel unmittelbar vom Menschen selbst ausgeführt. Diese Entwicklungsstufe des Maschinensystems wird als einfache Mechanisierung bezeichnet, soweit sie nur die Ausführung der Hauptoperationen umfaßt und die Hilfsoperationen nicht berührt. Nach der Ausführung einer bestimmten Operation durch die Maschine muß jedesmal der Bearbeitungsprozeß an einem gegebenen Arbeitsgegenstand zur manuellen Ausführung der Hilfsoperationen unterbrochen werden.

Zur weiteren Vervollkommnung der Fließproduktion und zur weiteren Erhöhung der Arbeitsproduktivität ist es erforderlich, auch die Hilfsoperationen zu mechanisieren. Wenn aber das Maschinensystem nicht nur die Haupt-, sondern auch die Hilfsoperationen ausführt, so verändert sich dadurch die Funktion des Maschinensystems. Diese Funktionsänderung hat mit Notwendigkeit eine Veränderung der Form des Maschinensystems selbst zur Folge. Die alte Form des Maschinensystems, die aus Arbeitsmaschinen, der Transmission und der Dampfmaschine bestand, mußte folglich verändert werden. Die alte Form mußte einer neuen Form, einem Maschinensystem weichen, das der neuen Funktion entsprach. Der Grundwiderspruch zwischen der neuen Funktion und der alten Form trat vor allem als Widerspruch zwischen dem Universalantrieb und den spezifischen Arbeitsmaschinen in Erscheinung. Der Transmissionsantrieb, der früher die Basis und die Voraussetzung für die Entwicklung des Maschinensystems darstellte, wurde mit der einfachen Mechanisierung zu einem Hemmnis der weiteren Entwicklung des Maschinensystems, da er keine effektive Übertragung der Energie an die Arbeitsmaschinen gewährleistete.

Zur Lösung dieses Widerspruches wurden zahlreiche Versuche unternommen, um ein Verfahren zur Übertragung der Energie zu finden. Es wurden Drahtseile benutzt, die über ein System von Rollen die Bewegung auf die Arbeitsmaschinen übertrugen, die bis zu 5000 m entfernt waren. In den 40er Jahren des vorigen Jahrhunderts begann man zum Antrieb verschiedener Arbeitsmaschinen zur Energieübertragung Wasser zu nutzen, das unter Druck in Rohren nach der Art der Wasserleitung verteilt wurde. Die Übertragungsweite erreichte bei einem Maximaldruck von 75 atü und einer Leistung bis 300 PS bis zu 20 km. Dieses Übertragungssystem wurde in Genf, Paris, Zürich, Hamburg usw. in großem Maße angewandt. Die größte Anlage dieser Art war in London und begann im Jahre 1884 zu arbeiten. 1894 erreichte die Gesamtlänge der Rohrleitungen in London 112 km.

Zahlreiche Versuche wurden unternommen, komprimierte Luft für die Energieübertragung zu nutzen. So wurde in Paris eine zentrale Station mit 2000 PS errichtet, das Rohrleitungsnetz hatte eine Länge von 60 km. 1891 wurde am Ufer der Seine eine neue Station für komprimierte Luft mit 24000 PS gebaut. Sie war bis zum Ende der 90er Jahre in Betrieb. 1891 wurde in Offenbach eine pneumatische Übertragungsanlage gebaut.

Durch zahlreiche Forschungen in der zweiten Hälfte des 19. Jahrhunderts entstanden neue Antriebe wie die Dampfturbinen und die Verbrennungsmotoren; aber sie lösten den Widerspruch, der die weitere Entwicklung der Technik hemmte, nicht. Es war ein neues Mittel zur Verteilung und Übertragung mechanischer Energie auf die Arbeitsmaschinen erforderlich.

In dieser Zeit werden Versuche unternommen, als Arbeitskörper bei der Übertragung von Energie die Elektrizität zu nutzen.

Im Jahre 1831 legte Michael Faraday mit der Entdeckung der elektromagnetischen Induktion für eine derartige Umwandlung von Elektrizität in mechanische Bewegung den Grundstein. Bei der Erforschung von Eigenschaften der Elektrizität wurde die Wechselwirkung zwischen dem Leiter des elektrischen Stromes und dem Magneten entdeckt. Diese Wechselwirkung bestand darin, daß ein Magnetpol das Bestreben hat, sich um einen stromdurchflossenen Leiter herum in tangentialer Richtung zu bewegen bzw. ein stromdurchflossener Leiter bestrebt ist, zwischen entgegengesetzten Polen sich aus dem Magnetfeld heraus bzw. hinein zu bewegen.[39]

Der Charakter der Wechselwirkung und die Eigenschaften der Elektrizität bestimmten das Grundprinzip für die Form des Mittels, das man zur Umwandlung der Elektrizität in mechanische Bewegung nutzen konnte.

Die von Marx im „Kapital“ erwähnte Gesetzmäßigkeit der Entwicklung des Produktionsmittels, die darin besteht, daß „im Anfang die alte Form des Produktionsmittels seine neue Form beherrscht“[40], ist auch bei der Entwicklung des Elektromotors deutlich zu beobachten.

Einer der Schöpfer des Elektromotors, Moritz v. Jacobi, schrieb: „Schon einige Jahre lang hatte ich die Idee, dieses neue System (der Elektrizität) in der Mechanik anzuwenden, aber ich konnte mich am Anfang nicht von dem Gedanken trennen, eine hin- und hergehende Bewegung zu erzielen, die durch die aufeinanderfolgende anziehende und abstoßende Wirkung der magnetischen Stäbe entsteht, und diese hin- und hergehende Bewegung dann nach dem in der Technik bereits bekannten Verfahren in eine Kreisbewegung umzuwandeln.“[41] In den ersten elektrischen Geräten

[39] M. Faraday, Experimentaluntersuchungen über Elektrizität, in: Ostwalds Klassiker der exakten Wissenschaften Nr. 81, Hrsg. A. J. v. Oettingen, Leipzig 1920, S. 40.

[40] K. Marx, Das Kapital, Erster Band, in: MEW, Bd. 23, S. 404, Anm. 103.

[41] Zitiert nach: Электродвигатель в его историческом развитии. Документы и материалы, Москва-Ленинград 1936, стр. 9.

führte der bewegliche Teil, der Anker, nach dem Prinzip der Dampfmaschine eine hin- und hergehende Bewegung aus (z. B. die Geräte von Joseph Henry, 1831). Ähnliche Motoren fanden zum Antrieb verschiedener Arbeitsmaschinen, wie Druckmaschinen, Jacquard-Webstühlen, Hubwerken usw. praktische Anwendung.

Die Motoren mit hin- und hergehender Bewegung des Ankers beruhten auf dem Prinzip von Anziehung und Abstoßung eines stromdurchflossenen Leiters zwischen entgegengesetzten Polen. Obwohl dieses Konstruktionsprinzip des Motors auf der von Faraday entdeckten Wirkung der Elektrizität beruhte, entsprach eine derartige Konstruktionsform des Motors jedoch kaum den möglichen Eigenschaften des Elektromagnetismus (wo, wie Faraday später sagte, eine Leiterschleife bestrebt ist, sich zwischen entgegengesetzten Magnetpolen zu drehen) als vielmehr einer Motorform, die auf dem Prinzip der Pendelbewegung des Leiters im Magnetfeld basiert. Nach diesem Prinzip wurde der erste Elektromotor, das „Rad" von Barlow, gebaut.

Die weitere Vervollkommnung des Elektromotors bestand darin, eine Form zu entwickeln und zu entwerfen, die nach dem Drehprinzip aufgebaut war, d. h. die Vervollkommnung verlief in einer Richtung, die die Form des Motors besser mit den möglichen Eigenschaften des Elektromagnetismus, mit seinen technischen Funktionen in Einklang brachte. Auf diesem Wege wurde die Ringankerkonstruktion entwickelt, die eine gleichmäßige Drehung gewährleistete.

Die Energie erhielten diese Elektromotoren aus einer galvanischen oder thermoelektrischen Batterie. Das Mittel zur Umwandlung elektrischer Energie in mechanische war geschaffen.

Die praktische Nutzung des Magnetismus entwickelte sich außerordentlich rasch. Ende des ersten Viertels des 19. Jahrhunderts war die Wechselbeziehung zwischen den verschiedenen Naturerscheinungen und der wechselseitigen Umwandlung der verschiedenen Bewegungsformen der Materie überzeugend bewiesen. Das Studium der Erscheinungen des Elektromagnetismus zeigte den engen Zusammenhang zwischen Elektrizität und Magnetismus. Wenn der elektrische Strom magnetische Wirkungen hervorrufen kann, dann war natürlich anzunehmen, daß unter bestimmten Voraussetzungen die magnetischen Erscheinungen auch elektrischen Strom erzeugen können.

Faraday zeigte nach Entdeckung der elektromagnetischen Induktion sowie nach zahlreichen Untersuchungen die Möglichkeit, „Magnetismus in Elektrizität" umzuwandeln. In einer verallgemeinerten Formulierung, die diese Erscheinung erklärte, sagte Heinrich F. E. Lenz (Lenzsches Gesetz): „Wird ein metallischer Leiter in der Nähe eines galvanischen Stromes oder eines Magneten bewegt, so wird in ihm ein Strom induziert, der so gerichtet ist, daß er der Ursache des Induktionsvorganges entgegenwirkt".[42]

Diese wissenschaftliche Erkenntnis war so bedeutend, daß sie einen neuen Weg zur Erzeugung von Elektroenergie eröffnete, und zwar: Stromerzeugung durch mechanischen Energieaufwand zur Verschiebung eines Leiters im Magnetfeld. Es erscheint uns wichtig hervorzuheben, daß hier, wie auch bei der Schaffung der Dampfmaschine oder jedes beliebigen anderen Arbeitsmittels, das Grundprinzip bei der Konstruktion eines Mittels zur Produktion elektrischen Stromes durch die Eigenschaften der elektromagnetischen Erscheinungen bestimmt war: Der Leiter mußte so verschoben werden, daß er die Feldlinien des Magneten senkrecht schneidet.

In der Anfangsperiode der Entwicklung der Elektrotechnik (1831—1851) erfuhren die elektromagnetischen Generatoren, in denen die Stromerzeugung durch das Verschieben von Spulen in einem permanenten Magnetfeld erfolgte, eine besondere Entwicklung. Analysiert man diese Form des Generators, so sieht man, daß noch ein grobes Mißverhältnis zwischen dieser Form und den Eigenschaften des Elektromagnetismus bestand. Elektrizität und Magnetismus stellen ihrer Natur nach eine Einheit dar — Elektrizität ruft Magnetismus und Magnetismus Elektrizität hervor. Diese Einheit fand in der Form des Generators keine entsprechende Verwirklichung. Die permanenten Magnete in Form hufeisenförmiger Eisenkerne existierten unabhängig von

[42] Ebenda, S. 8.

den Spulen, in denen der Strom induziert wurde. Elektrischer Strom kann jedoch selbst magnetische Feldlinien aufbauen.

Der erste wesentliche Schritt auf dem Wege, die Form des Generators besser mit den Eigenschaften des zu gewinnenden Stromes in Einklang zu bringen, war der Ersatz permanenter Magnete durch Elektromagnete. Der elektrische Strom erzeugte hierbei die magnetischen Feldlinien, die in den Spulen elektrischen Strom entstehen ließen. Bis zur Übereinstimmung der Form des Generators mit den elektromagnetischen Erscheinungen war aber noch ein weiter Weg. Die Sache war die, daß die Elektromagneten ihrerseits den Strom aus einer gesonderten Quelle erhielten (am häufigsten aus einer galvanischen Batterie). Derselbe elektrische Strom jedoch, der vom Generator erzeugt wird, kann gleichzeitig das Magnetfeld aufbauen, das für die Stromerzeugung erforderlich ist. Diese Möglichkeit, den Generator hinsichtlich der Übereinstimmung der Form mit den Eigenschaften des Elektromagnetismus weiter zu vervollkommnen, wurde von vielen Forschern erwähnt. Es wurden Generatoren mit Selbsterregung entwickelt.

Eine breite praktische Verwendung von Generatoren mit Selbsterregung wurde aber infolge der Unvollkommenheit des Ankers gehemmt, dessen pulsierender Strom eine unterschiedliche magnetische Flußdichte zur Folge hatte. Zu dieser Zeit war bereits der Ringanker für den Elektromotor entwickelt, der einen gleichmäßigen Strom lieferte.

Im Verlaufe der gesamten historischen Entwicklung wurde der Elektrogenerator hauptsächlich zur Speisung von elektrischen Beleuchtungskörpern verwandt. Der Elektromotor zum Antrieb von Arbeitsmaschinen wurde von einer galvanischen Batterie gespeist. Elektromotor und Generator wurden fast im Verlaufe des gesamten 19. Jahrhunderts unabhängig voneinander vervollkommnet. Im 19. Jahrhundert war der Kenntnisstand über die Eigenschaften des Elektromagnetismus so niedrig, daß ungeachtet des allgemeinen theoretischen Verständnisses der Einheit von Elektrizität und Magnetismus die überwiegende Mehrheit der Gelehrten annahm, daß der Elektromotor (eine Maschine, die von einer galvanischen Batterie

Strom empfängt und ihn in mechanische Bewegung umwandelt) und der Generator (eine Maschine, die mechanische Bewegung empfängt und sie in elektrischen Strom umwandelt) völlig verschiedene Maschinen seien, die auf unterschiedlichen Naturerscheinungen basieren, und zwar die erste auf der Elektrizität, die zweite auf dem Magnetismus.

Mit der praktischen Ausnutzung des Elektromagnetismus wurde dessen Wesen immer besser und immer gründlicher erkannt. Dies führte dazu, daß schließlich 1870 die Formen der den Elektromagnetismus ausnutzenden Mittel mit seinen Eigenschaften und technologischen Funktionen in Einklang gebracht waren. Generator und Elektromotor waren vereint. Der Generator empfing von einer beliebigen Quelle wie Wasser, Wind, Dampfmaschine mechanische Bewegung, erzeugte daraus Elektrizität und übertrug sie auf den Elektromotor, der die Arbeitsmaschine in Bewegung setzte.

Das weitere Erkennen von Eigenschaften des Elektromagnetismus führte D. A. Lačikov und M. Deprez zur Entdeckung des Kraftübertragungsgesetzes: Die Spannung muß mit zunehmender Länge der Übertragungsstrecke erhöht werden. Im Jahre 1882 demonstrierte Deprez auf der Münchener Elektrizitätsausstellung die Übertragung von Elektroenergie über eine Entfernung von 57 km. Die Elektrizität begann alle anderen Energieübertragungsverfahren zu verdrängen. Marx und Engels, die die Entwicklung der Technik aufmerksam verfolgten, hoben die Bedeutung dieser Entdeckung sofort hervor. Engels wies darauf hin, daß die Dampfmaschine uns lehrte, Wärme in mechanische Energie umzuwandeln und unterstrich: „. . . in der Ausnutzung der Elektrizität wird uns der Weg eröffnet, *alle* Formen der Energie: Wärme, mechanische Bewegung, Elektrizität, Magnetismus, Licht, eine in die andere und wieder zurückzuverwandeln und industriell auszunutzen. Der Kreis ist geschlossen."[43]

Die neue Energieform erlaubte, das Mißverhältnis zwischen Motor und Arbeitsmaschine zu beseitigen und eröff-

[43] F. Engels, Brief an E. Bernstein v. 27. 2. 1883, in: MEW, Bd. 35, Berlin 1967, S. 444.

nete für die Entwicklung aller Produktionszweige große Möglichkeiten. Dies ist durch die besonderen Eigenschaften der Elektrizität bedingt. Erstens ist Elektroenergie im Verbrauch unbegrenzt teilbar, und ihre Erzeugung ist konzentriert. Die Teilbarkeit löste das Problem, die Elektroenergie in jedem beliebigen Prozeß und in breitestem Umfange als Antriebskraft zu nutzen. Die Konzentration der Erzeugung, die sich in der Kapazität von Aggregaten der Elektrizitätswerke und in deren möglichen Vereinigung in einem Verbundnetz ausdrückt, gestattete ein hohes technisch-ökonomisches Niveau bezüglich der Ausrüstung und der Ausnutzung von Energieanlagen. Zweitens kann Elektroenergie bei unbegrenzten Möglichkeiten der Rückverwandlung in andere Energieformen aus einer Vielzahl von Primärquellen (mechanische, hydraulische, Wärme-, Gas-, chemische Energie u. a.) gewonnen werden. Drittens kann Elektroenergie bei relativ geringem ökonomischem Aufwand mit hohem Wirkungsgrad übertragen werden.

Der Einsatz des Elektromotors löste die Nichtübereinstimmung zwischen der neuen Funktion und der alten Form des Maschinensystems. Dank der möglichen Veränderung des Leistungsbereiches, der Abmessungen und des Gewichtes erlaubt der Elektromotor eine Annäherung der Antriebsquelle an die Arbeitsmaschine, die unmittelbare Montage und die Entwicklung eines spezifischen Übertragungsmechanismus. Ein solcher Mechanismus ist für die Arbeitsmaschine nicht indifferent wie der Transmissionsmechanismus, sondern ist der gegebenen spezifischen Arbeitsmaschine speziell angepaßt. Einen Motor, der unmittelbar an die Arbeitsmaschine montiert ist, bezeichnet man gemeinsam mit dem spezifischen Übertragungsmechanismus gewöhnlich als Einzelantrieb. Der Einsatz des Elektromotors zog eine Veränderung des gesamten Maschinensystems nach sich. Einzelantrieb und Arbeitsmaschine schmolzen faktisch zusammen und bildeten den sogenannten Kraftkopf. Durch Vereinigung einiger solcher Köpfe auf einem Träger entsteht ein Maschinenaggregat, das seiner Natur nach selbst wieder ein Maschinensystem darstellt. Ein Maschinensystem, das aus Maschinenaggregaten besteht, ist somit ein kombiniertes Maschinensystem. Der Einzelantrieb bietet die Möglichkeit, das Maschinensystem in einer Richtung weiterzuentwickeln, daß es nicht nur Haupt-, sondern auch Hilfsoperationen ausführt. Alle Operationen zur Bearbeitung des Arbeitsgegenstandes werden nun von der Maschine ausgeführt. Diese Stufe der Mechanisierung von Produktionsprozessen wird komplexe Mechanisierung genannt.

Die komplexe Mechanisierung ist das höchste Ergebnis der neuen technischen Revolution. Sie befreit den Menschen endgültig von der unmittelbaren Einwirkung auf den zu bearbeitenden Gegenstand. Dem Arbeiter bleibt nur die dritte, die technische Funktion, die Funktion, die Arbeit der Maschinen zu steuern.

Das Maschinensystem nahm dadurch, daß es während seiner Entwicklung eine immer größere Anzahl verschiedenartiger Operationen erfaßte, einen immer mehr universellen Charakter an. Als jedoch bei der komplexen Mechanisierung das Maximum an Universalität erreicht war, verwandelte sich das Maschinensystem in sein Gegenteil, es erwies sich lediglich als spezialisierter Teil eines Systems von Maschinensystemen.

Wenn das Maschinensystem einen eigenen Bereich darstellt, so wird es zu einem speziellen Arbeitsorgan des Systems von Maschinensystemen, der Abteilung. Stellt das Maschinensystem jedoch selbst eine Abteilung dar, so wird es zu einem Organ des Systems von Maschinensystemen, des Werkes.

Das Maschinensystem ist bezüglich seiner spezifischen einzelnen Arbeitsmaschinen universell. Dieses universelle Maschinensystem aber ist spezifisch in bezug auf das Allgemeinere, in bezug auf das System von Maschinensystemen.

Indem die Arbeitsmaschine sich entwickelt, bringt sie ein Maschinensystem hervor, das die Arbeitsmaschine in sich einschließt. Das Arbeitsmittel kehrt in Form des entwickelten Maschinensystems, das mit gemeinsamer Bewegungsquelle arbeitet, gleichsam wieder an seinen Anfang, zur Arbeitsmaschine, zurück. „Ganz wie viele Werkzeuge die Organe einer Arbeitsmaschine, bilden viele Arbeitsmaschinen jetzt nur noch gleichartige Organe desselben Bewegungsmechanismus", sagt Marx.[44]

Der differenzierte und spezialisierte Arbeitsteil, das Maschinensystem, eröffnet die technische Möglichkeit zu einer weiteren Entwicklung der Bewegungsquelle.

Zu Beginn der Anwendung des Elektromotors zum Antrieb von Maschinensystemen wurde für jeden Energieempfänger (Verbraucher) ein gesonderter Generator verwendet. Seit 1876 begann man Anlagen zu verwenden, über die von einem gemeinsamen Generator eine Reihe von Verbrauchern gespeist wurden. Solche Anlagen erhielten die Bezeichnung „Blockstationen."

In den 90er Jahren des vorigen Jahrhunderts arbeiteten in Petersburg ungefähr 130 solcher Blockstationen, 1900 waren es 286.

Mit der Entwicklung differenzierter Maschinensysteme begann ein Prozeß der Vereinigung von Energiequellen, eine Zentralisierung der Elektrizitätswerke. Es begann die Entwicklung von Energiesystemen, die unterschiedlichen Maschinensystemen und Energieverbrauchern Energie liefern.

In der UdSSR begann man erst nach 1917 Energiesysteme aufzubauen. Die ersten Systeme dieser Art sind das Zentrale Energiesystem, das die Energiewirtschaft der Gebiete von Moskau, Iwanowo, Gorki und Jaroslawl verband; das Südliche Energiesystem, das die Energiewirtschaft des Donbaß, des Dnjeprgebiets sowie der Gebiete von Rostow und Wolgograd vereinigte; das Ural-Energiesystem, das die Gebiete von Swerdlowsk, Tscheljabinsk, Perm und einen Teil von Baschkirien verband.[44a]

Gegenwärtig wird das Einheitliche Energiesystem der UdSSR aufgebaut.

Ein Energiesystem stellt eine mächtige Quelle dar, die den verschiedenen differenzierten Maschinensystemen in der Industrie, im Verkehrswesen, im Bauwesen, im Haushalt, in wissenschaftlichen Laboratorien usw. über ein verzweigtes System von Übertragungseinrichtungen Energie zuführt.

[44] K. Marx, Das Kapital, Erster Band, in: MEW, Bd. 23, S. 400.
[44a] Siehe: Д. Г. Жимерин, История электрификации СССР. Москва 1962.

Unter den Bedingungen der Manufaktur waren die Energie des Wasserfalls, des Windes und die Muskelkraft der Tiere und des Menschen die energetische Basis. Mit der Entstehung und Entwicklung der Arbeitsmaschinen, die die Herstellung einer Unmenge von Waren gestatteten, wurde eine solche Energiebasis ökonomisch unzureichend. Die erzwungene Niederlassung von Fabriken und Werken an Flußufern hatte verschiedenartige Erschwernisse zur Folge, insbesondere beim neuen industriellen Bauwesen. Saisonbedingte Wasserschwankungen bedingten eine Beschränkung des Arbeitsumfanges, mitunter sogar die Einstellung der Produktion. Die unzureichende Kapazität an Wasserenergie begrenzte eine Vergrößerung der Anzahl der Arbeitsmaschinen. Die sich ausdehnenden Märkte, die ökonomischen Belange der Produktion erforderten dringend eine revolutionäre Veränderung der Energiebasis. Die Umwälzung in der Energetik wurde durch die Erfindung des Dampfmotors ermöglicht. Danach setzte eine rasche Entwicklung der maschinellen Technik ein.

Eine Charakteristik jener sozial-ökonomischen Kräfte, die die Entwicklung der Maschinen stimulierten, gibt Marx im Brief an P.W. Annenkow vom 28. Dezember 1846. Er schreibt:

„Man kann sagen, daß bis 1825 — der Epoche der ersten universellen Krise — die Bedürfnisse der Konsumtion im allgemeinen schneller zunahmen als die Produktion und die Entwicklung der Maschinen notgedrungen den Bedürfnissen des Marktes folgten. Seit 1825 ist die Erfindung und Anwendung der Maschinen nur das Resultat des Krieges zwischen Unternehmern und Arbeitern. Und auch das gilt nur für England. Die europäischen Nationen sind zur Anwendung der Maschinen durch die Konkurrenz gezwungen worden, die die Engländer ihnen sowohl auf den inneren Markt als auch auf den Weltmarkt brachten. In Nordamerika schließlich war die Einführung der Maschinen die Folge sowohl der Konkurrenz mit den anderen Völkern als auch des Mangels an Arbeitskräften, d. h. des Mißverhältnisses zwischen der Bevölkerungszahl und den industriellen Bedürfnissen Nordamerikas.“[45]

[45] K. Marx, Brief an P. W. Annenkow v. 28. 12. 1846, in: MEW, Bd. 27, Berlin 1965, S. 455.

Die Erfindung und Verbreitung der ersten Arbeits- und Dampfmaschinen in der Industrie übten auf die Wirtschaft und die internationale Lage Englands einen großen Einfluß aus. In den letzten Jahrzehnten des 18. Jahrhunderts und zu Beginn des 19. Jahrhunderts überflügelte England in technisch-ökonomischer Hinsicht die anderen großen kapitalistischen Länder so sehr, daß es damit die Grundlage für seine anschließende Verwandlung zur „Fabrik der Welt" legte. England exportierte seine Waren in Länder aller Kontinente. Die stets steigende Nachfrage nach den industriellen Produkten Englands schuf einen gewaltigen, sich erweiternden Markt. Es genügt, wenn man anführt, daß der Industriewarenexport Englands an Erzeugnissen der Baumwollindustrie von 2 Millionen Pfund Sterling im Jahre 1780 auf 23 Millionen Pfund Sterling im Jahre 1814 anstieg. Neben den Märkten Europas, Asiens und Nordamerikas eroberten sich die englischen Waren immer mehr die Märkte Südamerikas. Allein in der Periode von 1805—1809 vergrößerte sich der Warenexport in die Länder Amerikas (ohne USA) um 2,3mal.

Die Entwicklung des Handels stellte für die Vervollkommnung und Verbreitung der Maschinen einen ungeheuren Stimulus dar. So wuchs die Zahl der mechanischen Spindeln in der englischen Baumwollindustrie von 1951000 im Jahre 1787 auf 6645000 im Jahre 1815. Die Anzahl der Dampfmaschinen erreichte seit der Zeit ihrer Erfindung 15000. Die Einführung von Maschinen führte zur Verbilligung der englischen Waren. Ihre niedrigen Preise waren im Kampf um die Märkte eine gewaltige Waffe. Die englischen Waren waren für die Erzeugnisse anderer Länder eine erhebliche Konkurrenz. Sogar in Frankreich, das im industriellen Entwicklungsniveau den zweiten Platz in der Welt einnahm, waren englische Tuche und Baumwollgewebe um die Hälfte bis ein Drittel billiger als die französischen.

Die englische Konkurrenz zwang die Unternehmer Frankreichs, Deutschlands, der USA und anderer Länder, verstärkt die maschinelle Technik einzuführen. Bis zum Ende des 18. Jahrhunderts wurde die Maschinentechnik in Frankreich wenig angewandt. Die feudale Ordnung, die

Zunftordnung, die politischen Institutionen der Monarchie hemmten die Entwicklung der Technik und das Wachstum der Industrie. So war zum Beispiel für die Begründung dafür, daß das Walzen von Blei einen entscheidenden Fortschritt in der Produktion darstellt, ein Gutachten zweier französischer Akademiemitglieder, der Beschluß eines französischen Gerichtes, aber auch eine Bestätigung des englischen Gesandten darüber notwendig, daß dieser Prozeß in England erfolgreich angewandt wird. Nach einer Vielzahl von Hindernissen gelang es den französischen Unternehmern, bis zum Jahre 1788 in der Baumwollindustrie 1350 englische mechanische Spinnmaschinen des Typs „Jenny“ einzuführen. Marx sagt, daß zur gleichen Zeit „manche französische Erfindung des 18. Jahrhunderts nur in England ausgebeutet ward.“[46] So wurde der mechanische Seidenwebstuhl, der von dem französischen Mechaniker Jaques de Vaucanson erfunden wurde, in Frankreich nicht genutzt und fand in der englischen Industrie Verbreitung.

Eine stürmische Entwicklung der Technik und der Industrie in Frankreich begann erst nach der Bürgerlichen Revolution von 1789, die der Entwicklung des Kapitalismus den Weg ebnete. Im Konkurrenzkampf mit England entwickelten die französischen Unternehmer verstärkt ihre Produktion. Schon im Jahre 1806 gab es in Frankreich einige Werkstätten zur Herstellung englischer Textilmaschinen, wobei einige dieser Maschinen vervollkommnet wurden. Es traten auch französische Originalerfindungen in Erscheinung, die, wie zum Beispiel die Jacquardmaschine, zur Herstellung von gemusterten Seidengeweben, schnelle Verbreitung fanden. Im Jahre 1808 wurden in Frankreich bereits 326 Baumwollspinnereien mit 955000 Spindeln gezählt. Bis 1825 verdoppelte sich die Anzahl der mechanischen Baumwollspindeln fast. In allen Industriezweigen Frankreichs fand eine schnelle Verbreitung von Maschinen statt.

Ende des 18. bis Anfang des 19. Jahrhunderts begann man auch in Deutschland Maschinen anzuwenden. Deutschland war in mehrere Staaten zersplittert, und in Wirtschaft und Politik waren starke Überreste des Feudalismus vor-

[46] K. Marx, Das Kapital, Erster Band, in: MEW, Bd. 23, S. 415.

handen. Im Kampf gegen die englische Konkurrenz auf dem inneren Markt beginnen die Manufakturbesitzer Deutschlands nach und nach Maschinen einzusetzen und überwinden dabei eine Vielzahl von Hindernissen. Die erste mechanische Spinnerei wurde im Jahre 1796 errichtet. Anfang des 19. Jahrhunderts verbreiten sich die Maschinen immer mehr. Im Jahre 1825 stand Deutschland hinter England und Frankreich, die über 15mal bzw. 4mal mehr an mechanischen Spindeln verfügten als Deutschland. Die erste Dampfmaschine erschien in Deutschland im Jahre 1788 und blieb bis zum Jahre 1822 die einzige.

Die feudale Zersplitterung, die Zunftvorschriften, die mittelalterlichen Regelungen hemmten den wissenschaftlich-technischen Fortschritt und die Entwicklung der Industrie. Erst nach bestimmten sozial-ökonomischen Veränderungen, von denen die wichtigsten die Bildung der Zollunion und die Entwicklung des Marktes sind, begann in Deutschland in den 30er Jahren des 19. Jahrhunderts eine revolutionäre Umwälzung.

In den Vereinigten Staaten von Amerika wurde die Einführung und Verbreitung der Maschinen sowohl durch die Konkurrenz von seiten Englands als auch durch den Arbeitskräftemangel hervorgerufen.

Die Entwicklung der mechanischen Industrie in den USA begann nach dem Unabhängigkeitskrieg. Die industrielle Umwälzung in England und die Verbreitung englischer Waren bewirkten in der amerikanischen Baumwollindustrie den Einsatz von Maschinen. Die Baumwollindustrie Amerikas wuchs und entwickelte sich auf dem Weltmarkt gleichzeitig mit dem Monopol der englischen Baumwollindustrie. Die ersten Betriebe, die Spinnmaschinen (vom Typ Jenny) einsetzten, tauchten bereits im Jahre 1787 auf. Bis zum Jahre 1800 gab es mehr als 2000 Spindeln.

Ein Überfluß und niedrige Kosten des Rohstoffes sowie die fehlende Reglementierung der Produktion durch Zunftordnungen begünstigten die Entwicklung der Baumwollindustrie in den USA. Obwohl die Bevölkerungszahl stark anstieg[47], reichten trotzdem die Arbeitskräfte in der ameri-

[47] Die Bevölkerungszahl der USA stieg von 5,3 Millionen im Jahre 1800 auf 12,9 Millionen Menschen im Jahre 1830.

kanischen Baumwollindustrie nicht aus, um auf dem inneren Markt und dem Weltmarkt einen erfolgreichen Konkurrenzkampf mit England zu führen. Dies stimulierte die Erfindung neuer Maschinen, die imstande waren, Arbeitskraft einzusparen. Eine außerordentlich wichtige Rolle spielte in diesem Zusammenhang die Erfindung der Baumwollentkernungsmaschine „cottongin“ durch den Schullehrer Eli Whitney im Jahre 1793.

Die industrielle Umwälzung in den USA begann in großem Umfange erst im zweiten Jahrzehnt des 19. Jahrhunderts. Die Anzahl der mechanischen Spindeln vergrößerte sich in den Baumwollfabriken von 39000 im Jahre 1808 auf 800000 im Jahre 1825. Die Dampfmaschinen aber erfuhren lange Zeit keine Entwicklung. Da vielfältige Anwendungsmöglichkeiten von Wasserenergie vorhanden waren, zogen die Industrieunternehmer es vor, diese Energiequelle einzusetzen. Im Jahre 1840 verfügten von 1240 Textilfabriken in den USA nur 8 Prozent über Dampfmotoren.

Auch in Rußland wurden Ende des 18. bis Anfang des 19. Jahrhunderts erste Keime einer maschinellen Produktion sichtbar. Sie waren hier jedoch bedeutend schwächer und entwickelten sich ungeachtet der bemerkenswerten Erfolge russischer Erfinder weit langsamer als in den Ländern Europas und in den USA. Die Leibeigenschaft mit ihren schweren Ketten hemmte das Schöpfertum der Erfinder und die Verbreitung von Maschinen. Solche Erfindungen wie die selbstfahrende Equipage, ein Schiff mit eigenem Maschinenantrieb, der optische Telegraf des genialen Mechanikers I. Kulibin fanden keinerlei Anwendung. Die Dampfmaschine von Pol'zunov, die einige Jahre vor der Maschine Watts konstruiert worden war und ihr in der Konstruktion nicht nachstand, wurde vernachlässigt. Das gleiche Schicksal traf im leibeigenen Rußland auch viele andere solcher Erfindungen, die in anderen Ländern eine technische Umwälzung hervorriefen.

Obwohl die maschinelle Produktion in Rußland ganz zu Anfang des 19. Jahrhunderts einsetzte, breitete sie sich jedoch äußerst langsam aus. Noch im Jahre 1843 gab es in dem in technischer Hinsicht führenden Produktionszweig, der Baumwollindustrie, insgesamt 350000 Baumwollspindeln, d. h. ungefähr genauso viel, wie es im Jahre 1815 in Deutschland Spindeln gab, ein Drittel des Bestandes in Frankreich im Jahre 1810 und nahezu ein Zwanzigstel des Bestandes an Spindeln in England im Jahre 1817. „In Rußland," sagt Akademiemitglied S. G. Strumilin, „entstehen im ersten Drittel des 19. Jahrhunderts die Fabriken noch sporadisch und die Manufaktur setzt ihre Herrschaft fast ungeteilt fort."[48] Die industrielle Umwälzung zog sich in Rußland lange Zeit hin und fand Ende des 19. Jahrhunderts im wesentlichen ihren Abschluß.

Die industrielle Umwälzung, die sich in den wichtigsten kapitalistischen Ländern der Welt vollzog, bedeutete nicht nur revolutionäre Veränderungen in der Technik, den Übergang von der manuellen zur maschinellen Technik. Die industrielle Umwälzung bedeutete auch tiefgreifende Veränderungen in den gesellschaftlichen Verhältnissen.

Die Entwicklung des Maschinensystems und die Verbreitung der Motoren übten Einfluß auf die Veränderung des Inhaltes der Arbeit aus. Die neue Revolution im technischen Fortschritt bedeutete im Vergleich zur lebendigen Arbeit ein Anwachsen des Anteils an vergangener Arbeit (Maschinen). Das Maschinensystem erfaßte die Ausführung der Hauptoperationen und überließ dem Arbeiter eine ungeheure Vielzahl von Hilfsoperationen verschiedener Art. Der Mensch bediente das Maschinensystem und mußte sich ihm unterordnen, sich ihm anpassen, d. h., „. . . das System der Maschinerie bildet die vom prime motor bewegte und das ganze Atelier umfassende Einheit, in dem das lebendige Atelier, so weit es aus Arbeitern besteht, untergeordnet ist".[49]

Das Maschinensystem führte die Arbeit auf die einfache Maschinenarbeit zurück, die nicht nur in technologischer, sondern auch in physiologisch-anatomischer Beziehung jedweder Eigenart entbehrt. Die Maschine stellte sowohl an

[48] С. Г. Струмилин, Промышленный переворот в России. М., 1944, стр. 27.

[49] K. Marx, Zur Kritik der Politischen Ökonomie (1861—1863), Heft XX, S. 1260, in: K. Marx, Машины. Применение природных сил и науки, там же, стр. 74.

die Gewandtheit, das Wissen, die Erfahrung, die Qualifikation als auch an die physische Kraft, das Geschlecht und das Alter keinerlei besondere Anforderungen. Es erfolgt eine vollständige Nivellierung der Arbeitskraft, die Liquidierung jeglichen Inhalts der Arbeit. Die Herrschaft der vergangenen über die lebendige Arbeit ist durch das Maschinensystem bedingt und wird mit der Entwicklung der Maschinen sozusagen „*technologische* Wahrheit“[50], wie Marx bemerkt.

Die Zerstörung des Inhaltes der Arbeit durch das Maschinensystem führt unter den Bedingungen des privatkapitalistischen Eigentums zu einem Verfall vieler Qualitäten im Menschen. Marx hob hervor, daß die „Aussicht auf zukünftige Verfaulung der Menschheit und schließlich doch unaufhaltsame Entvölkerung“[51] die Kapitalisten nicht im geringsten beunruhigt.

Nur der Kampf der Arbeiterklasse führt zur Verteidigung und zur Erhaltung des Menschen, stimuliert in dieser Etappe die Entwicklung der Maschinen, der Produktion und im Zusammenhang damit auch den gesellschaftlichen Fortschritt. Marx betont, daß, beginnend mit dem Jahre 1825, die Erfindung und der Einsatz von Maschinen neben der inneren und äußeren Konkurrenz auch durch den Kampf zwischen Unternehmern und Arbeitern gefördert wurden.

Der Klassenkampf des Proletariats bedingte den technischen Fortschritt in folgender Hinsicht: Erstens gingen die Kapitalisten dazu über, Erfindungen und deren Einführung in die Produktion zu stimulieren, als sie einigen Forderungen der Werktätigen nachkommen mußten und dabei bestrebt waren, ihre Profite nicht zu schmälern, sondern zu vergrößern. Über eine Maschine für den Farbdruck sagt A. Ure, daß sich die Kapitalisten von den lästigen vertraglichen Bindungen mit dem Arbeiter befreiten und die Wissenschaft zu Hilfe riefen.[52] Zweitens: „Schon um jeglichen Widerstand der Arbeiter unmöglich zu machen ..., ist das Kapital ununterbrochen darauf bedacht,

[50] Ebenda, S. 1261.
[51] K. Marx, Das Kapital, Erster Band, in: MEW, Bd. 23, S. 285.
[52] Siehe: Ebenda, S. 460.

ihr Geschick durch neue Maschinen überflüssig zu machen."[53]

In dieser Beziehung ist die Vervollkommnung des Wagenspinners, einer halbautomatischen Spinnmaschine, kennzeichnend. Bestrebt, aus dem krisenhaften Zustand herauszukommen, senkten die Fabrikanten den Lohn der Arbeiter. Die Arbeiter von Lancashire streikten. Einen ungeschulten Arbeiter für diese Arbeit zu nehmen war nicht möglich, da die am Wagenspinner auszuführenden manuellen Operationen eine hohe Qualifikation erforderten. Die Fabrikanten wandten sich daraufhin an den Erfinder des Wagenspinners, Roberts, mit der Bitte, die Maschine zu vervollkommnen, so daß ein qualifizierter Arbeiter nicht mehr benötigt werde. Die Dampfmaschine, sagt Marx, war „ein Antagonist der ‚Menschenkraft', der den Kapitalisten befähigte, die steigenden Ansprüche der Arbeiter niederzuschmettern ... Man könnte eine ganze Geschichte der Erfindungen seit 1830 schreiben, die bloß als Kriegsmittel des Kapitals wider Arbeiteremeuten ins Leben traten."[54] Marx führt eine Vielzahl von Beispielen für solche Erfindungen und auch Äußerungen von Erfindern und Ökonomen an, die davon zeugen, daß die Kapitalisten die Entwicklung der Maschinen mit dem Ziel stimulierten, die Werktätigen zu unterdrücken und sie noch mehr auszubeuten.

Als Arbeits- und Kraftmaschinen geschaffen waren, wurden physisch kräftige Arbeiter nicht mehr benötigt. Der Mehrwert konnte durch die Ausbeutung von Frauen und insbesondere von Kindern produziert werden. Die Vervollkommnung von Maschinen, die auf den Einsatz von Kinderarbeit orientiert waren, war für den Kapitalisten einträglich, da man Kindern für die gleiche produzierte Erzeugnismenge einen bedeutend niedrigeren Lohn zahlte als erwachsenen Männern. Die Fabrikanten waren bestrebt, für die

[53] J. Most, Kapital und Arbeit. Ein polulärer Auszug aus „Das Kapital" von Karl Marx, 2. verbesserte Aufl., Chemnitz 1876, S. 34. (Die hier zitierte 2. verbesserte Auflage enthält die auf Bitte von Johann Most von Marx selbst vorgenommenen Korrekturen (Anm. d. Bearbeiters).

[54] K. Marx, Das Kapital, Erster Band, in MEW, Bd. 23, S. 459.

Arbeit möglichst viele Kinder zu nehmen und verzichteten auf erwachsene Männer. Um die Arbeiter zu veranlassen, die Kinder zur Arbeit zu schicken, nahmen die Fabrikanten nur diejenigen Männer einer Familie in Arbeit, die ein Kind mitbrachten. „Man kann in der Tat sagen", schreibt der bekannte Ökonom Jürgen Kuczynski, „daß eine Zeitlang Kinderarbeit die Basis des Fabriksystems bildete."[55]

Die gleiche Situation bestand nicht nur in England, sondern auch in den anderen Ländern des sich entwickelnden Kapitalismus. Wie L. A. Mendel'son bemerkt, stellte in den USA eine Kongreßkommission fest, daß im Jahre 1816 von 100000 in der Textilindustrie beschäftigten Arbeitern 10000 Erwachsene, 23000 Knaben sowie 66000 Frauen und Mädchen waren. In Rhode Island, dem zweitgrößten Zentrum der Baumwollindustrie in den USA, machten die Kinder im Jahre 1831 mehr als 40 Prozent aller Arbeiter aus[56], wobei viele von ihnen jünger als 7 Jahre und gezwungen waren, 12, 16 und sogar 18 Stunden zu arbeiten.

Die erbarmungslose Ausbeutung der Kinder rief natürlich die Empörung und den Kampf der Werktätigen auf den Plan. Unter dem Druck des Kampfes der Arbeiter war der Staat gezwungen, Maßnahmen zur Begrenzung des Arbeitstages für Kinder zu ergreifen und ein Mindestalter für die arbeitenden Kinder festzulegen. Das Parlament sicherte jedoch nicht die Bedingungen zur Einhaltung seiner Gesetze, und die Fabrikanten nutzten die Kinderarbeit nach wie vor schonungslos aus. Erst infolge der Massenbewegung der Arbeiter Ende der 30er und Anfang der 40er Jahre des 19. Jahrhunderts wurde in England ein wirksames Gesetz angenommen, demzufolge die Kinder eine halbe Schicht oder 10 Stunden am Tag arbeiten durften. Dieses Gesetz begrenzte auch die Dauer der Frauenarbeit. Diese Maßnahmen stellten keine humane Geste seitens der Bourgeoisie dar. Marx schreibt, „daß die Beschränkung der Weiber- und Kinderarbeit in den englischen Fabriken

[55] J. Kuczynski, Darstellung der Lage der Arbeiter in England von 1760 bis 1832, in: Die Geschichte der Lage der Arbeiter unter dem Kapitalismus, Teil II, Bd. 23, Berlin 1964, S. 128.

[56] Л. А. Мендельсон, Теория и история экономических кризисов и циклов, т. 1. Москва, 1959, стр. 270—271.

von den erwachsnen männlichen Arbeitern dem Kapital aberobert wurde."[57]

Die Eltern wollten die in halber Schicht arbeitenden Kinder jedoch nicht billiger als früher verkaufen. In dem Bestreben, ihre Profite nicht zu schmälern, sondern sie im Gegenteil zu vergrößern, waren die Kapitalisten gezwungen, die Maschinen so zu vervollkommnen, daß auf die Kinderarbeit überhaupt verzichtet werden konnte. „Daher Ersetzung der half-times durch Maschinerie."[58]

Marx führt folgende Äußerung aus den Fabrikberichten des Jahres 1858 an: „Die Anwender der Arbeit wollen nicht unnötig zwei Schichten von Kindern unter dreizehn in Dienst nehmen ... Sie haben verbesserte und neue Maschinen verschiedener Art eingeführt, durch die eine Verwendung von Kindern" (d. h. unter 13 J.) „ganz überflüssig wurde; als Beispiel will ich zur Illustration für diese Verminderung der Zahl der Kinder einen Arbeitsprozeß erwähnen, bei dem an die bestehenden Maschinen ein Apparat, genannt Anstückmaschine, angeschlossen wurde, durch den die Arbeit von sechs oder vier Halbzeitlern, je nach der Beschaffenheit der einzelnen Maschine, von einer jugendlichen Person" (über 13 J.) „geleistet werden kann ... Das Halbzeitsystem" stimulierte „die Erfindung der Anstückmaschine."[59]

Unter dem Druck des Kampfes der Arbeiterklasse für eine Verbesserung der Arbeitsbedingungen für Kinder förderten die Fabrikanten in verstärktem Maße die Vervollkommnung des Maschinensystems und die Einführung technischer Neuerungen. Das führte dazu, daß die Kinderarbeit stark abnahm, teilweise fast völlig verdrängt wurde.

Die Erfindung und Vervollkommnung der Maschinen und deren Anwendung durch die Kapitalisten wurden seit den 30er Jahren des 19. Jahrhunderts auch durch den Kampf der Werktätigen um eine Verkürzung des Arbeitstages stimuliert. Durch den Zwang, die Dauer des Arbeitstages zu begrenzen, versuchten die von ihrer Jagd nach Profit getriebenen Unternehmer die Arbeit zu intensivieren, was

[57] K. Marx, Das Kapital, Erster Band, in: MEW, Bd. 23, S. 418, Anm. 122.

[58] Ebenda, S. 415

[59] Ebenda, S. 415, Anm. 117.

mit einer Vervollkommnung der Maschinen und der Entwicklung der Technik verbunden war. Marx sagt: „Sobald die allmählich anschwellende Empörung der Arbeiterklasse den Staat zwang, die Arbeitszeit gewaltsam zu verkürzen und zunächst der eigentlichen Fabrik einen Normalarbeitstag zu diktieren, von diesem Augenblick also, wo gesteigerte Produktion von Mehrwert durch Verlängrung des Arbeitstags ein für allemal abgeschnitten war, warf sich das Kapital mit aller Macht und vollem Bewußtsein auf die Produktion von relativem Mehrwert durch beschleunigte Entwicklung des Maschinensystems.“[60]

Die Vervollkommnung der Maschinen war hauptsächlich auf zwei Wege orientiert — auf die Vergrößerung der Arbeitsgeschwindigkeit der Maschinen und die Entwicklung von Einrichtungen, die einer geringeren Anzahl von Arbeitern erlaubt, eine größere Anzahl von Maschinen zu bedienen. Marx betont, daß dadurch alle drei Teile der Maschine — der Antrieb, der Übertragungsmechanismus und die Arbeitsmaschine — eine bedeutende Vervollkommnung erfuhren. Bei der Dampfmaschine vergrößerte sich die Zahl der Kolbenstöße pro Minute, ihre Leistung wuchs ständig. Die Vervollkommnung des Übertragungsmechanismus verringerte die Reibung und reduzierte die Abmessungen der Teile auf ein Minimum. Die Vervollkommnung der Arbeitsmaschine führte zur Vergrößerung der Beweglichkeit ihrer Teile und zum Anwachsen der Zahl ihrer Arbeitswerkzeuge. Marx führt Angaben an, wonach sich von 1839—1862 die Geschwindigkeit der Spindeln auf 500—1000 Umdrehungen pro Minute vergrößerte. Die Leistung der Dampfmaschinen stieg bei geringerem Kohleverbrauch von 1848 bis 1852 von 50 auf 100 PS an.[61] Auch die Anzahl der Maschinen, die von einem Arbeiter bedient wurden, wuchs erstaunlich an. Kamen im Jahre 1820 auf einen Arbeiter, der einen Webstuhl bediente, 0,9 Webstühle, so kamen 1850 auf einen Weber 1 bis 2 und 1878 2 bis 3 Webstühle.[62]

[60] Ebenda, S. 432.
[61] Ebenda, S. 437.
[62] J. Kuczynski, Darstellung der Lage der Arbeiter in England von 1832 bis 1900, in: Die Geschichte der Lage der Arbeiter unter dem Kapitalismus, Teil II, Bd. 24, Berlin 1965, S. 134.

Die Intensivierung der Arbeit war anfangs in der Textilindustrie sehr verbreitet. Marx aber verwies schon in den 60er Jahren des 19. Jahrhunderts auf die Tendenz einer Intensivierung der Arbeit in der gesamten kapitalistischen Produktion. Ende des 19. und Anfang des 20. Jahrhunderts erfaßte die Intensivierung der Arbeit tatsächlich alle Zweige der kapitalistischen Produktion.

In dieser Entwicklungsperiode der Wissenschaft werden die Verbrennung, thermische, chemische, elektrische, magnetische, akustische und hydrodynamische Prozesse untersucht, es werden das Wechselverhältnis verschiedener Energieformen, die Pneumatik, die Optik usw. erforscht. Es vollzieht sich eine Differenzierung der Wissenschaften.

Das Entstehen einer Vielzahl unterschiedlicher Wissenschaften übt Einfluß auf die Ingenieurtätigkeit aus. Die Funktionen der Ingenieurarbeit und ihr Platz im System der Wissenschaft und der Produktion verändern sich. Die Tätigkeit des Ingenieurs hatte ursprünglich universellen Charakter, sie umfaßte eine Reihe von Funktionen wie die technologische, die konstruktive, die theoretische u. a. m. In dem Maße, wie sich die Wissenschaft differenziert, erfolgt eine Aufteilung der Ingenieurtätigkeit. Die technologische Funktion wird von einer speziellen Gruppe von Menschen ausgeführt (technologische Abteilung usw.). Die Informationsfunktion erfüllen die technischen Bibliotheken und verschiedene Informationseinrichtungen. Die Konstruktionsbüros erfüllen zusammen mit verschiedenen Laboratorien die konstruktive Funktion. Die Entwicklung der Ingenieurfunktionen und das Auftauchen spezieller Einrichtungen bedeuteten eine weitere Trennung der Wissenschaft von der Produktion. In den Konstruktionsbüros und Laboratorien schafft die Wissenschaft sich eine eigene materielle Grundlage.

Die Entwicklungstendenzen der Wissenschaft und der Ingenieurtätigkeit rufen auch in der Arbeit des Gelehrten Veränderungen hervor.

Die Lösung dieser oder jener Probleme wird vor allem eine Angelegenheit der Wissenschaftler, die in wissenschaftlichen Forschungsinstituten arbeiten, wo sie sich hauptsächlich mit der Verallgemeinerung des theoretischen Materials und der Erarbeitung allgemeiner Grundgedanken und Thesen über die technische Anwendbarkeit der Ergebnisse beschäftigen. Neben Instituten dieser Art gibt es verschiedene Laboratorien und Institute, deren Aufgabe bereits die experimentelle Überprüfung der Hypothesen ist. Außerdem bildet sich ein spezieller Wissenschaftszweig heraus, der sich die Umwandlung wissenschaftlicher Ergebnisse in bestimmte technische Anwendungen, Muster u. a. m. zum Ziel setzt. Die technischen Wissenschaften schaffen sich eine spezifische soziale Organisationsform — die Konstruktionsbüros, die technologischen Institute usw.

Die Entwicklung der Großindustrie stellte der Physik neue Aufgaben: Die Ermittlung der effektivsten Energiequellen, deren technologische Nutzung usw.

Das Ergebnis der neuen technischen Revolution ist, daß das wissenschaftlich-technische Schöpfertum zu einer selbständigen Form des Schöpfertums wird und daß neue Wissenschaften entstehen. Das wissenschaftlich-technische Schöpfertum entsteht als Resultat zweier gegenläufiger Tendenzen: Einerseits das Bestreben, eine produktionstechnische Anwendung von Ergebnissen der abstrakten theoretischen Forschung zu finden, andererseits die komplizierter gewordenen Probleme des technischen Konstruierens wissenschaftlich zu erfassen und in verallgemeinerter Form zu lösen.

Das wissenschaftlich-technische Schöpfertum und die technischen Wissenschaften entstehen als natürliche Konsequenz bei der Schaffung eines vermittelnden Gliedes zwischen Naturwissenschaften und Technik.

Eine wesentliche Besonderheit des technischen Schöpfertums besteht darin, daß es auf die Entwicklung neuer, in der Natur nicht existierender Gegenstände und Prozesse gerichtet ist.

Schöpferische Tätigkeit in der Sphäre der technischen Wissenschaften ist Verarbeitung des vorhandenen Wissens und seine Vergegenständlichung in technischen Einrichtungen und Produktionsanlagen. Der grundlegende Unterschied zwischen dem Naturforscher und dem Ingenieur besteht darin, daß der erste entdeckt, der zweite erfindet.

Der Leitgedanke der Erfindertätigkeit ist das Ziel. Es tritt bei der Auswahl naturwissenschaftlicher Ideen als Kriterium auf. Es ist zugleich ein Katalysator, der diese Ideen auf eine neue wechselseitige Abhängigkeit orientiert. Bei der Vergegenständlichung der ersonnenen Konstruktion verwirklicht sich das Ziel in der Funktion der erfundenen Einrichtung.

Eine technische Aufgabe fällt nicht mit dem Ziel des technischen Schöpfertums zusammen. Technische Aufgaben existieren häufig über historisch nicht unbedeutende Zeiträume hinweg als Aufgaben so lange, wie die ökonomischen, wissenschaftlichen und produktionsmäßigen Bedingungen zu ihrer Lösung noch nicht entstanden sind. Danach folgt die nächste Etappe — die Fixierung der technischen Aufgabe als Ziel des technischen Schöpfertums. Vom Wesen her besagt die technische Aufgabe lediglich, daß sie gelöst werden muß, nicht aber, wie sie zu lösen ist. Wissenschaftlich-technische Ergebnisse erfüllen eine technische Aufgabe mit Inhalt und zeigen auch bereits die möglichen Methoden und Wege zu ihrer Lösung.

Zur Lösung einer gegebenen Aufgabe gibt es gewöhnlich mehrere Methoden und Wege. Das ist durch die Vielfalt der Eigenschaften der von der Wissenschaft entdeckten Objekte und Gesetze bedingt.

Die Auswahl dieser oder jener Methoden und Wege zur Lösung einer Aufgabe ist insbesondere durch das erreichte technische Niveau beschränkt. Da ferner eine zu entwickelnde technische Einrichtung in das bestehende System von Arbeitsmitteln eingefügt werden muß, bilden die der Nutzung zugänglichen Materialien und Energiequellen, das Wirtschaftspotential eines Landes und die Qualifikation des ausführenden Personals weitere Beschränkungen.

Die technische Aufgabe, zu deren Lösung Methoden und Wege ausgewählt worden sind, verwandelt sich in das Ziel des technischen Schöpfertums. Die Ingenieurtätigkeit, die als Ergebnis der ersten technischen Revolution entstand, war auf die Vervollkommnung der Arbeitsmaschine und des Maschinensystems gerichtet. Die Ergebnisse des ingenieurtechnischen Schöpfertums fanden ihren Niederschlag in der wissenschaftlichen Literatur des 18. Jahrhunderts, wo die noch von den Handwerkern stammende empirische Vorschrift durch eine Erläuterung des Wesens technologischer Operationen und Funktionen, aber auch durch die Feststellung der mechanischen Kausalbeziehungen abgelöst wird. Hier entstehen einige technische Disziplinen wie die Mechanik, die Stabilitätstheorie, die Festigkeitslehre, die Elastizitätslehre, die Baumechanik, die Ballistik u. a.

Auch die wissenschaftliche Forschung kam den Bestrebungen der Ingenieure entgegen. Eine der wichtigsten Verpflichtungen der wissenschaftlich-technischen Organisationen, der Akademien der Wissenschaften, war die Prüfung und Beurteilung neuer technischer Erfindungen. Dies war auch der wichtigste Kanal, über den zu jener Zeit Anfragen der industriellen Praxis in den Bereich der akademischen Wissenschaft vordringen. Die neu entstandenen wissenschaftlich-technischen Einrichtungen stellen sich das Ziel, eine Verbindung zwischen theoretischen Untersuchungen sowie Technik und Industrie herzustellen. So erklärte das Mitglied der Revolutionsregierung Pierre Dayond in einem Vortrag vor dem Konvent über die Reorganisation der Königlichen Akademien, daß es die Aufgabe der neuen Institution* sein müsse, Wissenschaften und „technische Künste“ ständig in Wechselbeziehung zu bringen und sie dem Fortschritt und dem Nutzen unterzuordnen.

Die technischen Wissenschaften begannen sich als Ergebnis der Anwendung theoretischer Ergebnisse in der Praxis m Schoße der wissenschaftlichen Forschung herauszubilen.

Vor allem war die theoretische Mechanik als Wissenschaft entwickelt worden, die die Erforschung der unterschiedlichen mechanischen Natur der Bewegungen zum Ziel hatte, die zur Vervollkommnung von Arbeitsmaschinen genutzt werden konnte. Der wirkliche Schöpfer dieser technischen Wissenschaft ist Jean le Rond d'Alembert, der die Grund-

* Das Institut von Frankreich — L'institut de France — wurde 1795 vom Direktorium gegründet, um die 1793 aufgehobenen alten Akademien zu ersetzen und ihre Tätigkeit unter den neuen Bedingungen fortzusetzen (Anm. d. Bearb.).

prinzipien einer allgemeinen Theorie der Bewegung ausgearbeitet hat.

Die technischen Wissenschaften als ein besonderes Gebiet der schöpferischen Tätigkeit traten im Ergebnis der neuen technischen Revolution ebenfalls in eine neue Etappe ein. Hierbei wird in den technischen Wissenschaften begonnen, besondere Methoden der schöpferischen Tätigkeit ausfindig zu machen und sie anzuwenden.

Einer der ersten, die den Grundstein zur Entwicklung einer Methodologie der technischen Wissenschaften legten, ist Sadi Carnot, der das Prinzip der abstrakten, idealisierten Maschine ausarbeite.

Carnot stellte sich bewußt die Aufgabe, eine Theorie der Wärmekraftmaschinen zu entwickeln. Er schreibt: „Die Maschinen, welche ihre Bewegung nicht von der Wärme empfangen, wie die, deren Antrieb die Kraft der Menschen oder Tiere, den Fall des Wassers, die Strömung der Luft usw., ist, können bis in ihre kleinsten Einzelheiten mittels der theoretischen Mechanik studiert werden. Alle Fälle sind vorgesehen, alle möglichen Bewegungen sind allgemeinen festbegründeten Prinzipien unterworfen, welche unter allen Umständen Anwendung finden. Das ist das Kennzeichen einer vollständigen Theorie. Offenbar fehlt eine ähnliche Theorie bei den Wärmemaschinen.“[63] Bei der Entwicklung seiner Theorie wandte Carnot erstmals die Methode des idealen Experiments in der schöpferischen wissenschaftlich-technischen Arbeit an: „Um das Prinzip der Erzeugung von Bewegung durch Wärme in seiner ganzen Allgemeinheit zu betrachten, muß man es sich unabhängig von jedem Mechanismus und jedem besonderen Agens vorstellen; man muß Überlegungen durchführen, welche ihre Anwendung nicht nur auf Dampfmaschinen haben, sondern auf jede denkbare Wärmemaschine, welches auch der angewandte Stoff sei, und in welcher Art man (auch) auf ihn einwirkt.“[64]

[63] S. Carnot, Betrachtungen über die bewegende Kraft des Feuers und die zur Entwicklung dieser Kraft geeigneten Maschinen, Leipzig 1892, S. 7.
[64] Ebenda, S. 6—7.

Nach seiner Analyse des idealen Wärmemotors entdeckt Carnot den zweiten Hauptsatz der Thermodynamik und entwickelt die Grundlagen für diese wissenschaftlich-technische Disziplin.

Die Methode der Idealisierung von Bedingungen liegt der Entwicklung der meisten technischen Wissenschaften zugrunde, und zwar nicht nur im vorigen Jahrhundert, sondern auch in der Gegenwart. Technische Theorien verwandeln sich nur dann in eine selbständige wissenschaftlich-technische Disziplin, wenn sie allgemeine Methoden zur Beschreibung abstrakter (idealer) technischer Prozesse erarbeiten.

Die Entwicklung der theoretischen Mechanik, der Thermodynamik und anderer Wissenschaften der mechanischen Bewegung der Materie sowie die Entwicklung der maschinellen Produktion zogen auf anderen Gebieten der Erkenntnis und der Produktion revolutionäre Veränderungen nach sich.

Marx hob hervor, daß die Umwälzung in einer Sphäre der Industrie in den anderen Sphären gleichfalls eine Umwälzung hervorruft: „So machte die Maschinenspinnerei Maschinenweberei nötig und beide zusammen die mechanisch-chemische Revolution in der Bleicherei, Druckerei und Färberei."[65] Die Notwendigkeit der Herstellung und Anwendung von Farbstoffen, die Entwicklung der Metallurgie und der Gasindustrie stellten die Chemie vor eine Reihe von Kardinalproblemen, wie vor allem die Erarbeitung genauer Methoden der quantitativen Analyse, die Untersuchung von Lösungen, die Synthese organischer Stoffe u. a. Dabei entsteht die eigentliche Chemie und entwickelt sich. Die chemische Technologie zur Ausnutzung dieser Kenntnisse in der Produktion schreitet voran. Unter dem Einfluß technischer Bedürfnisse werden elektrische und magnetische Erscheinungen untersucht.

Mit der Entwicklung der Chemie und der Erforschung des Elektromagnetismus nahm die Menschheit die Beherrschung einer höheren Bewegungsform der Materie in Angriff, als dies mit der mechanischen Bewegung der Fall war.

[65] K. Marx, Das Kapital, Erster Band, in: MEW, Bd. 23, S. 404.

Sie begab sich auf jenen Weg, der direkt zur neuesten Revolution in den Naturwissenschaften und zur gegenwärtigen wissenschaftlich-technischen Revolution führte.

Die Naturwissenschaften nach Isaac Newton betrachteten die Körper und die Struktur des Stoffes unabhängig von der Bewegung, den Kräften und dem elektromagnetischen Feld.

„In den ersten Etappen", sagt Akademiemitglied Abraham Th. Joffe, „teilen wir die Erkenntnisse der Natur in einzelne, miteinander nicht verbundene Bereiche ein und gruppieren sie gewöhnlich in Abhängigkeit davon, wie wir sie auffassen. Es treten die Mechanik, die Gravitationstheorie, die Hydrodynamik, die Elastizität starrer Körper, die Lehre von den Gasen, die Wärme, die Akustik, die Elektrizität, der Magnetismus, die Optik auf — jeder Bereich mit seinen Gesetzen."[66] Die Physik des 19. Jahrhunderts, bemerkt Joffe an anderer Stelle, studierte „die Gesetzmäßigkeiten an Erscheinungen, die unmittelbar der Beobachtung zugänglich waren".[67] Als aber der Mensch von der Kenntnis einer Erscheinung zur Erforschung des Wesens übergeht, erfährt er, indem er der Logik der Dinge selbst folgt, daß äußerlich isolierte und widersprüchliche Prozesse im Grunde genommen in wechselseitiger Beziehung stehen.

Eine Theorie, die das Studium der äußeren Seite physikalischer Prozesse abschloß und den ersten Versuch unternahm, zum Wesen der Prozesse vorzudringen, war auch die Elektronentheorie von Hendrik Antoon Lorentz. In dieser Theorie werden Untersuchungen von Stoffstruktur und Feldeigenschaften vereinigt, synthetisiert. Paul Langevin betonte, als er in seinem Vortrag „Der Geist der wissenschaftlichen Bildung" über die Lorentzsche Theorie sprach, daß sie „erlaubt, die imposanteste Synthese aus allem bisher Gewonnenem zu realisieren, eine Synthese, die, wie mir scheint, dazu berufen ist, in nächster Zukunft das gesamte Lehrsystem der Elektrizitätslehre und wahrscheinlich auch der Mechanik völlig zu verändern."[68]

[66] А. Ф. Иоффе, Основные представления современной физики. Москва-Ленинград, 1949, стр. 339.
[67] Ebenda, S. 351.
[68] P. Langevin, Ausgewählte Werke, Moskau 1949, S. 58 (russ.).

Den Physikern Ende des 19. Jahrhunderts schien es so, als gebe es keine physikalischen Probleme, die nicht schon erkannt wären, daß von Einzelheiten abgesehen alle fundamentalen Probleme gelöst seien.

I. J. Tamm schreibt hierzu: „Ende des vorigen Jahrhunderts war ein gewisses Selbstvertrauen und eine gewisse Selbstzufriedenheit unter den Physikern verbreitet. Es herrschte die Meinung vor, daß die grundlegenden physikalischen Gesetzmäßigkeiten bereits geklärt seien und Vollendungen verblieben, die wesentlich sein mögen, aber dennoch nicht aus dem Rahmen der streng festgelegten Grundsätze fallen. Gerade ein so hervorragender Physiker wie William Thomson (Lord Kelvin) trat mit einer Erklärung dieser Art in einer Rede auf, die zu Beginn unseres Jahrhunderts gehalten wurde. Dabei machte er natürlich die Einschränkung, daß sich bis jetzt am klaren und ruhigen physikalischen Horizont zwei Wölkchen noch nicht verzogen haben, das eine ist mit dem Michelsonversuch, das andere mit der ultravioletten Katastrophe verbunden, die bei der Betrachtung des Wärmegleichgewichts zwischen Stoff und Strahlung entsteht.“[69]

Aus dem ersten „Wölkchen“, über das Tamm spricht, entstand später die Relativitätstheorie, aus dem zweiten die Quantentheorie. Diese Richtungen bilden bekanntlich die Grundlage der modernen Physik und das Fundament der Naturwissenschaften in unserem Jahrhundert. „Im 20. Jahrhundert“, sagt Joffe, „richtete die Physik ihre Aufmerksamkeit auf das Studium des inneren Mechanismus der physikalischen Prozesse, der der unmittelbaren Beobachtung nicht zugänglich ist.“[70] Die Naturwissenschaften treten in ihre dritte Entwicklungsetappe ein, als sie das Wesen der Gegenstände und Prozesse der den Menschen umgebenden Welt aufdecken.

Die Entwicklung des Maschinensystems, die Erfindung und Verbreitung der Motoren, die Erkenntnisse bei der Er-

[69] И. Е. Тамм, А. Эйнштейн и современная физика, б: Эйнштейн. Современная физика. Сборник памяти А. Эйнстейна, под ред. Е. В. Кузнецова. Москва, 1956, стр. 87—88.

[70] А. Ф. Иоффе, Основные представления..., там же, стр. 7.

forschung des Inneren der chemischen, mechanischen, thermischen und elektrischen Erscheinungen der Natur übten auf die inhaltliche Veränderung des Prozesses, der sich zwischen Mensch und Natur vollzieht, wesentlichen Einfluß aus.

In der Periode der Erfindung der Arbeitsmaschine und der Erforschung des äußeren, unmittelbar gegebenen Naturstoffes war die Arbeit durch die Anwendung natürlicher Agenten gekennzeichnet. Die Einwirkung des Menschen auf die Naturkräfte trug noch einen äußerlichen Charakter. Die Naturkräfte gingen in ihrer natürlichen Form in die gesellschaftliche Arbeit ein, sie wurden dem Arbeitsprozeß einfach einverleibt.

Als Ergebnis neuer Errungenschaften in Wissenschaft und Technik beherrscht die Menschheit das Wesen der einzelnen Naturprozesse und erhält dadurch die Möglichkeit, sie nicht mehr nur einfach zu nutzen und anzuwenden, sondern sie zu zwingen, in einer bestimmten, vorher festgelegten Weise in Aktion zu treten. Der Mensch erreicht dies durch direkte Einwirkung auf den inneren Wirkungsmechanismus der Naturkräfte, Naturprozesse, Gegenstände und Systeme. Solche Naturkräfte stellen die produzierten Arbeitsmittel dar, da sie, bevor sie als Agenten der gesellschaftlichen Arbeit auftreten, eine Bearbeitung durch den Menschen erfahren. Die Verbrennungsprozesse, die thermodynamischen, chemischen und elektromagnetischen Vorgänge, die in den verschiedensten technischen Einrichtungen und Anlagen ablaufen, können als markante Beispiele hierfür dienen.

In einer gegebenen Entwicklungsetappe von Wissenschaft und Technik sind die Naturkräfte als Agenten der gesellschaftlichen Arbeit der zweiten Arbeitsfunktion des Menschen — der Regulierung — unterworfen. Der Mensch gewährleistet eine zielgerichtete Wechselwirkung zwischen den unterschiedlichen Erscheinungen, Prozessen und Gegenständen der Natur. Ein anschauliches Beispiel hierfür ist die Entwicklung der Dampfmaschine, in der die Wechselwirkung zwischen einem ganzen Komplex von Prozessen zielgerichtet reguliert wird: die Verbrennung, die Wärmebildung, die Dampfbildung, die Ausdehnung u. a. Das gleiche kann man auch über die chemische Technologie sagen. Empirische Rezepte, die früher der Färberei und anderen chemisch-technologischen Prozessen zugrunde lagen, werden jetzt durch wissenschaftliche Kenntnis darüber ersetzt, wie diese oder jene Stoffe aufeinander einwirken. Der Mensch reguliert diese Wechselwirkung. Es entwickelt sich die chemische Technologie der Säure- und Sodaherstellung, die Produktion synthetischer Materialien beginnt, die Erdölverarbeitung wird vervollkommnet u. a. m.

Dank der regulierenden Tätigkeit des Menschen entwikkelt sich die Elektrotechnik, da die Arbeit elektrotechnischer Anlagen auf der Regulierung der Wechselwirkung zwischen elektrischen und magnetischen Erscheinungen beruht.

Auf der Grundlage der Regulierung entwickelten sich durch die Wechselwirkung verschiedener Prozesse auch die Elektrochemie, die Thermochemie und andere Zweige der Produktion.

Die Regulierung von Naturprozessen erfuhr erst im Verlaufe der neuesten Revolution in den Naturwissenschaften eine intensive und allseitige Entwicklung, indem die Erkenntnis vom Studium des Makrokosmos zum Mikrokosmos übergeht, wo wesentliche Wechselbeziehungen zwischen den Naturprozessen aufgedeckt werden. Die Entdeckung eines großen Kreises von Wechselbeziehungen ermöglicht eine zielgerichtete Wechselwirkung nicht nur im Rahmen einer einzelnen Bewegungsform der Materie, sondern auch anderer der Materie zugrunde liegenden Bewegungsformen wie physikalischen, chemischen und biologischen. Dies leitet eine neue Epoche in der umgestaltenden Tätigkeit des Menschen ein.

Die Automatisierung von Steuerung und Leitung — ein Charakteristikum der gegenwärtigen wissenschaftlich-technischen Revolution

1. Theoretische Voraussetzungen der Automatisierung

Im 20. Jahrhundert vollzieht sich eine wissenschaftlich-technische Revolution, die alle Seiten des gesellschaftlichen Lebens beeinflußt.

Durch die vorausgehenden Revolutionen in der Entwicklung der Technik wurden die ausführenden Funktionen und Antriebsfunktionen vom Menschen auf Maschinen übertragen. Für den Menschen ist die Steuerungs- und die Leitungsfunktion im technologischen Prozeß erhalten geblieben. Das Wesen der gegenwärtigen Revolution auf dem Gebiet der Technik besteht darin, daß auch diese Funktionen vom Menschen auf verschiedene technische Einrichtungen übertragen werden. Die gegenwärtige wissenschaftlich-technische Revolution stellt selbst eine organische Wechselbeziehung zwischen den Errungenschaften von Wissenschaft und Technik dar.

In dem Maße, wie die innersten Gesetze, die wesentlichen Seiten der Naturprozesse und -erscheinungen durch den Menschen beherrscht werden, begann die Wissenschaft einen qualitativ neuen Charakter anzunehmen; sie verwandelt sich immer mehr in eine Produktivkraft. Es vollzieht sich das, was V. I. Lenin als den Übergang von der Erkenntnis zur Praxis bezeichnete. Die Wissenschaft basierte stets auf der gesellschaftlichen Produktionspraxis. Ihr Endziel war immer die praktische Anwendbarkeit. Der gesamte Charakter der wissenschaftlichen Erkenntnis und der praktischen Tätigkeit der Menschen in der Vergangenheit unterscheidet sich aber grundsätzlich von jenen Möglichkeiten, die durch die modernen Errungenschaften von Wissenschaft und Technik gegeben sind. Bildlich gesprochen kann man sagen, daß die Menschen in ihrer Tätigkeit bisher die Wege gingen, die ihnen die Natur ebnete. Die Freiheit des Menschen in seinem Verhältnis zur Natur war wesentlich begrenzt. Erst in unserer Zeit sind durch die Erkenntnisse der Naturwissenschaften im Zusammenhang mit der Beherrschung der Prozesse, die der gesamten Umwelt zugrunde liegen, Möglichkeiten gegeben, die Natur nicht einfach auszunutzen, sondern sie gerade — entsprechend den wissenschaftlich festgesetzten Zielen — praktisch umzugestalten, d. h. die Welt der natürlichen Erscheinungen zu steuern.

Die gegenwärtige wissenschaftlich-technische Revolution begann nicht plötzlich und aus dem Nichts heraus. Sie ist durch den gesamten historischen Entwicklungsablauf von Wissenschaft und Technik vorbereitet worden. Es gibt jedoch wissenschaftliche und technische Errungenschaften, die die unmittelbaren Quellen der gegenwärtigen wissenschaftlich-technischen Revolution darstellen. Sie sind der Beginn einer folgerichtigen Entwicklung der wissenschaftlichen und technischen Forschung, die die prinzipielle Möglichkeit eröffnet, Erscheinungen der Natur, der Technik und der Gesellschaft zu steuern. Die wissenschaftlichen Entdeckungen in der zweiten Hälfte des vorigen und zu Beginn unseres Jahrhunderts sind die Quellen der gegenwärtigen wissenschaftlich-technischen Revolution, ihre unmittelbaren Voraussetzungen.

Das Wesen der Automatisierung. Die komplexe Mechanisierung der Produktionsprozesse führt zu einer neuen, der gegenwärtigen Etappe der technischen Entwicklung — zur Automatisierung. Die Automatisierung stellt die Entwicklung technischer Einrichtungen, die die Steuerungsfunktion der Maschinen auf sich nehmen, sowie deren Einführung in die Produktion dar. Eine Definition des automatischen Maschinensystems wurde erstmalig von Marx gegeben: „Sobald die Arbeitsmaschine alle zur Bearbeitung des Rohstoffs nötigen Bewegungen ohne menschliche Beihilfe verrichtet und nur noch menschlicher Nachhilfe bedarf, haben wir ein automatisches System der Maschinerie ...“[1] Die Automatisierung der Produktion bedeutet die Ausnutzung tech-

[1] K. Marx, Das Kapital, Erster Band, in: MEW, Bd. 23, S. 402.

nischer Einrichtungen bei der Ausübung immer komplizierterer Denkfunktionen. Die gesamte Periode des wissenschaftlich-technischen Fortschritts vor der Automatisierung kann jetzt als Entwicklung und Ausnutzung verschiedener technischer Einrichtungen bewertet werden, die der Erleichterung und dem Ersatz der physischen Kräfte des Menschen in der Produktionstätigkeit dienten. In Wechselbeziehung mit diesem Charakter der technischen Entwicklung entfalteten sich auch die Wissenschaften. Praktische Bedeutung für die Produktion besaßen hauptsächlich die physikalisch-chemischen Wissenschaften.

In dem Maße, wie immer kompliziertere ausführende Einrichtungen auftauchten und immer leistungsstärkere Energiequellen genutzt wurden, nahm die Bedeutung der menschlichen Muskelkraft für die Produktion ständig ab. Die Rolle der Funktionen jedoch, die im normalen Ablauf der Produktionsprozesse vom menschlichen Gehirn übernommen werden, nahm mit dem weiteren Fortschritt laufend zu.

Der Einsatz von Automaten eröffnete eine neue Periode oder eine neue Phase des wissenschaftlich-technischen Fortschritts, da zur Erleichterung und zum Ersatz der intellektuellen Kräfte des Menschen auf jedem beliebigen Gebiet seiner Tätigkeit technische Einrichtungen (insbesondere Rechenmaschinen) entwickelt und genutzt werden. Die Automatisierung kann daher als die Einführung der Technik in die intellektuelle Tätigkeit des Menschen definiert werden. Im Zusammenhang damit jedoch, daß die Revolution in der Wissenschaft die prinzipiell neue Möglichkeit bietet, Naturprozesse zu steuern, wird sich die Tätigkeit der Menschen allmählich immer mehr auf die Steuerung von Naturprozessen orientieren, und folglich werden auch die technischen Einrichtungen, die im intellektuellen Bereich eingeführt werden, dem Wesen nach Steuerungssysteme verschiedener Art darstellen.

Das entscheidende Charakteristikum der Revolution in Wissenschaft und Technik ist somit die Steuerung.

Das Problem der Steigerung der „intellektuellen Kapazität" der Menschheit kann nicht allein durch bestmögliche Ausnutzung der geistigen Arbeit des Menschen gelöst werden. Zur Lösung dieses Problems ist es notwendig, sich den Möglichkeiten zuzuwenden, die die Natur dem Menschen bietet. War es zum Auffinden von Prinzipien und Gesetzen, die es gestatten, große Energiemengen zu gewinnen, einerseits notwendig, sich mit der unbelebten Natur zu befassen, so muß man sich andererseits zum Auffinden von Prinzipien und Gesetzen, die es erlauben, Maschinen zu schaffen, die Leitungsfunktionen ausführen und die die intellektuellen Kräfte des Menschen vermehren, natürlich der Analyse entsprechender natürlicher Systeme — der belebten Natur und vor allem dem menschlichen Gehirn selbst — zuwenden. Mit der Erforschung biologischer und physiologischer Prozesse, die sich in der zweiten Hälfte des vorigen Jahrhunderts zu entwickeln begann, hat die Aufdeckung der inneren Mechanismen dieser Prozesse begonnen, und es wurde recht umfangreiches Material für das Studium von Gesetzmäßigkeiten der Steuerung biologischer Systeme geliefert. Die biologischen Wissenschaften gewinnen daher im Verlaufe der gegenwärtigen wissenschaftlich-technischen Revolution immer mehr praktische Bedeutung für die Produktion.

Die Herausbildung der Automatisierung als Wissenschaft. Automatische Steuerung und Regelung stellen nichts prinzipiell Neues dar. Die selbstregulierenden Systeme sind ein untrennbarer Bestandteil unzähliger Prozesse, die in der belebten und unbelebten Natur ablaufen. Die Menschen wußten seit Urzeiten von der Existenz einer Regelung in lebenden Organismen, obgleich sie dies entweder zu vereinfacht, vulgärmechanistisch erklärten oder es als Ergebnis des Eingriffs einer gewissen übernatürlichen Kraft ansahen. Automatische Einrichtungen wurden schon in der Alten Welt von Menschen entwickelt. Man wird gleichsam an das automatische Spielzeug des Heron von Alexandria erinnert. Auch für produktive Zwecke bildeten sich in der Vergangenheit bestimmte automatische Einrichtungen heraus. Eines der ältesten dieser Systeme war eine Vorrichtung für Windmühlen, die es ermöglichte, die Flügel immer gegen den Wind zu stellen. In dem Maße, wie die Energie des Dampfes beherrscht und genutzt wurde, erschienen andere automatische Mechanismen: Anfangs der Regler der Dampfmaschine, dann auch der Folgeregler bei Schiffen, der die Bewegung des Steuerrades auf das Steuerruder übertrug.

Die modernen wissenschaftlich-technischen Erkenntnisse, die für die Erarbeitung der unterschiedlichsten Steuerungssysteme die Grundlage bilden, haben ihre unmittelbaren Quellen in den theoretischen Erkenntnissen der zweiten Hälfte des vorigen Jahrhunderts. Als Antwort auf die Ansprüche der Praxis, die Wattschen Regler industriell zu nutzen, wurde im vorigen Jahrhundert eine Theorie der automatischen Regelung erarbeitet.

James Watt, der Erfinder der Dampfmaschine, wandte im Jahre 1788 den Fliehkraftregler zur Regulierung der Dampfzufuhr in Abhängigkeit von der Arbeitsleistung an. Der Regler entsprach Ende des 18. Jahrhunderts bis zur ersten Hälfte des 19. Jahrhunderts voll den Anforderungen der Produktionstechnik und fand weite Verbreitung. In den 60er Jahren des vorigen Jahrhunderts wurden in England ungefähr 75000 solcher Regler gezählt.[2] In dem Maße jedoch, wie sich das Maschinensystem entwickelte und die ausführenden Organe komplizierter wurden, erhöhten sich in der zweiten Hälfte des 19. Jahrhunderts die Anforderungen an die Regelgenauigkeit der Drehzahl von Antriebswellen bei Dampfmaschinen ganz erheblich. Zur Anschaulichkeit mögen folgende Angaben dienen. Im 18. Jahrhundert betrug die exzentrische Ungenauigkeit der Zylinderbohrung nicht weniger als 9—10 mm (eine Abweichung von der Stärke eines Geldstücks). In der zweiten Hälfte des 19. Jahrhunderts machte es der Einsatz verschiedener spanender Werkzeugmaschinen erforderlich, diesen Bearbeitungsfehler auf 1 mm herabzusetzen.[3] Indessen verursachte der Wattsche Regler eine sehr starke Schwankung der Dampfzufuhr, brachte die Antriebswelle zum Rütteln,

[2] Siehe: А. А. Андронов, И. Н. Вознесенский, Приложение к кн.: Д. К. Максвелл, И. А. Вышнеградский, А. Стодола, Теория автоматического регулирования. Москва, 1949, стр. 257.

[3] Siehe: Р. Повилейко, Л. Левицкий, О приспособленности современной техники к человеку, ч. 2. Новосибирск. 1967, стр. 4.

die Drehung war ungleichmäßig, die Maschine arbeitete stoßweise. Diese Schwankungen des Reglers und die Eigenschwingungen der Maschine wurden in der weiteren Entwicklung der Technik und Industrie zu einem Hindernis.

Die Mängel der Wattschen Fliehkraftregler traten auch in den nichtindustriellen Anwendungsbereichen in Erscheinung, insbesondere bei Geräten für astronomische Beobachtungen. Eine nur grobe, angenäherte Regelung bei der Führung des astronomischen Fernrohres, um den Lauf der Sterne in 24 Stunden zu verfolgen, befriedigte z. B. die Astronomen nicht.

An der Lösung des Problems, die Arbeitsgenauigkeit der von Reglern gesteuerten Antriebsmaschinen zu erhöhen, arbeiteten in der Mitte des 19. Jahrhunderts viele Ingenieure, Konstrukteure und Erfinder. Ein wesentlicher Mangel ihrer Arbeiten lag im Herangehen an das Problem selbst. Sie betrachteten den Regler als selbständige Einrichtung und versuchten ihn unabhängig vom Regelungsobjekt, der Dampfmaschine, zu vervollkommnen. Indem sie die Empfindlichkeit des Reglers gegenüber Belastungsänderungen erhöhten (durch reichliche Schmierung, sorgfältige Bearbeitung der bewegten Oberflächen u. a.), schufen sie gerade dadurch die Voraussetzungen für eine noch größere Eigenschwingung der Dampfmaschine. In dem Bestreben, diese Eigenschwingungen zu verringern, verminderten sie den sogenannten Ungleichförmigkeitsgrad (Verhältnis der Differenz der maximalen und der minimalen Drehzahl zur mittleren Drehzahl). Ihnen schien es, daß dabei die Genauigkeit, mit der eine angegebene Umdrehungszahl bei veränderten Belastungen aufrechterhalten wird, steigen muß. Das trat aber nicht ein, da der Regler bei Annäherung des Ungleichförmigkeitsgrades an 0 aufhörte zu arbeiten. Den Ingenieuren erschien die Sache ausweglos. „Als die Regler zu versagen begannen, verdächtigten alle Ingenieure und Gelehrten das Wattsche Prinzip selbst“ und fingen an, andere Reglertypen zu konstruieren, die noch schlechter waren als der Wattsche.[4]

[4] А. А. Андронов, И. Н. Вознесенский, Приложение . . ., там же, стр. 273.

In der zweiten Hälfte des vorigen Jahrhunderts wurden von den Ingenieuren und Erfindern auf der Basis der Ausnutzung von Elektrizität automatische Einrichtungen unterschiedlicher Art geschaffen. Diese Automaten waren hauptsächlich für den automatischen Artilleriebeschuß und das Auslösen von Minen bestimmt.[5] Im vorigen Jahrhundert begann man auch recht komplizierte Rechenanlagen zu entwickeln.

Im Jahre 1833 trat der englische Mathematikprofessor Charles Babbage mit dem Entwurf einer „analytischen Maschine" hervor und nahm die gegenwärtigen Ideen über die Konstruktion und die logischen Schaltungen von Rechenmaschinen vorweg. Diese Maschine wurde natürlich nicht gebaut. Im Jahre 1874 entwickelte der Petersburger Ingenieur Odner das berühmte „Odnerrad", das in den gegenwärtigen Arithmometern genutzt wird.[6] Große technische und wissenschaftliche Bedeutung hatten diese Arbeiten jedoch nicht. Die wissenschaftlich-technischen Probleme im Bereich der Regelung konzentrierten sich auf die Analyse der Arbeit des Wattschen Reglers.

Die Aufgabe, die Arbeit des Reglers theoretisch zu analysieren, wurde in Wissenschaft und Technik immer dringender. Der erste ernsthafte Versuch, die Arbeit des Reglers theoretisch zu analysieren, wurde von dem englischen Astronomen, Mathematiker und Erfinder Sir George Biddel Airy (1801—1892) unternommen. Er versuchte im Jahre 1840, die Erscheinung der Eigenschwingung des mit Hilfe des Wattschen Reglers gesteuerten astronomischen Fernrohres

[5] Siehe: М. Н. Катханов, История развития приборов русской артиллерии. Москва, 1957; Н. Ф. Соловьев, Автоматические и счетно-решающие приборы А. П. Давыдова. — Электричество, 1957, № 7; он же. О начальном этапе развития электроавтоматики в русской корабельной артиллерии. В: Сб. докладов военно-исторической секции Ленинградского дома ученых. 1961.

[6] Siehe: Д. Ю. Панов, История и развитие электронных вычислительных машин. — Пути развития советского математического машиностроения и приборостроения. Москва, 1956; Д. Е. Садовский, Из истории развития машинной математики в России. В: Успехи математических наук, 1950, т. 5, вып. 2.

zu erklären. Es war jedoch ein erfolgloser Versuch.[7] Das wichtigste Ereignis in der Geschichte der theoretischen Mechanik und der Regelungstheorie war das Werk von James Clerk Maxwell „Über die Regler", geschrieben im Jahre 1868. In dieser Arbeit gibt Maxwell erstmalig eine allgemeine Definition des Reglers, indem er ihn im Zusammenhang mit der zu regelnden Maschine betrachtet: „Der Regler ist ein Teil der Maschine, mit dessen Hilfe die Geschwindigkeit der Maschine fast konstant gehalten wird, unabhängig von der Veränderung des Drehmomentes oder des Widerstandsmomentes." Weiterhin unterstreicht er: „Bei dieser Arbeit schlage ich vor, die Aufmerksamkeit der Ingenieure und Mathematiker auf eine dynamische Theorie solcher Regler zu lenken."[8]

Maxwell beschäftigten allgemeine Stabilitätsprobleme. In verschiedenen Stabilitätstheorien wurde ein vorgegebener Ruhezustand der Körper betrachtet. Maxwell sah in den Reglern wie auch in den hundertjährigen Abweichungen der Planeten ein allgemeines Stabilitätsproblem für einen gegebenen Bewegungszustand eines Systems und war bestrebt, eine allgemeine Stabilitätstheorie zu erarbeiten und den Ingenieuren gleichzeitig Empfehlungen zu geben.

Die Maxwellsche Theorie erweckt auch gegenwärtig kein geringes Interesse, aber sie war keine Grundlage für die Erarbeitung einer Theorie der automatischen Regelung, sie bot keine rationellen Methoden zur Vervollkommnung der automatischen Regler und half in der zweiten Hälfte des vorigen Jahrhunderts auch nicht bei der Überwindung technischer Schwierigkeiten. Hier spielten vor allem Gründe methodologischer Art mit. Die Arbeit Maxwells war mit hohem theoretischem Niveau geschrieben. Das technische Schöpfertum befand sich auf dem Gebiet der automatischen Regelung in der zweiten Hälfte des 19. Jahrhunderts noch auf der Stufe der Empirie und war an konkrete Aufgaben zur Vervollkommnung der Maschinen gefesselt. Die Darstellung der Arbeit Maxwells war zu abstrakt, zu theoretisch,

[7] Siehe: А. А. Андронов, И. Н. Вознесенский, Приложение . . ., там же, стр. 261.

[8] J. C. Maxwell, Proc. Roy. Soc., 1868, 16, S. 270 bis 283.

und das praktische Denken der Konstrukteure konnte in ihr keinerlei Nutzen erkennen.

Der Aufsatz Maxwells blieb vielen Spezialisten auf dem Gebiet der Theorie der Dampfmaschinenregler in den 70er Jahren unbekannt. Auch I. A. Vyšnegradskij kannte sie nicht.[9] Die Gleichgültigkeit der Dampfmaschinenspezialisten gegenüber der Maxwellschen Theorie war auch noch dadurch bedingt, daß in dem Aufsatz auf astronomische Geräte hingewiesen wurde. Die Übertragung von Prinzipien aus einem Bereich der Technik in einen anderen stößt aber bei einem niedrigen Entwicklungsniveau des technischen Denkens auf große Schwierigkeiten.

Die Arbeit Maxwells „Über die Regler" stellt für die theoretische Mechanik und die Regelungstheorie einen wichtigen Beitrag dar. Mit ihr beginnt jedoch nicht die Entwicklung einer Theorie zur Regelung von Maschinen, die den Ansprüchen der industriellen Praxis entspricht.

Eine Theorie für Ingenieure als wissenschaftlich-technische Disziplin zur Regelung von Maschinen beginnt mit der Arbeit von I. A. Vyšnegradskij: „Über direktwirkende Regler", geschrieben im Jahre 1876. I. A. Vyšnegradskij, von der Ausbildung her Mathematiker, war gleichzeitig praktischer Ingenieur. Sein Herangehen an das Problem der Regelung unterschied sich wesentlich von dem Maxwells. Bei Maxwell werden die Probleme der Regelungstheorie als Probleme der theoretischen Mechanik betrachtet. Bei Vyšnegradskij ist die Regelungstheorie ein Kapitel eines Kurses der angewandten Mechanik oder besser ein Kurs, der der Projektierung und Konstruktion von Dampfmaschinen gewidmet ist. Seine theoretischen Betrachtungen beziehen sich auf industrielle Dampfmaschinen, und die Endresultate der Theorie werden von ihm in knappe Berechnungsformeln und Diagramme gebracht, die es gestatten, diese Ergebnisse sofort in der Praxis zu nutzen. Die Arbeit Maxwells hatte daher wissenschaftlichen, die Arbeit von Vyšnegradskij dagegen wissenschaftlich-technischen Charakter.

[9] Siehe: Н. Д. Моисеев, Очерки развития теории устойчивости. Москва, 1949, стр. 315.

Vyšnegradskij betrachtet den Regelungsprozeß in allgemeiner Form. Er stellt sich nicht die Aufgabe, das Problem der gleichförmigen Bewegung der Antriebsmaschine, die von einem Regler gesteuert wird, mit aller Ausführlichkeit zu lösen und betont dabei, daß die Forschung nur das Auffinden des allgemeinen Charakters der zu untersuchenden Erscheinung zum Ziel hat. Zur Verbreiterung und zur größeren Allgemeinheit der Untersuchung werden bestimmte „Thesen, die der gesamten Theorie zugrunde liegen"[10] eingeführt. Vyšnegradskij kommt in diesen Thesen von den konkreten und vielgestaltigen Wattschen Reglerarten und Antriebsmaschinen ab, die in der Praxis angetroffen werden, trifft verschiedene Vereinfachungen und entwirft ein verallgemeinertes, ideales System von Dampfmaschine und Wattschem Regler. „Diese Thesen gestatten es Vyšnegradskij, das Problem richtig zu schematisieren, die wesentlichsten Züge des dynamischen Systems — gewöhnliche Dampfmaschine und Wattscher Regler — in ganz einfachen Gleichungen widerzuspiegeln und den Grundstein zur Regelungstheorie zu legen, die imstande ist, der Praxis des Reglerbaues eine grundlegende Hilfe zu erweisen."[11]

Die Untersuchungen Vyšnegradskijs stellen erstmalig eine unmittelbare Verbindung zwischen Theorie und Praxis her und führen das technische Schöpfertum aus jener Sackgasse heraus, in die es auf dem Gebiet der Regelungstechnik durch die Empirie hineingeraten war. Mit Vyšnegradskij beginnt die folgerichtige Entwicklung der Regelungstheorie als einer wissenschaftlich-technischen Disziplin, die die Grundprinzipien der Strukturschemata automatischer Regler studiert und die Methoden zur Analyse statischer und dynamischer Eigenschaften sowie Methoden zur Parameterauswahl und zur Synthese von Reglern und Reglungsobjekten entsprechend den Effektivitätsanforderungen der Produktion erarbeitet.

[10] И. А. Вышнеградский, О регуляторах прямого действия. б: Д. К. Максвелл, И. А. Вышнеградский, А. Стодола. Теория автоматического регулирования, там же, стр. 43, 45.

[11] А. А. Андронов, И. Н. Вознесенский, Приложения . . ., там же, стр. 266.

Die Theorie der automatischen Regelung entwickelte sich nach Vyšnegradskij weiter, da sie den neuen Anforderungen des technischen Fortschritts und der industriellen Entwicklung entsprach. Ende des 19. Jahrhunderts verloren die Dampfmaschinen allmählich ihre Bedeutung, da sich immer stärker hydraulische Maschinen entwickelten, die die Energie an Transmissionen und einzelne ausführende Mechanismen weitergaben. Es entstand das wichtige technische Problem der Regelung hydraulischer Maschinen. Diese Maschinen waren bedeutend leistungsfähiger als die Dampfmaschinen, und ihre Regelung hatte ihre Besonderheiten. Eine Weiterentwicklung der Theorie der automatischen Regelung war erforderlich geworden. Der slowakische Gelehrte A. Stodola griff die Ideen Vyšnegradskijs auf und erarbeitete die Theorie der sogenannten indirekt wirkenden Regler.

Die Entwicklung der Theorie der automatischen Regelung erstreckte sich im 20. Jahrhundert mittels Verallgemeinerung und Erweiterung ihrer Prinzipien und Methoden auch auf andere Arten von Regelungsobjekten. A. Stodola dehnte die Theorie Vyšnegradskijs auf die indirekte Regelung und N. E. Žukovskij auf die Regelung schnellaufender Maschinen aus.

Die zweite Etappe in der Entwicklung der Theorie der automatischen Regelung ist mit dem Wirken I. N. Voznesenskijs verbunden, der die theoretischen Grundlagen für die Regelung unterschiedlichster Größen und Objekte erarbeitet hat, besonders in Verbindung mit der Entwicklung elektrischer Maschinen, wo neben der Umdrehungszahl die Regelung solcher elektrischen Größen wie Spannung, Stromstärke u. a. erforderlich ist. Bei verschiedenen anderen Anlagen bezog sich die Regelung auf die Temperatur, den Druck, den Verbrauch an Energie und Brennstoff usw. Die Erarbeitung immer schwierigerer theoretischer Probleme schuf die Voraussetzungen für eine Verschmelzung der Theorie der automatischen Regelung mit anderen wissenschaftlichen Untersuchungen von Steuerungsprozessen in dynamischen Systemen verschiedenster Art wie Maschinensystemen, Gemeinschaften von Organismen, dem Organismus, dem Nervensystem, der Wirtschaftsorganisation u. a. Der Begriff des Steuerungsobjektes wurde somit erweitert. Es wurde klar, daß die Steuerung einen Sonderfall darstellt, und zwar den einfachsten einer allgemeineren Erscheinung — der Regelung. Gleichzeitig wurden auch die Steuerungsprobleme umfassender. Größte Bedeutung erlangten Aufgaben zur Bestimmung und Aufrechterhaltung des günstigsten Objektzustandes sowie zur Regelung von Objekten mit zufällig sich verändernden Eigenschaften und Charakteristika.

Im Verlaufe der gegenwärtigen wissenschaftlich-technischen Revolution wandelte sich die Theorie der automatischen Regelung in einen Teil der technischen Kybernetik um, der Wissenschaft von den Steuerungsprozessen und der Signalübertragung in den Maschinen. Die technische Kybernetik stellt die theoretische Grundlage für die Automatisierung der Produktionsprozesse, für die Entwicklung von Steuerungsanlagen unterschiedlichster Art dar. Steuerungsprozesse umfassen jedoch alle Seiten der Tätigkeit des Menschen und der Gesellschaft — von den einfachsten Anlagen zur Steuerung einer einzelnen Werkzeugmaschine bis hin zur Steuerung eines komplizierten Komplexes von Raketenanlagen und kosmischen Einrichtungen, von der Sicherung des ökonomischen Nutzeffekts eines einzelnen Produktionsaggregates bis hin zur Leitung eines Werkes und der gesamten Volkswirtschaft nach Kriterien hoher ökonomischer Effektivität.

Gegenwärtig werden Methoden der technischen Kybernetik auf die Sphäre der Ingenieurtätigkeit, auf das Projeksieren und Konstruieren, sowie auf die Sphäre der wissentchaftlichen Arbeit, in erster Linie auf das wissenschaftliche Experiment, übertragen. Die technische Kybernetik spielt eine bedeutende Rolle bei der Erarbeitung von Systemen verschiedener Art, die in den Bereich der intellektuellen Tätigkeit des Menschen eingeführt werden.

2. *Die gesellschaftliche Notwendigkeit der Automatisierung*

Die Entwicklung und der Einsatz von automatischen Einrichtungen unterschiedlicher Art stellen in der Periode des Aufbaus des Kommunismus eine ökonomische, organisatorische, soziale und wissenschaftliche Notwendigkeit dar.

Die Notwendigkeit im Produktionsprozeß ist durch die Forderungen nach Kontinuität des technologischen Prozesses bedingt, die eine der Haupttendenzen des technischen Fortschritts darstellt. Bei der einfachen Mechanisierung ist die Produktion diskontinuierlich. Die komplexe Mechanisierung schafft die technischen Voraussetzungen für eine Kontinuität des Produktionsprozesses, sie führt die kontinuierliche Produktion unmittelbar herbei. Da dem Menschen jedoch noch die Ausführung der Steuerungsfunktion verbleibt, kann die Kontinuität oft verletzt werden, da, wie Marx bemerkte, „der Mensch ein sehr unvollkommnes Produktionsinstrument gleichförmiger und kontinuierlicher Bewegung ist."[12] Endgültig wird die Kontinuität der Produktion nur bei der Übertragung der Steuerungsfunktion vom Menschen auf technische Mittel, d. h. nur bei der Automatisierung der Produktion erreicht.

Die Notwendigkeit der Automatisierung in der Produktion ist in unserer Zeit auch durch das Erscheinen neuer qualitativer Charakteristika des Produktionsprozesses bedingt, wie große Geschwindigkeiten und Leistungen, für den Menschen schädliche überhöhte Temperaturen mancher Produktionsprozesse usw. Die moderne Produktion läuft unter Bedingungen ab, unter denen die Arbeits- und Sinnesorgane des Menschen infolge des raschen zeitlichen Ablaufs dieser Prozesse, infolge der Intensität und der erhöhten Anforderungen an die Genauigkeit häufig nicht in der Lage sind, die technologischen Prozesse zu überwachen und zu steuern. Die Informationsmenge, die je Zeiteinheit verarbeitet werden muß, um einen Prozeß zu steuern, erweist sich als so groß, daß es dem Menschen nicht gelingt, die Arbeit der Maschinen und Prozesse zu verfolgen. Diese Schwierigkeit durch eine einfache zahlenmäßige Verstärkung des Bedienungspersonals zu beseitigen ist nicht möglich. Ein Spezialtraining zur Vervollkommnung der Sinnesorgane kann es gleichfalls nicht geben. Die Aufgabe besteht daher darin, Einrichtungen zu schaffen, die die

[12] K. Marx, Das Kapital, Erster Band, in: MEW, Bd. 23, S. 396.

Steuerungstätigkeit des Menschen ersetzen, d. h. die den Produktionsprozeß automatisieren.

Die Notwendigkeit der Automatisierung in der Produktion wird durch die ökonomischen Vorteile, die die Anwendung von Automaten in der Produktion mit sich bringt, verstärkt. In dem Maße, wie sich die Produktion, die Spezialisierung und Kooperation der Betriebe erweitern, wird die Massenproduktion gleicher Erzeugnistypen notwendig; aber dies ist nur bei automatisierter Produktion ökonomisch von Nutzen.

Das Streben nach Qualitätsverbesserung der Erzeugnisse ist ein immerwährender Stimulus für die Entwicklung der Produktion. Bis vor kurzem besaßen nur einige Erzeugnisse hohe Qualität, die hauptsächlich durch das Können und die Ausdauer des Arbeiters erreicht wurde. Die Befreiung vom subjektiven Faktor, der Ersatz des Menschen im technologischen Prozeß durch die Maschine bietet die Möglichkeit, die gesamte Massenproduktion mit hoher Qualität herzustellen.

Eine Selbstkostensenkung der Erzeugnisse war und ist immer die wichtigste Forderung an eine in der Entwicklung befindliche Produktion. Die automatisierte Produktion eröffnet bei der Massenfabrikation die Möglichkeit, bedeutende Ergebnisse in dieser Richtung zu erzielen. Die Automatisierung der Produktion zeigt Wege zu einer gewaltigen Steigerung der Arbeitsproduktivität, da sich die Arbeitszeit für die Produktion einer Erzeugniseinheit wesentlich verringert. Dabei muß man beachten, daß der Einsatz von Automaten in einzelnen Bereichen einer Produktionsabteilung oder eines Werkes der Produktion insgesamt wenig Nutzen bringen.

V. A. Kirillin hob hervor, daß sogar ein einzelner in der gesamten mechanisierten und automatisierten Kette nichtmechanisierter Prozeß den wirtschaftlichen Nutzeffekt der durchgeführten Maßnahmen insgesamt wesentlich vermindert.[13] Die Automatisierung ist um so vorteilhafter, je breiter sie durchgeführt wird.

[13] V. A. Kirillin, Über die Beteiligung der Gewerkschaften an der Durchsetzung des technischen Fortschritts in der Volkswirtschaft, in: Trud, Moskau, vom 2. Oktober 1968.

Die Notwendigkeit, in allen Bereichen der Volkswirtschaft Automatisierungsmittel einzusetzen, ist auch durch die Aufgabe diktiert, die Arbeitsorganisation in der gesamten Volkswirtschaft zu verbessern. Im Staatsapparat des Landes und in der Leitungstätigkeit sind heute Millionen von Menschen beschäftigt — Ökonomen, Planer, Projektanten, Technologen, Normer usw. Einen beträchtlichen Teil der Arbeitszeit wenden sie für Rechnungsführung und Berechnungen, für die Ausgabe und Bearbeitung von Dokumentationen, für die Übermittlung und Entgegennahme aller möglichen Informationen usw. auf.

Bekanntlich müssen unsere Planungsorgane eine riesige Menge unterschiedlicher Berechnungen durchführen. Nehmen wir ein einfaches Beispiel, die Lohnberechnung. In der UdSSR arbeiten Millionen Werktätige, für die regelmäßig der Arbeitslohn berechnet wird. Damit sind mehr als eine Million Menschen beschäftigt.

Der Mechanisierungs- und Automatisierungsgrad der Arbeit der Verwaltungsangestellten ist außerordentlich niedrig. Die Rechenarbeiten werden hauptsächlich mit Hife von Arithmometern und nicht selten mit Rechenbrettern ausgeführt. Die Arbeitsproduktivität im Bereich der Leitung der Volkswirtschaft ist daher gering. Das wirkt sich negativ auf die Entwicklung der gesamten Volkswirtschaft aus, ruft ernsthafte Defekte und Fehlkalkulationen in der Planung hervor, die es nicht gestatten, die Vorzüge der sozialistischen Ordnung vollends auszunutzen. In dem Maße, wie die Produktion weiterhin wächst, erhöhen sich die Anforderungen an die Planungsorgane. Es entstehen Aufgaben, die der Mensch mit eigenen Kräften in der erforderlichen Zeit nicht lösen kann.

Nehmen wir als Beispiel folgende Aufgabe. Die Planungsorgane müssen die Arbeit zweier Herstellerwerke, die jeweils 10 bzw. 20 vereinbarte Erzeugniseinheiten herstellen, mit 30 Auftraggeberbetrieben koordinieren, die in einer bestimmten Zeit je eine vereinbarte Erzeugniseinheit benötigen. Die Berechnungen zeigen, daß ungefähr 5 Millionen unterschiedliche Varianten von Produktionsverbindungen existieren. Man muß alle Varianten prüfen und die vorteilhafteste auswählen. Selbst wenn wir mit einer Geschwindigkeit von einer Minute pro Variante prüfen, ist diese Arbeit erst nach 10 Jahren beendet. Vergrößern wir jedoch die Anzahl der Verbraucher auf 50 und die Kapazität der Werke entsprechend auf 20 und 30 Einheiten, so wären zum Auffinden der günstigsten Kooperationsvariante ungefähr 100 Millionen Jahre erforderlich. Damit ist die Aufgabe im Prinzip mit gewöhnlichen Mitteln nicht lösbar und man muß beim Planen „über den Daumen peilen". V. M. Gluškov weist auf die objektiven Faktoren hin, die bei der Leitung von Betrieben eine Qualitätsverschlechterung hervorrufen, und betont: „Der Umfang an geistiger Arbeit, die zur Beseitigung der Mängel geleistet werden muß, übersteigt die Möglichkeiten eines Kollektivs".[14] Die Werkleiter haben z. B. keine Möglichkeiten, den Arbeitsplan der einzelnen Betriebseinheiten so zu koordinieren, daß Unstimmigkeiten bei der Arbeit aller Glieder völlig beseitigt werden. Überblicksberechnungen zeigen, daß es bei dem gegenwärtigen Entwicklungstempo der Produktion und bei Aufrechterhaltung des vorhandenen Niveaus und der Qualität der Planung sowie der technischen Ausrüstung der Planungsorgane schon in 20 Jahren erforderlich wäre, die gesamte erwachsene Bevölkerung der UdSSR in diesen Organen zu beschäftigen. Es ist klar, daß dies unmöglich ist. Wo aber ist der Ausweg? Der Ausweg besteht darin, alle nur möglichen Rechenarbeiten sowie die Operationen bei der Buchführung, der Entgegennahme, Aufbewahrung und Übergabe verschiedener Mitteilungen Rechenanlagen und automatischen Einrichtungen zu übertragen. In einem Vortrag auf dem Plenum des Zentralrates der Gewerkschaften der Sowjetunion hob V. A. Kirillin hervor: „Von der Wissenschaft sind gegenwärtig Möglichkeiten für eine rasche Entwicklung solch wichtiger Gebiete wie der Mechanisierung und Automatisierung technologischer Prozesse sowie Leitungsprozesse der Produktion und der Volkswirtschaft geschaffen worden. Eine besondere Stellung unter den zahlreichen Faktoren, die diese neuen Möglichkeiten hervorriefen, gebührt den elektronischen Schnell-

[14] V. M. Gluškov, Elektronische Rechenmaschinen in der Volkswirtschaft besser einzusetzen, in: Trud, Moskau, vom 2. Oktober 1968.

rechnern (EDVA). Wahrscheinlich sind die größten Umwälzungen der Produktion und bei der Hebung des technischen Niveaus gerade mit dem umfassenden Einsatz von EDVA verbunden."[15]

Die Einführung von automatischen Einrichtungen in die Sphäre der administrativen Leitungstätigkeit darf man sich natürlich nicht vereinfacht als bloßen Ersatz der Rechenbretter und Arithmometer durch elektronische Einrichtungen vorstellen. Es ist notwendig, alle Formen der Rechnungsführung grundlegend umzugestalten, so daß die Primärbelege unmittelbar in die Rechenmaschine eingegeben werden können. Es muß auch ein einheitliches gesamtstaatliches System zur automatischen Verarbeitung planwirtschaftlich-ökonomischer Information sowie zur Leitung der Wirtschaft geschaffen werden. Das Informationssystem muß aus einem Netz von Rechenzentren bestehen, die über moderne Nachrichtenmittel miteinander verbunden sind. Alle Daten der Werke, der Fabriken, des Verkehrswesens usw. müssen ohne Verzögerung in dieses System gelangen. Das Informationssystem kann auf der Grundlage der einlaufenden Daten automatisch die günstigste Variante für die Leitung der Wirtschaft sowie entsprechende Korrekturen an den Plänen vornehmen, entstehende Disproportionen beseitigen, die materiell-technische Versorgung regulieren. V. I. Lenin wies auf die Notwendigkeit hin, die Arbeit der Verwaltungseinrichtung so zu organisieren, daß „sie wirklich auf der Höhe der modernen Wissenschaft steht ..."[16] Die Entwicklung der Kybernetik und der Rechentechnik bietet die Möglichkeit, diesem Hinweis Lenins zu folgen.

Die zentralen Planungsorgane und die wissenschaftlichen Organisationen müssen der Automatisierung der Planberechnungen große Aufmerksamkeit widmen. In erster Linie müssen die Berechnungen in solch wichtigen Teilen des Planes wie der Bilanz des Nationaleinkommens, der Bilanz der Geldeinnahmen und Geldausgaben der Bevölke-

[15] V. A. Kirillin, Über die Beteiligung der Gewerkschaften ..., a. a. O.

[16] V. I. Lenin, Lieber weniger, aber besser, in: Werke, Bd. 33, Berlin 1962, S. 479.

rung, der Arbeitskräftebilanz u. a. gesichert sein.[17] Bei der Aufstellung des laufenden Fünfjahrplanes wurden diese Berechnungen schon unter Einsatz von EDVA ausgeführt. Ein umfangreiches Programm solcher Arbeiten war für die Vorbereitung des Planentwurfs für 1971 bis 1975 vorgesehen.

Es ist anzunehmen, daß die Zweigpläne in allernächster Zeit nur unter Einsatz der elektronischen Rechentechnik und ökonomisch-mathematischer Methoden erarbeitet werden. Schon jetzt ist für den Entwurf des neuen Fünfjahrplans mit der Aufstellung solcher Pläne für 70 Zweige und Produktionen der Industrie begonnen worden. Das gewährleistet im Vergleich zu den Varianten, die nach den gewöhnlichen Methoden aufgestellt wurden, zweifellos eine höhere Qualität der Planung und eine bedeutende Einsparung an Mitteln und Zeit. Der Einsatz von Automatisierungsmitteln in der Leitungssphäre wird die gesamte Produktion zu einem einheitlichen Produktionsorganismus vereinen. Dies ist einer der wichtigsten Züge des Kommunismus, der, wie im Programm der KPdSU gesagt wird, die höchste Form der Arbeitsorganisation und des gesellschaftlichen Lebens darstellt.

Die Einführung automatischer Einrichtungen in die Produktion stellt unter den Bedingungen des Aufbaus des Kommunismus auch eine soziale Notwendigkeit dar.

Die komplexe Mechanisierung der Produktion und die erweiterten Maßstäbe bei ihrer Automatisierung verändern den Charakter der Arbeit grundlegend, führen zu einem schnellen Anwachsen der Anzahl der Arbeiter, die mechanisierte Arbeiten ausführen, zur Entstehung neuer qualifizierter Berufe und zum Verschwinden einer Reihe von Berufen mit schwerer körperlicher Arbeit.

Die soziale Bedeutung der Automatisierung besteht darin, daß sie der Gesellschaft Arbeit einspart und den Arbeitern die Arbeit erleichtert. Die Automatisierung fördert die Hebung des kulturell-technischen Niveaus der Werktätigen, die Annäherung der geistigen an die körperliche Arbeit und

[17] Siehe N. K. Bajbakov, Aufgaben zur Vervollkommnung der Planung und zur Verbesserung der ökonomischen Arbeit in der Volkswirtschaft, in: Ėkonomičeskaja gazeta, 1968, 21.

verbindet die Wissenschaft organisch mit der Produktion. Eine hochorganisierte Produktion und eine moderne Technik, die von automatisch arbeitenden kybernetischen Maschinen und Rechenanlagen gesteuert werden, befreien den Menschen von der schweren körperlichen und der monotonen erschöpfenden Arbeit. Die intellektuellen Kräfte, die Anwendung der vorhandenen Wissenschaften in der Produktion werden jetzt zum Hauptfaktor. Bei der Arbeit mit der automatisierten Technik sind nicht nur Geschick, Fertigkeit und Aufmerksamkeit, sondern vor allem auch ein weiter kultureller und technischer Horizont, eine gute theoretische Vorbildung und ein reger und scharfsinniger Verstand erforderlich.

Einst war der Handwerker die zentrale Figur in der Produktion. Das Maschinenzeitalter brachte den Mechaniker, den Maschinenarbeiter hervor. Die Automatisierung schuf den Einrichter. Der Einrichter ist ein äußerst gebildeter Mensch, der in der Lage ist, komplizierte automatische Maschinen und Fließreihen, Rechenanlagen und Geräte zu montieren. Er muß ein hochgebildeter Mensch sein, umfassende Kenntnisse und große Arbeitserfahrung besitzen.

Im Verlaufe der gesamten Geschichte führte die Entwicklung der Technik zur Spezialisierung des Arbeiters, verwandelte ihn in eine einfache Ergänzung, in eine Verlängerung des Werkzeugs, der Maschine, der Fließfertigung. Die Automatisierung setzt dieser einseitigen Entwicklung des Arbeiters ein Ende. Eine automatische Linie oder eine Produktionsabteilung besteht aus einer ganzen Reihe unterschiedlicher Maschinen, die eine Vielzahl von Operationen ausführen. Ein Arbeiter, der die automatische Technik bedient, muß jede Operation, jede Maschine und den gesamten technologischen Prozeß als Ganzes unbedingt kennen. Die Automatisierung fordert vom Menschen nicht die Beherrschung eines, sondern mehrerer Fächer; er muß ein Spezialist mit breitem Profil sein.

Die Automatisierung bringt einen qualitativ neuen Arbeitertyp, den Werktätigen der kommunistischen Gesellschaft hervor. Seine Charakteristika sind die Fähigkeit zur Ausführung einer Vielzahl von unterschiedlichen Arbeiten, die Beherrschung der Grundlagen der Naturwissenschaften und Technik, eine wissenschaftliche Weltanschauung, schöpferisches Herangehen an die Arbeitstätigkeit, das Begreifen des sozialen und wissenschaftlichen Fortschritts sowie des Fortschritts in der Produktion, die Weitergabe der Erfahrung und Kenntnisse an andere, die ununterbrochene Selbstvervollkommnung.

Die Automation in Gestalt der Rechenmaschinen stellt ein notwendiges Entwicklungselement der modernen Wissenschaft dar. Eine außerordentlich wichtige charakteristische Besonderheit der neuesten Revolution in den Naturwissenschaften stellt die Mathematisierung der wissenschaftlichen Kenntnisse dar. Die Mathematik dringt in alle Bereiche der modernen Wissenschaft ein, darunter in solche wie die Biologie, Physiologie, Psychologie, Soziologie usw. Was die traditionellen mathematischen Wissenschaften wie die Physik, die Mechanik und die Mathematik selbst betrifft, so werden die Rechenarbeiten immer komplizierter und ihr Umfang nimmt ungeahnte Ausmaße an.

Die Automatisierung der wissenschaftlichen Forschungsarbeiten ist durch die objektive Notwendigkeit, durch die inneren Bedürfnisse der technischen Entwicklung hervorgerufen worden. In diesen Wissensgebieten gibt es Probleme, die in der Vergangenheit gerade wegen des großen Umfangs an Berechnungen nicht lösbar waren. Sehr schwierig war zum Beispiel die Bestimmung der Umlaufbahnen der Planeten des Sonnensystems. Der geniale Mathematiker Euler arbeitete 40 Jahre lang an der Berechnung der Mondumlaufbahn, und im Endergebnis konnte er sie lediglich annähernd beschreiben. Eine der sowjetischen Rechenanlagen berechnete indessen innerhalb weniger Tage die Umlaufbahnen von 700 kleinen Planeten des Sonnensystems für den internationalen astronomischen Kalender und bestimmte für 10 Jahre im voraus genau ihre Stellung.

Auf noch größere Schwierigkeiten stießen die Wissenschaftler, die auf dem Gebiet der Kernphysik und der Raketentechnik arbeiten. Hier gibt es Probleme, zu deren Lösung bis zu 10 Trillionen Rechenoperationen ausgeführt werden müssen. Würde ein Wissenschaftler versuchen, sie ohne Hilfe von Maschinen zu lösen, so müßte er allein für eine einzige Berechnung mehr als 100000 Jahre aufwenden. Man kann ohne Übertreibung sagen, daß die bemerkenswerten Errungenschaften der Kernphysik und der Raketentechnik, deren Zeuge unser Jahrhundert ist, in entscheidendem Maße durch die Schaffung und den Einsatz der modernen Rechenanlagen ermöglicht worden sind.

Es ist wichtig hervorzuheben, daß sich die Rechentechnik von einem Hilfsmittel, das sie ursprünglich war, in einen gewaltigen Entwicklungsfaktor des gegenwärtigen Wissens umwandelte, der die prinzipiellen Besonderheiten der Entwicklung bestimmt. In der Epoche, die der modernen Physik voranging, wurde der Aufgabe, eine Theorie zu schaffen, die die physikalischen Fakten logisch erklärt, die entscheidende Bedeutung beigemessen. Bei der Lösung dieser Aufgabe war die Hauptsache, auf der Basis einer bestimmten physikalischen Idee mathematische Gleichungen aufzustellen, die es mit ausreichendem Genauigkeitsgrad erlaubten, die Struktur und Funktion eines Objektes der physikalischen Theorie zu beschreiben. Eine Aufgabe aus der Physik galt als gelöst, sobald solche Gleichungen aufgestellt waren. Dabei wurde den Rechenschwierigkeiten keine prinzipielle Bedeutung beigemessen.

Die moderne Physik wurde mit einer Vielzahl von Problemen konfrontiert, die sich sogar bei Vorhandensein einer zufriedenstellenden Theorie infolge der Notwendigkeit, einen gewaltigen Umfang an Berechnungen durchzuführen, praktisch als unlösbar erwiesen. Die Effektivität beim Fortschreiten der physikalischen Erkenntnis hängt immer mehr von der Lösung der damit verbundenen Berechnungen und damit vom Einsatz von Rechenanlagen ab. Zur Analyse experimenteller Daten ist der Einsatz automatischer Einrichtungen unterschiedlichster Art notwendig. Beim Studium der Wechselwirkung zwischen den Elementarteilchen wird zum Beispiel automatisch eine riesige Menge von Aufnahmen gemacht. Man muß sie betrachten, gegenüberstellen, nach verschiedenen Merkmalen klassifizieren, es müssen Berechnungen ausgeführt, die Berechnungen und Aufnahmen gegenübergestellt werden usw. Würde dies alles von Hand durchgeführt werden, so würde ein Wissenschaftlerkollektiv mehrere Jahre benötigen. Die Automatisierung wissenschaftlicher Untersuchungen erleichtert und verkürzt die Ausführung dieser Arbeiten wesentlich. Die Erschließung des kosmischen Raumes hätte sich ohne automatische Rechenanlagen im Prinzip nicht entfalten können, denn zur Steuerung des Fluges eines Raumschiffes muß eine gewaltige Anzahl von Berechnungen blitzschnell ausgeführt und müssen die Steuersignale automatisch in den Kosmos gesandt werden. Verspäten sich diese Signale, verliert man das Raumschiff aus der Gewalt.

Ohne Rechenanlagen ist eine Verarbeitung der empfangenen Informationen ebenfalls undenkbar.

3. Die objektive Logik der Entwicklung der Automatisierung

Die Funktionen des Menschen als Operateur. Die gesellschaftliche Entwicklung bedingt die Notwendigkeit der Automatisierung, die wissenschaftlichen Errungenschaften bieten die Möglichkeit, Automaten zu schaffen.

Die Konstruktionsdaten der Automaten und auch anderer technischer Einrichtungen werden vor allen Dingen durch diejenigen Funktionen bestimmt, die sie erfüllen müssen. Der Inhalt dieser oder jener Steuerungsfunktion bestimmt im voraus das Wesen des technischen Problems, das danach gewissermaßen als Auswahlkriterium bei der Ausnutzung der wissenschaftlichen Ergebnisse durch den Konstrukteur auftritt.

Natürlich übt der Wunsch, Automaten zu entwickeln, seinerseits Einfluß auf die Richtung der wissenschaftlichen Untersuchungen aus, aber das ändert nichts daran, daß bei der Konstruktion von Automaten nur diejenigen wissenschaftlichen Ergebnisse eine Rolle spielen, die für eine gegebene Steuerungsfunktion, deren Automatisierung notwendig ist, nützlich sind. Mit anderen Worten, auch hier ist die Funktion von entscheidender Bedeutung. Insoweit Steuerungsfunktionen untereinander in einer bestimmten Hierarchie in Wechselbeziehung stehen, bestimmt diese Hierarchie weitgehend die Reihenfolge ihrer Automatisierung. Daher ist es bei der Betrachtung der objektiven Logik der Entwicklung der Automatisierung erforderlich, die Aufmerksamkeit vor allem auf das Wesen und die Wechselbeziehung der Steuerungsfunktionen des Menschen zu richten. Die Entwicklung der Automatisierung besteht darin, eine Steuerungsfunktion nach der anderen konsequent vom Menschen auf die Maschinen zu übertragen.

Der Wert, die objektive Logik der Entwicklung der Automatisierung von den Funktionen her zu analysieren, besteht darin, daß durch ein solches Herangehen ein Kriterium zur objektiven Bewertung des Vollkommenheitsgrades von Automaten geschaffen wird und die Möglichkeit gegeben ist, für diese oder jene automatische Einrichtung den Platz in der historischen Entwicklung der Technik genau zu bestimmen. In vielen speziellen Arbeiten wird eine Klassifikation der Steuerungssysteme vorgenommen[18], ihre Autoren lassen sich aber vor allem von den technischen Aufgaben leiten.

Der Fortschritt der Automatisierung, wie der Technik überhaupt, ist dem objektiven Gesetz des Widerspruchs zwischen Mensch und Maschine im technologischen Prozeß untergeordnet. Das Wesen dieses Gesetzes besteht in folgendem: Bekanntlich kann das Arbeitsmittel eine zweckmäßige Tätigkeit zur Umgestaltung der Natur im Interesse des Menschen von selbst nicht ausführen. Um es dazu in die Lage zu versetzen, ist die Arbeitstätigkeit des Menschen erforderlich. Wenn man daher über die einwirkende und umgestaltende Technik spricht, muß man immer ein System im Auge behalten, das aus zwei Teilen besteht: dem Menschen als Hauptproduktivkraft und dem Ding oder einem Komplex von Dingen, die vom Menschen zwischen sich und den Arbeitsgegenstand geschoben werden, die als Einwirkungsmittel auf diesen Gegenstand dienen, oder dem subjektiven (menschlichen) und objektiven (gegenständlichen) Faktor des Systems Mensch-Maschine.

[18] Siehe z. B.: A. G. Ivachnenko, Technische Kybernetik — Einführung in die Grundlagen automatischer adaptiver Systeme, Berlin 1964; А. А. Фельдбаум, Основы теории оптимальных автоматических систем. Москва, 1966; В. Г. Чекалин, П. И. Чинаев, В. П. Теплов, Классификация самонастраивающихся систем. Киев, 1963.

Das Wesen der Entwicklung der produktiven Organe des gesellschaftlichen Menschen besteht in einer absoluten Vergrößerung des objektiven Faktors in diesem System bei gleichzeitig zunehmender Bedeutung der aktiven Rolle des subjektiven Faktors. In dem Maße, wie die Funktionen des Menschen auf Maschinen übertragen werden, vermindert sich die Rolle des Menschen im Arbeitsprozeß nicht etwa, im Gegenteil, sie vergrößert sich und verändert sich qualitativ. Das ist beispielsweise an einem Vergleich zwischen dem Arbeitsniveau des Handwerkers und dem der automatisierten Produktion leicht zu erkennen. Der Handwerker führte seine Funktionen mit geringen technologischen Kenntnissen allein aus. Der Einrichter automatischer Fließlinien steht zwar auf den ersten Blick den Maschinen allein gegenüber. In Wirklichkeit stehen aber hinter seinem Rücken riesige Kollektive von Menschen, die in Lehreinrichtungen, Forschungsinstituten, Laboratorien, in den Organen der Wirtschaftsplanung usw. organisiert sind. All das ist im Endresultat der subjektive Faktor des Systems Mensch-Maschine. Der Einrichter muß zur zweckmäßigen Tätigkeit über umfassende Kenntnisse verfügen, die die Erfahrung und die Fertigkeiten des Handwerkers beträchtlich übertreffen.

Zwischen den subjektiven und objektiven Faktoren entstehen periodisch Widersprüche, deren Lösung darin besteht, qualitativ neue technische Einrichtungen zu schaffen. Wie gezeigt wurde, ist die Arbeitsmaschine durch die Lösung des Widerspruchs zwischen der technischen Forderung, eine Vielzahl gleichartiger Werkzeuge zur gleichen Zeit zu benutzen, und der begrenzten Anzahl der natürlichen produktiven Organe des Menschen (Hände) entstanden. Die Antriebe (Dampfmaschine, Elektromotor usw.) sind durch die Lösung der Widersprüche zwischen den technischen Anforderungen der Arbeitsmaschinen und den begrenzten Möglichkeiten der Muskelkraft des Menschen entstanden.

Die komplexe Mechanisierung führte zu Widersprüchen, bei deren Lösung mit Notwendigkeit die Automatisierung entsteht. Was sind dies für Widersprüche?

Unter den Bedingungen der komplexen Mechanisierung muß der Mensch, da er als ihr Steuerungsorgan in das

Maschinensystem einbezogen ist, Tag für Tag in ein und derselben Reihenfolge streng festgelegte Funktionen ausführen. Der Mensch kann infolge seiner anatomisch-physiologischen und subjektiven Gegebenheiten die Operationen jedoch nicht in der gleichen Weise verrichten wie die Maschinen. Der Mensch ermüdet, kommt aus dem Rhythmus und begrenzt somit die Steigerung der Arbeitsproduktivität. Es entsteht ein Widerspruch zwischen den technischen Anforderungen der komplexen Mechanisierung und den anatomisch-physiologischen Möglichkeiten des Arbeiters. Das technische Niveau jedoch, das zu einem gegebenen Widerspruch geführt hat, zeigt auch Wege zu dessen Lösung.

Um für die weitere Entwicklung des Arbeitsmittels die Wege und Richtungen aufzudecken, die bei der komplexen Mechanisierung dem Maschinensystem selbst innewohnen, ist es notwendig, vor allem den Arbeitsprozeß des Menschen als Operateur zu betrachten, der ein solches Maschinensystem steuert.

Nehmen wir an, zur Herstellung eines bestimmten Gegenstandes sind nacheinander die Operationen A, B, C, D auszuführen. Nach Ausführung der Maschinenoperation A schaltet der Operateur die Arbeit der Maschine auf Operation B um, nach Ausführung der Operation B auf Operation C usw. Auf diese Weise stellt der Operateur zwischen den verschiedenen ausführenden Organen des Maschinensystems eine Verbindung her.

Weiterhin muß der Operateur bei der Ausführung einer bestimmten Operation durch die Maschine deren Arbeit überwachen, darauf achten, daß die Maschine diese Operation richtig ausführt, die Abweichung der Parameter der Arbeit der Maschine feststellen und sie im Falle einer Abweichung von der vorgegebenen Norm regulieren, sie auf die richtige Ausführung der Operation einstellen.

Der Operateur muß die sich ändernden technologischen Bedingungen verfolgen, unter denen das Maschinensystem arbeitet und entsprechend der veränderten Situation den günstigsten Arbeitsablauf auswählen. Der Operateur wählt somit den optimalen Ablauf des technologischen Prozesses unter sich verändernden Bedingungen aus und stellt das Maschinensystem auf eine solche Arbeitsweise ein.

Somit erfüllt der Operateur drei Funktionen: 1) Er stellt zwischen den verschiedenen ausführenden Organen des Maschinensystems eine Verbindung her; 2) er überwacht den Ablauf des technologischen Prozesses und wirkt auf die Aufrechterhaltung der eingestellten Arbeitsweise ein; 3) er wählt den bei sich ändernden Bedingungen günstigsten technologischen Prozeßablauf aus und stellt das Maschinensystem auf die ausgewählte Arbeitsweise ein. Jede dieser Funktionen kann in kleinere Elemente, in Teilfunktionen, aufgegliedert werden, die ihrerseits wiederum weiter untergliedert werden können. Diese Aufgliederung der Funktionen hängt vom Allgemeinheitsgrad der durchgeführten Untersuchungen ab.

Die Entwicklung der Automatisierungstechnik ist hauptsächlich darauf gerichtet, Einrichtungen zu schaffen, denen der Mensch seine Funktionen überträgt. Die sukzessive Übertragung einer Funktion nach der anderen stellt die Stufen, die Etappen des Fortschritts bei der Automatisierung dar.

Der erste Schritt bei der Lösung des durch die komplexe Mechanisierung hervorgerufenen Widerspruchs ist die Entwicklung automatischer Regler, denen der Mensch die erste Funktion der Steuerung überträgt.

Programmierte stetige lineare Steuerungseinrichtungen (*einfache Steuerungsautomaten*). Bei der komplexen Mechanisierung, wo jede Elementaroperation eines technologischen Prozesses von der Maschine ausgeführt wird, ist die Dauer der Periode, innerhalb derer die Operation ausgeführt wird, streng festgelegt. Dadurch erhält das Maschinensystem einen synchronen Charakter, es arbeitet genau, rhythmisch, und die Arbeit der Mechanismen ist koordiniert.

Diese Synchron-Eigenschaft des Maschinensystems wird zur Verbindung zwischen den verschiedenen ausführenden Organen genutzt, zum Beispiel mit Hilfe eines einfachen Systems von Nocken, die so gesetzt sind, daß nach Beendigung der Operation A sofort ein Mechanismus zur Ausführung der Operation B eingeschaltet wird, dann für Operation C usw. Der Nockenmechanismus dreht sich mit einer konstanten Geschwindigkeit und stellt zwischen allen ausführenden Organen des Maschinensystems eine Verbindung her. Die Nocken dienen hier einfach als Zeitgeber zur Umschaltung der Arbeit verschiedener ausführender Organe, als Arbeitsprogramm des Maschinensystems, und sie können durch Federn, ein Hebelsystem, durch ein Uhrwerk oder einen bewegten Lochstreifen aus Papier, auf dem das Arbeitsprogramm des Maschinensystems durch Zahlen verschlüsselt ist, ersetzt werden. Bei diesem Ersatz ändern sich nur die Mittel, mit denen ein und dieselbe Steuerungsfunktion — die Herstellung einer Verbindung zwischen den einzelnen ausführenden Organen des Maschinensystems — ausgeübt wird.

Die meisten automatischen Fließlinien und die sogenannten Werkzeugmaschinen-Automaten stellen Maschinensysteme dar, die durch solche Einrichtungen gesteuert werden. Das Arbeitsprogramm, die Wirkungsweise, das Schema und die Konstruktion jedes Automaten stehen eng miteinander in Beziehung und hängen von der Konfiguration des zu bearbeitenden Erzeugnisses ab, d. h. von den Operationen, die zur Bearbeitung des Arbeitsgegenstandes ausgeführt werden müssen. Außerdem stimmt hier die Form der Werkzeugmaschine mit der Funktion überein. Je kleiner die Operation ist, zu deren Ausführung eine Werkzeugmaschine verwendet wird, desto größer ist diese Übereinstimmung. In dem Maße, wie sich die Automatisierung entwickelt, nimmt die Spezialisierung der Automaten immer mehr zu. Jeder dieser Automaten kann mit hohem Genauigkeitsgrad eine Vielzahl von Erzeugnissen des gleichen Typs herstellen (Massenproduktion). Andere Operationen kann die Werkzeugmaschine (oder die Fließlinie) jedoch nicht ausführen; ihre Form entspricht nur einer bestimmten Operation.

Die automatischen Einrichtungen, die diese erste Steuerungsfunktion ausführen, arbeiten nach einem festen vorgegebenen Programm. Daher bezeichnet man sie als determinierte automatische Steuerungseinrichtungen. Diese oder jene Abweichung vom Programm kann nur durch Defekte im ausführenden System oder durch irgendwelche äußeren Einwirkungen entstehen, die im allgemeinen als Störungen oder als Rauschen bezeichnet werden. Die automatische Einrichtung berücksichtigt dabei im Betriebsablauf dieses Rauschen nicht, sie erhält keine Informationen darüber und kann die vorher festgelegten Steuerungssignale weiterhin auch dann übermitteln, wenn sie dem realen Prozeßablauf nicht entsprechen. Daher bezeichnet man solche automatischen Einrichtungen auch als Einrichtungen mit stetiger linearer Steuerung oder als Steuerung mit offenem Regelkreis bzw. offenem Wirkungsablauf. Einrichtungen mit linearer direkter Steuerung stellen nichts einmalig Gegebenes dar, das sich nicht entwickelt. Im Verlaufe des wissenschaftlich-technischen Fortschritts werden solche Einrichtungen ununterbrochen vervollkommnet. Die einfachste Einrichtung dieser Art ist die nockengesteuerte Werkzeugmaschine. Die Aufgabe des Arbeiters an einer solchen Werkzeugmaschine besteht darin, das Werkstück zu befestigen, die Werkzeugmaschine einzuschalten und das fertige Teil abzunehmen. Ein solches technologisches System wie eine einzelne Werkzeugmaschine ist gegenüber äußeren Störungen verschiedener Art wenig empfindlich. Die Empfindlichkeit erhöht sich bei einem komplizierteren technologischen System jedoch bedeutend, und auch die Aufgaben des Arbeiters werden folglich wesentlich schwieriger.

Ein technologisches System wie eine Produktionsabteilung oder ein Werk kann ebenfalls mit linearen direkten Steuerungseinrichtungen gesteuert werden, dabei muß aber der Mensch (gewöhnlich das ganze Kollektiv) in das gesamte System der ausführenden Maschinen, der Energie- und Steuerungsmaschinen mit dem Ziel einbezogen werden, den technologischen Prozeß zu kontrollieren und ihn nach den günstigsten Parametern ablaufen zu lassen. Dabei nutzt der Mensch zur Erleichterung und zur Effektivitätssteigerung seiner Arbeit Steuerungshilfsmittel unterschiedlicher Art, insbesondere Rechenanlagen, die dem Operateur Informationen über solche veränderlichen Größen wie Temperatur, Druck, Verbrauch, Niveau, chemische Zusammensetzung usw. geben. Durch Vergleich dieser Daten mit der vorangegangenen Erfahrung, den Anweisungen und Instruktionen trifft der Mensch Entscheidungen für eine Programmänderung des stetigen linearen Reglers und ist dabei bestrebt, das geforderte Produkt bei hoher Qualität mit möglichst höherer Produktivität zu erhalten. Die Informationen, die von den Steuerungshilfsmitteln übertragen werden, können dem Rechenzentrum einer Produktionsabteilung oder eines Werkes zugeleitet werden, wo sie verarbeitet und den Planungsorganen zur Analyse der Produktivität eines Tages (24 Std.), einer Woche oder eines Monats übergeben werden.

Eine solche Art Automatisierung von Steuerungsarbeit ist stark entwickelt und gegenwärtig am weitesten verbreitet. Sie stellt die erste Entwicklungsetappe der Automatisierung dar — die Einführung von einfachen Steuerungsautomaten, die die erste Steuerungsfunktion ausführen.

Programmierte Steuerungseinrichtungen mit Rückkopplung (Regelungsautomaten). Die Automatisierung der ersten Steuerungsfunktion eines technologischen Prozesses stellte an den Menschen Anforderungen, die er seinen physiologischen Gegebenheiten entsprechend nicht erfüllen kann, wenn die Automaten voll ausgenutzt werden sollen. Die Vielfalt der Parameter, die überwacht werden, steigt stark an. Hunderte verschiedenartiger Parameter unterliegen in unterschiedlichen Änderungsbereichen der Kontrolle, z. B. solche verschiedenartigen Größen wie die Form der Körper, ihre Lage im Raum, die Bewegungsgeschwindigkeit und Beschleunigung, der physikalische Zustand der Medien, die chemische Zusammensetzung der Stoffe, verschiedenartige elektrische und chemische Größen usw. Viele Operationen müssen unmittelbar im technologischen Fluß überwacht werden. Gleichzeitig wachsen die Anforderungen an die Genauigkeit und die Zuverlässigkeit der Messungen.

Die Hauptschwierigkeiten liegen aber noch nicht einmal darin. Es handelt sich darum, daß Steuerungseinrichtungen ohne Rückkopplung die verschiedenen Zufallsänderungen des technologischen Prozesses, die möglich sind, nicht berücksichtigen. Indessen gibt es aber kaum solche Prozesse, die zufälligen Änderungen nicht oder fast nicht unterworfen sind. Sofern sie überhaupt auftreten, sind es gewöhnlich sehr einfache Prozesse, die für die Produktion einer

Produktionsabteilung oder eines Werkes von geringer Bedeutung sind. „Würde es diese zufälligen Einflüsse nicht geben, so würde sich die Aufgabe der Steuerungstheorie so vereinfachen, daß vielleicht das Bedürfnis nach einer gesonderten Wissenschaft nicht entstanden wäre.“[19] Die Hauptaufgabe der automatischen Steuerung besteht denn auch gerade darin, trotz des Auftretens zufälliger, d. h. nicht vorhersehbarer Einflüsse, die auf ein System einwirken, in der Arbeit des Maschinensystems ein bestimmtes Ziel zu erreichen. Obgleich der Mensch Steuerungsautomaten nutzt, überwacht er trotzdem ununterbrochen die Arbeit der Steuerungeinrichtung und des Maschinensystems.

Die Überwachungsfunktion des technologischen Prozesses und die erforderliche Einwirkung zur Aufrechterhaltung der vorgegebenen Parameter werden auf folgende Weise vom Menschen ausgeführt: 1) Der Operateur verfolgt den Verlauf des technologischen Prozesses, indem er mit Hilfe von Meßgeräten oder unmittelbar die den Prozeß charakterisierenden Parameter beobachtet; 2) er vergleicht die Werte dieser Parameter mit den Werten des vorgegebenen technologischen Prozeßablaufs; 3) im Falle des Nichtzusammenfallens und der Nichtübereinstimmung der Werte legt er Größe und Richtung der notwendigen Einwirkungen auf den technologischen Prozeß fest; 4) er vollzieht diese Einwirkungen. Die Einführung von Steuerungsautomaten schwertenicht nur die Ausführung dieser Kontrollfunktion durch den Menschen, sondern schuf auch Bedingungen fürdie Weiterentwicklung des Maschinensystems, dafür, daß auch diese zweite Funktion von der Automatisierung erfaßt wird.

Bei eingehender Betrachtung der Arbeit einer beliebigen automatischen Fließlinie, die von einer Programmsteuerungseinrichtung ohne geschlossenen Wirkungsablauf gesteuert wird, ist unschwer zu erkennen, daß zwischen dem Arbeitsprozeß des Steuerungssystems und dem Arbeitsprozeß der ausführenden Mechanismen sich eine unmittelbare Beziehung herausbildet. Jeder Änderung eines Ele-

[19] А. А. Фельдбаум, Основы теории оптимальных автоматических систем. Москва, 1966, стр. 44.

mentes des Steuerungsprozesses entspricht eine bestimmte Änderung eines Elementes des Bearbeitungsprozesses. Ein einfaches Beispiel: Eine Nockendrehung um ein Grad hat eine Neigungsänderung des Meißels um ein zehntel Grad zur Folge.

Von den Steuerungsautomaten wird von dieser unmittelbaren Beziehung nur eine einseitige Abhängigkeit genutzt. Eine solche Einrichtung bot jedoch direkt die Möglichkeit, sie so zu vervollkommnen, daß eine zweiseitige Abhängigkeit hergestellt wird, d. h. nicht nur eine Abhängigkeit des Bearbeitungsprozesses vom Steuerungsprozeß, wie das bei einfachen Steuerungsautomaten der Fall ist, sondern auch umgekehrt, eine Abhängigkeit des Steuerungsprozesses vom Bearbeitungsprozeß.

Eine Einrichtung, die eine Rückkopplung herstellt, vergleicht jedes Element des Bearbeitungsprozesses mit dem entsprechenden Element des Steuerungsprozesses. Durch die unmittelbare Kopplung mit den ausführenden Organen steuert diese Einrichtung in strenger Übereinstimmung mit dem vorgegebenen Programm deren Arbeit.

Solche Einrichtungen werden als Steuerungseinrichtungen mit geschlossenem Wirkungsablauf oder als Regelungsautomaten bezeichnet. Sie erfüllen die zweite Funktion des Operateurs bei der Steuerung eines Maschinensystems, indem sie den Ablauf des technologischen Prozesses in strenger Übereinstimmung mit dem vorgegebenen Programm steuern. Programme in Form von Aufzeichnungen auf Magnetbändern, Lochkarten u. dgl. können in einer Bibliothek, im Betrieb gespeichert und der Werkzeugmaschine bei Bedarf sofort als Aufgabe eingegeben werden. Falls es erforderlich ist, kann man bestimmte Korrekturen leicht vornehmen, bevor das Programm in die Werkzeugmaschine eingegeben wird.

In Programmwerkzeugmaschinen mit einem Regelungsautomaten stimmt somit nur das Programm völlig mit der Funktion überein. Die Werkzeugmaschine selbst trägt Universalcharakter. Ihre ausführenden Organe haben zwei, drei und mehr Freiheitsgrade. Diese Freiheitsgrade legen den Universalitätsgrad der Werkzeugmaschine fest. Je mehr Freiheitsgrade vorhanden sind, desto größer ist die

Vielfalt der Operationen, die die Werkzeugmaschine ausführen kann, wenn ihr in Form eines Programms eine entsprechende Aufgabe übertragen wird. Die Meßfühler solcher Regelungsautomaten übertreffen in ihrer Vielfalt und in ihrem Wirkungsgrad die Sinnesorgane des Menschen, und ihre Reaktion, die durch den Einsatz elektronischer Einrichtungen garantiert wird, ist unermeßlich schneller und genauer als die Reaktion des Menschen, die sich über das logisch denkende Organ — das Gehirn — vollzieht. Es ist daher auch ganz natürlich, daß solche Regelungsautomaten technologische Prozesse besser steuern können als der Mensch.

Regelungsautomaten werden sowohl zur Steuerung einzelner Werkzeugmaschinen und automatischer Fließlinien als auch ganzer Produktionsabteilungen und Betriebe eingesetzt. In diesen letzten Fällen werden gewöhnlich Datenverarbeitungsanlagen benutzt, die die Informationen einzelner Kennziffern wie Druck, Niveau u. a. verarbeiten und die Signale speziellen Einrichtungen zuleiten, die den Ablauf des technologischen Prozesses entsprechend den von der Rechenanlage erhaltenen Informationen regeln.

Regelungsautomaten sind dafür vorgesehen, den technologischen Prozeß zu überwachen, Informationen über Änderungen jeglicher Art zu empfangen, die sich im Prozeß selbst vollziehen und unvermeidlich sind (Temperatur, Druck, Niveau u. a.). Die Möglichkeiten solcher Änderungen sind von vornherein bekannt. Bekannt ist auch, aus welchen Gründen sie sich vollziehen können. Unbekannt ist nur, wann und mit welcher quantitativen Charakteristik das vor sich geht. Ein Regelungsautomat reagiert auf diese Änderungen, sofern der Mensch in seinem Programm aufgezeichnet hat, was und in welchem Maße an der Arbeit der Maschinen (im Falle irgendwelcher Veränderungen im technologischen Prozeß) etwas geändert werden muß. Steuerungseinrichtungen ohne Rückkopplung sind gegenüber dem Einfluß zufälliger Faktoren nur schwach geschützt. Einrichtungen mit Rückkopplung sind bedeutend störfester.

Die bisher betrachteten Steuerungseinrichtungen beruhen darauf, daß die zur Steuerung notwendigen Informationen dem Automaten in Form eines vom Menschen aufgestellten Programms im voraus bekannt sind. Sie stellen für beliebige automatische Einrichtungen, die beliebige Aufgaben lösen, die Ausgangsinformation dar. Was für Veränderungen in einem Automaten beliebiger Entwicklungsstufe auch vor sich gehen (sich anpassende, lernende Automaten), der Steuerungsprozeß beginnt immer mit den Ausgangsinformationen.

Es muß natürlich betont werden, daß in komplizierten Steuerungssystemen dieser Art die Information, wenngleich sie sich ständig erneuern kann, infolge der unter realen Bedingungen immer verschiedenen und zufälligen Veränderungen ihre Bedeutung und ihre Zuverlässigkeit verliert. Trotzdem beginnt jedes selbstregulierende technische oder biologische System seine Funktion mit Information, die in Form eines Programmes niedergelegt ist. Einrichtungen ohne Rückkopplung, mit denen wir die Betrachtung über die objektive Logik in der Entwicklung der Automatisierung begonnen haben, stellen daher nicht nur die einfachste Form eines Automaten dar, nicht nur deren historisch früheste Form (die Spielzeuge des Heron von Alexandria waren nicht rückgekoppelt), sondern auch die Verwirklichung des logisch ersten notwendigen Steuerungsprinzips.

Da kein System absolut isoliert, sondern mit der Außenwelt verbunden ist, kann es über einen mehr oder weniger langen Zeitraum nicht zweckmäßig funktionieren, wenn es keine Informationen über die Außenwelt nutzt. Die Rückkopplung ist daher die notwendige Voraussetzung für das Funktionieren von Automaten, die einen gewissen Kompliziertheitsgrad erreicht haben, und stellt in der Entwicklung der Automatisierung eine gesetzmäßige Etappe dar. Der Regelungsautomat ist die einfachste Form in der Klasse der automatischen Einrichtungen, die Informationen über die Außenwelt ausnutzen. Da diese Einrichtungen die Ergebnisse ihrer Arbeit kontrollieren, erscheinen sie in dieser Klasse von Einrichtungen auch logisch als die ersten, denn Information über beliebige äußere Prozesse hat nur bei Selbstkontrolle einen Sinn.

Steuerungs- und Regelungsautomaten werden zur Gesamtgruppe der determinierten automatischen Einrichtungen zusammengefaßt, da sie die Information sowohl vom Programm als auch in Form der Rückkopplung in genauer, eindeutiger und vorher programmierter Form erhalten. Die Funktionsprozesse dieser Einrichtungen laufen entsprechend dem sogenannten Laplaceschen Determinismus ab, wonach die Folgen eindeutig mit den Ursachen verknüpft sind.

Steuerungs- und Regelungsautomaten befreien den Menschen von den ersten beiden erwähnten Steuerungsfunktionen, aber befreien ihn nicht von der Leitungs- und Steuerungsfunktion überhaupt. Das ist dadurch bedingt, daß unter realen Bedingungen der Produktion und der menschlichen Tätigkeit determinierte Prozesse selten sind, wo die Veränderung von Charakteristika dieser Prozesse nur von inneren Faktoren abhängt und obendrein vorher bekannt ist.

Den technologischen Prozeß beeinflussen gewöhnlich sehr viele äußere, zufällige Faktoren, die man nicht vorhersehen und daher auch nicht der Maschine eingeben kann. Auf die Qualität einer Schmelze kann z. B. eine unerwartete Änderung in der Energie-, Gas- und Sauerstoffzufuhr, eine Änderung der chemischen und physikalischen Eigenschaften der Beschickungskomponenten, ein Temperaturabfall an verschiedenen Punkten des Ofens, eine Änderung der Rauchgaszusammensetzung usw. Einfluß nehmen. Dies alles vorauszusehen und in das Programm der rückgekoppelten Steuerungseinrichtungen aufzunehmen ist unmöglich. Der Operateur verfolgt die Veränderung der Faktoren, die den technologischen Prozeß beeinflussen, damit die Arbeit in der günstigsten Weise abläuft.

Die Entwicklung von rückgekoppelten Automaten löste somit den erwähnten Widerspruch nur für einen kleinen Teil von Produktionsprozessen. Andererseits entstehen dort, wo die rückgekoppelten Steuerungseinrichtungen eingeführt werden, Widersprüche. Das ist in der Tat so. Nehmen wir z. B. ein modernes hochautomatisiertes Chemiewerk mit einem komplizierten Komplex technologischer Prozesse. Die Steuerung des Werkes ist zentralisiert und in den Händen eines Operateurs konzentriert: Einzelne technologische Prozesse sind untereinander organisch so verbunden, daß man diese oder jene notwendigen Änderungen in der Steuerung nur durch eine Analyse der Arbeit des gesamten Werkes, aller Glieder als einer Einheit auswählen kann. Der Mensch macht sich auf der Grundlage der Information, die ständig von einigen hundert Geräten eingeht, ein Gesamtbild von der Arbeit. Während der Operateur die Anzeigen aller Geräte aufnimmt, sie analysiert, die notwendige Veränderung an einem technologischen Prozeß errechnet, damit das Werk unter optimalen Bedingungen arbeitet, vergeht eine relativ große Zeitspanne. In dieser Zeit verändern sich schon alle Arbeitsparameter des Werkes, der Steuerungseingriff kommt zu spät und zeitigt nicht das gewünschte Resultat. Eine richtige, aber nicht zur rechten Zeit erfolgende Steuerung ist gleichbedeutend mit einem Fehler. In komplizierten Systemen mit hohen Geschwindigkeiten beginnt der Zeitfaktor eine Rolle zu spielen. Der Operateur ist somit nicht in der Lage, den technologischen Prozeß in der günstigsten Weise zu steuern und die Werkanlagen voll auszunutzen.

Bei der Suche nach einer Lösung dieses Widerspruchs ist ein spezieller Wissenszweig erschlossen worden — die Ingenieurpsychologie, deren Hauptaufgabe es ist, für ein System von Geräten, die über den Verlauf der technologischen Prozesse informieren, solche Anforderungen zu erarbeiten, die maximal die funktionellen Charakteristika und Möglichkeiten des Operateurs berücksichtigen.[20] Das Wesen einiger dieser Anforderungen besteht in folgendem. Die Wiedergabemittel, d. h. jene Mittel, die die Information über den Verlauf der Prozesse und den Zustand der Parameter des Produktionsprozesses mitteilen, müssen verschiedenartig sein. Es müssen in großem Umfang verschiedene farbige und akustische Signalgeber eingesetzt werden. Es muß angestrebt werden, dem Auge, das die einzelnen Informationen analysiert, keine großen Belastungen aufzuerlegen und neue Mittel zur Übermittlung von Informationen an den Menschen zu finden. In letzter Zeit hat man begonnen, die Möglichkeit zu untersuchen, den sogenannten somatosensorischen Reiz als Analysator zu verwenden. Insbeson-

[20] Siehe: Инженерная психология. Москва, 1964.

dere an verschiedenen Punkten der Haut des Rückens, des Bauches, der Brust und der Extremitäten des Menschen werden Elektroden angeschlossen, die dem Operateur durch schwache elektrische Impulse diese oder jene Informationen mitteilen können. Ein elektrischer Reiz am linken Schulterblatt bedeutet z. B. im einfachsten Fall Beendigung der Beschickung eines Ofens.

Die Informationen müssen anschaulich und eindeutig sein, damit der Operateur sie ohne mühsame Analyse rasch wahrnehmen kann. Dieser „Lesbarkeits"grad der Informationen muß für jeden Operateur individuell festgelegt werden. Die Wiedergabemittel müssen so angeordnet sein, daß sie zu jedem beliebigen Zeitpunkt nur die wesentlichen Informationen übertragen und das Hauptsächliche nicht durch Nebensächlichkeiten verdecken. Die Ingenieurpsychologie richtete ihre Aufmerksamkeit auch auf die Suche nach Wegen zur Vervollkommnung der Sinnesorgane des Menschen. Ein Beispiel ist die Erarbeitung von Methoden des Augentrainings, das dazu dient, daß der Operateur in kürzester Zeit verschiedene Farben oder das plötzliche Aufleuchten einer Lampe wahrnehmen kann.

Obwohl die Ingenieurpsychologie besonders hinsichtlich der Erarbeitung von Anforderungen an Informationssysteme (Wiedergabemittel) beachtliche Erfolge erzielt hat, sind die von ihr durchgeführten Maßnahmen nicht in der Lage, den bei der Automatisierung entstandenen Widerspruch grundsätzlich zu lösen. Der Ausweg wurde mit der Entwicklung automatischer Steuerungsanlagen gefunden, denen der Mensch seine dritte Steuerungsfunktion übertrug.

Selbsteinstellende Steuerungssysteme (*sich anpassende Automaten*). Eine einfache rückgekoppelte Steuerungseinrichtung ist nicht in der Lage, die günstigste Arbeitsweise eines Maschinensystems zu gewährleisten. Diese Funktion wird vom Menschen ausgeführt. Er verfolgt die verschiedenen, sich ändernden Bedingungen, studiert sie im Arbeitsprozeß, analysiert das ursprünglich vorgegebene Programm für den Ablauf des technologischen Prozesses, stellt es um und findet dabei die günstigste Arbeitsweise, die von den veränderten Bedingungen abhängt. Betrachtet man so den einfachsten Fall, die Produktivität einer spanenden Werkzeugmaschine, so hängt sie, wenn die Meißeltemperatur auf einer vorgegebenen Höhe gehalten wird, von der Vorschubgeschwindigkeit des Meißels und der Umdrehungsgeschwindigkeit des zu bearbeitenden Werkstücks ab. Im Verlaufe des Bearbeitungsprozesses muß der Operateur die Vorschubgeschwindigkeit des Meißels so verändern, daß seine Temperatur eine vorgegebene Höhe nicht übersteigt, und eine Umdrehungsgeschwindigkeit auswählen, die es erlaubt, eine maximale Produktivität zu erzielen. Die optimale Arbeitsweise des technologischen Prozesses hängt von einer großen Zahl unterschiedlicher Faktoren ab, die miteinander verflochten sind und oft in entgegengesetzte Richtungen wirken.

Aus dem angeführten Beispiel ist ersichtlich, daß zwischen den drei veränderlichen Faktoren eine eindeutige Beziehung besteht.

Diese eindeutige Beziehung wird mit Hilfe einer Spezialeinrichtung genutzt, die die Wechselbeziehung zwischen den sich verändernden Bedingungen herstellt und auf dieser Grundlage eine optimale Arbeitsweise erarbeitet. Es ist hier unschwer zu erkennen, wie die vorausgegangene Form eines Arbeitsmittels die Wege und Richtungen zu einer vollkommeneren und produktiveren Form des Arbeitsmittels aufzeigt. Der Gesamtkomplex von Steuerungseinrichtungen — Einrichtungen mit und ohne Rückkopplung sowie Einrichtungen zur Auswahl einer optimalen Arbeitsweise — stellt das selbsteinstellende System zur automatischen Steuerung technologischer Prozesse dar.

Eine selbsteinstellende Steuerungseinrichtung ist imstande, die Erfahrung ihrer Arbeit zu speichern, zu verallgemeinern und sie zweckmäßig zu nutzen, indem sie ein optimales Programm erarbeitet, das sich entsprechend den veränderten Arbeitsbedingungen ständig ändert. Das vom Menschen vorgegebene Programm bestimmt lediglich das Endziel der Arbeit. Das tatsächliche Programm für die laufende Arbeit wird jedoch auf der Grundlage einer Analyse der Informationen, die aus drei Quellen — dem vorgegebenen Programm, den Meßfühlern und dem operativen Speicher — eingehen, vom Automaten selbst erarbeitet. Eine Vergrößerung der Anzahl der Informationsquellen führt zu einer beträchtlichen Erweiterung der funktionellen Möglichkeiten der Automaten und verleiht ihnen qualitativ neue Eigenschaften, die ihnen auch bei veränderten Bedingungen Stabilität garantieren. Je mehr Informationsquellen vorhanden sind, desto vollkommener ist das System.

Als einfachste Form eines selbsteinstellenden Steuerungssystems kann der Extremwertregler dienen, der bei ununterbrochener Änderung der verschiedenen Einflüsse auf die Arbeitsbedingungen des Maschinensystems eine oder eine Reihe von Kennziffern des technologischen Prozesses auf dem höchsten oder niedrigsten praktisch erreichbaren Niveau hält. Ein Beispiel ist die Aufrechterhaltung der maximalen Produktivität einer spanenden Werkzeugmaschine.

Als Beispiele für Systeme, wo eine optimale Arbeitsweise zweckmäßig ist, dienen Energieanlagen, die bei wechselndem Energiebedarf einen minimalen Brennstoffverbrauch garantieren müssen; ferner verschiedene technische Systeme und Produktionssysteme, für die aus einer Vielzahl möglicher Steuerungsgesetze das Gesetz gefunden werden muß, das eine minimale Ablaufzeit des Prozesses gewährleistet. Im Raketenbau ist es häufig erwünscht, die Gesetze zu kennen, nach denen die Rakete bei einem Minimum an Energieaufwand und bei einer bestimmten Masse eine maximale Geschwindigkeit erreicht. Probleme optimaler Systeme sind in der technischen Kybernetik gegenwärtig von zentraler Bedeutung.[21] Der Mensch ist in jedem beliebigen Tätigkeitsbereich faktisch bestrebt, auf beste Weise, d. h. optimal zu wirken. Viele Prozesse stellten sich bis vor kurzem als so kompliziert dar, daß man annahm, die Auswahl einer optimalen Variante sei nur durch den Menschen zu erreichen. Die Entwicklung der Theorie und Praxis der Extremwertregler zeigte aber, daß es Möglichkeiten gibt, auch für diese „optimierende" Tätigkeit des Menschen Automaten einzusetzen. Das eröffnet der Ausnutzung automatischer Einrichtungen in den verschiedensten Bereichen des gesellschaftlichen Lebens große Perspektiven. Die selbst-

[21] Siehe: А. А. Фельдбаум, Основы теории оптимальных автоматических систем, там же, стр. 7—15.

tätig einstellenden und optimierenden Einrichtungen erfuhren daher in den letzten Jahren weite Verbreitung und entwickeln sich stürmisch. Es werden immer neue Systeme entwickelt, die verschiedene Funktionen und Operationen des Menschen wahrnehmen, die die Arbeitsweise dieses oder jenes Prozesses in einem optimalen Zustand halten.

Unter optimierenden Steuerungseinrichtungen versteht man solche Steuerungssysteme, die es in dieser oder jener Beziehung ermöglichen, das Steuerungsobjekt im günstigsten Zustand zu halten: als minimaler Aufwand für die Erreichung des Zieles (optimale Geschwindigkeit), als maximale Regelgenauigkeit oder als Minimum an Energieaufwand u. a.

Obwohl Extremwertregler das Optimum auch in Wechselwirkung mit einer Vielzahl von einwirkenden Faktoren finden können, können sie bei einer sehr großen Anzahl solcher Faktoren ohne die Hilfe des Menschen nicht auskommen. Um eine optimale Variante zur Steuerung eines technologischen Prozesses unter den Bedingungen der Einwirkung einer Vielzahl von Faktoren zu finden, ist es notwendig, unter allen möglichen Varianten eine sogenannte vollständige Auslese vorzunehmen und die günstigste zu finden. Ungeachtet der sehr hohen Arbeitsgeschwindigkeit wendet die Maschine für eine vollständige Auslese jedoch zu viel Zeit auf. Führen wir ein Beispiel an. Nehmen wir an, auf einen technologischen Prozeß wirken 10 verschiedene Faktoren ein. Die Maschine soll klären, welchen Einfluß jeder von ihnen auf die anderen insgesamt ausübt. Es ergeben sich 10^{10} Suchschritte. Um über diese Zahl eine gewisse Vorstellung zu vermitteln, vermerken wir, daß die Maschine, wenn sie zur Berechnung einer Variante 1 msec braucht, zur Ausführung der ganzen Arbeit 2770 Stunden benötigt.[22] Es ist klar, daß ein solcher Steuerrechner nutzlos ist.

Daher wurden bis vor kurzem selbsteinstellende Einrichtungen in der Produktion nur zur Optimierung einer und sehr selten zweier Größen angewandt. Wirken auf den

[22] Siehe: R. Bellman, Dynamische Programmierung und selbstanpassende Regelprozesse (engl.: Dynamic Programming, Princeton N.J. 1957), München/Wien 1967, S. 25.

technologischen Prozeß jedoch mehrere unterschiedliche Faktoren ein, muß der Mensch, der die optimale Variante schnell findet, in den Steuerungsprozeß eingeschaltet werden. In letzter Zeit sind für automatische Einrichtungen Methoden zur Aufstellung von Programmen erarbeitet worden, die es der Maschine gestatten, die Zeit zum Auffinden einer optimalen Variante bei einer großen Anzahl äußerer und innerer Faktoren, die die Arbeit des Maschinensystems beeinflussen, wesentlich zu verkürzen.

Ursprünglich bewegte sich die Erarbeitung dieser mathematischen Methoden im Rahmen der Variationsrechnung. Bald wurde jedoch klar, daß zur Lösung von Aufgaben, bei denen die optimalen Varianten unter Bedingungen aufzufinden sind, wo sich die Störeinflüsse zeitlich ununterbrochen ändern und auch nicht eindeutig bestimmen lassen, die klassischen Methoden der Variationsrechnung unzureichend sind. Unter dem Einfluß technischer Bedürfnisse wurden neue mathematische Verfahren erarbeitet, insbesondere die Methoden von Kolmogorov, Wiener und Kalmár. Breite Anwendung in der Technik fand das Maximumsprinzip von L. S. Pontrjagin.

Von großer wissenschaftlicher und technischer Bedeutung ist die Methode der dynamischen Programmierung, die von dem amerikanischen Wissenschaftler Richard Ernest Bellman erarbeitet wurde. Er formuliert das Optimalitätsprinzip so: „*Eine optimale Entscheidungspolitik hat die Eigenschaft, daß, ungeachtet des Anfangszustandes und der ersten Entscheidung, die verbleibenden Entscheidungen eine optimale Entscheidungspolitik hinsichtlich des aus der ersten Entscheidung resultierenden Zustandes darstellen.*“[23]

Bellman richtet in seinen Arbeiten die Aufmerksamkeit darauf, daß die Lösung von Aufgaben zum Auffinden der optimalen Variante darin besteht, eine Vielzahl netzartig verbundener Operationen oder Schritte auszuführen. „Wenn wir eine Entscheidung treffen müssen, so nennen wir den Prozeß einstufig; muß eine bestimmte Folge von Entscheidungen gefunden werden, so verwenden wir den Terminus mehrstufiger Entscheidungsprozesse.“[24] Eine wesentliche

[23] Ebenda, S. 88.
[24] Ebenda.

Zeitverkürzung für die Suche einer endlichen optimalen Variante wird dadurch erreicht, daß jeder folgende Schritt im Vergleich zu dem erreichten Zustand optimal sein muß, d. h. jeder Schritt muß sich in der gegebenen Situation in der günstigsten Weise auswirken.

Die dynamische Programmierung beruht auf dem Grundgedanken, daß der künftige Systemzustand von dem Zustand und den Handlungen abhängt, die in der Gegenwart vorgenommen werden. Der in der Gegenwart ausgeführte Schritt bestimmt die künftige Entscheidung teilweise im voraus. Zum Auffinden einer endlichen optimalen Variante muß man z. B. 20 Schritte ausführen. Die Schritte sind wie in einem Netz verbunden. Ausgehend von einem gegebenen Knoten (Zustand) können zwei Schritte ausgeführt werden. Diese Schritte werden verglichen, und es wird der günstigste ausgewählt. Die Suche der optimalen Variante erhält eine bestimmte Richtung, und zwar zum günstigeren Schritt hin. Bellman führt den Begriff „Steuerungsvektor“[25] ein. Der Steuerungsprozeß besitzt eine bestimmte Gerichtetheit. Das Verwerfen eines ungünstigen Schrittes bedeutet das Verwerfen einer ganzen Richtung mit einer Vielzahl von Schritten. Der folgende Schritt muß wiederum auf optimale Weise ausgeführt werden, und wiederum wird ein ganzes Netz von Schritten als ungünstig verworfen usw.

Bei der Lösung von Aufgaben, bei denen die „Schritte“ so verbunden sind, daß jeder Knoten die Möglichkeit bietet, nicht zwei, sondern bedeutend mehr Schritte auszuführen, stößt die Anwendung dieser Methode auf bestimmte Schwierigkeiten. In diesem Fall verwandelt sich die Schrittauswahl in eine selbständige Aufgabe zur Auswahl der optimalen Variante. In einer der letzten Arbeiten entwickelt Bellman eine dynamische Programmierungsmethode zur Lösung von Aufgaben dieser Art. Die Aufgabe, den optimalen Schritt aufzufinden, die ihrem Wesen nach eine statistische Aufgabe ist, vereinfacht Bellman, „glättet“ sie. Das ermöglicht mit einem gewissem Wahrscheinlich-

[25] R. Bellman, R. E. Kalaba, Dynamic programming and modern control theory, New York 1965, S. 32.

keitsgrad, bei jedem gegebenen Knoten den optimalen Schritt zu finden. Diese Methode nennt Bellman Quasilinearisierung und betrachtet sie als Ergänzung zur Methode der dynamischen Programmierung. Ist diese zweite Methode auf die Erarbeitung einer Gesamtstrategie zur Lösung der Aufgabe eines allgemeinen Vorgehens gerichtet, so löst die erste Methode Teilaufgaben, konkrete und taktische Aufgaben. „Wir beabsichtigen, im wesentlichen die Quasilinearisierung bei der lokalen Optimierung und die dynamische Programmierung bei der globalen Optimierung anzuwenden.“[26]

Das komplizierte Problem, durch die Methode der dynamischen Programmierung die optimale Variante zu finden, ist somit auf eine recht einfache mathematische Aufgabe zurückgeführt, die von der Rechenanlage blitzschnell gelöst wird. In dem Abschnitt „Warum ist die dynamische Programmierung besser als die direkte Suche?“ zeigt Bellman, daß, wenn die Rechenanlage für eine Aufgabe mit einem 20stufigen Prozeß nach der Methode der direkten Suche Milliarden von Jahren benötigt, „diese Aufgabe aus der Sicht der dynamischen Programmierung als trivial erscheint.“[27]

Somit nehmen die selbsteinstellenden Einrichtungen, die insbesondere nach der Methode der dynamischen Programmierung arbeiten, eine weitere Steuerungsfunktion des Menschen wahr — das Auffinden der optimalen Variante unter den Bedingungen einer Vielzahl unvorhersehbarer Faktoren.

Die Optimierungseinrichtungen erreichen eine Optimalität nur unter der Bedingung, daß die der Steuerungseinrichtung zufließenden Informationen vollständig sind, d. h., daß die Informationen über vorhersehbare und nicht vorhersehbare äußere und innere Einflüsse auf den technologischen Prozeß der Steuerungseinrichtung rechtzeitig und in ausreichender Menge zufließen, damit ihre Bedeutung für das Optimum voll berücksichtigt werden kann. Die realen Bedingungen der Produktion und der Tätigkeit des

[26] R. Bellman, Dynamische Programmierung und selbstanpassende Regelprozesse, a. a. O., S. 31.

[27] Ebenda, S. 124.

Menschen gewährleisten bei weitem nicht immer eine solche Möglichkeit der Informationsbereitstellung. Dies ist charakteristisch für Betriebe der chemischen, metallurgischen und Zementindustrie, wo Faktoren den Prozeß beeinflussen, die nicht genau berechnet werden können und in einem gegebenen Augenblick sogar unbekannt sind. Nicht selten sind die Bedingungen in der Produktion so, daß keine Möglichkeit besteht, die Dimensionen vieler wichtiger technologischer Parameter kontinuierlich und genau zu kontrollieren. Man muß sich daher auf angenäherte Daten beschränken. Es ist notwendig, die optimale Variante unter den Bedingungen unvollständiger Information über die Situation des Steuerungsobjektes zu finden.

Diesen Teil der Steuerung führt der Mensch aus. Dazu nutzt er Steuerungs- und Regelungsautomaten, Extremwertregelungs- und -optimierungseinrichtungen sowie Rechenanlagen. Diese technischen Mittel versorgen den Operateur mit Information von unterschiedlichem Bestimmtheitsgrad: Genaue und rechtzeitige; genaue, aber verspätete (z. B. die Angaben einer Laboranalyse über die Qualität eines zu schmelzenden Metalls); zufällige, aber vorhersehbare und genau bestimmbare; zufällige, nicht vorhersehbare und nicht genau bestimmbare Information. Der Operateur hat es somit mit Unbestimmtheit, mit Wahrscheinlichkeitsprozessen zu tun.

Der Wahrscheinlichkeitsgrad hängt in starkem Maße von dem Verhältnis der ersten und letzten der aufgezählten Informationsformen ab. Fließen dem Operateur hauptsächlich genaue und rechtzeitige Informationen zu, so ist der technologische Prozeß einem determinierten Prozeß ähnlich, und es werden die Voraussetzungen für eine Annäherung der optimalen Arbeitsweise an das Maximum geschaffen. Überwiegt jedoch die zufällige, unvorhersehbare und nicht genau bestimmbare Information, so bedeutet dies, daß der technologische Prozeß ein statistischer Prozeß wird (oder ist). Der Operateur hat es mit einem hohen Grad an Unbestimmtheit zu tun, folglich kann er bei der Steuerung eine nur sehr niedrige Optimalitätsstufe erreichen.

Die Unbestimmtheit vergrößert sich auch dadurch, daß sich das Verhältnis zwischen den einzelnen Informationsformen ununterbrochen ändern kann. Unter diesen Bedingungen eine optimale Ablaufvariante des technologischen Prozesses zu finden, kann nur der erfahrene Operateur. Da man mit Wahrscheinlichkeitsprozessen zu arbeiten hat, kann deren optimale Steuerung nicht von einem Lehrer gelehrt werden. Von einem Lehrer kann man allgemeine Informationen erhalten; die Erfahrung und das Geschick aber wird im Arbeitsprozeß selbst erworben. Es muß daher das Lernen vom eigenständigen Erlernen unterschieden werden. Die Unbestimmtheit des Steuerungsobjektes macht es erforderlich, zur Aufrechterhaltung einer optimalen Arbeitsweise laufend selbständig zu lernen.

Welcher Grad an Unbestimmtheit auch besteht, wie die Wahrscheinlichkeitsrechnung zeigt, ist sie doch gewissen Gesetzmäßigkeiten unterworfen. Das ist die Grundlage dafür, daß eine objektiv optimale Arbeitsweise immer existiert, und auch dafür, daß es eine reale Möglichkeit gibt, das Auffinden dieser Arbeitsweise zu erlernen. Die Unbestimmtheit erschwert eine optimale Steuerung, macht sie jedoch nicht unmöglich.

Wir stellen uns nicht die Aufgabe, das eigenständige Erlernen völlig in Funktionen zu zergliedern, wir heben lediglich hervor, daß hier beim Selbststudium folgende Funktionen erfüllt werden müssen: 1) Abgabe von Testsignalen an verschiedene Punkte des Steuerungsobjektes und Gewinnung von Information über die den laufenden Objektzustand beeinflussenden Faktoren; 2) Analyse der erhaltenen Information mit dem Ziel, die bestimmenden Faktoren in jedem gegebenen Augenblick aufzuklären; 3) Speicherung von verschiedenen Kombinationen der Faktoren; 4) Speicherung der Häufigkeit des Auftretens von Kombinationen der Faktoren; 5) Speicherung der Reihenfolge des Auftretens von Kombinationen der Faktoren; 6) Speicherung der Ordnung des Auftretens dieser Reihenfolgen.

Dabei wird im Bewußtsein des Menschen eine Hierarchie bestimmter Denkformen erarbeitet, in denen die erhaltene Information, solche Begriffe wie Faktor, bestimmender Faktor, Kombination von Faktoren, Häufigkeit der Kombinationen von Faktoren, Reihenfolge der Kombinationen von Faktoren, Reihenfolge der Reihenfolgen fixiert werden. Diesen Begriffsapparat vervollständigt der Mensch laufend, da er lernt, gleichzeitig auf den technologischen Prozeß einwirkt und dessen optimale Arbeitsweise aufrechterhält.

Worin äußert sich die Lernfähigkeit des Operateurs? Wenn der Operateur es mit Unbestimmtheit zu tun hat (die Bedingungen, unter denen der technologische Prozeß abläuft, ändern sich zeitlich ununterbrochen und schnell), ist eine Steuerung ausschließlich auf der Basis der erhaltenen Information wenig effektiv, da sich die Steuerungseinflüsse auf bereits Vergangenes beziehen. Ein verspäteter Einfluß verschlechtert die Qualität des Steuerungsprozesses. Wie Claude Elwood Shannon jedoch scharfsinnig bemerkte, kann man „das Vergangene kennen, jedoch nicht regeln, und man kann das Zukünftige regeln, ohne es zu kennen".[28] Diese Steuerung der Zukunft führt, ohne sie zu kennen, auch der Mensch aus, und zwar dank der Lernfähigkeit, des Vorhandenseins eines Begriffsapparates in seinem Bewußtsein, der die Bewegung zufälliger Faktoren, die auf das Steuerungsobjekt einwirken, widerspiegelt. Die Begriffe, die die Häufigkeit und die Reihenfolge der Faktoren widerspiegeln, die den technologischen Prozeß beeinflussen, geben dem Menschen, nachdem er die Informationen über die Situation des Objektes erhalten hat, die Möglichkeit, vorauszusehen, in welcher Richtung sich die Einflußfaktoren ändern, und den Ablauf des technologischen Prozesses im Hinblick auf künftige Information zu steuern.

In den letzten Jahren entwickelten sich verschiedene lernende, adaptive Einrichtungen, die fähig sind, sich veränderten Bedingungen anzupassen, den Verlauf eines technologischen Prozesses vorherzusagen und ihn mit optimaler Arbeitsweise durchzuführen.

Die Theorie der lernenden Systeme (lernende Automaten) befindet sich gegenwärtig im Anfangsstadium der Entwicklung. Die Arbeiten werden auf der Grundlage der Wahrscheinlichkeitsrechnung, insbesondere ihres wichtigsten Teils, der mathematischen Statistik durchgeführt. Beson-

[28] Zitat nach: J. S. Zypkin, Adaption und Lernen in kybernetischen Systemen, Berlin 1970, S. 165.

ders intensiv entwickeln sich die statistische Entscheidungstheorie und die Spieltheorie. Die letztere kam hinsichtlich ökonomischer Prozesse und formaler Systeme zur Anwendung. Die statistische Entscheidungstheorie ist produktionstechnisch ausgerichtet. Auf ihrer Grundlage ist von A. A. Fel'dbaum die äußerst aussichtsreiche Methode der dualen Steuerung erarbeitet worden, mit deren Hilfe lernende Systeme aufgebaut werden, die unter unbestimmten Bedingungen eine optimale Arbeitsweise auswählen.

A. A. Fel'dbaum erläutert das Schema eines solchen Systems und betont, daß das Studium der sich nicht vorhersehbar verändernden Merkmale eines Objektes in diesem Schema nicht durch passive Beobachtung, sondern durch eine aktive Methode, durch rationelle Experimente durchgeführt werden kann. Das Objekt wird durch Einwirkungen, die Test- und Erkenntnischarakter haben, gleichsam „abgetastet", und die Ergebnisse dieser Einwirkungen werden durch die Steuerungseinrichtung analysiert. Das Ziel dieser Einwirkungen ist es, zu einem schnelleren und genauem Studium der Objektcharakteristika beizutragen, was eine Hilfe bei der Ausarbeitung des besten Gesetzes für die Steuerung des Objektes darstellt. „Die Steuerungseinflüsse sind aber nicht nur zum Studium des Objektes erforderlich, sondern auch dazu, es in die geforderte Arbeitsweise zu überführen. Die Steuerungseinflüsse müssen daher Doppelcharakter tragen. Sie müssen in gewissem Maße auch richtungweisend sein. Eine Steuerung, bei der die Steuerungseinflüsse den obengenannten Doppelcharakter tragen, wird als duale Steuerung bezeichnet."[29] „Die duale Steuerung verfolgt ein doppeltes Ziel — das Objektstudium und gleichzeitig die Überführung des Objektes in die geforderte Arbeitsweise."[30]

Lernende Steuerungseinrichtungen sind durch das Vorhandensein einer ganzen Hierarchie von Blöcken (oder Programmen) charakterisiert, in denen die Information über die den technologischen Prozeß (das Steuerungsobjekt) beeinflussenden zufälligen Faktoren, über die Kombina-

[29] А. А. Фельдбаум. Основы теории . . ., там же, стр. 390.
[30] Ebenda, S. 564.

tionen der Faktoren, die Häufigkeit der Kombinationen der Faktoren, ihre Reihenfolge, die Reihenfolge der Reihenfolgen usw. eingetragen sind. In diesen Blöcken wird die Information gleichsam verallgemeinert. Die Blöcke treten zur Steuerung des Prozesses nacheinander in Aktion, sobald die Meßfühler mitteilen, daß im Steuerungsobjekt eine Situation entsteht, die derjenigen, die in einem gegebenen Block eingetragen ist, ähnlich ist.

Block I speichert z. B. die Information über die Faktoren A, B, C, D. Sobald diesem Block Information über irgendeine Ordnung der Faktoren zufließt, wird die Information von ihm an Block II weitergegeben, der die Kombinationen der Faktoren AB, CD, DB speichert.[31] Sobald irgendeine Reihenfolge festgestellt wird, wird die Information auf Block III übertragen, der die Reihenfolge AB, CD, DB speichert. Bei weiterer Entwicklung der Ereignisse kann die Information bis zu Block IV gelangen, der die Reihenfolge der Reihenfolgen AB, CD, DB; AB, DB, CD; DB, CD, AB speichert. Jeder Block ist in Bereitschaft, sich in die Ausgabe von Steuersignalen einzuschalten, sobald die Meßfühler mitteilen, daß bei veränderten Bedingungen des Objektes eine Tendenz sichtbar wird, die in dem gegebenen Block enthalten ist. Nehmen wir Block III, in dem die Information über die Reihenfolge AB, CD, DB eingetragen ist. Sobald die Meßfühler die Information geben, daß eine Veränderung der Objektbedingungen die Form AB, C ... hat, schaltet Block III augenblicklich Block I und Block II aus und übermittelt selbst dem Objekt unter Berücksichtigung, daß nun die Bedingungen ... D, DB eintreten, die Steuersignale. Dabei erhöht sich die Optimalität der Arbeitsweise. Er sieht gleichsam voraus. Plötzlich aber teilen die Meßfühler Information über andere Faktoren mit. Die Reihenfolge ist verletzt worden. Block III schaltet sich aus und Block II und dann vielleicht auch Block I wird zur Steuerung eingeschaltet. Die Optimalität der Steuerung geht zurück, da die Faktoren auf das Objekt so unbestimmt einwirken, daß keinerlei Gesetzmäßigkeit festzustellen ist.

[31] Diese Übertragung von Block zu Block kann durch einen gewöhnlichen Arithmometertyp erfolgen.

Die Erarbeitung der dualen Steuerungsmethode bezüglich lernender Systeme eröffnet der Entwicklung von automatischen Einrichtungen große Perspektiven, die unter Bedingungen eines hohen Grades an Unbestimmtheit imstande sind, Objekte zu steuern, sich dem veränderten Milieu anzupassen und sich in einer unvorhersehbaren Situation zurechtzufinden.

Sind einfache Steuerungs- und Regelungsautomaten determiniert, so sind selbstanpassende Einrichtungen auf die Berücksichtigung zufälliger Faktoren zugeschnitten. Extremwertregler und Optimierungseinrichtungen arbeiten natürlich unter Bedingungen, für die die Grenzen der Wahrscheinlichkeitsverteilung bekannt sind. Wir haben es mit stochastischen Prozessen zu tun. Die Tendenz ist jedoch die, daß automatische Einrichtungen immer mehr in Systeme umgewandelt werden, die in zufällig entstehenden Situationen zweckmäßig handeln. Nur solche Einrichtungen entsprechen dem wahren Inhalt des Terminus „Automat“, der bekanntlich schon in der „Physikvorlesung“ von Aristoteles anzutreffen ist. Dort hat er die Bedeutung von Spontaneität. Aristoteles wendet sich dabei der Etymologie des Wortes zu, das sich aus den Worten „selbst“ oder „von selbst“ (αυτο), „zufällig“ (τοχη) und „zwecklos“ (ματην) gebildet hat. Den Sinn des Wortes „Automat“ enthüllt Aristoteles so, daß ein Selbst (αυτο) ein zwecklos (ματην) hervorruft.[32]

Somit kann man die Schlußfolgerung ziehen, daß der Begriff Automat im ursprünglichen Sinn ein System bezeichnete, das entsprechend der Fähigkeit funktionierte, spontan ablaufende Ereignisse auszuwählen. Die Ursache dieser Fähigkeit ist die Natur oder die Vernunft. Ein System, das genau das tut, was ihm anfänglich vorgegeben wurde, kann Aristoteles zufolge nicht als Automat bezeichnet werden. Automatisches Wirken setzt die Berücksichtigung und Ausnutzung zufälliger Ereignisse voraus.

Erst auf einer hohen Entwicklungsstufe der lernenden Einrichtungen wird das wahre Wesen der automatischen Maschinen als selbständig wirkender Systeme aufgedeckt.

[32] Siehe: Aristoteles, Physikvorlesung, a. a. O., S. 48ff.

Erst jetzt werden die vom Menschen geschaffenen Einrichtungen den natürlichen Systemen vom Funktionscharakter her gleich.

Die Entwicklung von lernenden Systemen kennzeichnet den Übergang zu Wahrscheinlichkeitsprozessen, die denen ähnlich sind, womit die moderne Physik es zu tun hat. In lernenden Systemen wirken statistische Gesetzmäßigkeiten, die Wirkungen entsprechen den Ursachen nur mit einem bestimmten Wahrscheinlichkeitsgrad, und die Optimalität der Arbeitsweise stellt einen gewissen statistischen Mittelwert dar. Die Steuerungstheorie nähert sich in ihrer Entwicklung immer mehr den Methoden und Prinzipien der modernen Physik. Die automatische Steuerung wird also die strenge Determiniertheit immer mehr verlieren. Dadurch drohen den Spezialisten neue Schwierigkeiten. Bellman schreibt, „. . . daß wir anstelle der Newtonschen Mechanik die Einsteinsche verwenden müssen, was uns etwas in Verlegenheit bringt, da ja diese neuere Theorie bei Festkörperproblemen bisher noch gar keinen richtigen Erfolg hatte. Aber es erwarten uns noch andere, viel unangenehmere Aussichten! Setzen wir die zur Zeit noch nicht vorhandene Fähigkeit voraus, mit den genannten Schwierigkeiten fertig zu werden, so stehen wir immer noch vor dem begrifflichen Hemmschuh der Quantenmechanik, einer Theorie, die sich hartnäckig dagegen sträubt, wenigstens die Möglichkeit einer beliebig weit gehenden Genauigkeit einzuräumen."[33]

Die Entwicklung der theoretischen Grundlagen der automatischen Steuerung — der Korrelationstheorie, der statistischen Entscheidungstheorie, der Theorie der dynamischen Programmierung, der Spieltheorie — geht den Weg der Erarbeitung statistischer Gesetzmäßigkeiten. Es werden immer mehr Prozesse analysiert, wo Wahrscheinlichkeitscharakteristika, die dem lernenden System am Anfang vorgegeben werden, entweder völlig fehlen, nur teilweise bekannt sind oder sich schließlich in nicht vorhersehbarer Weise ändern. In solchen Fällen ist die Information über

[33] R. Bellman, Dynamische Programmierung und selbstanpassende Systeme, a. a. O., S. 183f.

das gesteuerte Objekt noch unvollständiger als in den dargestellten lernenden Systemen.

Die Entwicklung von Theorie und Praxis der automatischen Steuerung zeigt, daß sie immer mehr in die Sphäre der intellektuellen Tätigkeit des Menschen eindringt und alle komplizierteren Funktionen von ihm übernimmt. Je komplizierter die Funktion der intellektuellen Tätigkeit ist, auf einen um so größeren Kreis praktischer Prozesse bezieht sie sich. Folglich werden auch die entwickelten Automaten immer vielfältiger. Die theoretischen Grundlagen zur Entwicklung solcher Automaten werden ihrerseits eine immer allgemeinere Bedeutung erlangen und sich mit anderen Theorien und Bereichen der Wissenschaft, die Steuerungsprozesse in der Physiologie, der Biologie, der Ökonomie und der Soziologie untersuchen, verbinden.

Die Theorie und Praxis der automatischen Leitung und Steuerung zeigen einen allgemeinen Entwicklungstrend der modernen wissenschaftlichen Erkenntnis — je tiefgreifender die Forschungen, desto größer die Integration der Wissenschaften.

Die Entwicklung automatischer Leitungs- und Steuerungseinrichtungen verläuft in Richtung einer sukzessiven Übernahme unterschiedlicher und immer komplizierterer Steuerungs- und Leitungsfunktionen des Menschen. In der Perspektive werden mit der Entwicklung der Informationstheorie Einrichtungen entwickelt, die vom Menschen nicht nur die Funktion der quantitativen Analyse von Information übernehmen werden, wie wir es teilweise in lernenden Systemen haben, sondern auch die qualitative Analyse von Information, deren Sinn, Gehalt und zweckdienlichen Nutzen. Die Entwicklung solcher Einrichtungen eröffnet die Möglichkeit, die Automaten in den Bereich der schöpferischen Tätigkeit — in der wissenschaftlichen Forschung, beim Experimentieren, Projektieren und insbesondere bei der Entwicklung von Steuerungssysteme selbst — einzuführen (sog. selbstorganisierende Automaten).

Die gegenwärtig entwickelten lernenden Systeme ersetzen bei ihrem Einsatz unter konkreten, speziellen Produktionsbedingungen in beträchtlichem Maße den Menschen bei der unmittelbaren Teilnahme an der Leitung und

Steuerung von Produktionsobjekten. Dem Menschen verbleibt die Funktion, allgemeine Methoden und Strategien von Leitung und Steuerung zu erarbeiten.

Als die einfachsten Steuerungsautomaten aufkamen, war der Grundwiderspruch, der die Richtung und die Wege der Entwicklung der Automation bestimmte, der Widerspruch zwischen den physiologischen Fähigkeiten des Menschen und den produktiven Möglichkeiten des Maschinensystems.

Nach einer quantitativen Anhäufung verschiedener Arten von Steuerungsautomaten für die verschiedenartigen Produktionsbereiche wurden die konkreten hemmenden Faktoren aufgedeckt — die physiologischen Fähigkeiten des Menschen bei der Kontrolle. Die Entwicklung qualitativ neuer Einrichtungen mit Rückkopplung (Regelungsautomaten) löste diesen Widerspruch.

Durch die zahlreiche Anwendung von Regelungsautomaten auf verschiedenartige Steuerungsobjekte zeigten sich in Form der begrenzten physiologischen Fähigkeiten des Menschen, das zu steuernde System veränderten Bedingungen rasch anzupassen, andere hemmende Faktoren. Die Lösung dieses Widerspruches ist das Entstehen qualitativ neuer Steuerungseinrichtungen, nämlich der sich anpassenden Regelungsautomaten, die eine Teilnahme des Menschen an der Steuerung ausschließen und das Positive in seiner Tätigkeit übernehmen — das eigenständige Erlernen und die Voraussicht. Die lernenden Automaten kehren, da sie alle Funktionen der unmittelbaren Steuerung der Produktion übernehmen, gleichsam zum Ausgangspunkt der Automatisierung zurück (als der Mensch das Maschinensystem steuerte, erfüllte er ebenfalls alle Steuerungsfunktionen). Als Steuerungsorgane sind sie jedoch unvergleichlich vollkommener.

Die Automatisierung der technischen Beziehungen. Die Entwicklung der Automaten geht durch die Erarbeitung immer komplizierterer Steuerungssysteme nicht nur in die Tiefe, sondern, indem sie immer wieder neue Sphären der menschlichen Tätigkeit erfaßt, auch in die Breite. Eine der sich stürmisch entwickelnden Richtungen ist die Automatisierung der technischen Beziehungen, das Eindringen von Regelungsautomaten und Datenverarbeitungsanlagen in den planwirtschaftlichen Bereich, in den Bereich von Organisation und Leitung der Volkswirtschaft. Die technischen Beziehungen stellen die gesellschaftliche Kombination der Arbeitsprozesse, die wechselseitige Verknüpfung aller Glieder der Volkswirtschaft zu einem einheitlichen Produktionsorganismus dar.

Die technischen Beziehungen zwischen den Produktionseinheiten stellt der Leitungsapparat her, der aus einer gewaltigen Hierarchie von Leitungsorganen besteht: Meister (Leiter) eines Bereiches, Leiter einer Abteilung, Betriebsdirektor, Leitung eines technisch-ökonomischen Bereiches, Leitung eines Ministeriums, das Ministerium, der Staatsplan. Der Leitungsapparat ist ein nicht wegzudenkender Bestandteil und ein notwendiges Element jeglicher Leitung, die ohne Anordnungen und administrativen Einfluß von oben unvorstellbar und praktisch nicht realisierbar ist. Dieser Apparat realisiert die Wechselbeziehungen zwischen allen Produktionselementen, indem er ihre Arbeit zweckmäßig lenkt. „Weder die Eisenbahnen noch das Transportwesen, ja auch nicht die großen Maschinen und Betriebe“, schrieb Lenin, „können überhaupt richtig funktionieren, wenn es keine Einheit des Willens gibt, die alle beteiligten Werktätigen zu einem einzigen wirtschaftlichen Organ zusammenfaßt, das mit der Genauigkeit eines Uhrwerks arbeitet.“[34] Die Tätigkeit des Leitungsapparates ist eng mit der ökonomischen Leitung verbunden, unterscheidet sich jedoch von ihr. Die ökonomischen Methoden sind darauf gerichtet, verschiedene Stimulierungsmittel aufzudecken und auszunutzen und eine ökonomische Interessiertheit zu entwickeln, die das zu leitende Objekt veranlaßt, in der erforderlichen Richtung zu wirken und bei der Lösung der Aufgaben Eigeninitiative zu zeigen. Der Leitungsapparat übt dagegen auf das zu leitende Objekt einen direkten Einfluß aus, der dessen nächste Aufgaben, die Ausführungsreihenfolge und -dauer festlegt. Die Leitungstätigkeit besteht darin, für eine entsprechende Situation eine eindeutige Lösung vorzugeben, die für die Ausführenden verbindlich ist und die letzteren keine Möglichkeit bietet,

[34] V. I. Lenin, Werke, Bd. 27, Berlin 1960, S. 202.

zwischen verschiedenen Tätigkeitsformen auszuwählen. Dies ist für ökonomische Leitungsmethoden gerade nicht charakteristisch.

Ideal für den Leitungsapparat wäre es, würde die Volkswirtschaft ein determiniertes System darstellen: Von den ausführenden Organen gehen genaue und rechtzeitige Informationen über den Stand der Dinge in den örtlichen Stellen ein; die Leitungsorgane erarbeiten streng festgelegte Anweisungen und übergeben sie den örtlichen Stellen; die ausführenden Organe erfüllen die Anweisungen genau und eindeutig. Ein solches Volkswirtschaftssystem ist jedoch ein Fantasiegebilde. Ein reales System hat statistischen, Wahrscheinlichkeitscharakter und ist unbestimmt. Ohne die Initiative der örtlichen Stellen kann die Volkswirtschaft nicht funktionieren.

Da das Prinzip des demokratischen Zentralismus dem Wesen des Sozialismus direkt entspricht, schrieb Lenin, gewährleistet es die „absolute Harmonie und Einigkeit" im Funktionieren der verschiedenen Sphären des gesellschaftlichen Lebens, der verschiedenen Gebiete und Orte des Landes. Gleichzeitig aber „... setzt der Zentralismus ... die zum erstenmal von der Geschichte geschaffene Möglichkeit völliger und unbehinderter Entwicklung nicht nur der örtlichen Besonderheiten, sondern auch der örtlichen Initiative, der Mannigfaltigkeit der Wege, Methoden und Mittel des Vormarschs zum gemeinsamen Ziel voraus."[35]

Je rascher sich die Wirtschaft des Landes entwickelt, je umfassender die Erkenntnisse von Wissenschaft und Technik in die Praxis übergeführt werden, je höher das kulturelltechnische Niveau der Werktätigen ist, desto größer ist die Unbestimmtheit, der Wahrscheinlichkeitscharakter der Volkswirtschaft als System. Die Entwicklung der Wirtschaft, der Wissenschaft und Technik und die Entfaltung der Initiative der Werktätigen stellen aber gleichzeitig hohe Anforderungen an die zentrale Leitung und bedingen die Notwendigkeit, alle Glieder der Volkswirtschaft eng miteinander zu einem einheitlichen Organismus zu verknüpfen. Die Rolle des Leitungsapparates wird nicht ge-

[35] Ebenda, S. 197.

ringer, sondern sie wächst. Es ergibt sich daher die Aufgabe, den Leitungsapparat zur Erhöhung der Effektivität mit modernen wissenschaftlich-technischen Mitteln auszurüsten. „Die modernen technischen Mittel", sagte A. N. Kosygin auf dem XXIII. Parteitag der KPdSU, „werden in der Leitung der Volkswirtschaft eine immer größere Rolle spielen. Elektronische Rechenmaschinen in Verbindung mit Nachrichtenmitteln, die die Informationen aus den Betrieben übermitteln, tragen wesentlich dazu bei, die operative Leitung der Industrie, des Bauwesens und des Verkehrs zu verbessern. Außerdem dienen sie der wissenschaftlichen Ermittlung der optimalen Varianten der Planauflagen ... Die Einführung dieser Technik in das Leitungssystem ist eine wichtige volkswirtschaftliche Aufgabe."[36]

Steuerrechner verschiedener Art können einen sehr großen Bereich unterschiedlicher Hilfsfunktionen in der Leitungstätigkeit der Menschen ausführen.

Wie gezeigt wurde, kann dem Steuerrechner die Ausführung sehr komplizierter logischer Operationen anvertraut werden. Die Lernfähigkeit der Maschine garantiert bei Eintritt von Havarien einen ebenso erfolgreichen Ablauf der Operationen wie bei Einsatz eines hochqualifizierten Arbeiters, aber sie reagiert bedeutend schneller als er. Außerdem können der Maschine Kriterien zur Bewertung der relativen Effektivität ihrer eigenen Operationen mitgeteilt werden, dabei ändert sie ihr Programm im Arbeitsprozeß. Ein elektronischer Steuerrechner, der richtig eingesetzt ist, kann bei der Leitung eines ganzen Werkes eine wichtige Rolle spielen und Planberechnungen, technische Berechnungen und die notwendige Buchführung ausführen.

Als eines der ersten baute das Minsker Traktorenwerk ein automatisiertes System zur Leitung der Produktion auf. Die Einführung eines Typensystems zur operativen Leitung und Kontrolle des Produktionsablaufes in diesem Werk garantiert einen jährlichen Nutzeffekt von mehr als 1 Million Rubel. Im laufenden Fünfjahrplan wird dieses

[36] A. N. Kosygin, XXIII. Parteitag der KPdSU — Über den Entwurf der Direktiven zum Fünfjahrplan 1966—1970 Berlin 1966, S. 17.

System auch in anderen Traktorenwerken eingeführt werden.

Die Ausnutzung von automatischen Einrichtungen und Rechenanlagen als Hilfsmittel für die Ausführung planwirtschaftlicher Arbeiten stellt eine Richtung der Automatisierung der technischen Beziehungen dar. Mit der Automatisierung von Produktionsprozessen entwickelt sich jedoch auch eine andere Richtung — die Übertragung von Funktionen des Leitungsapparates vom Menschen (von einem Kollektiv von Menschen) auf automatische Steuerungseinrichtungen. Das ist ein objektiver und völlig gesetzmäßiger Prozeß. Betrachten wir einen einfachen Fall. Der Meister in einer Werkabteilung stellt eine administrative Einheit dar. Wen leitet er? Er leitet Arbeiter, die nichtautomatisierte Maschinen steuern. Und wenn die Maschinen dieses Produktionsbereiches automatisiert sind (eine automatische Taktstraße geschaffen wurde) und die Arbeiter durch Automaten ersetzt sind? Dann verschwindet der Meister als administrative Einheit. Seine Leitungsfunktion führt eine automatische Einrichtung aus, die die Arbeit eines automatischen Maschinensystems (einer Taktstraße) steuert.

Die Möglichkeit einer Automatisierung dieser Art ist durch die Natur, das Wesen der Funktionen des Leitungsapparates bedingt. Die Tätigkeit dieses Apparates stimmt mit der Tätigkeit des Operateurs, der eine Maschine oder ein Maschinensystem steuert, funktionell überein und kann in dieselben drei Funktionen aufgeteilt werden: 1) Herstellung einer Verbindung zwischen den verschiedenen ausführenden Organen der Volkswirtschaft; 2) Kontrolle des Arbeitsprozesses; 3) Auswahl des am meisten erwünschten Arbeitsprozesses, Festlegung der optimalen Arbeitsweise und die Einstellung des Volkswirtschaftssystems auf diese Arbeitsweise. Das letztere stellt die laufende Planung dar. Die laufende Planung ist ihrem Inhalt und ihrer Breite nach äußerst mannigfaltig, sie besteht in der Planung eines Betriebes wie der Planung der gesamten Volkswirtschaft. Den Planungsorganen werden über eine direkte Fernmeldeleitung die Daten zugeleitet, die in den unteren Zellen gesammelt werden, und je höher die Stufe, desto größer ist der Informationsstrom. Die Stärke dieses Stromes wächst mit der Entwicklung des Maschinensystems an. Das Volkswirtschaftssystem stellt einen einheitlichen, in Wechselbeziehung stehenden Organismus dar. Für die Auswahl einer optimalen Arbeitsweise des Systems der Volkswirtschaft muß die Verarbeitung des gesamten Informationsstromes mit einer Geschwindigkeit vorgenommen werden, die der Arbeitsgeschwindigkeit der ausführenden Organe entspricht, und es müssen für die nächste Operation jedes ausführenden Organs Weisungen erteilt werden.

Unter den Bedingungen automatisierter Produktionsprozesse, wo die Geschwindigkeiten außerordentlich hoch sind, gelingt es dem logisch denkenden Hirn des Menschen, der die Leitung in der Sphäre der technischen Beziehungen ausübt, nicht, den gesamten Informationsstrom zu verarbeiten; seine Anweisungen für die nächste Operation kommen zu spät und entsprechen den laufenden Arbeitsbedingungen der ausführenden Organe bei weitem nicht. Leitungsorgane und ausführende Organe sind nicht identisch. Die erstgenannten stellen physiologische Organe dar (das Gehirn des Menschen), die zweiten sind elektromechanische Organe (das Maschinensystem). Obwohl die physiologischen Möglichkeiten des Menschen und seine Fähigkeit, richtig und schnell auf äußere Einflüsse zu reagieren, gut entwickelt sein können, ist dies doch nur bis zu einer gewissen Grenze der Fall. Die Informationsmenge, die der Mensch pro Zeiteinheit verarbeiten kann, ist begrenzt. Gleichzeitig können die technischen Einrichtungen, die vom Menschen geschaffen werden, unbegrenzt vervollkommnet werden. Wenn der Mensch und die Kollektive von Menschen weiterhin ein bedeutendes Glied innerhalb dieser Einrichtungen bleiben, wird dies für die weitere Vervollkommnung der Technik und die Erhöhung der Arbeitsproduktivität zu einem hemmenden Faktor.

Hier wirkt das Gesetz vom Widerspruch zwischen dem objektiven und subjektiven Faktor im Mensch-Maschine-System. Der Einsatz von Rechenanlagen und verschiedenen technischen Mitteln erleichtert und verbessert die Arbeit des Leitungsapparates, gewährleistet jedoch keine Lösung des Widerspruchs. Die objektive Logik der Entwicklung der produktiven Organe des gesellschaftlichen Menschen ist von der Art, daß eine fortschreitende Übertragung der Funktionen vom subjektiven auf den objektiven Faktor stattfindet.

Das gleiche Entwicklungsniveau der produktiven Organe des gesellschaftlichen Menschen, das zu diesem Widerspruch führt, trägt auch die Möglichkeit zu seiner Lösung in sich. Da der Leitungsapparat im Grunde genommen dieselben Funktionen erfüllt wie auch der Operateur, können zur Ausführung der Funktionen dieses Apparates bei bestimmter Vervollkommnung prinzipiell die gleichen Steuerungseinrichtungen benutzt werden, die oben beschrieben wurden. Hier entspricht die Form des Organs — wie überall — der Funktion. Die weitere Entwicklung des Maschinensystems ist somit auf die Sphäre der technischen Beziehungen gerichtet. Die Einführung von Automaten in die technischen Beziehungen durchläuft einige Etappen.

Die erste Etappe ist die Umwandlung der Arbeitsmaschine, des Aggregats der Werkzeugmaschine in einen Automaten, der alle Operationen der Rohstoff- oder Materialbearbeitung ohne Einmischung des Bedienungspersonals nach einem vorher festgelegten Programm ausführt.

Auf dieser Stufe kann jedes automatisierte Arbeitswerkzeug unabhängig und am gesamten Produktionsprozeß als gewöhnliche Teilmaschine beteiligt sein. Dabei können am Gesamtprozeß neben Automaten auch Teilautomaten und sogar Maschinen beteiligt sein, die nicht automatisch arbeiten. Den Produktionsprozeß als Ganzes steuert hier der Mensch (Schichtingenieur, Schichtmeister, Operateur).

Die zweite Etappe der Automatisierung ist die Vereinigung der automatischen Maschinen zu einem einheitlichen Produktionsganzen, die Organisation eines automatisierten Produktionsabschnittes. Hier tritt bereits eine andere Qualität in Erscheinung. Die Rolle, die der Mensch bezüglich der Steuerung eines einzelnen Automaten erfüllt, erstreckt sich jetzt bereits auf den gesamten Produktionsprozeß. Die Gesamtzahl der Produktionsgrundarbeiter verringert sich bedeutend. Bediente der Mensch beim Einsatz automatischer Maschinen gleichzeitig einige solcher Maschinen (Mehrmaschinenbedienung), so kann ein automatisierter Produktionsabschnitt insgesamt sowohl von einigen, als auch von einem Menschen in der Schicht bedient werden, die diensthabenden Reparaturarbeiter und Einrichter nicht gezählt.

Der Meister, dessen Hauptfunktion die Leitung des technologischen Produktionsprozesses war, verliert als administrative Einheit seine Bedeutung. Bleibt er auch noch erhalten, so ist seine Funktion bereits eine andere — er leitet eine Havariegruppe (Reparaturarbeiter, Einrichter u. a.).

Auf dieser Stufe gibt es noch keine Komplexautomatisierung. Die Produktionsabteilung hat sich noch nicht in einen einzigen Automaten verwandelt, in ihr können einige automatisierte technologische Fließlinien parallel wirken, die nicht durch Steuerung von einem Zentrum aus miteinander verbunden sind.

Die Automatisierung trägt hier Teil- oder lokalen Charakter, obwohl sie jetzt bereits erlaubt, Aufgaben zur Verbesserung und Erleichterung der menschlichen Arbeit zu lösen. Der Mensch befreit sich von der unmittelbaren Berührung mit den Arbeitsgegenständen und -werkzeugen, sofern sie für ihn schädliche oder gefährliche Produktionsbedingungen verursachen.

Die Lösung ökonomischer Fragen besteht auf dieser Stufe hauptsächlich darin, die Rückflußdauer der Kosten für die Rekonstruktion des Produktionsprozesses, die Einrichtung der Automatisierungsanlage sowie die Mittel zur Regelung und Kontrolle zu verkürzen.

Die dritte Etappe ist durch die Automatisierung der Hauptproduktionsprozesse einer gegebenen Produktionsabteilung gekennzeichnet, angefangen vom Eingang des Rohstoffs, der Materialien und der Halbfabrikate bis zum Ausstoß des ganzen Erzeugnisses. Auf dieser Stufe erlangt die Automatisierung in gewissem Maße bereits komplexen Charakter, obwohl sie hier immer noch durch die Schranken der Einzelproduktion (einer Produktionsabteilung) begrenzt ist. Sie macht eine Umstellung der Produktionsstruktur, eine Abänderung des Planungssystems und des Rechnungswesens noch nicht erforderlich. Für ihre effektive Verwirklichung sind die Aufstellung eines Algorithmus zur Steuerung eines gegebenen Produktionsbetriebes (einer

Produktionsabteilung), die Festlegung des Optimalitätskriteriums sowie das Vorhandensein eines entsprechenden Automaten ausreichend, der den gesamten technologischen Prozeß der Produktionsabteilung steuert und alle erforderlichen planwirtschaftlichen Berechnungen vornimmt. Solche Berechnungen können für die Betriebsleitung notwendig sein. Dieser Steuerrechner ersetzt den Leitungsapparat des Abteilungsleiters.

Die vierte Etappe ist die Automatisierung einer Gruppe von Abteilungen, die gleichsam einen technisch abgeschlossenen Produktionsbetrieb, einen Komplex bilden. Die Aufgabe der komplexen Automatisierung ist äußerst kompliziert. Sie wird nicht nur im technischen, sondern in bedeutendem Maße auch im ökonomischen und organisatorischen Bereich gelöst. Dabei wachsen die technischen Schwierigkeiten auch erheblich an. Die reale Durchführung der komplexen Automatisierung hängt nicht nur von einer gelungenen Auswahl der Automatisierungsmittel und dem Vorhandensein eines geeigneten automatischen Steuerrechners ab, sondern auch von der Bebauung des Werkgeländes, der Anordnung der Abteilungen zueinander auf dem Betriebsgelände und von der Zuverlässigkeit der Mittel zur Fernübertragung von Informationen. Die Automatisierung verschmilzt hier organisch mit der Vervollkommnung der Technologie und der Organisation der Produktion und wird zu einem Element, das hiervon nicht wegzudenken ist.

Eine organisatorische Umstellung der Leitung und Steuerung der Produktion ist auf dieser Stufe äußerst bedeutungsvoll. Die zu einem Komplex vereinigten Produktionsabteilungen (Betriebe) wandeln sich in operative Abschnitte um. Der Personalbestand für die Leitung und Steuerung solcher Abschnitte wird auf den Schichtoperateur reduziert. Dort, wo dies von den technischen Bedingungen her möglich ist, erfolgt die Steuerung der Produktionsprozesse unmittelbar von einem zentralen Pult des Komplexes aus ohne die Beteiligung eines Operateurs. Die Abteilungslaboratorien, die Reparaturwerkstätten und andere Betriebe werden zur Wartung des Komplexes als Ganzes zusammengeschlossen und ihrerseits in automatisierte Abschnitte umgewandelt.

Auch die ökonomische Aufgabenstellung wird komplizierter. Im Zusammenhang damit, daß die Aufstellung eines Leitungs- und Steuerungsalgorithmus für den Komplex als Ganzes erforderlich wird, entsteht die Notwendigkeit, ein komplexes Optimalitätskriterium zu finden. Das macht auf der Stufe der technisch-ökonomischen Planung spezielle Berechnungen erforderlich.

Die Aufgabe besteht in der Vereinigung aller automatisierten Komplexe der Hauptproduktion zu einem einheitlichen Leitungs- und Steuerungssystem und dessen Umwandlung in einen Komplexautomaten, der vom Rechenzentrum des gesamten Werkes gesteuert wird.

Auch auf dieser Stufe ist jedoch noch kein vollautomatisiertes Werk geschaffen, da die betrieblichen Hilfsdienste weiterhin außerhalb des automatischen Leitungs- und Steuerungssystems verbleiben. Ihre Tätigkeit wird weiterhin mit Hilfe der gewöhnlichen Nachrichtenmittel vom Dispatcherbüro des Werkes koordiniert.

Die fünfte Stufe der Automatisierung ist die Umwandlung des gesamten Industriebetriebes einschließlich seiner Hilfsdienste in ein vollautomatisiertes Werk. Das einheitliche System der automatisierten Leitung und Steuerung gewährleistet die Einhaltung der günstigsten Arbeitsweise aller Produktionsabschnitte. Diese Stufe der Automatisierung ist bei ihrer praktischen Verwirklichung nicht nur in ökonomischer und organisatorischer, sondern auch in technischer Beziehung am kompliziertesten. Die Erfolge der Elektronik, die Errungenschaften auf dem Gebiet der Steuerungstheorie schufen jedoch für die nahe Zukunft die notwendigen wissenschaftlichen und praktischen Voraussetzungen. Das Rechenzentrum eines vollautomatisierten Werkes erfüllt die Funktionen des Leitungsapparates des Werkdirektors.

Man darf natürlich nicht davon ausgehen, daß es bei Vorhandensein aller Elemente automatischer Einrichtungen zur Komplexautomatisierung genügt, lediglich die entsprechenden Mechanismen und Ausrüstungen an den Elektronenrechner oder den zentralen Regelungsmechanismus anzuschließen. In Wirklichkeit erfordert die Umstellung eines jeden Elementes der Produktion (Werkzeugmaschine,

Aggregat, Produktionsabteilung, Betrieb) gewöhnlich die Einführung einer neuen, besseren Technologie und die volle Ausnutzung aller ihrer Vorteile. Zwischen dem Einsatz lokaler Automatisierungsmittel der einzelnen Produktionsprozesse und der Komplexautomatisierung der Produktion als Ganzes besteht sowohl hinsichtlich der Organisation und Leitung der Produktion als auch hinsichtlich der Arbeitsproduktivität, der Ausnutzung der materiellen Hilfsquellen, dem Umfang, der Qualität und den Selbstkosten der Erzeugnisse ein gewaltiger Unterschied.

Die Komplexautomatisierung stellt komplizierte Probleme und macht entsprechende Lösungen erforderlich. In vielen Fällen müssen mit der Einführung der Komplexautomatisierung gleichzeitig die Produktion verändert, die Bearbeitungsmethoden umgestellt, die aufgestellten Mechanismen geändert werden usw., um die mögliche erzielbare Effektivität auch tatsächlich zu erreichen.

Sowohl in der UdSSR als auch im Ausland existieren bereits vollautomatisierte Werke. Die nächste Stufe in der Entwicklung der Automatisierung ist der Zusammenschluß unterschiedlicher automatisierter Fabriken, Werke, Bergwerke, Gruben, Kraftwerke, Energieverbundsysteme, Einrichtungen des Eisenbahntransportes usw. zu einem einheitlichen System, das von einer zentralen Koordinierungseinrichtung geleitet und gesteuert wird. Das ganze System stellt ein automatisiertes Kombinat dar, das nach einem einheitlichen Produktionsrhythmus arbeitet.

Die Entwicklungstendenz der Automatisierung besteht somit darin, daß automatische Steuerungseinrichtungen künftig die Leitung und Steuerung einiger technologisch miteinander verbundener Produktionszweige, deren Vereinigung usw. erfassen müssen, bis schließlich die gesamte Wirtschaft des Landes und einer Reihe von Ländern in die Leitung und Steuerung eines koordinierenden Steuerrechners einbezogen ist.

Die Einführung automatischer Steuerungseinrichtungen in die Sphäre der technischen Beziehungen wird zusammen mit dem einheitlichen Energieverbundsystem die gesamte Volkswirtschaft in eine gewaltige einheitliche Maschine umwandeln, angefangen bei der einzelnen Arbeitsmaschine bis zur zentralen automatischen Koordinierungseinrichtung.

Die zentrale, selbsteinstellende automatische Koordinierungseinrichtung schlüsselt die Aufgabe auf, die sie vom Menschen in Form eines Programmes, in dem die Kontrollziffern für die Herstellung der unterschiedlichsten Güter des Bevölkerungsbedarfs verschlüsselt sind, erhalten hat, und zwar über entsprechende Nachrichtenlinien auf automatische Einrichtungen, die die einzelnen Volkswirtschaftszweige steuern und die ihrerseits die Aufgabe nach unten an jedes ausführende Organ weiterleiten. Im Verlaufe der Aufgabenerfüllung stellt sich das ganze System selbsttätig auf eine optimale Arbeitsweise ein. Die hierzu notwendige Koordinierung geschieht durch eine entsprechende örtliche oder zentrale automatische Steuerungseinrichtung.

Die Steuerung wird mit der Arbeitsgeschwindigkeit und -genauigkeit elektronischer Einrichtungen ausgeführt, was nicht nur ständig eine optimale Arbeitsweise der Maschinen, sondern auch die höchste Qualität der Erzeugnisse gewährleistet, die das verwendete Material überhaupt hergeben kann.

So sehen die Perspektiven bei Einführung der Automatisierung in die Sphäre der technischen Beziehungen aus.

Die Einführung von Automaten in die Sphäre der technischen Beziehungen ähnelt der Einführung von Maschinen in die Manufaktur, als anstelle einer ganzen Manufakturwerkstatt ein bis zwei Maschinen aufgestellt wurden. Der große Unterschied besteht jedoch nicht nur darin, daß jetzt keine manufakturmäßigen Werkzeuge zu einer Maschine vereinigt werden, sondern daß automatische Maschinen zu einem allumfassenden Maschinensystem zusammengeschlossen werden. Der Unterschied besteht weiter auch darin, daß der Mensch damals nach wie vor das wesentliche Glied der technischen Anlagen blieb, sich jetzt aber von der unmittelbaren Teilnahme am technologischen Prozeß befreit. Die Manufaktur bereitete die Verbreitung der Maschinen vor.

Die Ausarbeitung genauer mathematischer Beziehungen zwischen der Arbeit aller Produktionsorgane und die Herstellung strenger quantitativer Proportionen im gesamten gesellschaftlichen Arbeitsprozeß stellen für die Einführung von Maschinen in jeden beliebigen Produktionsprozeß die notwendige Voraussetzung dar.

Die Einführung von Automaten in die technischen Beziehungen bedeutet die Befreiung des Menschen von der letzten Funktion, die er im technologischen Prozeß ausführt, der Leitungsfunktion, und kennzeichnet dadurch die dritte technische Revolution. Der Einsatz automatischer Steuerungseinrichtungen in den technischen Beziehungen bedeutet schon nicht mehr, die Funktionen eines einzelnen Arbeiters oder Operateurs, sondern die Funktionen ganzer Leitungskollektive auf Maschinen zu übertragen. Der Mechanismus der Arbeit einer Leitungseinrichtung verkörpert sich in der Gestalt der Regelungsautomaten.

Die gesamte Entwicklungsgeschichte der Technik besteht in der Übertragung der Funktionen vom Menschen auf Maschinen. Bis zum Erscheinen der Automaten bestand das ganze Wesen der Entwicklung einschließlich der produktiven Organe des Menschen darin, daß im technologischen Prozeß sich allmählich der Ersatz der menschlichen Organe durch technische Mittel vollzog. Die Automaten stellen das höchste Stadium dieser Entwicklung dar. Marx hob diese Besonderheit der Automaten hervor, als er sagte, daß die maschinelle Produktion in dem zergliederten System von Arbeitsmaschinen, die ihre Bewegung von einem zentralen Automaten erhalten, ihre entwickeltste Form erfährt und nur in Einzelheiten einer weiteren Vervollkommnung unterliegt.

Worin soll aber die weitere Entwicklung der Technik bestehen? Wodurch ist die Richtung ihrer weiteren Entwicklung charakterisiert? Einige bürgerliche Soziologen, die einige allgemeine Prinzipien der Funktionsweise von Automaten und lebenden Organismen entdeckt haben, vermuten, indem sie sich auf die Kybernetik stützen, daß die Maschinen sich in Zukunft wie die Tiere von selbst vermehren und entwickeln, aus der Kontrolle des Menschen geraten und ihn unterdrücken werden. Ähnliche Gedanken rühren nicht nur von den sozialen Bedingungen der bürgerlichen Gesellschaft her, sondern auch vom falschen Verständnis der Analogie zwischen lebendem Organismus und Maschine.

Eine Analogie ist tatsächlich vorhanden. Das wird nicht nur durch die kybernetischen Forschungen und Versuche, sondern auch durch das Studium der Dialektik in der Entwicklung der Technik bestätigt. Diese Analogie kommt daher, daß sowohl das Organ des lebenden Organismus (des Menschen) als auch die Maschinen ein und dieselbe oder eine analoge Funktion erfüllen. Die Wirkung und sogar die Form müssen mit Notwendigkeit eine Analogie aufweisen, da auch die Funktion die gleiche ist.

Diese Ähnlichkeit besteht jedoch nur bezüglich der Funktionsweise. Was den Charakter der Entwicklung betrifft, so gibt es hier einen grundlegenden Unterschied.

Technische Einrichtungen entwickeln und vervollkommnen sich durch die schöpferische Tätigkeit des Menschen (auf der ersten Stufe in Form der Erfahrung, auf einer höheren in Form der Naturwissenschaften). Die Funktion der schöpferischen Entwicklung stellt keine technische Funktion dar, besitzt bezüglich der technischen Funktionen relative Selbständigkeit und entwickelt sich nach eigenen spezifischen Gesetzen, die sich von den Prinzipien und Gesetzen der technischen Funktionen unterscheiden. Die Notwendigkeit, die produktiven Organe des Menschen zu vervollkommnen, wohnt diesen Organen selbst nicht inne, sondern geht vom Menschen aus, dem sie zur Befriedigung seiner Bedürfnisse dienen.

Die Maschine existiert im Unterschied zum Tier nicht für sich, sondern für den Menschen. Die Notwendigkeit ihrer Existenz wohnt ihr selbst nicht inne. Wie kompliziert und vollkommen die Maschine auch sei, sie besitzt keine eigene Beziehung zur Natur. Sie ist lediglich ein Mittel für die Beziehung des Menschen zur Natur.

Drittes Kapitel

Die Bionisierung als wichtigste Entwicklungsrichtung der modernen Technik

1. Aus der Geschichte der Bionik

In den letzten Jahren ist, hervorgerufen durch die Bedürfnisse, Steuerrechner zu entwickeln, eine neue Richtung in der Wissenschaft und Technik entstanden, die als Bionik[1] bezeichnet wird und sich stürmisch entwickelt. Die Bionik untersucht lebende Organismen mit dem Ziel, die erworbenen Erkenntnisse bei der Entwicklung technischer Einrichtungen auszunutzen. Als besondere wissenschaftlich-technische Richtung wurde sie auf dem I. Nationalen Bioniksymposium, das im September 1960 in Dayton (USA) stattfand, formell verkündet und erhielt diese Bezeichnung. Bionische Forschung wurde jedoch lange zuvor intensiv in den USA und in anderen Ländern betrieben. Seit 1960 begann die Bionik zunehmend die volle Aufmerksamkeit der Wissenschaftler, Ingenieure und der wissenschaftlichen Forschungsorganisationen der ganzen Welt auf sich zu ziehen.

Für die USA kann die Dynamik in der Entwicklung der Forschungsarbeiten auf dem Gebiet der Bionik durch folgende Daten dargestellt werden: Die Luftstreitkräfte verausgabten im Finanzjahr 1960 für diese Arbeiten 40000 Dollar, im Finanzjahr 1961 bis zu 1 Million Dollar; ungefähr die gleichen Ausgaben hatte in diesen Jahren die Kriegsmarine der USA zu verzeichnen. 1962 beschäftigten sich mehr als 50 Organisationen mit 100 bionischen Projekten, für die ungefähr 10 Millionen Dollar im Jahr verausgabt wurden. In den folgenden Jahren wurden von verschiedenen Colleges, Universitäten, Firmen und Instituten bio-

[1] Griechisch: bios — Leben, bion — Lebenselement.

nische Forschungen durchgeführt. Die Ausgaben hierfür haben noch größere Dimensionen angenommen.

In der Sowjetunion entwickelte sich eine breite bionische Forschung. Seit 1963 werden im Allunions- und Republiksmaßstab Fachkonferenzen sowie Symposien zu verschiedenen Problemen der Bionik durchgeführt.

Man kann nicht umhin zu sagen, daß die Menschen in ihrer Tätigkeit in diesem oder jenem Maße die Handlungen der Tiere nachahmen. W. S. McCulloch bemerkt, daß man „Elemente der Nachahmung von Tieren auch in den Götterdarstellungen und in der rituellen Bekleidung der Hexen und Schamanen finden kann ... Schließen wir aber die Energiequellen und das Rad aus, so trägt ein großer Teil des vom Menschen Geschaffenen Nachahmungscharakter."[2] Die Konstrukteure und Erfinder des Altertums entlehnten bei der Schaffung ihrer technischen Einrichtungen die Prinzipien für diese oder jene Prozesse und Organe bei den Tieren.

Die altertümlichen Werkzeuge waren in ihrer Konstruktion in beträchtlichem Maße den Tierorganen ähnlich. Auch die Prozesse, die mit diesen Werkzeugen ausgeführt wurden, ähnelten den tierischen Handlungen. Marx macht hierauf aufmerksam und betont, daß in den Sklavenhalterstaaten Pflüge der altchinesischen Konstruktion gebräuchlich waren, „... die den Boden aufwühlen wie ein Schwein oder Maulwurf, aber ihn nicht spalten und wenden."[3] Auf den Nachahmungscharakter der Tätigkeit des Menschen wiesen schon Demokrit und Aristoteles im Altertum hin.

Das Bestreben, biologische Systeme direkt nachzuahmen, sahen wir auch in den Studien Leonardo da Vincis über den Vogelflug und die Konstruktion von Flugapparaten. „Ein Vogel", sagte Leonardo, „ist ein Instrument, das nach einem mathematischen Gesetz arbeitet; der Mensch ist fähig, dieses Instrument nachzubilden, mit allen

[2] W. S. McCulloch, Die Nachahmung einer Lebensform durch eine andere — Biomimesis, zit. nach: Problemy bioniki. Biologische Prototypen und synthetische Systeme, Moskau 1965, S. 550.

[3] K. Marx, Das Kapital, Erster Band, in: MEW, Bd. 23, S. 211, Anm. 17.

seinen Bewegungen, nur nicht mit der entsprechenden natürlichen Kraft des Vogels für seinen Antrieb."[4]

Im Verlaufe der Entwicklung der Philosophie und der Wissenschaft allgemein hatte die von den alten Philosophen aufgestellte Nachahmungstheorie im 19. Jahrhundert in den Arbeiten verschiedener Forscher Verbreitung und eine gewisse Entwicklung erfahren. In diesen Arbeiten wurde jedoch eine vereinfachte und häufig vulgäre Erklärung dieser Probleme gegeben. Ebenso wie die philosophischen Lehren blieben sie weit hinter den wissenschaftlich-technischen Erkenntnissen ihres Zeitalters zurück. Von um so größerem Interesse sind die konkreten wissenschaftlichen und technischen Forschungen, die auf das Studium der lebenden Organismen gerichtet sind, und zwar mit dem Ziel, die gewonnenen Kenntnisse bei der Schaffung technischer Einrichtungen zu nutzen. In diesem Bereich geht die Wissenschaft, wie auch bei anderen Forschungen, von der Untersuchung der äußeren, unmittelbar beobachtbaren Erscheinungen zur Aufdeckung der inneren wesentlichen Seiten, der Prinzipien und Beziehungen der Organismen über mit dem Ziel, diese bei der theoretischen und praktischen Erarbeitung technischer Konstruktionen anzuwenden.

Einer der ersten, der auf dem Wege zur Entdeckung der inneren, den Organismen und technischen Einrichtungen gemeinsamen Gesetzmäßigkeiten einen Schritt tat, ist offenkundig Luigi Galvani. Er entdeckte in Versuchen mit Fröschen die Elektrizität an Tieren.[5]

Eine konsequente und systematische Analyse der den Organismen und technischen Einrichtungen gemeinsamen Gesetzmäßigkeiten führte jedoch erstmalig der bekannte

[4] Leonardo da Vinci, in: F. Stüßi, Leonardo und die Wissenschaften, St. Gallen 1952 (Beiheft der Ztschr. „Industrielle Organisation"), S. 6.

[5] Die Publikationen über die Versuchsergebnisse Luigi Galvanis erregten in den 90er Jahren des 18. Jahrhunderts ungeheures Aufsehen. Die Möglichkeit einer „Rückgabe des Lebens" an ein totes Tier eroberte sich die Einbildungskraft der Öffentlichkeit und regte sie zu zügelloser Phantasie an. Diese historische Tatsache sollte bei der Beurteilung der gegenwärtigen Erfolge auf dem Gebiet der Modellierung des Denkens eine Lehre sein.

russische Physiker N. A. Umov (1846—1915) durch. Sein wesentliches Verdienst sind seine bewußten Bestrebungen, für alle organisierten Systeme, für die Tiere, den Menschen und die Maschinen, einheitliche Grundlagen aufzudecken. Er äußerte tiefgründige und interessante Gedanken, die ihrem Wesen nach bionischen Charakter tragen.

Umov interessierte sich neben physikalischen Problemen, bei deren Bearbeitung er beachtliches leistete, für einen breiten Kreis allgemeiner wissenschaftlicher und philosophischer Fragen. Wie im Vorwort zum ersten Band seiner gesammelten Werke bemerkt wird, widmete er sich mit Vorliebe zwei der wichtigsten allgemeinen wissenschaftlich-philosophischen Fragen, die den menschlichen Geist in Unruhe versetzen: der Ursprung des Lebens und der Lebensprozeß selbst sowie die Evolution der lebenden Materie. Umov entwickelt auf diesem Gebiet eine Reihe großartiger und glänzender Ideen, die auf der physikalischen Weltanschauung Ende des 19. und Anfang des 20. Jahrhunderts aufbauten. Er kämpfte in zahlreichen Arbeiten gegen den Vitalismus, indem er die materielle Einheit der in der belebten und unbelebten Materie ablaufenden Prozesse bewies. Gleichzeitig erarbeitete er Thesen über den wesentlichen Unterschied dieser Prozesse, weist auf entropische und antientropische Prozesse hin und kommt dabei zu Formulierungen, die denen in der modernen kybernetischen Literatur ähnlich sind.

Nach einer Analyse verschiedener Naturerscheinungen zieht Umov den Schluß: „Das Endresultat aller Naturprozesse ist eine Vergrößerung der Unordnung oder, wie man sagt, eine Entropiezunahme.“[6] Es entsteht weiterhin die Frage: In welcher Beziehung steht die belebte Materie zu diesem Gesetz? Im Ergebnis einer ausführlichen Untersuchung jener Prozesse und Wirkungen, die in lebenden Organismen ablaufen, gelangt Umov zu folgendem Satz: „Harmonie ist ein unabdingbares Kennzeichen der lebenden Materie“. Harmonie, d. h. Ordnung unter den Bedingungen der allgemeinen Entropie, ist Umov zufolge eine

[6] Н. А. Умов, Физико-механическая модель живой материи. В: Собр. соч., т. III. Москва, 1916, стр. 192.

sehr unwahrscheinliche Erscheinung: „In einer Welt mit einer unbegrenzten Anzahl von Zufälligkeiten muß neben der ungeordneten eine geordnete Bewegung entstehen, aber nur in selteneren Fällen, da die Welt dem Gesetz der Entropiezunahme unterliegt."[7] „Das Leben ist ein Ereignis des Universums von äußerst geringer Wahrscheinlichkeit."[8] Nicht nur das Wesen des Lebens selbst, sondern auch die Entwicklung, die Evolution des Lebens ist ein antientropischer Prozeß. „Die Evolution der lebenden Materie", sagt Umov, „vergrößert in allgemeinen Zügen die Quantität und erhöht die Qualität der Harmonien in der Natur ... Die Anpassung der Organismen vollzieht sich in einer solchen Richtung, bei der die Einflüsse, die durch die Entropiezunahme hervorgerufen werden, neutralisiert werden."[9]

Auf welche Weise gelingt es aber dem Organismus, der Entropiezunahme zu widerstehen, die Quantität und Qualität seiner Ordnung (Harmonie) zu erhöhen? Umov weist darauf hin, daß der Organismus sich seine Harmonie aus anorganischer Materie, aus entropischen Prozessen schafft. Der Organismus kann dies auch infolge der Tatsache, daß jede beliebige lebende Materie über spezielle Einrichtungen verfügt, aus chaotischer Bewegung harmonische, geordnete Bewegung auswählen, zu sortieren. „Die Einrichtungen zur Auswahl tragen ihrer Natur nach Harmonie in die Prozesse hinein."[10]

Es ist wichtig hervorzuheben, daß nach Ansicht Umovs die Einrichtungen, die aus dem Milieu der chaotischen Prozesse eine Auswahl treffen, nicht nur in der Evolution der Organisation von Organismenkörper, sondern auch in der Entwicklung der menschlichen Psyche, des Verstandes

[7] Ebenda, S. 194.

[8] Н. А. Умов, Роль человека в познаваемом им мире. B: Собр. соч., т. III, стр. 445. Um die „kybernetische" Denkart Umovs zu unterstreichen, erinnern wir daran, daß Norbert Wiener, als er die Positionen hervorhebt, von denen aus die Wissenschaft Kybernetik ihren Anfang nahm, auf die Entropiezunahme des Universums und auf das Leben als einer antientropischen und in diesem Sinne wenig wahrscheinlichen Erscheinung hinweist.

[9] Ebenda, S. 194, 195.

[10] Ebenda, S. 197.

des Menschen eine entscheidende Rolle spielen.[11] Zur Klärung antientropischer Prozesse wendet sich Umov dem „Dämon Maxwells“ zu: „Die Auswahl ist ein Instrument im Kampf mit der Disharmonie, mit der Entropiezunahme. Das ist der Sortierdämon Maxwells, der die Moleküle nach seinem Gutdünken betrachtet und auswählt. Die Auswahl ist in dem Begriff Harmonie enthalten.“[12]

Weiterhin betrachtet Umov das Wesen und die Rolle technischer Mittel im Zusammenhang mit dem Kampf des Menschen gegen die Entropiezunahme. Er bemerkt, daß der Mensch im Unterschied zum Tier von dem, was die „Natur anbietet“, seine Lebensbedürfnisse nicht befriedigen kann. Der Mensch verfügt nicht über solche angeborenen Mittel, die die Naturgegenstände bis zu ihrer Aneignung verarbeiten können. Der Mensch muß sich daher „diese Verarbeitungspunkte schaffen“. „Der Mensch muß sich, um seine Existenz zu ermöglichen, eine zweite Natur schaffen, die seinem Leben angemessen ist. Die ununterbrochene Evolution des Menschen ist auch mit einer unaufhörlichen Evolution der zweiten Natur verbunden. Die letztere stimmt um so mehr mit unseren Bedürfnissen überein, je mehr sie sich unserem unaufhörlich komplizierter werdenden Vor- und Ebenbild nähert, je mehr sie unsere spekulativen Akte mechanisch nachbildet.“[13]

Im Prozeß der Evolution, nimmt Umov an, zieht der Mensch die Pflanzen- und Tierwelt in den Kampf gegen die Entropiezunahme mit ein und dehnt die Harmonie und Ordnung mit Hilfe von Werkzeugen und Maschinen auch

[11] Siehe: ebenda, S. 198, 199, 200, 214, 447 u. a. Es ist interessant zu bemerken, daß Ashby, als er einen Verstärker der Denkfähigkeit entwickelte, zu dem Schluß kam, daß ein solcher Verstärker eine Einrichtung sein muß, die aus dem Chaos der Ereignisse eine Auswahl des Notwendigen vornimmt. (Siehe: W. R. Ashby, Design for a Brain, London 1966.)

[12] Ebenda, S. 200. Es ist interessant zu bemerken, daß sich auch Wiener mit dem gleichen Ziel dem „Dämon Maxwells“ zuwendet. N. Wiener, Kybernetik. In: Regelung und Nachrichtenübertragung in Lebewesen und in der Maschine, 2. Aufl., Düsseldorf-Wien 1963, S. 99.

[13] Н. А. Умов, Эволюция живого. В: Собр. соч., т. III, стр. 314.

auf die anorganische Natur aus.[14] Die Werkzeuge und Maschinen, die zweite Natur, haben dadurch, daß sie antientropischen Charakter annehmen, mit den Organismen und dem Menschen eine gemeinsame wesentliche Besonderheit, weisen die gleichen Züge auf wie sie. Ausgehend davon formuliert Umov eine wichtige These: „Die Wirkung eines belebten materiellen Systems auf ein unbelebtes kann durch die Wirkung eines bestimmten unbelebten materiellen Systems ersetzt werden."[15] Diese These weist auf die prinzipielle Möglichkeit hin, die Funktionen der lebenden Organismen durch Maschinen (unbelebte Materie) nachzubilden. Umov betont, daß im Verlaufe der Entwicklung der Wissenschaft die Aufgabe entstehen wird, „eine Technik zum Ordnen des Belebten zu schaffen, ebenso wie eine Technik zum Ordnen der anorganischen Materie geschaffen worden ist."[16]

Er führt folgendes Beispiel an: Stellen wir uns ein Raubtier vor, das, nachdem es eine Gefahr bemerkt hat, sofort stehenbleibt und einen Warnruf ausstößt. Es fragt sich, ob es möglich ist, Prozesse, die diesem Akt folgen, durch Prozesse eines bestimmten unbelebten materiellen Systems zu ersetzen. „Ja, man kann einem solchen System eine entsprechende Struktur geben. Man stelle sich eine Lokomotive vor. Sie trägt vorn eine Selenscheibe, die mit einem Akkumulator und einem Relais, das eine starke, mit einem Elektromotor verbundene Batterie einschalten kann, einen Stromkreis bildet. Unserer Lokomotive rast eine andere entgegen, die vorn einen Lichtbogen hat. Bei Annäherung der Züge fällt der Lichtstrahl auf die Selenscheibe. Sie wird zum elektrischen Leiter, das Relais schaltet die Batterie ein, es wird chemische Energie frei, wie man sagt, der Elektromotor setzt die Bremsen in Betrieb und öffnet das Pfeifventil der Lokomotive. Hier haben sich der Reiz, die Freisetzung von Energie und die Reaktion, die im Tier vor sich gehen, wiederholt. Die belebte Materie kann also bei einer ganzen Reihe von Vorgängen, die von Bewußtsein

[14] Ebenda, S. 194.

[15] Н. А. Умов, Физико-механическая модель . . ., там же, стр. 188.

[16] Ebenda.

begleitet sind und die von der Außenwelt ausgelöst werden, durch einen Automaten ersetzt werden."[17]

Umov formuliert somit über die Möglichkeiten, Funktionen von Organismen in Maschinen nachzubilden, nicht nur Thesen, sondern entwirft auch ein bionisches Modell.

Er studiert in seinen Untersuchungen nicht einfach gewisse allgemeine Funktionsprinzipien von Organismen und Maschinen, weist nicht einfach auf die objektive Möglichkeit der Modellierung tierischer Handlungen hin, sondern deckt die physikalische Grundlage der Einheit aller organisierten Systeme auf, entdeckt die einheitlichen Gesetzmäßigkeiten ihrer Entstehung, Wirkung und Entwicklung und formuliert theoretische Sätze, die denen, die einige Jahrzehnte später der Kybernetik zugrunde gelegt wurden, ähnlich sind. Umov konzentrierte seine Aufmerksamkeit vollkommen zu Recht auf die entropischen und antientropischen Erscheinungen. Er behauptete, daß die Entropie nicht nur dem Potentialausgleich, den energetischen Prozessen zugrunde liegt, sondern auch einen eigenen Gegensatz in sich einschließt und schafft die Voraussetzungen für ein zielgerichtetes Handeln im entropischen Milieu. Die fundamentalen Eigenschaften organisierter Systeme — die Anpassung, die Auswahl, das Gedächtnis — sind in bedeutendem Maße mit der Entropie verbunden und beruhen auf ihr. Die in der Natur existierenden Einrichtungen zur Auswahl, die die Ordnung wiederherstellen, müssen nach Ansicht Umovs den Inhalt des dritten Hauptsatzes der Thermodynamik bilden.[18] in diesen Thesen sind die Informationsprozesse vorausgesehen.

Eine tiefgreifende Analyse der allgemeinen Funktionsprinzipien von Organismen und Maschinen führt der russische Gelehrte und Ingenieur N. E. Žukovskij durch, dessen Tätigkeit durch eine große Aufgeschlossenheit gegenüber methodologischen Fragen charakterisiert ist. Diese Seite seiner Arbeiten ist leider noch nicht ausreichend untersucht worden. Bei der Ausarbeitung einer ganzen Reihe wissenschaftlich-technischer Disziplinen verfährt er bei der Aufstellung einer Theorie nach einer der wichtigsten Methoden,

[17] Ebenda.
[18] Ebenda, S. 200.

nämlich der der Idealisierung. „Das Verfahren der Idealisierung der Untersuchungsgegenstände“, sagt Žukovskij, „ist eine allgemeine Methode der wissenschaftlichen Forschung; sie erklärt sich daraus, daß wir nicht sofort alle Eigenschaften des Gegenstandes erfassen können und unsere Aufmerksamkeit lediglich auf die wichtigsten von ihnen konzentrieren.“[19] Die Methode wurde bei der Erarbeitung der Turbulenztheorie der Schiffsschraube, der Theorie der Flugdynamik, der Theorie des hydrodynamischen Drucks u. a. genau befolgt.

Die Methodologie der schöpferischen Tätigkeit bei Žukovskij ist auch durch die Breite des Herangehens an die zu untersuchenden Probleme, durch das Herstellen wesentlicher Verbindungen zwischen den ihrer Natur nach unterschiedlichen Erscheinungen und durch die Übertragung von Prinzipien von einem Bereich auf einen anderen charakterisiert. Von großem Interesse sind in dieser Beziehung die einleitenden Bemerkungen zu seiner Rede „Die Analogie zweier Aufgaben der Mechanik.“

„Gewöhnlich denkt man, daß das Ziel der mathematischen Untersuchung einer Naturerscheinung in der Berechnung aller Größen besteht, die diese Erscheinung charakterisieren, und wenn zum Erreichen dieses Zieles die Mittel der mathematischen Analyse nicht ausreichen, dann wird die Untersuchung einer gegebenen Naturerscheinung als eine nicht faßbare mathematische Aufgabe angesehen. Ich meine aber, daß eine solche Auffassung über die Bedeutung der mathematischen Untersuchung von Naturerscheinungen zu eng ist. Außer der Möglichkeit, Größen zu berechnen, die eine Erscheinung charakterisieren, stellt die mathematische Analyse den Zusammenhang zwischen diesen Größen her, macht uns mit dem Verlauf der Erscheinung und ihren Besonderheiten bekannt und erlaubt manchmal, eine mathematische Analogie zwischen zwei Erscheinungen zu bemerken, die in ihrer physikalischen Natur völlig unterschiedlich sein können.

Die Herstellung einer mathematischen Analogie zwischen zwei Erscheinungen ist für unser Bekanntwerden mit

[19] Н. Е. Жуковский, Теоретическая механика. В: Собр. соч., т. V. Москва, 1949, стр. 7—8.

ihnen von zwei Seiten her nützlich. Wir können auf der Grundlage der gefundenen Analogie alle gelösten Aufgaben eines Bereiches der physikalischen Erscheinungen in entsprechende Aufgaben eines anderen Bereiches umwandeln und auf diese Weise eine Lösung der letzteren erhalten. Wenn andererseits die eine der mathematisch analogen Erscheinungen kompliziert und schwierig zu beobachten ist, die andere aber mit einem einfachen Gerät realisiert werden kann, das erlaubt, die Parameter, die die Erscheinung charakterisieren, zu messen, so kann die experimentelle Untersuchung der zweiten Erscheinung unsere Kenntnis über die erste erweitern, ungeachtet dessen, daß beide Erscheinungen eine nicht lösbare mathematische Aufgabe darstellen können."[20]

Žukovskij richtete sich nach dieser methodologischen These und stellte mathematische Analogien zwischen verschiedenen Erscheinungen her, darunter auch zwischen den Handlungen von Tieren und verschiedenen technischen Einrichtungen. Da ihn hauptsächlich die Probleme der Dynamik (in erster Linie der Aerodynamik) interessieren, wendet er sich in seinen Arbeiten häufig der Analyse des Vogelfluges zu.

In seiner Rede „Über die Luftfahrt" bemerkte Žukovskij: „... Wenn wir rings um uns her die fliegenden Lebewesen betrachten, ... stellen wir uns unwillkürlich die Frage: Gibt es für uns etwa keine Möglichkeit, diese Geschöpfe nachzuahmen?"[21]

Die wissenschaftliche Tätigkeit Žukovskijs gab auf diese Frage eine glänzende bejahende Antwort. Eine Untersuchung der Arbeiten Žukovskijs zeigt die interessante Methodologie seines Schaffens. Sie besteht darin, daß er die Erarbeitung gewisser Theorien mit der Analyse der Prozesse beginnt, die in den Handlungen der Tiere zu beobachten sind, und dann allmählich theoretische Sätze ableitet, die nicht nur die Handlungen der Tiere erklären, sondern die auch beim Entwurf technischer Einrichtungen genutzt

[20] Н. Е. Жуковский, Аналогия двух задач механики. В: Собр. соч., т. I. Москва, 1948, стр. 364—365.

[21] Н. Е. Жуковский, Полн. собр. соч., т. IX. Москва-Ленинград, 1937, стр. 188.

werden können. Das wird bei einer Untersuchung der von ihm erarbeiteten Turbulenztheorie genau beachtet.

In dem Artikel „Zur Theorie des Fliegens" bemerkt Žukovskij: „Eine der bedeutendsten Fragen der Theorie des Fliegens ist die alte Frage des Stützpunktes."[22] In welcher Richtung entwickelte sich bei der Suche nach einer Antwort auf diese Frage der Gedanke des Gelehrten? Er wendet sich der Analyse des Vogelfluges zu. „Woher wird die Schubkraft genommen, die auf den Schwerpunkt des Körpers wirkt, wo er nur innere, paarweise gleiche und entgegengesetzt gerichtete Kräfte entwickeln kann?"[23]

In dem Artikel „Über Flügelpropeller" werden diese Fragen präzisiert, der Kreis der zu betrachtenden Prozesse erweitert, viele konkrete Erscheinungen der Organismen und der Technik erfaßt und gemeinsame wesentliche Prinzipien aufgestellt. Dabei tritt Žukovskij gegen diejenigen auf, die in der Untersuchung der lebenden Organismen für das technische Schaffen keinerlei Nutzen sehen und die die Nachahmungstheorie fallen lassen. Er zeigt, daß man hinter dem äußeren Unterschied zwischen Tier und Maschine gleiche Prinzipien, gemeinsame Faktoren sehen muß, die der Funktion der Organismen und der Technik zugrunde liegen. „Viele Forscher der Luftfahrt lehnen die Flügel als Propeller sozusagen a priori ab und halten die Schiffsschraube für den einzig vernünftigen Propeller. Dabei gehen sie davon aus, daß eine mechanische Realisierung der Bewegungen, die von uns bei den Lebewesen beobachtet werden, durch eine direkte Nachahmung der Natur nicht erreicht wird. Die Lokomotive stützt sich bei ihrer schnellen Ortsveränderung nicht wie ein laufendes Tier mit den Beinen auf die Erde, und der Dampfer setzt sich nicht wie ein schwimmender Fisch durch das Schwenken des Schwanzes in Bewegung. Dringen wir jedoch tiefer in die mechanische Umsetzung von Bewegungen ein, die von uns in der Natur beobachtet werden, so sehen wir, daß in ihnen der gleiche Hauptfaktor der Erscheinung in etwas anderer Form auftaucht, wie er bei der Bewegung der Lebewesen auftritt.

[22] Н. Е. Жуковский, Полн. собр. соч., т. VI. Москва-Ленинград, 1937, стр. 9.

[23] Ebenda.

Das Rad der Lokomotive stützt sich ebenso auf die Reibung des Weges wie sich das Bein des Tieres darauf stützt, und die Schiffsschraube des Dampfers liefert auf der Basis des gleichen sich aus der Wirbelbildung entwickelnden Flüssigkeitswiderstandes eine Schubkraft nach vorn, wodurch sich auch der Fisch bewegt."[24]

Bei der Betrachtung der Bewegung von Organismen und Maschinen weist Žukovskij auf den Hauptfaktor jeder beliebigen Bewegung, die Reibung, hin. Diese These lag der von ihm entwickelten Turbulenztheorie zugrunde, die für die Berechnung von Schiffs- und Heliokopterschrauben, Ventilatoren, Windmotoren, Wasserturbinen u. a. die Grundlage bildet.

Ein gleiches Herangehen kommt auch bei der Erarbeitung einer Theorie der Flugdynamik zum Ausdruck. Die Aufgabe der Arbeit Žukovskijs „Über den Gleitflug der Vögel", erstmalig veröffentlicht im Jahre 1892, bestand darin, zu zeigen, wie die Vögel Gleitflüge ohne eigenen Energieaufwand ausführen können, wobei der Vogel die Kraft des Windes ausnutzt. Dies sind bei der Erarbeitung der Flugtheorie die Ausgangsfragen, da die Flügelapparate sich auf die elastische Kraft der Luft stützen. Der Gleitflug der Vögel wurde von vielen Autoren untersucht, aber alle strebten danach, eine mathematische Beschreibung der konkret zu beobachtenden Bewegungen des Vogels zu geben. Wie Žukovskij zeigte, ergaben sich die Mißerfolge der Gelehrten aus der Vorgehensweise selbst.

In ihren Arbeiten betrachteten sie den Flug des Vogels gegen den Wind, in Windrichtung, bei gleichmäßigem Wind, bei stürmischem Wind; den geraden, den schrägen, den aufsteigenden Flug des Vogels u. a. Žukovskij wendet eine andere Methodologie an. Ausgehend davon, daß es in der wissenschaftlichen Forschung unmöglich ist, alle Eigenschaften des Gegenstandes zu erfassen und daß man die Aufmerksamkeit auf die wichtigsten von ihnen konzentrieren muß, idealisiert er erstens den Gleitflug der Vögel, indem er ihn in reiner Form, ohne Berücksichtigung irgendwelcher Einflußfaktoren (die Kraft des Windes, seine Richtung

[24] Ebenda, S. 20–21.

u. a.) betrachtet. Nachdem die allgemeinen theoretischen Sätze abgeleitet sind, zeigt Žukovskij, wie sie bei Berücksichtigung dieser oder jener Faktoren zu ergänzen sind. Nach einer Kritik der verschiedenen Vorgehensweisen bei der Untersuchung des Gleitfluges der Vögel erklärt er, daß er beabsichtige, eine vollständige Lösung des Problems über das Gleiten des Vogels in ruhiger Luft anzugeben und zu zeigen, in welcher Weise sich die gefundene Bewegung in der Luft ändert, die in horizontalen Schichten mit verschiedener Geschwindigkeit fließt, die in Windstößen weht oder die sich leicht aufwärts bewegt.

Zweitens wendet Žukovskij bei der Untersuchung des Gleitfluges der Vögel auch die von ihm erarbeitete Methode der mathematischen Analogie an. Er analysiert diesen Prozeß vom Standpunkt einer gut ausgearbeiteten Theorie, die Erscheinungen eines anderen Bereiches der Natur beschreibt: „Wir betrachten das Problem des Gleitflugs des Vogels nicht als eine Aufgabe der Aerodynamik, die unüberwindbare Schwierigkeiten aufwirft, sondern als Aufgabe der Mechanik des starren Körpers“, was erlaubt, „den segelnden Vogel als dünne Scheibe zu betrachten.“[25] Auf diese Weise werden die Voraussetzungen für die Aufdekkung der Gesetzmäßigkeiten geschaffen, die lebenden Organismen und technischen Einrichtungen gemeinsam sind.

Die Methoden der Idealisierung und der mathematischen Analogie boten die Möglichkeit, die Modellierungsmethode auch bei der Untersuchung des Gleitfluges der Vögel auszunutzen. Bei der Analyse des Gleitfluges stellt die Bestimmung des Segelflächenmittelpunktes, d. h. des Kraftangriffspunktes des Windes am Vogel, eine sehr wichtige Aufgabe dar. Zur experimentellen Untersuchung dieser Frage baute Žukovskij Spezialeinrichtungen, wobei er „den Vogel mit einer Scheibe verglich.“[26] „Wir haben uns selbst einige Geräte aufgebaut, mit Hilfe derer wir die Änderungsgesetze für den Ort des Segelflächenmittelpunktes für Scheiben unterschiedlicher Formen bestimmt haben und benutzten dabei sowohl den Wind als auch die Bewe-

[25] Н. Е. Жуковский, О парении птиц. В: Полн. собр. соч., т. V, Москва-Ленинград, 1937, стр. 14.
[26] Ebenda, S. 34.

gung der Scheiben in der Luft."[27] Diese Geräte halfen festzustellen, daß der Schwerpunkt des Vogels während seines Gleitfluges mit dem Segelflächenmittelpunkt zusammenfällt.[28]

In der Arbeit „Über den Gleitflug der Vögel" löste Žukovskij nicht nur glänzend die komplizierten Fragen des Segelfluges, sondern legte auch das Fundament für die Theorie der Flugdynamik, die von ihm in den nachfolgenden Arbeiten entwickelt wurde.

Die Untersuchungen Žukovskijs stellen für das Studium biologischer Systeme zur Aufdeckung von Prinzipien, die auf technische Einrichtungen ausdehnbar sind, ein klassisches Beispiel dar. Die Bionik, die gegenwärtig ihre spezifischen Methoden erarbeitet, kann aus den Arbeiten Žukovskijs vieles lernen.

2. *Methodologische Probleme der Bionik*

Jede Wissenschaft durchläuft in ihrer Entwicklung empirische und theoretische Etappen, Perioden. In der Bionik wird gegenwärtig deren Gegenstand geklärt, werden spezifische Forschungsmethoden erarbeitet, Begriffe gebildet, wird die Verbindung zwischen diesen Begriffen hergestellt, wird eine Sprache der Bionik erarbeitet usw., mit anderen Worten, die Bionik vollzieht den Übergang zur theoretischen Stufe. Dieser Übergang vollzieht sich bis jetzt jedoch nur in einigen bionischen Forschungsrichtungen und ist hauptsächlich mit der Modellierung des Gehirns verbunden. Die Untersuchungen von Prozessen der Energieumformung, der Ortung, der Navigation, der Rezeptoren u. a. sind indessen auf die Beschreibung von Fakten beschränkt.

Die Bionik ist eine synthetische Wissenschaft. An ihrer Entwicklung haben zur Zeit die Vertreter unterschiedlicher Wissensgebiete Anteil.

[27] Ebenda, S. 16.

[28] Die Geräte und die Methodik der Experimente sind von ihm in dem Artikel „Über den Segelflächenmittelpunkt" beschrieben. Siehe: Н. Е. Жуковский, Документы научной и общественной деятельности. Москва, 1954.

Der Gegenstand der Bionik. Eine wichtige methodologische Frage jeder Wissenschaft, so auch der Bionik, ist die Bestimmung ihres Gegenstandes, ein Hinweis, womit sich diese Wissenschaft beschäftigt, was sie untersucht. Für die Bionik ist eine solche Bestimmung aus einer Reihe von Gründen wichtig. Sie erlaubt, die spezifischen Charakteristika der Bionik, in denen sie sich von den anderen Wissensgebieten wie der Physik, der Biologie, der Mathematik, der Kybernetik usw. unterscheidet, genau zu trennen und auf den Bereich von Gesetzmäßigkeiten hinzuweisen, den die Bionik studiert. Die Bestimmung des Gegenstandes der Bionik ist Voraussetzung für die Erarbeitung von Methoden und Verfahren der bionischen Forschung. Die Kenntnis des Gegenstandes der Bionik ist eine wichtige Voraussetzung, um für eine zielgerichtete Forschungsarbeit wissenschaftliche Kräfte zu mobilisieren.

In der vorhandenen Literatur gibt es für den Gegenstand der Bionik unterschiedliche Definitionen. Ihre Autoren unterstreichen sehr häufig diese oder jene Seite dieser Wissenschaft und konzentrieren ihre Aufmerksamkeit auf eine oder einige Richtungen der bionischen Forschung. Einer der führenden ausländischen Fachleute der Kybernetik, der bei der Herausbildung und Entwicklung der Bionik eine wichtige Rolle spielte, William Ross Ashby, hob in seinem Vortrag auf dem III. Nationalen Bioniksymposium der USA (März 1963) hervor: „Die Aufdeckung und Ausnutzung der Arbeitsmethoden des Gehirns ist jene Aufgabe, zu deren Lösung die Bionik existiert.“[29]

Die Erforschung des Gehirns und die Nachbildung der erkannten Prinzipien durch technische Mittel nimmt auch tatsächlich den größten Platz in der Bionik ein. Die Definition der Bionik von W. R. Ashby, die das wesentliche Moment dieser Wissenschaft widerspiegelt, ist jedoch trotzdem eng.

Die Erfahrung zeigt, daß die bionischen Forschungen sich nicht auf das Studium des Gehirns beschränken. Es wurden z. B. Arbeiten zur Erforschung der Augenanlage des Frosches, des Käfers, des Schwertschwanzfisches durchge-

[29] Зарубежная радиоэлектроника, 1964, № 5.

führt, um technische Einrichtungen zu schaffen, die einige wertvolle Eigenschaften besitzen, die denen des Auges ähnlich sind. Die Bionik studiert die Orientierung der Tiere, erforscht Fragen der Miniaturisierung, der Technologie zur Verarbeitung von Stoffen durch lebende Organismen und viele andere Probleme, die zur Gehirntätigkeit keine unmittelbare Beziehung haben. Somit zeigen bereits die gegenwärtigen Erfolge der Bionik, daß ihr Gegenstand bedeutend breiter ist als W. R. Ashby angibt.

Im „Kleinen Wörterbuch der Funkelektronik" wird die Bionik definiert als „die Wissenschaft, die die Umwandlungsprozesse von Energie und Informationen in lebenden Organismen mit dem Ziel erforscht, die gewonnenen Kenntnisse zur Lösung von Ingenieuraufgaben, zur Vervollkommnung vorhandener und Schaffung neuer Maschinen und Systeme anzuwenden, deren Charakteristika denen der lebenden Organismen angenähert sind."[30]

Die in dieser Definition hervorgehobene Erforschung der Energie- und Informationsumwandlungsprozesse in lebenden Organismen ist für die Technik, die Produktion, zweifellos äußerst wichtig, insbesondere der hohe Grad an Wirtschaftlichkeit bei der Energieausnutzung des Organismus, die direkte Umwandlung von chemischer Energie in mechanische Bewegung der Muskeln in den Organismen u. a.

In der angeführten Bestimmung des Gegenstandes der Bionik wird auch darauf hingewiesen, daß sie die Prinzipien der Informationsumwandlung untersucht. Bis vor kurzer Zeit wurde Information in der Nachrichtentheorie untersucht und lediglich als ein geordnetes System zu übertragender Signale aufgefaßt. Nach dem Entstehen der Kybernetik nahm die Informationstheorie in dieser neuen Wissenschaft einen führenden Platz ein. Die Kybernetik zeigte die außerordentlich umfassende Bedeutung der Information, als sie diese mit solchen sehr allgemeinen physikalischen Begriffen wie Energie und Entropie in Zusammenhang brachte.

Als im vorigen Jahrhundert das Gesetz von der Erhaltung und Umwandlung der Energie entdeckt wurde, wurde

[30] А. П. Верживовский, Н. В. Габис, Н. М. Нитаев, И. И. Тынянкин, Краткий словарь по радиоэлектронике. Москва, 1964, стр. 25.

festgestellt, daß alle Energieformen — die mechanische, die chemische und andere — unter natürlichen Bedingungen die Tendenz zeigen, sich in Wärmeenergie umzuwandeln. Diese letztere duldet kein großes Gefälle und streut ununterbrochen, indem sie nach einem Ausgleich strebt. Diese auf einen Ausgleich, auf eine Überwindung des Unterschiedes gerichtete Bewegung wurde als Entropie bezeichnet. Die Entropie erreicht ein Maximum, wenn der Unterschied der energetischen Potentiale beseitigt wird.

Da Energie ohne Materie nicht existiert, bedeutet ein Ausgleich der Energieniveaus auch die Aufhebung eines materiellen Unterschiedes. Unter Entropie begann man in der Wissenschaft die Bewegung materieller Prozesse in Richtung auf eine Aufhebung jeglicher Besonderheiten und Eigenarten, in Richtung auf eine völlige Gleichheit zu verstehen.

Die Kybernetik zeigte, indem sie die Steuerungsprozesse als dynamische Systeme untersuchte, daß die Information einen materiellen Prozeß darstellt, der auf die Ordnung der Objekte, auf die Herausbildung von Unterschieden, der qualitativen Vielfalt der Welt gerichtet ist. In dieser Beziehung ist sie ihrem Wesen nach der Entropie entgegengesetzt. „Gerade wie der Informationsgehalt eines Systems ein Maß des Grades der Ordnung ist, ist die Entropie eines Systems ein Maß des Grades der Unordnung; und das eine ist einfach das Negative des anderen“[31], schrieb Wiener.

Unter natürlichen Bedingungen verlaufen die Prozesse in Richtung einer Entropiezunahme, die lebenden biologischen Systeme aber — die Pflanzen und Organismen — wirken in ihrer Entstehung und Entwicklung dieser Entropiezunahme entgegen, sie konzentrieren Energie und ordnen den Stoff auf streng festgelegte Weise. Wie wir bereits hervorgehoben haben, wies Umov auf diese Seite der Weltprozesse hin.

Somit ist das Leben ein antientropischer und in diesem Sinne ein Informationsprozeß. Den gleichen Charakter hat auch eine höhere Erscheinung des Lebens, die praktische Tätigkeit des Menschen.

[31] N. Wiener, Kybernetik, a. a. O., S. 38.

Die Tatsache, daß die biologischen Prozesse und der Prozeß der praktischen Tätigkeit des Menschen eine gemeinsame antientropische informationelle Gerichtetheit besitzen, dient als objektive materielle Grundlage für die Ausnutzung der Prinzipien biologischer Systeme in technischen Systemen, die vom Menschen geschaffen werden. Wenn wir die energetischen und informationellen Prozesse in einem solchen umfassenden Sinn verstehen, so kann man die Definition, die von den Autoren des „Kleinen Wörterbuches der Funkelektronik" gegeben wurde, als Arbeitsdefinition für den Gegenstand der Bionik annehmen, da durch sie ein großer Kreis bionischer Forschungen erfaßt wird.

Die größte Verbreitung in der Literatur erfuhr sowohl in der UdSSR als auch im Ausland die von amerikanischen Fachleuten gegebene Definition der Bionik: „Die Bionik ist die Kunst, die Kenntnis biologischer Prozesse und Methoden zur Lösung von Ingenieuraufgaben anzuwenden." [31a]

Diese Definition der Bionik leidet unter dem Mangel, daß sie die Aufmerksamkeit hauptsächlich auf die Ingenieurtätigkeit konzentriert. Urteilt man nach der Definition, so befaßt sich die Bionik damit, daß sie abgeschlossene Ergebnisse (Erkenntnisse) aus der Biologie verwendet und sie bei der Lösung dieser oder jener Ingenieuraufgaben ausnutzt. Indessen befaßt sich diese Wissenschaft auch mit der Untersuchung biologischer Systeme: Sie erforscht die technische Seite biologischer Prozesse und betrachtet die lebenden Systeme als originelle technische Einrichtungen.

Die modernen Wissenschaften, besonders die Kybernetik und die Bionik, verwiesen auf solche Prinzipien und Gesetzmäßigkeiten, die lebenden Organismen und technischen Anlagen gemeinsam sind. In den lebenden Organismen sind Prozesse aufgedeckt worden, die denen vom Menschen geschaffener Einrichtungen zwar äußerlich nicht gleichen, die dem Wesen nach aber dieselben sind.

Hieraus entstand die Notwendigkeit, solche Begriffe wie Technik, Maschine u. a. bedeutend zu erweitern. Obwohl

[31a] Biological prototypes and synthetic Systems. Proceedings of the First Annual Bionics Symposium. New York 1961.

es bis vor kurzem in der Literatur keine allgemein anerkannten Begriffe für Technik und Maschine[32] gab, stimmten fast alle Autoren darin überein, daß dies künstlich geschaffene Einrichtungen seien. Diese Definitionen werden jetzt aber auch immer häufiger auf die natürlichen, biologischen Systeme ausgedehnt. Akademiemitglied S. L. Sobolev bemerkt z. B.: „In der Kybernetik bezeichnet man bekanntlich die Maschine als ein System, das fähig ist, Handlungen auszuführen, die zu einem bestimmten Ziel führen. In diesem Sinne sind folglich auch die Lebewesen, insbesondere der Mensch, Maschinen."[33]

Die Bionik ist bestrebt, in den biologischen Systemen eine besondere Art von Gesetzmäßigkeiten aufzudecken, die als maschinelle, technische Gesetzmäßigkeiten bezeichnet werden können. Bei der Erforschung der biologischen, physiologischen, biochemischen und anderen Prozesse interessiert die Bionik hauptsächlich, wie sie ablaufen, welcher Art ihr Mechanismus ist. Mit anderen Worten, sie untersucht besonders technische Eigenschaften des lebenden Organismus. Ist ein solches Vorgehen wissenschaftlich? Unbedingt. Die Mechanik betrachtet z. B. die Gesetze der Ortsveränderung von Körpern im Raum unabhängig davon, ob dies ein Stein, ein Geschoß, ein Planet, ein Tier oder ein Mensch ist. Der Mensch besitzt bei all seinen menschlichen Qualitäten ebenso wie der Stein die Eigenschaften der Trägheit, der Anziehungskraft, der Beschleunigung usw. Analog geht auch die Bionik vor.

Sie läßt dem Menschen das Menschliche und studiert an ihm und auch an anderen lebenden Organismen nur die technische Seite, d. h. das, was in künstlichen Anlagen nachgebildet oder direkt ausgenutzt werden kann. Selbst diese Nachbildung und Ausnutzung haben zur Bionik keine direkte Beziehung. Dies ist bereits eine konstruktive Angelegenheit des Ingenieurs. Den Sinn der Bionik auf die Lösung technischer Aufgaben zurückzuführen, wie das in der Definition der amerikanischen Fachleute getan wurde,

[32] Siehe: S. V. Schuchardin, Grundlagen der Geschichte der Technik, Leipzig 1963, S. 24—32.

[33] Возможное и невозможное в кибернетике. Москва, 1964, стр. 83.

heißt, sie mit den technischen Disziplinen zu identifizieren. Ein solches Herangehen führt zu einer Verarmung des Inhaltes des Begriffs der Bionik, die in Wirklichkeit in der Natur eine besondere Art von technischen Gesetzmäßigkeiten aufdeckt. Darin besteht ihre gewaltige und allgemeine wissenschaftliche Bedeutung.

Die bionischen Untersuchungen ersetzen nicht die Arbeit der Ingenieure, Konstrukteure und Erfinder. Die Bionik untersucht das, was als Technik der Natur oder als technischer Charakter biologischer Systeme bezeichnet werden kann.

Der Begriff „technischer Charakter" ist bei der Analyse des Produktionsprozesses mehrfach bei Marx anzutreffen. Urteilt man danach, in welchen Fällen Marx diesen Begriff anwendet, so besitzt von seiner Warte aus jedes beliebige System, das zweckmäßig arbeitet — die Manufaktur, der Mensch, der nur als Dasein von Arbeitskraft betrachtet wird, die automatische Maschine, die Fabrik, die Tiere als lebende Automaten — technischen Charakter.[34] Folglich kann man sagen, daß die Eigenschaften, die dem biologischen System ein zweckmäßiges Verhalten garantieren, ihm einen technischen Charakter verleihen.

Die Ausnutzung der Funktionsprinzipien der Organismen wäre unmöglich, wenn in der Natur der Organismen selbst keine technischen Gesetzmäßigkeiten enthalten wären. Der technische Fortschritt stellt in dem Maße, wie er als sukzessive Übertragung von Funktionen des Menschen auf Maschinen auftritt, die Entwicklung bestimmter bionischer Modelle dar.

Man kann somit folgende Definition geben: Die Bionik ist die Wissenschaft über die technischen Gesetzmäßigkeiten biologischer Systeme. Eine wichtige Frage ist die Herstellung der Beziehung zwischen Bionik und Kybernetik. Uns scheint, daß man dem bekannten amerikanischen Wissenschaftler W. S. McCulloch zustimmen kann. Er betonte, daß man die Bionik „auf keinen Fall mit der Kybernetik identifizieren oder für einen Teil dieser Wissen-

[34] Siehe: K. Marx, Das Kapital, Erster Band, in: MEW, Bd. 23, S. 359, 216—217, 443, 400.

schaft halten kann. Die Bionik ist im Grunde genommen ein viel umfassenderes Gebiet."[35] Die Kybernetik überschneidet sich mit der Bionik, wenn sie die Informationsprozesse der Organismen untersucht. Diese Prozesse schöpfen aber die technischen Gesetzmäßigkeiten der biologischen Systeme bei weitem nicht aus.

Zu methodischen Fragen bionischer Forschungen. Die Entstehung jeder Wissenschaft ist in bedeutendem Maße mit der Erarbeitung ihrer spezifischen Erkenntnismethoden verbunden. Für die Bionik als der Wissenschaft von den technischen Gesetzmäßigkeiten biologischer Systeme bedeutet dies, daß sie Methoden zum Erkennen dieser technischen Gesetzmäßigkeiten erarbeiten muß. Die Herausbildung von Methoden vollzieht sich im Prozeß des Übergangs der Wissenschaft von der Stufe der Empirie zur Stufe der Theorie.

Die Erfahrungen über die Entwicklung der Wissenschaften, die gegenwärtig ein hohes theoretisches Niveau erreicht haben, zeigen, daß die Herausbildung einer Theorie dort und dann beginnt, wo und wann die Idealisierungsmethode angewandt wird. Mit der Idealisierung beginnt gegenwärtig auch die Biologie, die theoretische Stufe zu erklimmen.

„In unserer Forschung", schreibt der bekannte amerikanische Wissenschaftler Nicolas Rashevsky, „sollten wir mit der elementaren Lebenseinheit, der Zelle beginnen. Der Grundmethode der physikalisch-chemischen Wissenschaften folgend versuchen wir nicht, eine mathematische Beschreibung einer konkreten Zelle in ihrer ganzen Komplexität zu geben. Wir beginnen mit der Erforschung der in hohem Grade idealisierten Systeme, die keinerlei direkte Analoga in der realen Natur haben können."[36]

Wir haben schon erwähnt, daß auf dem Gebiet der Bionik Žukovskij zur Untersuchung des Gleitfluges der Vögel erstmalig die Methode der Idealisierung anwendet. Was gibt es für die gegenwärtigen bionischen Untersuchungen

[35] W. S. McCulloch, Die Nachahmung einer Lebensform durch eine andere . . ., a. a. O., S. 551.
[36] N. Rashevsky, Mathematical Biophysic's, 3. rev. ed., Vol. I, New York 1960, S. 1.

Lehrreiches in seinen Arbeiten? Wichtig ist es, das Herangehen an die Untersuchung und den Untersuchungsprozeß zu begreifen. Žukovskij lehnte von Anfang an eine Beschreibung des Gleitfluges des Vogels unter diesen oder jenen konkreten Bedingungen ab. Von verschiedenen Autoren wurden solche Beschreibungen gegeben. Žukovskij analysiert ihre Arbeiten und zeigt, daß eine Theorie auf diesem Wege grundsätzlich nicht geschaffen werden kann. Werke ähnlicher Art dienen, selbst wenn in ihnen eine mathematische Beschreibung der Bewegung der Vögel unter diesen oder jenen konkreten Bedingungen gegeben ist, lediglich als Ausgangsbasis für eine weitere theoretische Untersuchung.

Was tut Žukovskij hingegen? Er vervollkommnet die Idealisierung. In der Annahme, daß es unmöglich ist, alle Eigenschaften des Untersuchungsgegenstandes sofort zu erfassen, konzentriert er seine Aufmerksamkeit auf die hauptsächlichsten unter ihnen, abstrahiert von den konkreten, einzelnen Bedingungen (Windrichtung, Windstärke, die Flügelspannweite des Vogels, sein Gewicht u. a.) und stellt den Gleitflug in reiner idealisierter Form dar. Žukovskij führt eine mathematische Analyse jenes idealisierten Gleitfluges durch. Dabei entsteht eine Theorie über den Gleitflug der Vögel. Der Wert einer solchen Theorie besteht darin, daß bei entsprechenden Ergänzungen mit ihrer Hilfe durch Deduktion jedes beliebige konkrete Verhalten eines Vogels im Gleitflug unter diesen oder jenen Bedingungen beschrieben werden kann.

Damit erschöpft sich ihr Wert aber auch. Zur Technik hat sie keinerlei Beziehung. Wenn wir etwas vorgreifen, bemerken wir, daß viele theoretische Arbeiten, die (in der Presse) als bionische Arbeiten veröffentlicht werden, eben gerade eine solche Art Theorie darstellen.

Žukovskij schließt die zweite Etappe der Idealisierung ab, er betrachtet den Gleitflug in einer solchen allgemeinen, abstrakten Form, daß alle Besonderheiten am Gleitflug des Vogels als eines lebenden Organismus, als eines biologischen Systems, sich verlieren, verschwinden. Žukovskij erarbeitet in der zweiten Etappe der Idealisierung eine Theorie, die sich bereits nicht mehr auf den Gleitflug des

Vogels, sondern auf den Gleitflug „vogelähnlicher" Gegenstände bezieht.

Der Gleitflug des Vogels ist hinsichtlich einer solchen Theorie nur ein spezieller Fall. Ein anderer Sonderfall ist z. B. die Bewegung einer länglichen Scheibe im Luftstrom. Žukovskij „setzt den Vogel einer Scheibe gleich" und betrachtet letztere als einen Gegenstand, der für eine theoretische und experimentelle Untersuchung geeigneter ist. Die Bewegung des Flugzeugs, des Segelflugzeuges und anderer technischer Flugapparate treten bezüglich einer solchen Theorie ebenfalls als Sonderfall auf.

Somit gelingt es dem Ingenieur Žukovskij erst in der zweiten Etappe der Idealisierung, bei der Natur zu „lernen", die Verhaltensprinzipien des Vogels „heimlich zu beobachten" und sie bei der Erarbeitung der Aerodynamik des Flugzeuges auszunutzen. Den gleichen Übergang von der ersten Idealisierungsetappe zur zweiten skizziert N. E. Žukovskij auch in seinem Artikel „Über Flügelpropeller", als er zeigt, daß man die allgemeinen Prinzipien der Bewegung, die von lebenden Organismen und Maschinen ausgeführt werden, nur aufdecken kann, wenn man von den konkreten Erscheinungsformen dieser Bewegungen abkommt und die mechanischen Bewegungen in allgemeiner, abstrakter Form betrachtet, unabhängig davon, ob dies der Schwanz des Fisches oder die Schraube des Dampfers, das Bein des laufenden Tieres oder das Rad der Lokomotive ist. Die Theorie, die in der ersten Idealisierungsetappe erarbeitet wird, hat, wenn sie auch in mathematischer Sprache dargelegt ist, biologischen Inhalt. Sie beschreibt die Verhaltensgesetzmäßigkeiten der Organismen. Erst die zweite Idealisierungsetappe erlaubt es, sich von den biologischen Besonderheiten zu befreien und die technischen Gesetzmäßigkeiten von den biologischen zu trennen. Gerade in dieser Etappe wird spezifisch bionische Forschung betrieben.

Betrachtet man die vorhandene Literatur über Bionik, so ist nicht schwer festzustellen, daß ein großer Teil der Arbeiten gewisse Versuche darstellen, diese oder jene Handlungen und Eigenschaften der Organismen theoretisch zu analysieren. Man bleibt dabei auf der Anfangsstufe der ersten Idealisierungsetappe stehen.[37] In Arbeiten dieser Art werden die technischen Gesetzmäßigkeiten biologischer Systeme nicht aufgedeckt, sie besitzen jedoch ihren bionischen Wert und sind für die Entwicklung der Bionik erforderlich, da sie Ausgangsmaterial für weitere bionische Untersuchungen liefern.

Gleichzeitig existieren bereits anerkannte Arbeiten, in denen die zweite Etappe der Idealisierung durchgeführt worden ist und in denen technische Gesetzmäßigkeiten biologischer Systeme aufgedeckt worden sind. Zu ihnen können die Arbeiten von A. M. Turing, W. S. McCulloch und W. Pitts, C. E. Shannon, N. Wiener u. a. gezählt werden.

In Anbetracht der Bedeutung der zweiten Idealisierungsetappe ist es notwendig, ihre Durchführung zu betrachten. Sie kann offenbar durch verschiedene Methoden realisiert werden. Wenden wir uns erneut den Arbeiten Žukovskijs zu. Die Untersuchungen, die von ihm in der ersten Idealisierungsetappe durchgeführt wurden, deckten die Gesetzmäßigkeiten des Gleitfluges der Vögel auf. Für eine Ausnutzung beim technischen Konstruieren sind diese Gesetzmäßigkeiten nicht geeignet. In dem Artikel „Über Flügelpropeller" kritisiert Žukovskij Methoden zur direkten Imitation der Natur. Diese Kenntnisse sind dafür unzureichend, um daraus auch nur die aerodynamischen Prinzipien für den Flug technischer Apparate abzuleiten. Žukovskij zeigt, daß die Aerodynamik des Gleitfluges der Vögel unüberwindbare Schwierigkeiten bereitet. Was unternimmt er nun? Er wendet sich der von ihm erarbeiteten Methode der mathematischen Analogie zu, die hilft, Erscheinungen zu untersuchen, die eine unlösbare mathematische Aufgabe darstellen können.

Žukovskij betont, daß die mathematische Analyse gestatte, Größen zu berechnen, die eine gegebene Erscheinung charakterisieren. Darüber hinaus stellt sie noch den Zusammenhang zwischen diesen Größen her und macht mit dem Verlauf der Erscheinung und ihren Besonderheiten

[37] Siehe: Бионика. Москва, 1965; Моделирование в биологии. Москва, 1963; Вопросы бионики. Москва, 1967.

bekannt. Eine mathematische Analyse dieser Art wurde auch von Žukovskij in der ersten Etappe der Idealisierung des Gleitfluges der Vögel durchgeführt. Der aufgedeckte Zusammenhang zwischen den Größen, das über den Verlauf der zu untersuchenden Prozesse gewonnene Bild riefen jedoch den Gedanken an eine Analogie der gegebenen Erscheinung zu anderen Erscheinungen hervor, die eine andere physikalische Natur besitzen.

Es wurde eine Analogie zwischen dem Gleitflug der Vögel und der mechanischen Bewegung eines festen Körpers aufgedeckt. Dies ist keine äußere, keine oberflächliche, sondern eine wesentliche Analogie. Sie kann durch eine mathematische Analyse nur aufgedeckt werden, wenn die Gleichungen, die die gegebene Erscheinung beschreiben, eine bestimmte Ähnlichkeit mit denjenigen Gleichungen zeigen, die eine andere Erscheinung beschreiben. Diese Methode der mathematischen Analogie erlaubte es Žukovskij auch, die zweite Idealisierungsetappe zu realisieren.

Die Arbeiten von Žukovskij, in denen er die Bewegung der Organismen analysiert, sind von großem Interesse und können zu den klassischen Werken der Bionik gezählt werden. Eine folgerichtige und ununterbrochene Entwicklung der Bionik beginnt damit jedoch nicht.

Als den Beginn der Bionik als Wissenschaft muß man offenbar die im Jahre 1936 erschienenen Arbeiten des englischen Mathematikers A. M. Turing betrachten, in denen erstmalig die „Turingmaschine" entwickelt wird. Die Turingmaschine wurde zur Präzisierung des Begriffes Algorithmus[38] entworfen. Das Herangehen Turings an diese Präzisierung zu erwähnen, halten wir für wichtig. Ein Algorithmus stellt bekanntlich eine Vorschrift dar, die den Inhalt und die Reihenfolge der auszuführenden Operationen bestimmt, um aus den Ausgangsdaten das gesuchte Resultat zu erhalten.

Turing präzisierte den Algorithmus bei der Analyse der Arbeit des rechnenden Menschen. Dabei nimmt Turing eine Idealisierung dieser Arbeit vor und entdeckt deren

[38] Siehe: B. A. Trachtenbrot, Wieso können Automaten rechnen? Berlin 1962.

algorithmischen Charakter. Wäre Turing bei dieser Etappe stehengeblieben, so hätte sein Artikel den Sinn einer guten Instruktion, einer guten Rechenvorschrift gehabt. Aber Turing führt die zweite Idealisierungsetappe durch. Er zeigt, daß die Arbeit des rechnenden Menschen, der nach einem Algorithmus arbeitet, grundsätzlich durch eine Rechenmaschine ersetzt werden kann, die diesem Algorithmus folgt, d. h. er deckt das Allgemeine in den Handlungen von Mensch und Maschine auf. Dabei erarbeitet Turing den Begriff der „idealisierten Maschine"[39], worunter jedes beliebige System verstanden wird, das fähig ist, nach einem Algorithmus zu arbeiten. Eine solche Maschine ist auch die „Turingmaschine". Einen Spezialfall der idealisierten Maschine stellt jede beliebige physikalische Maschine (Werkzeugmaschine, Lokomotive), die Rechenmaschine, das Nervensystem, das Gehirn u. a. dar.

Welche Methode benutzt Turing, um die zweite Idealisierungsetappe durchzuführen? Uns scheint, daß seine Methode die Analogie ist. Genauso wie Žukovskij von einem „Vergleich des Vogels mit einer Scheibe" ausging, vergleicht auch Turing die Rechenmaschine mit dem menschlichen Rechner.

B. A. Trachtenbrot schreibt: „Es sei bemerkt, daß die Turingmaschine schon 1936 beschrieben wurde, d. h. Jahre bevor der erste programmgesteuerte Rechenautomat konstruiert worden war. Dabei ging Turing lediglich von einer allgemeinen Idee aus, die Arbeit einer Maschine mit der Arbeit eines nach einer Vorschrift operierenden Rechners zu vergleichen."[40]
Die Bedeutung der Turingmaschine für die Entwicklung der Bionik besteht darin, daß in ihr der Charakter, das Wesen der technischen Gesetze des Gehirns, eben die Algorithmierbarkeit, zum Ausdruck kam. Die Turingmaschine, betont S. A. Janovskaja, erfordert „eine tiefere Analyse der Prozesse, die mit der geistigen Tätigkeit des Menschen

[39] A. M. Turing, On Computable Numbers, with an Application to the Entscheidungsproblem, in: Proc. of the London Math. Soc., Ser. 2, 1936/42, S. 230—265.

[40] B. A. Trachtenbrot, Wieso können Automaten rechnen? a. a. O., S. 63.

verbunden sind, und eine Antwort auf die Frage, was von dieser Tätigkeit durch eine Maschine imitiert werden kann und wie."[41] In dem Maße, wie das Wesen der Turingmaschine begriffen wurde, breitete sich immer mehr die Überzeugung aus, daß alle diejenigen Denkprozesse, die algorithmierbar sind, erfolgreich von der Maschine ausgeführt werden können.

Die sich aus der Grundidee der Turingmaschine ergebende Behauptung über den technischen Charakter der Gehirntätigkeit wurde in der Arbeit von W. S. McCulloch und W. Pitts aus dem Jahre 1943 weiterentwickelt. Darin werden die Grundlagen einer Theorie der neuronalen Netze dargelegt. Das Gehirn stellt bekanntlich ein kompliziertes System einer Vielzahl untereinander verbundener Neuronen dar. Denkprozesse vollziehen sich durch Erregung und Hemmung der Neuronen sowie durch die Herstellung einer unterschiedlichen Verbindung zwischen ihnen. McCulloch und Pitts idealisieren die Gehirntätigkeit und erarbeiten die Begriffe ideales oder „formales" Neuron sowie den Begriff „formales" Netz, denen bestimmte Eigenschaften zugeschrieben werden ähnlich denjenigen, die aus der Physiologie bekannt sind. Wären McCulloch und Pitts jedoch bei dieser Etappe der Idealisierung stehengeblieben, so wäre ihre Arbeit lediglich ein mehr oder weniger geeignetes Mittel zur Darstellung physiologischer Prozesse des Gehirns gewesen. Aber sie gehen zu einer zweiten Idealisierungsetappe über. Sie stellen eine Verbindung zwischen den „formalen" neuronalen Netzen und der Logik her*, die die Denkprozesse beschreibt. Sie bemerken: „Da die Nerventätigkeit dem Gesetz ‚alles oder nichts' unterworfen ist, kann man die neurotischen Vorgänge und die Beziehungen zwischen ihnen mit den Mitteln der Logik der Sätze untersuchen."[42]

[41] Zitiert nach A. Turing, Может ли машина мыслить. Москва, 1960, стр. 29. S. 29.

[42] W. S. McCulloch and W. Pitts, A logical calculus of the ideas immanent in Nervous activity, in: Bull. Math. Biophys., 1943/5, S. 115–133.

* Vgl. hierzu: G. Klaus, Moderne Logik. Abriß der formalen Logik, Berlin 1964, S. 129–137 (Anm. d. Bearbeiters).

Die Herstellung einer Verbindung zur Logik hob die Theorie der „formalen" neuronalen Netze auf eine höhere Stufe der Idealisierung und ebnete den Weg zur Entwicklung einer Theorie und zur Vervollkommnung der Netze. Die neuronalen Netze verlieren jegliche Züge ihrer physiologischen Herkunft und treten gewissermaßen als formale Systeme auf. Die Verbindung der Theorie der „formalen" neuronalen Netze zur Logik bedeutete gleichzeitig eine Verbindung zu den Rechenmaschinen, die nach logischen Regeln arbeiten, und folglich einen Übergang zur Technik.

Das neuronale Netz erscheint gewissermaßen als idealisiertes System, das imstande ist, gemäß technischen Gesetzmäßigkeiten zu arbeiten, die im Gehirn und in der Rechenmaschine wirksam sind. Ein solches Netz ist eine Konkretisierung der Turingmaschine. In einer seiner Arbeiten behauptete McCulloch, daß das neuronale Netz jede beliebige Funktion berechnen könne, die eine Turingmaschine mit einem endlichen Band berechnen kann, und ihr in diesem Sinne ähnlich sei.[43]

Die Verbindung zur Logik ermöglichte die Entwicklung einer Theorie und die Vervollkommnung der neuronalen Netze, da die Netze logische Sätze realisieren können, die diesen oder jenen Gedanken ausdrücken. „Für jeden beliebigen logischen Ausdruck, der gewissen Bedingungen genügt", sagen McCulloch und Pitts, „kann man ein Netz finden, das ein durch diesen Ausdruck beschriebenes Verhalten besitzt."[44] Jedes beliebige Verhalten, jede beliebige Funktionsweise, jeder beliebige Denkprozeß, der durch die Logik beschrieben werden kann, ist durch ein „formales" neuronales Netz und folglich früher oder später (je nach den praktischen Erfolgen) auch technisch realisierbar. John v. Neumann bemerkt: „Man konnte häufig Unterhaltungen darüber hören, daß die Tätigkeit und die Funktionen des menschlichen Nervensystems so kompliziert seien, daß sie kein gewöhnlicher Mechanismus ausführen könne ... Das

[43] Siehe: И. Б. Гутчин, А. С. Кузичев, Бионика и надежность. Москва 1967, стр. 11.

[44] W. S. McCulloch and W. Pitts, A logical calculus ..., a. a. O.

Ergebnis von McCulloch und Pitts setzt alledem ein Ende."[45]

Es existiert eine Vielzahl unterschiedlicher Arbeiten, in denen die Theorie von McCulloch und Pitts eine allseitige Entwicklung erfuhr. Die Theorie der formalen Netze stellt daher gegenwärtig einen der entwickeltsten Bereiche der Bionik dar. Es zeigte sich sogar die Tendenz, die Bionik hauptsächlich als Wissenschaft der Nervenprozesse und ihrer Analoga zu betrachten.[46]

In der Bionik gibt es indessen viele Probleme und Richtungen, die einer theoretischen Analyse harren, so die sensorischen Funktionen der Organismen, die Fähigkeiten zur Selbstorganisation, die Anpassungsfähigkeit an sich verändernde Bedingungen, die Fortpflanzungsfähigkeit, die Navigations- und Ortungsfähigkeiten, die Zuverlässigkeit der Arbeit der Organismen u. a. Bei all diesen Prozessen der lebenden Organismen wirken zweifellos technische Gesetzmäßigkeiten. Sie können und müssen aufgedeckt und alsdann in den technischen Einrichtungen, die vom Menschen geschaffen werden, ausgenutzt werden.

3. *Die produktionstechnische Notwendigkeit der Bionik*

Die Entstehung und Entwicklung der Bionik ist durch die Notwendigkeit hervorgerufen worden, jene Schwierigkeiten und Widersprüche zu überwinden, die beim Entwurf komplizierter Steuerrechner entstehen. Eines der zentralen Probleme bei der Schaffung und Vervollkommnung von Steuerungseinrichtungen ist die Zuverlässigkeit. Jede beliebige technische Einrichtung ist durch eine Reihe von qualitativen Kennziffern charakterisiert, und zwar solchen wie der Genauigkeit, der Lebensdauer, der Verschleißfestigkeit, einer bestimmten Geschwindigkeit, dem Arbeitsver-

[45] J. von Neumann, The general and logical theory of automata, in: Cerebral Mechanisms in Behavior, The Hixon Symposium, Jeffress, L. A. (Ed.), London 1951, S. 22–23.

[46] Siehe: И. Б. Гутчин, А. С. Кузичев. Бионика . . ., там же, стр. 6.

mögen, der Reparaturfähigkeitu. a. Die Gesamtheit dieser Eigenschaften, die die Tauglichkeit einer technischen Einrichtung zur Erfüllung einer gegebenen Funktion bestimmen, wird als deren Qualität bezeichnet.

Die Qualität ist bekanntlich die Bestimmtheit des Gegenstandes, durch die sich der gegebene Gegenstand von anderen unterscheidet. Die Qualität einer technischen Einrichtung ist jene Bestimmtheit, dank der sie ihre Funktion erfüllen kann. Die Qualität einer technischen Einrichtung kann dadurch, daß jeder beliebige technologische Prozeß in einer Zeit abläuft, die quantitativ genau bestimmbar ist, durch quantitative Kennziffern ausgedrückt werden. An einen technologischen Prozeß werden zeitliche Anforderungen gestellt: Er soll eine bestimmte Anzahl von Stunden dauern. Diese Forderung kann man nur unter der Voraussetzung erfüllen, daß die Qualität des technologischen Prozesses von allen technischen Einrichtungen, die an dem gegebenen Prozeß beteiligt sind, aufrechterhalten wird, d. h. bei deren zuverlässiger Arbeit. Die Qualität irgendeiner Einrichtung kann sich jedoch vor der festgelegten Zeit ändern.

Das Moment der Qualitätsveränderung ist bekanntlich ein Maß. Wenn sich die Qualität ändert, hört die Einrichtung auf, zuverlässig zu arbeiten, sie verliert ihre Zuverlässigkeit. Die Zuverlässigkeit ist das Maß für eine technische Einrichtung oder ein quantitatives Charakteristikum ihrer Qualität. Die Zuverlässigkeit wird gewöhnlich als Koeffizient aus dem Verhältnis zwischen tatsächlicher Funktionsdauer der Einrichtung und der vorgegebenen Funktionsdauer definiert.

Die Funktionssicherheit dieser oder jener Maschine und Konstruktion, dieses oder jenes Erzeugnisses, dieser oder jener technischen Anlage ist bei der Tätigkeit des Menschen immer und überall von großer Bedeutung. Die Relevanz dieses Problems ist dadurch bedingt, daß eine unzureichende Zuverlässigkeit der Erzeugnisse große Aufwendungen zu ihrer technischen Bedienung, für Reparatur und Ersatzteile verursachen. Bei geringer Zuverlässigkeit entsteht durch häufige Stillstandszeiten auch ein großer wirtschaftlicher Schaden.

Unzureichende Zuverlässigkeit kann auch zu gefährlichen Havarien führen. Kann man jedoch in anderen Bereichen der Produktionstätigkeit die Zuverlässigkeit durch eine Vergrößerung der Abmessungen, durch Anwendung festerer Materialien und durch Verwendung von Ergänzungselementen gewährleisten, so sind bei der Schaffung von Steuerungseinrichtungen diese traditionellen Methoden nicht geeignet. Bei den Steuerungseinrichtungen, die hauptsächlich auf der Grundlage funkelektronischer Geräte geschaffen werden, nimmt die Zuverlässigkeit einen qualitativ neuen Charakter an.

Steuerrechner stellen komplizierte Systeme dar, die aus einer gewaltigen Anzahl von Elementen, Blöcken, Geräten und Verbindungselementen aufgebaut sind. Die Funktionssicherheit eines Steuerrechners hängt von der Zuverlässigkeit jedes seiner Bestandteile ab. Dabei ist dies keine direkte, sondern eine Wahrscheinlichkeitsabhängigkeit. Die Erhöhung der Zuverlässigkeit aller Montageelemente führt nicht eindeutig zu einer gleichen Zuverlässigkeitserhöhung des Systems als Ganzes. Führen wir ein Beispiel dafür an. Gesetzt den Fall, daß eine Fließfertigung fünf Werkzeugmaschinen umfaßt. Wir nehmen an, daß der Zuverlässigkeitsfaktor bei jeder von ihnen 0,99 ist. Um zu bestimmen, wie hoch die Zuverlässigkeit der Taktstraße insgesamt ist, multipliziert man die Zuverlässigkeitsfaktoren aller Werkzeugmaschinen, d. h. 0,99 muß in die 5. Potenz erhoben werden. Wir erhalten ungefähr 0,94. Es ergibt sich, daß der Ausfall der gesamten Linie wahrscheinlicher ist als der Ausfall einer einzelnen Werkzeugmaschine. Das System als Ganzes ist also weniger zuverlässig als seine Glieder. Je mehr Elemente montiert werden, desto geringer ist die Funktionssicherheit des Systems als Ganzes, selbst bei einem sehr hohen Zuverlässigkeitsfaktor jedes einzelnen Elementes.

Die modernen Rechenmaschinen weisen eine große Anzahl von Montageteilen auf. Sie erreicht einige Hunderttausend. Woraus ergibt sich die Funktionssicherheit solcher Maschinen? Akademiemitglied A. I. Berg führt folgendes Beispiel an. Die Maschinen besitzen drahtlose Widerstände. Zur Herstellung dieser Widerstände werden neun verschiedene Materialien verwendet; Keramik, Messing, Emaille u. a. Zur Herstellung jedes Widerstandes werden 12 technologische Operationen ausgeführt, und jede von ihnen beeinflußt dessen Zuverlässigkeit. Wenn wir in Betracht ziehen, daß bei dem gegebenen Beispiel der Maschine 600000 drahtlose Widerstände verwendet werden, so beträgt die Gesamtanzahl der Faktoren, die auf die Funktionssicherheit der Maschinen nur bei Verwendung der einen Widerstände einwirken können, $600000 \cdot 9 \cdot 12 = 64800000$. In der Maschine werden nun außer den drahtlosen Widerständen zehntausende anderer Teile verwendet.[47]

Somit nahm die Zuverlässigkeit durch die quantitative Anhäufung von Produktionselementen (Arbeitsmaschine, Maschinensystem, Steuerrechner mit einer Vielzahl von Blöcken, Geräten und Verbindungselementen) einen qualitativ neuen, statistischen und wahrscheinlichkeitstheoretischen Charakter an. Die Zuverlässigkeit tritt als ein verallgemeinertes Ergebnis der Zuverlässigkeit einer Vielzahl von Elementen und technologischer Prozesse auf. In der Entwicklung der modernen Technik wurde die Zuverlässigkeit zu einem der zentralen Probleme des wissenschaftlich-technischen Fortschritts. Die weitere Vervollkommnung der Steuerungssysteme ist mit der Notwendigkeit einer Vergrößerung der Anzahl der Montageteile verbunden. Dies ruft eine Verringerung der Zuverlässigkeit der Systeme hervor.

Zwischen der wachsenden Kompliziertheit der technischen Einrichtungen und der Verringerung ihrer Funktionssicherheit entsteht ein wissenschaftlich-technischer Widerspruch.

Es wird angenommen, daß diejenigen Steuerungseinrichtungen, die über ungefähr 100000 Radioteile verfügen, nicht länger als einige Dutzend Minuten störungsfrei arbeiten können, wenn keine speziellen Maßnahmen ergriffen werden. Diese technischen Schwierigkeiten hatten die Entstehung und Entwicklung eines speziellen Zweiges der

[47] А. И. Берг. Кибернетика и надежность. Москва, 1963, стр. 25.

Wissenschaft, die Zuverlässigkeitstheorie, zur Folge, die das physikalische Wesen der Zuverlässigkeit der Elemente der Steuerungssysteme und die Zuverlässigkeitsprinzipien der Struktur dieser Systeme untersucht. Die Zuverlässigkeitstheorie erarbeitete verschiedene Methoden und technologische Prozesse, die eine Erhöhung der Zuverlässigkeit garantieren.[48] Die bionische Richtung zur Lösung der entstandenen Probleme ist jedoch am aussichtsreichsten. Bei der Erforschung der Steuerungsgesetze, die in den lebenden Organismen wirken, richteten die Wissenschaftler ihre Aufmerksamkeit auf die außerordentlich hohe Funktionssicherheit eines solchen vielelementigen Steuerungssystems wie das Gehirn. Das Gehirn des Menschen besteht bekanntlich aus 10—18 Milliarden Zellen und ungefähr 10 Trillionen Nerven„leitungen". Trotz einer solchen Kompliziertheit steuert das Gehirn unter sehr komplizierten veränderlichen Bedingungen störungsfrei den Organismus. Noch mehr, bei Verletzungen regeneriert sich das Gehirn allmählich und setzt die Arbeit fort.[49] Die Elemente des Gehirns, die Neuronen, gehen überdies beim erwachsenen Menschen ununterbrochen zugrunde. Nach Ansicht der Fachleute sterben bei günstigsten Existenzbedingungen stündlich etwa 1000 Neuronen ab. Dieses Zugrundegehen ist dabei unwiderruflich, da Neuronen die einzige Form von Zellen

[48] „Gegenwärtig existieren Halbleiterinstrumente, bei denen z. B. die berechnete Verteilung des Versagens so groß ist, daß man bei einer Temperatur von 200 °C innerhalb von 400 Jahren lediglich 5 Prozent Versager erwarten kann. Um die Zuverlässigkeit jener Komponente zu beurteilen, die wahrscheinlich schon nach 5 Jahren altert, sind 400 Jahre ohne Zweifel ein zu langer Zeitraum." (Введение в микроэлектронику. Москва 1968, стр. 193—194).

[49] „Es wurde ein Fall einer schweren unsichtbaren Splitterverletzung des Stirn- und Augenhöhlenbereiches beobachtet, nach der der Verletzte, ohne das Bewußtsein zu verlieren, aus dem Kreis der Pulkovskihöhen auf dem Motorrad ins Hospital nach Leningrad fuhr und ungefähr 20 km auf der Maschine zurücklegte. Als er vom Motorrad gestiegen war, meldete er sich im Aufnahmezimmer und wurde untersucht. Resultat: „Genesung". (Опыт советской медицины в Великой Отечественной войне 1941—1945 гг., т. 4. Москва, 1949, стр. 341).

sind, die sich nicht durch Teilung vermehren.[50] Trotz des ununterbrochenen Ausfalls von Elementen, trotz vieler Verletzungen lebt das Gehirn, funktioniert es, steuert es alle Prozesse des Organismus. In der Technik aber führt der Ausfall irgendeiner Niete oder der Abriß eines Kontaktes zum Ausfall ganzer Produktionssysteme. Die Untersuchungen zur Zuverlässigkeit des Gehirns und die Ausnutzung der gewonnenen Kenntnisse bei der Schaffung technischer Einrichtungen sind eine der wichtigsten Aufgaben der Bionik.

Welche Prinzipien sichern denn dem Gehirn eine so hohe Funktionssicherheit? Die Forschungen der Physiologen haben gezeigt:

1. Das Gehirn arbeitet durch Erregung und Hemmung der Nervenzellen und -zentren. Jede Gelegenheit eines Ruhezustandes (eines Hemmungszustandes) der Zellen wird zur Wiederherstellung ihrer Arbeitsfähigkeit, zur „prophylaktischen Überholung" ausgenutzt. Dies ist das kompensierende Schutzprinzip des Gehirns.

2. Es existiert eine Lokalisierung von Funktionen im Gehirn. Die Steuerung der verschiedenen Prozesse geschieht durch spezielle Zentren. Werden jedoch irgendwelche Zentren verletzt, so stellt sich das Gehirn allmählich um, und die gegebene Steuerungsfunktion wird von anderen Zentren ausgeführt oder es bildet sich ein anderes Zentrum. Die hohe Spezialisierung der Nervenzentren ist mit deren Flexibilität und Anpassungsfähigkeit sowie der Fähigkeit der Zentren verbunden. ihre Funktionen dynamisch umzustellen. Dies ist das Regenerationsprinzip der Funktionen.[51]

3. Das Gehirn ist in eine Hierarchie von Steuerungszentren aufgeteilt. Die höheren Hirnzentren wiederholen die Operationen der niederen nicht, übernehmen deren Aufgabe nicht und tauschen sie nur unter Bedingungen aus, wenn eine Unterbrechung der zuverlässigen Arbeit dieser

[50] И. Б. Гутчин, А. С. Кузичев, Бионика . . ., там же, стр. 7.

[51] А. Н. Леонтьев, А. В. Запорожец, Восстановление движений. Москва, 1945.

Zentren droht. Dabei mobilisieren die höheren Zentren alle potentiellen Möglichkeiten des Gehirns und des gesamten Organismus für die zuverlässige Ausführung einer gegebenen Funktion. Dies ist ein Prinzip, das dem Gehirn eine zuverlässige Arbeit garantiert (es muß bemerkt werden, daß diese Art Dopplung der Funktion der Hirnzentren nichts mit der Dopplungsmethode gemein hat, die in der Technik häufig angewendet wird, um die Zuverlässigkeit dadurch zu erhöhen, daß das gleiche Schaltelement in doppelter Ausfertigung [oder sogar mehrfach] eingebaut wird. Fällt das erste Schaltelement aus, so übernimmt das zweite [dann das dritte usw.] dessen Funktion).

Dies sind nur einige Prinzipien, die eine hohe Effektivität der Hirntätigkeit gewährleisten.

Ein anderes Problem des wissenschaftlich-technischen Fortschritts, das die Entstehung und Entwicklung der Bionik hervorrief, ist die Miniaturisierung.

Die Entwicklung von Steuerrechnern führte zur Entstehung eines wissenschaftlich-technischen Widerspruchs zwischen der Funktion der technischen Einrichtung und deren Abmessungen und Gewicht.

Die komplizierten selbsteinstellenden Maschinen, besonders die lernenden Maschinen, sind für die Steuerung sich bewegender Objekte bestimmt. Das Lernen ist notwendig, sobald dieses oder jenes Steuerungsobjekt in eine neue, unvorhergesehene Situation gelangt. Solche Arbeitsbedingungen entstehen gewöhnlich bei Objekten, die sich im Raum bewegen, wie z. B. bei Flugzeugen, Raketen, Raumschiffen und kosmischen Systemen, die auf andere Planeten geschickt werden. Je mobiler ein Objekt ist, desto größer ist die Wahrscheinlichkeit unerwarteter Bedingungen und desto kompliziertere Funktionen muß die Steuerungseinrichtung erfüllen. Je komplizierter aber die Funktionen sind, desto größer ist die Anzahl der Montageteile und um so größer sind folglich das Volumen und das Gewicht der Steuerungseinrichtung. Volumen und Gewicht können, wenn keine speziellen Maßnahmen getroffen werden, solche Ausmaße annehmen, daß die Bewegung des Objektes wesentlich erschwert wird. Die Lösung dieses Widerspruches hatte die Entwicklung einer vollkommen neuen wissenschaftlich-technischen Richtung, der Miniaturisierung zur Folge. Die Wissenschaftler und Ingenieure suchten nach Wegen zur Verringerung der Abmessungen und zur Verminderung des Gewichtes von Steuerungseinrichtungen.

Die Bedürfnisse der Miniaturisierung gaben den Impuls zur Entwicklung verschiedener theoretischer Untersuchun gen auf dem Gebiet der physikalischen Eigenschaften von Halbleitermaterialien, auf dem Gebiet der Festkörperphysik, der physikalisch-chemischen Eigenschaften dünner Filme u. a. Es sind große Erfolge erzielt worden, die es erlauben, das Gewicht und die Abmessungen der Montageelemente wesentlich zu verringern. Die sogenannten Filmschaltungen, bei denen die Funktionen der Widerstände, Kondensatoren und Leitungen von Elementen erfüllt werden, die durch eine Vereinigung dünner Filme aus leitenden, dielektrischen und isolierenden Materialien geschaffen werden, erlauben es, eine Dichte von 50—200 Teilen pro cm^3 zu erreichen. Die gegenwärtig entworfenen festen Schaltungen stellen Halbleiterkristalle dar. Einige Abschnitte von ihnen erfüllen die Funktionen elektronischer Elemente. Diese Schaltungen bieten die Möglichkeit, eine Dichte von 100—2000 Teilen pro cm^3 zu erreichen.[52]

Trotz der erreichten sehr hohen Montagedichte der Elemente hält diese keinem Vergleich mit der Dichte stand, die uns die Natur demonstriert. Die Zellen des Gehirns, die Neuronen, führen den gegenwärtigen Vorstellungen zufolge Schaltfunktionen aus wie Radioröhren. Man kann daher einen Vergleich zwischen den funkelektronischen Elementen und den Neuronen anstellen. Die Neuronendichte des menschlichen Gehirns erreicht durchschnittlich 100 Millionen pro cm^3 [53], in einigen Abschnitten ist sie noch höher. Im Zentrum des Gesichtsfeldes sind z. B. 16mal mehr Zellen als im Zentrum des Gehörfeldes und 10mal mehr Zellen als im Zentrum des Bewegungsfeldes.[54]

[52] Автоматизация производства и промышленная электроника. В: Энциклопедия современной техники, т. 2, стр. 286.
[53] Ebenda, S. 283.
[54] С. М. Блинков, И. И. Глезер, Мозг человека в цифрах и таблицах. Ленинград, 1964, стр. 203.

Viele Erscheinungen an lebenden Organismen sind ausschließlich aus der Sicht der Miniaturisierung von Interesse. A. I. Berg und B. S. Sotskov heben hervor, daß die Insekten Miniaturorgane besitzen, die Druckänderungen wahrnehmen und es erlauben, Schall- und Infraschallschwingungen zu erfassen. Die an den Beinen einiger Insekten gelegenen Organe gestatten Ortsveränderungen von der Größe des Durchmessers eines Wasserstoffatoms zu erfassen. Viele Insekten haben Organe, die auf Feuchtigkeitsänderungen reagieren, was ihnen erlaubt, bei Herannahen von Regen rechtzeitig Schutz zu suchen. Die Kenntnis des Aufbaus dieser Organe und deren Wirkprinzip würde die Schaffung von Miniaturgebern für viele physikalische Größen erleichtern.[55]

Bezüglich der Miniaturisierung gibt es für Ingenieure bei der Natur etwas zu lernen. Es ist auch interessant hervorzuheben, daß sich das Gehirnvolumen, wie Vergleichsdaten zeigen, im Verlaufe der Evolution des Neuzeitmenschen trotz der unverkennbaren Komplizierung der Gehirnfunktionen im Zusammenhang mit der intellektuellen Entwicklung entgegen der weit verbreiteten Meinung nicht vergrößert hat, sondern umgekehrt, sich verringerte. So betrug für Europa im oberen Paläolithikum das mittlere Schädelvolumen 1505 cm^3, beim Cro-Magnon-Menschen 1570 cm^3 und bei den heutigen Europäern $1446{,}1 \pm 5{,}9$ cm^3. Es ist zu erkennen, daß sich die Evolution des Gehirns beim Neuzeitmenschen nicht über eine mengenmäßige Vergrößerung der Nervenelemente (der Zellen) vollzieht, sondern über eine Komplizierung der Verbindungen zwischen den Elementen.[56] Die Natur demonstriert somit, daß die Schaffung von Steuerrechnern mit komplizierteren Funktionen nicht unbedingt mit einer Vergrößerung der Menge der Montageelemente verbunden ist.

[55] Siehe: Вопросы бионики, там же, стр. 5. Zur Beschreibung vieler Fähigkeiten lebender Organismen zur Informationsaufnahme und -verarbeitung siehe: А.И. Прохоров. Бионика. Москва, 1963; он же. Инженер учится у природы. Москва, 1967.

[56] С. М. Блинков, И. И. Глезер. Мозг человека . . ., там же, стр. 134.

Ein bedeutender Stimulus zur Entwicklung der bionischen Forschungen ist das Bestreben, neue Prinzipien zur Vervollkommnung eines solch wichtigen Teils der Steuerungseinrichtungen wie der Speicher zu finden.

Die Rechenanlagen bestehen aus zwei Hauptkomponenten: den logischen Elementen, die für die Ausführung der logischen Operationen bestimmt sind, und den Speicherelementen oder dem Gedächtnis. In ihnen wird die Information der Anfangswerte, der Zwischenergebnisse von Berechnungen, der konstanten Größen, der Programmbefehle u. a. als feste Werte irgendwelcher Parameter (mechanische, thermische, elektrische, magnetische u. a.) gespeichert. Die Qualität des Speichers bestimmt in bedeutendem Maße die Qualität des gesamten Steuerrechners.

Wie der amerikanische Wissenschaftler J. Ivens bemerkt, „... wurde die Entwicklung der Rechentechnik durch die Unvollkommenheit der Speicher lange Zeit gehemmt. Sie legte der Struktur Begrenzungen auf und bestimmte die Kosten der Rechenanlagen. Die Arbeitsgeschwindigkeit der Maschinen war durch die Zeit, die zum Speichern und Aufsuchen der benötigten Informationen erforderlich war, begrenzt. Der Erarbeitung und Vervollkommnung der Speicher wurde daher besondere Aufmerksamkeit gewidmet."[57]

Die wichtigsten Charakteristika der Speicher in Steuerrechnern sind die Speicherkapazität und die Arbeitsgeschwindigkeit. Die Speicherkapazität ist definiert als die Anzahl der Informationen (Zahlen oder Befehle), die im Speicher zur gleichen Zeit gespeichert werden können. Die Arbeitsgeschwindigkeit ist die Zeit, die zur „Speicherung" und „Entspeicherung" benötigt wird, d. h. die Zeit, in der die Informationsaufzeichnung und das Lesen der gespeicherten Daten ausgeführt wird. Die Vervollkommnung der Steuerrechner ist mit der Verbesserung dieser Speichercharakteristika eng verbunden. Je vollkommener der Steuerrechner ist, ein um so größeres Informationsfeld verarbeitet er, um so größer ist der Speicherumfang und um so höher

[57] Д. Ивенс. Логические схемы и память электронной вычислительной машины. В: Информация. Москва, 1968, стр. 34.

ist die Arbeitsgeschwindigkeit. Bei der Entwicklung der Speicher entsteht jedoch ein Widerspruch zwischen der Speicherkapazität und der Arbeitsgeschwindigkeit: Je größer die Speicherkapazität, desto geringer die Arbeitsgeschwindigkeit. So bedeutet bei einem Magnettrommelspeicher die Vergrößerung der Speicherkapazität eine Vergrößerung seiner geometrischen Abmessungen (insbesondere des Durchmessers). Das verzögert die Arbeitsgeschwindigkeit bei der Aufzeichnung neuer Information sowie bei der Suche der aufgezeichneten Information.

In den letzten 10 bis 15 Jahren sind auf dem Gebiet der Erhöhung der Speicherkapazität und der Arbeitsgeschwindigkeit der Speicher große Erfolge erzielt worden. So besaß die BESM-1 der Akademie der Wissenschaften der UdSSR (1953) eine Speicherkapazität von 1024 Zahlen und eine Arbeitsgeschwindigkeit von 12 Mikrosekunden. Die in den letzten Jahren entwickelte „Strela" verfügt über eine Speicherkapazität von 2048 Zahlen und eine Arbeitsgeschwindigkeit von 15 Mikrosekunden (eine Verdoppelung der Speicherkapazität verringerte die Arbeitsgeschwindigkeit nur wenig).

Wenn die vom Menschen geschaffenen Rechenanlagen in der Arbeitsgeschwindigkeit das menschliche Gehirn offenbar übertreffen, so halten die Maschinen hinsichtlich ihrer Speicherkapazität einem Vergleich mit ihm nicht stand. So kann sich die menschliche Gedächtnisleistung bei gleichen vereinbarten Einheiten und einer phantastischen Dichte von 10^{12} Dualzeichen pro cm^3 auf ungefähr 10^{15} Zahlen belaufen.[58]

[58] Siehe: Автоматизация производства и промышленная электроника. В: Энциклопедия современной техники, т. 4, стр. 247. Über das menschliche Gedächtnis sind viele interessante Fakten bekannt. So kannte König Mithridates von Pontus (132 bis 63 v. u. Z.) 22 Sprachen, Kardinal Mezzofanti (gestorben 1849 in Rom) verstand 66 Sprachen und konnte 36 Sprachen sprechen, Alexander von Mazedonien und Caesar kannten die Namen aller ihrer Soldaten (mehr als 30000). Ein außerordentlich musikalisches Gedächtnis besaß Mozart, der im Alter von 14 Jahren nach zweimaligem Anhören in der Sixtinischen Kapelle die Noten eines Allegros sowie vier- und fünfstimmige Psalmen mit einem neunstimmigen Schlußchor aufschrieb. Der des Lesens und Schreibens unkundige Mathe-

Die Aufdeckung der Prinzipien, über die das Gehirn zur Speicherung von Information verfügt, wird nicht nur die Voraussetzungen zur Überwindung der gegenwärtig bei der Entwicklung von Datenverarbeitungsanlagen bestehenden Widersprüche schaffen, sondern die Rechentechnik auch auf eine qualitativ neue Stufe heben. Schon jetzt versuchen die Ingenieure beim Entwerfen von Speichern für Datenverarbeitungsanlagen solche Prinzipien wie die Hierarchie und die Assoziation auszunutzen. Es ist bekannt, daß die Grundform des Denkens die Begriffe sind, die einen unterschiedlichen Umfang besitzen und die hierarchisch vom Einfachen zum Komplizierten koordiniert sind. Wie wir bereits feststellten, wird dieses Prinzip der hierarchischen Informationsspeicherung beim Entwerfen lernender Steuerungseinrichtungen genutzt. Auch das Assoziationsprinzip wird hierbei genutzt, indem die Aktivierung des Speichers nicht durch sukzessiven Zugriff aus allen vorhandenen Adressen erfolgt, sondern lediglich auf der Grundlage einer gewissen Ähnlichkeit der von außen eingehenden Information mit der im Speicher enthaltenen.

Die Untersuchung der Aufbau- und Funktionsprinzipien der Speichermechanismen bei lebenden Organismen und besonders beim Menschen werden bei der Schaffung moderner technischer Einrichtungen zur Informationsspeicherung zu neuen Ideen führen, große Möglichkeiten für die Entwicklung der Steuerrechner bieten und die Voraussetzungen dafür schaffen, die Rechentechnik auf eine qualitativ neue Stufe zu heben.

Die Rechentechnik stellt gegenwärtig einen der Zweige des technischen Fortschritts dar, der sich stürmisch entwickelt. Sie erfaßt alle neuen Bereiche der Produktion und der menschlichen Tätigkeit überhaupt. Von der Entwicklung der Rechentechnik hängt in bedeutendem Maße der

matiker Inaudi konnte im Kopf zwei 24-stellige Zahlen multiplizieren und dabei gleichzeitig auf Fragen antworten sowie 42 Zahlen aus dem Gedächtnis wiederholen, die von einem anderen gerade vorgesprochen worden wurden. Die Kapazität des menschlichen Gedächtnisses beläuft sich auf 10^{12} bit pro cm^3, was etwas weniger ist als die Informationsmenge, die in 10 Millionen Bänden (10^{13} bit) enthalten ist.

allgemeine Fortschritt der Volkswirtschaft und damit auch der gesamten Gesellschaft ab.

Werden indessen keine speziellen Maßnahmen zur Änderung der augenblicklichen Methoden der Rechentechnik getroffen, so wird diese Technik — wie die Forschungen zeigen — die Grenze ihrer Entwicklung erreichen. Die Fachleute legen diese Grenze bei 10^{47} binären Informationseinheiten pro Sekunde fest.[59] Diese Zahl ist wirklich nicht sehr hoch, wenn man jene Aufgaben berücksichtigt, die von der modernen Wissenschaft und Technik den verschiedenen Steuerungseinrichtungen gestellt werden. „Verwendet man die vorhandenen Aufgabenlösungsmethoden, indem man alle möglichen Lösungen durchprüft, so beträgt, wie Ashby zeigte, die Anzahl der möglichen Varianten für die Lösung einer ganz ‚gewöhnlichen' technischen Aufgabe, wo gefordert wird, das Vorhandensein einiger vorgegebener Eigenschaften an einem gewissen Gebilde zu bestimmen, das in Form einer quadratischen Matrix aus 400 Elementen vorgegeben ist, 2^{10120}."[60] Keine der Rechenanlagen ist in der Lage, all diese Varianten durchzuprüfen. Das bedeutet, daß die existierenden Aufgabenlösungsmethoden in vielen Fragen, die im Verlaufe der Entwicklung von Wissenschaft und Technik aufgeworfen werden, nicht helfen können. Es entsteht ein Widerspruch zwischen den Bedürfnissen des wissenschaftlich-technischen Fortschritts und den Methoden und Arbeitsprinzipien der technischen Einrichtungen. Die Untersuchungen der Psychologen und Physiologen zeigen jedoch, daß der Mensch ähnliche Aufgaben verhältnismäßig schnell und leicht löst. Er erkennt ohne Mühe Gegenstände an einigen Eigenschaften, die charakteristisch für sie sind, ohne alle möglichen Varianten vorher durchprüfen zu müssen.

Welche Methoden benutzt der Mensch dabei? Dies ist eine zentrale Frage, an der einer der bedeutendsten Wissenschaftszweige arbeitet, die Heuristik. Einige Erkenntnisse der Heuristik sind der Methode der dynamischen Programmierung, die von Bellman erarbeitet wurde, zugrunde ge-

[59] Вопросы бионики, там же, стр. 8.

[60] Ebenda, S. 8. Als Vergleich sei vermerkt, daß das gesamte für uns sichtbare Universum aus 10^{73} Atomen besteht.

legt. Der wissenschaftlich-technische Wert dieser Methode zeigt, daß bei der Entwicklung der Rechentechnik die Heuristik und die Bionik prinzipiell einen Ausweg aus der entstandenen Schwierigkeit zeigen und neue Methoden anbieten können, die imstande sind, auch diesen Widerspruch des wissenschaftlich-technischen Fortschritts zu lösen.

Die Bionik ist in der relativ kurzen Geschichte ihrer Entwicklung in verschiedene Bereiche der Wissenschaft, Technik und Produktion eingedrungen und tut dies weiterhin. Die bionischen Forschungen sind nicht nur mit der Entwicklung von Datenverarbeitungsanlagen verbunden, sondern auch mit der Lösung von Aufgaben aus der Architektur, der Aerodynamik, der Energetik, des Schiffsbaus, der Navigation u. a. Die Bionik verwandelt sich zu einer der bedeutendsten Richtungen des gegenwärtigen wissenschaftlich-technischen Fortschritts. Bei der Überwindung der Anfangsschwierigkeiten benötigt sie zu einer erfolgreicheren Klärung ihres Gegenstandes, zur Erarbeitung spezifischer Erkenntnismethoden, zur Herausbildung ihres Begriffsapparates und zur Bestimmung des Platzes im Wissenssystem des Menschen und der praktischen Tätigkeit eine allseitige methodologische Analyse.

Viertes Kapitel

Die Steuerung und Regelung von Naturprozessen

Ende des 19. bis Anfang des 20. Jahrhunderts wurden wissenschaftliche Entdeckungen gemacht, die Lenin als neueste Revolution in den Naturwissenschaften bezeichnete. Die gegenwärtige Revolution in der Technik ist durch die Entwicklung der Automatisierung gekennzeichnet und mit der neuesten Revolution in den Naturwissenschaften organisch verbunden. Die Erfolge der modernen Wissenschaft sind durch die Aufdeckung wesentlicher innerer Wechselbeziehungen, durch die Erforschung der Prozesse und Eigenschaften charakterisiert, die der ganzen Mannigfaltigkeit der den Menschen umgebenden Natur zugrunde liegen.

1. Die Möglichkeit der Steuerung und Regelung physikalisch-chemischer und biologischer Erscheinungen

Zu einer wissenschaftlichen Entdeckung, die den Grundt stein für die revolutionäre Veränderung in Wissenschaf- und Technik legte (die ihrerseits zum Vorboten der gegenwärtigen wissenschaftlich-technischen Revolution wurde) muß man offenbar die von Aleksandr M. Butlerov im Jahre 1861 aufgestellte Theorie von der chemischen Struktur der Stoffe zählen. Seine Arbeiten bildeten die Grundlage für jene wissenschaftlichen Ergebnisse, die es ermöglichten, Naturvorgänge (chemische Prozesse) bewußt zu steuern. Den Grundgedanken seiner Theorie formulierte A. M. Butlerov folgendermaßen: „Die chemische Natur des zusammengesetzten Teilchens wird durch die Natur der elementaren Bestandteile, durch deren Menge und chemische Struktur bestimmt".[1]

Dmitrij I. Mendeleev charakterisierte die Verdienste Butlerovs für die Wissenschaft und die Bedeutung seiner Theorie, indem er schrieb: „Alle seine Entdeckungen entspringen einer gemeinsamen Idee. Das ist die Idee von der sogenannten chemischen Struktur: Er strebt durch das Studium der chemischen Umwandlungen an, in das Innerste der Bindungen einzudringen, die verschiedenartigen Elemente zu einem Ganzen zusammenzuhalten. Er erkennt in jedem Element die angeborene Fähigkeit, eine bestimmte Anzahl von Verbindungen einzugehen. Die verschiedenen Eigenschaften schreibt er der unterschiedlichen Bindungsart der Elemente zu."[2]

Die Theorie von der chemischen Struktur der Stoffe enthüllt erstmals den inneren Mechanismus, die wesentlichen Prozesse, die zur Bildung der chemischen Eigenschaften eines Stoffes führen. Mit Butlerovs Theorie beginnt die moderne organische Chemie, die für zahlreiche praktische Anwendungen der Chemie in der Volkswirtschaft die theoretische Grundlage bildet. Die organische Chemie, deren Grundlagen von Butlerov gelegt wurden, verzweigte sich in jüngster Vergangenheit außerordentlich stark. Es entstanden die Stereochemie, die Chemie der elementorganischen Verbindungen, die Hochmolekularchemie, die Chemie der Polymeren, die Chemie der Antibiotica, Vitamine und Hormone, die Farbstoffchemie u. a.

In den letzten Jahren ging die organische Chemie eine enge Verflechtung mit Grenzgebieten der Naturwissenschaften, mit der Physik, der Medizin, der Biologie u. a. ein. Außerordentliche Bedeutung gewannen die Methoden der organischen Chemie in der modernen Technologie der Kautschukgewinnung, der Herstellung von Plasten, synthetischen Fasern, Medikamenten; in der Film- und Fotoindustrie, der Herstellung verschiedener Wachstumsstimu-

[1] A. M. Butlerov, Die Strukturtheorie Butlerovs (Große Sowjetenzyklopädie, Reihe Chemie, 2), Leipzig 1953, S. 31, 32.

[2] Журнал Русского физико-химического общества, Часть химическая, 1929, т. 61, вып. 4, стр. 643—644.

latoren für Pflanzen und Tiere, von Schädlingsbekämpfungsmitteln für die Landwirtschaft u. a. m.

Mit den Methoden der organischen Chemie gelang es, die Struktur und die biologische Rolle der Nukleinsäuren aufzuklären. Für die Entwicklung der Genetik und anderer Zweige der Biologie war das von wesentlichem Einfluß. Die organische Chemie erforscht die Struktur der Eiweiße, mit denen der Stoffwechsel der Nukleinsäuren verbunden ist, die die stofflichen Träger der Erbmerkmale darstellen und diesen oder jenen Organismus, diese oder jene Art von Vitaminen und Hormonen zur Folge haben und den Stoffwechsel regulieren. Damit schlägt die organische Chemie zwischen der unbelebten und belebten Natur eine Brücke besonderer Art und trägt dazu bei, das Wesen des Lebens zu ergründen. Die Chemie und die chemische Technologie, ohne deren Erkenntnisse man sich unmöglich die gegenwärtige wissenschaftlich-technische Revolution vorstellen kann, nehmen ihren Ursprung direkt in der chemischen Strukturtheorie von A. M. Butlerov.

Dank der Erfolge bei der Feststellung eines Zusammenhanges zwischen Struktur und Eigenschaften organischer Verbindungen erhielt der Mensch durch die organische Chemie die Möglichkeit, neue Materialien mit vorherbestimmten Eigenschaften herzustellen. Der Mensch stellte sich z. B. bei der Herstellung von Geweben stets die Aufgabe, die Strapazierfähigkeit, die Elastizität, die Zerschleißfestigkeit u. a. zu erhöhen. Höchstwerte bei diesen Eigenschaften weisen jedoch die natürlichen Stoffe wie Leinen, Seide, Wolle, Baumwolle u. a. auf. Die Erforschung der Abhängigkeit physikalisch-mechanischer Eigenschaften von der chemischen Struktur eines Stoffes ermöglichte es, die Eigenschaften künstlicher Gewebe zu regulieren. Bekanntlich bestimmen die sogenannten Wasserstoffbindungen viele Eigenschaften der chemischen Verbindungen. So bewirkt eine geringe Verminderung in der Anzahl der Wasserstoffbindungen eine starke Erhöhung der Beweglichkeit der Molekülketten und folglich eine erhöhte Elastizität des Gewebes. Die Verringerung der Anzahl der Wasserstoffbindungen vermindert natürlich die Haltbarkeit der Fäden etwas. Durch Vergrößerung der Moleküllänge kann dies jedoch beseitigt werden. Es existiert eine ganze Gruppe organischer Verbindungen, die als Weichmacher bezeichnet werden. Der Zusatz von Weichmacheratomen verleiht den polymeren Stoffen Plastizität, erweitert den Bereich ihres hochelastischen Zustands, erhöht die Kältebeständigkeit und gewährleistet eine hohe Schmelztemperatur. Der Zusatz eines Weichmachers wie z. B. Phthalat verleiht dem Polymeren gute Kältebeständigkeit und hohe Dielektrizitätskennziffern; der Weichmacher Phosphat verleiht den Polymeren Hitzebeständigkeit usw. Durch Variation der Reaktionsbedingungen wie Druck und Komponentenverhältnis kann die mittlere Molekularmasse der Reaktionsprodukte reguliert werden. Auf diese Weise können Verbindungen erzielt werden, die eine vorgegebene Anzahl von Atomen im Molekül enthalten, d. h. man kann Materialien mit erforderlichen, vorher festgelegten Eigenschaften herstellen. Es muß erwähnt werden, daß die Chemiker auch früher künstliche Stoffe hergestellt haben. Im Jahre 1828 synthetisierte Wöhler zum ersten Mal Harnstoff. Seit Mitte des vorigen Jahrhunderts vergrößert sich die Anzahl der künstlich gewonnenen organischen Stoffe schnell.[3]

Man kann jedoch nicht sagen, daß schon damals Stoffe mit vorher festgelegten Eigenschaften hergestellt wurden,

[3] Robert Hocke schrieb schon im Jahre 1665: „Ich denke oft daran, daß es offenbar möglich ist, Wege zu finden, um künstlich eine solche klebrige Masse zu erhalten, wie sie sich bei der Seidenraupe bildet oder sogar noch besser ist. Würde eine solche Masse gefunden werden, so wird es anscheinend eine leichtere Aufgabe sein, einen Weg zu finden, aus dieser Masse dünne Fäden zu ziehen". (Siehe: (Р. Х. Фреидлина, Ш. А. Карапетян, Полимеризация и новые синтетические материалы. Москва, 1959, стр. 57). Zuallererst wurde in England im Jahre 1853 die Gewinnung von Kunstfaser aus Nitrozellulose patentiert, die dort jedoch erst 1883 hergestellt wurde. 1891 ging in Frankreich das erste Kunstfaserwerk der Welt zur Herstellung von Nitratseide aus Zellulose, einem hochmolekularen Naturstoff, in Betrieb. Das zur Herstellung von Nitratseide angewandte Prinzip blieb bis zur Gegenwart unverändert und liegt der industriellen Herstellung jeder beliebigen Chemiefaserart zugrunde: Man preßt die zähflüssige Lösung oder Schmelze des Polymeren durch feine Öffnungen, formt die sich bildenden Fäden und trennt sie ab.

denn es existierte keine vollständige Theorie. Die Schaffung der theoretischen Grundlagen für eine zielgerichtete Steuerung der chemischen Eigenschaften eines Stoffes setzte zur Erforschung der Abhängigkeit der physikalisch-mechanischen und chemischen Eigenschaften eines Stoffes von der chemischen Struktur, zur Erforschung des Wesens der chemischen Bindung, zur Erforschung des Elektronenaufbaus, der optischen, elektrischen, magnetischen und Hochfrequenzeigenschaften der Moleküle eine gewaltige Entwicklung der Physik und der Chemie voraus. Große Möglichkeiten bietet die Anwendung quantenmechanischer Methoden zur Analyse chemischer Prozesse. Im Prinzip kann die Gesamtheit der Eigenschaften eines Moleküls durch eine hinreichend genaue Lösung der Schrödingerschen Gleichung für entsprechende Kern-Elektronen-Systeme beschrieben werden.

Schon bei der Beschreibung eines mehr oder weniger komplizierten Moleküls stößt man gegenwärtig jedoch beim Lösen der Gleichung auf gewaltige mathematische Schwierigkeiten. Sie ergeben sich aus der Notwendigkeit, die Wellengleichung für den mehrdimensionalen Raum bei nichttrennbaren Variablen zu lösen. Bei der Untersuchung des Elektronenaufbaus der Moleküle benutzt man daher approximative Berechnungsverfahren und in einer Reihe von Fällen halbqualitative und qualitativ-deskriptive Methoden. Die weitgehende Anwendung der Rechentechnik gestattet es, chemische Prozesse bewußt zu steuern. Die Entwicklung der Chemie und die Erweiterung einer zielgerichteten Umgestaltung sind eng mit der Entwicklung der Physik verbunden.

In den letzten Jahren des 19. Jahrhunderts wurde das Elektron als Bestandteil des Atoms entdeckt. Die jahrhundertelang vorherrschende Auffassung, daß das Atom der letzte unteilbare Baustein aller Dinge sei, wurde mit Entschlossenheit verworfen. Die Erforschung des Feldes und die Entdeckung verschiedener Strahlungen (insbesondere der Röntgenstrahlen) im letzten Jahrzehnt des 19. und in den ersten Jahren des 20. Jahrhunderts zeigten, daß Eigenschaften der Materie existieren, die vorher völlig unbekannt waren. In den Arbeiten von Planck, Einstein,

P. N. Lebedev und anderen Gelehrten wurde der Grundstein für die Untersuchung der Struktur und des Aufbaus der in Form von Feldern auftretenden Materie gelegt. M. Sklodowska-Curie entdeckte die natürliche Radioaktivität und zeigte damit, daß der Veränderung vieler beobachtbarer physikalischer Eigenschaften eines Stoffes komplizierte innere Vorgänge zugrunde liegen.

Es begann eine bewußte Absage der Naturforscher an die klassischen Vorstellungen, die sich herausgebildet hatten, da nur die äußere, unmittelbar beobachtbare Seite physikalischer Prozesse erforscht worden war. Man ging zur Bildung neuer Begriffe über, die die innere, wesentliche Seite der Naturerscheinungen widerspiegelten. Da Prozesse, die im Wesen einer Sache liegen, sich von ihrer äußeren Erscheinung unterscheiden, kann man das Wissen über diese Prozesse auf keinen Fall in anschaulichen Bildern widerspiegeln. Mit dem Übergang zur Untersuchung des Wesens von Erscheinungen wächst daher die Rolle der Mathematik „Nach einer kurzen Periode des geistigen und menschlichen Durcheinander, das durch die zeitweilige Begrenzung der ‚Anschaulichkeit' hervorgerufen war", schreibt der bekannte Physiker Wolfgang Pauli, „wurde über den Ersatz konkreter Bilder durch abstrakte mathematische Symbole — z. B. durch psi — eine allgemeine Übereinkunft erzielt."[4]

Mit der Entwicklung der Quantenmechanik und der Quantentheorie drangen die Physiker immer mehr in die Welt der Elementarteilchen und der Feldstruktur ein. Es wurden verschiedene Arten von Feldern entdeckt, wie das elektromagnetische Feld, das Gravitationsfeld, das Kern- oder Mesonenfeld. Eine Unmenge von stofflichen Elementarteilchen ist entdeckt worden. Schon D. I. Mendeleev schrieb 1870 in seinem Aufsatz „Das natürliche System der Elemente und seine Anwendung zur Angabe der Eigen-

[4] W. Pauli, Verbotsprinzip, Lorenzgruppe, Widerspiegelung des Raumes, der Zeit und der Ladung, in: Niehls Bohr and the Development of Physics, Essays dedicated to Niehls Bohr on the occasion of his seventieth birthday, Ed. W. Pauli, with L. Rosenfeld and V. Weisskopf, London 1955, S. 30.

schaften unentdeckter Elemente"*, daß sich alles aus den Elementen ergebe. Das ganze Studium der Chemie bestehe darin, die Eigenschaften der Elemente zu studieren, Ziel und Aufgabe sei es, das eine in das andere Element umzuwandeln. Das wird auch weiterhin so sein. Dieses ‚weiterhin' fällt in unsere Zeit.

Durch die Forschungsergebnisse von Niehls Bohr und Ernest Rutherford wurde klar, daß die Atomkerne die hauptsächlichen Charakteristika der chemischen Elemente darstellen. Zur Umwandlung eines chemischen Elementes in ein anderes ist daher eine Kernumwandlung erforderlich. Die erste künstliche Kernumwandlung wurde im Jahre 1919 von Rutherford durchgeführt. Er wandelte den Stickstoffkern in Sauerstoff um. Seit dieser Zeit wird eine immer größere Anzahl chemischer Elemente künstlich umgewandelt. Die künstliche Umwandlung von Atomkernen geschieht gegenwärtig in der Hauptsache auf zwei Wegen — durch radioaktiven Zerfall und durch Kernreaktionen. Die Anwendung dieser Methoden hat zu bedeutenden Erfolgen in der gezielten Steuerung physikalisch-chemischer Prozesse geführt. Von 1500 bekannten Isotopen sind 1200 auf künstlichem Wege hergestellt worden. Isotope finden bekanntlich in verschiedenen Bereichen der Volkswirtschaft breiteste Anwendung.

Gegenwärtig erfolgt eine systematische Darstellung neuer chemischer Elemente dadurch, daß verschiedene Teilchen auf den Kern dieses oder jenes chemischen Elementes einwirken. Das erste künstlich synthetisierte chemische Element ist das Technetium, das 1937 durch langwierige Bestrahlung von Molybdän mit Deuteronen und Sekundärneutronen erzeugt wurde. Interessant ist, daß Technetium anscheinend auf der Erde in natürlicher Form nicht existiert, aber auf der Sonne festgestellt wurde. Der Mensch erledigt gleichsam die „unvollendete Arbeit" der Natur, er füllt Lücken aus und tritt durch seine Aktivität wie eine

* Дмитрий Иванович Менделеев. Библиографический указатель трудов по периодидескому закону и общим вопросам физики и химии. Ленинград 1969, стр. 29. (Anm. d. Bearb.)

bedeutende kosmische Kraft auf, die die Materie ihren Zielen entsprechend umgestaltet. Auf das Technetium folgte die Darstellung von Francium, Astatin, Americium, Promethium, Berkelium, Kalifornium, Einsteinium, Mendelevium, Rutherfordium.

Die künstliche Erzeugung chemischer Elemente ist von außerordentlich großer wissenschaftlicher Bedeutung, da sie mit größter Wahrscheinlichkeit auf den Weg zur Bildung chemischer Elemente im Kosmos hindeutet. Die Synthese der Elemente im Weltall vollzieht sich kontinuierlich. Schwere Elemente bilden sich offensichtlich hauptsächlich in den alten Sternen, den sogenannten roten Giganten. Dabei entsteht wahrscheinlich ein recht umfangreicher Neutronenstrom, der auch zur Elementbildung führt. Logischerweise liegt die Vermutung nahe, daß alle chemischen Elemente durch verschiedenartige Kernumwandlungen entstanden sind, die denen ähnlich sind, die sich in Atomreaktoren abspielen. Der Mensch handelt bei seiner umgestaltenden Tätigkeit in der gleichen Richtung wie die Natur. Die wissenschaftlichen Erkenntnisse, die es dem Menschen gestatten, chemische Elemente herzustellen, sind von großer praktischer Bedeutung. Viele seltene Metalle sind in der Erdrinde nämlich in geringer Menge vorhanden, und die Suche nach ihnen in großen Tiefen ist mit einem riesigen Aufwand verbunden. Die stürmische Entwicklung der Industrie fordert immer mehr seltene Metalle. Die Menschheit wird sich wahrscheinlich bald der Notwendigkeit gegenübersehen, sie künstlich zu erzeugen, wie man heute z. B. schon Plutonium gewinnt.

Die umgestaltende Tätigkeit des Menschen berührt schon heute sozusagen das Fundament des Weltalls selbst, die Elementarteilchen. Unter Laboratoriumsbedingungen werden Prozesse durchgeführt, in denen neue Elementarteilchen, insbesondere π-Mesonen und verschiedene Antiteilchen, entstehen.

In seinem Streben nach Erkenntnis und Umgestaltung begann der Mensch sich auch jener energetischer Prozesse zu bemächtigen, die für alle Veränderungen in der uns umgebenden Natur — auf der Erde, auf den anderen Planeten, der Sonne, den Sternen und im kosmischen Raum — die

Hauptkraft darstellen. Es ist die Energie der thermonuklearen Reaktionen.

Die Menschheit ist heute darangegangen, sich dieser Energie zu bemächtigen. Thermonukleare Reaktionen setzen bei der Umwandlung von Wasserstoff in Helium Energie frei. Schnell verlaufende thermonukleare Reaktionen sind in der UdSSR, in den USA, in England und anderen Ländern innerhalb von Wasserstoffbomben freigesetzt worden. Vor der Wissenschaft und der Technik steht jetzt die Aufgabe, thermonukleare Reaktionen nicht in explosionsartiger Form, sondern in Form eines steuerbaren, ruhig verlaufenden Prozesses durchzuführen.[5]

Steuerbare thermonukleare Reaktionen zu beherrschen ist eine überaus schwierige Aufgabe. Der Mensch wird jedoch früher oder später diese Reaktionen steuern können, gleich, welche Schwierigkeiten auftreten. Das bezweifelt heute niemand. Es ist wichtig zu erwähnen, daß neuzeitlichen wissenschaftlichen Angaben zufolge thermonukleare Reaktionen die Energiequelle der Sonne und der Sterne darstellen, ihre Evolution bedingen und zur Veränderung ihrer chemischen Zusammensetzung führen. Kernfusionsenergie ist die Hauptursache für alle Veränderungen auf kosmischen Körpern. Sie stellt die Grundlage für die Entwicklung des Sonnensystems und aller Prozesse auf der Erde dar.[6] Wenn alle Dinge, Erscheinungen und Prozesse der den Menschen umgebenden Natur ihre Entstehung, ihre Existenz und ihre Funktion der Kernfusionsenergie verdanken, so ist völlig klar, daß der Mensch, nachdem er diese relativ primäre Energiequelle beherrscht, die materielle

[5] И. В. Курчатов, Введение к кн. Управляемый термоядерный синтез. Москва, 1958, стр. 3.

[6] Mitunter werden in dieser Hinsicht in der Literatur Zweifel geäußert: Die Meinung, daß die Energiebilanz von Sternen (vom Typ der Sonne) durch Kernreaktionen aufrechterhalten wird, die im Innern des Himmelskörpers ablaufen, ist weit verbreitet. Wenngleich die Hypothese sehr glaubwürdig erscheint, so ist doch die Existenz ähnlicher Prozesse auf der Sonne bis jetzt experimentell nicht bestätigt, und im Prinzip sind hier Überraschungen mit weitgehenden Konsequenzen möglich. (М. А. Марков, Нейтрино. Москва, 1964, стр. 128—129).

Möglichkeit erhält, Prozesse eines bestimmten Teils des Universums zu steuern.

Die Ergebnisse der Chemie, vor allem der organischen Chemie, gestatten es, das Wesen biochemischer Prozesse zu enthüllen, die in den Zellen der Organismen ablaufen. Zur Analyse der Vorgänge in den Zellen werden heute Methoden aus vielen Zweigen der Wissenschaft — aus der Physik, der Chemie, der Kybernetik, der Mathematik, der Funkelektronik u. a. — angewandt. Die Ergebnisse der modernen Wissenschaft zeugen davon, daß die Menschheit begonnen hat, den Mechanismus der Entstehung von Organismen und der erblichen Übertragung von Eigenschaften zu beherrschen. Das bedeutet aber, daß sich prinzipielle Möglichkeiten eröffnen, in diesen Mechanismus praktisch einzugreifen und biologische Prozesse bewußt zu steuern.

Die Entwicklung der Biologie, insbesondere der Genetik, nimmt in der gegenwärtigen wissenschaftlich-technischen Revolution einen bedeutenden Platz ein und erschließt gemeinsam mit anderen Ergebnissen von Wissenschaft und Technik qualitativ neue Möglichkeiten in der umgestaltenden Tätigkeit des Menschen. Zur Aufdeckung des Wesens der gegenwärtigen wissenschaftlich-technischen Revolution ist es daher notwendig, auch den Ergebnissen bei der Untersuchung biologischer Prozesse Aufmerksamkeit zu schenken. Bekanntlich beginnt jeder Organismus seine individuelle Entwicklung mit einer ersten Zelle, die von den Eltern gezeugt wird. Äußerlich besteht die Entwicklung in der Zellteilung, die sich in geometrischer Reihe vollzieht. Der ausgewachsene Organismus besteht aus einer riesigen Anzahl von Zellen, die entsprechend der Funktion der Organe, die aus ihnen aufgebaut sind, spezifische Eigenschaften besitzen. Jeder Organismus (Pflanze, Bakterium, Tier, Mensch) verfügt über eine Vielzahl unterschiedlicher Merkmale und Eigenschaften, die hauptsächlich angeboren sind, d. h., die durch Vererbung von den Eltern erworben wurden. Wodurch die Eigenschaften der Organismen bedingt sind, wie sie vererbt werden — das ist das zentrale Problem der modernen Biologie und vieler ihrer Zweige. Die bedeutendste Rolle bei der Lösung dieser Probleme spielt die Genetik.

Die Genetik entstand bereits im vorigen Jahrhundert. In der Arbeit „Versuche an hybriden Pflanzen" (1865) legte Gregor Mendel Beobachtungsresultate über die Gesetzmäßigkeiten der Übertragung von Erbmerkmalen dar. Beim Vordringen des menschlichen Geistes zu den Geheimnissen der Vererbung unternahm er den ersten Schritt. Er kann daher mit Recht zu jenen gezählt werden, die an der Wiege jener revolutionären Veränderungen gestanden haben, die die neuzeitliche Biologie durchmacht. Mendel verfolgte erstmalig das Schema der Übertragung von Erbmerkmalen und verstand es richtig. Es wäre sicher unrichtig zu behaupten, daß Mendel keine Vorgänger gehabt hätte. Auch vor ihm haben viele Gelehrte (Josef Gottlieb Kölreuter, Carl Friedrich Gärtner, Charles Naudin) Hybridisationsversuche an Pflanzen unternommen und dabei Ergebnisse erzielt, die bis zu einem bestimmten Grade denen ähnlich waren, die Mendel beobachtet hatte. Mendel machte jedoch sowohl bei der Anwendung seiner Analysemethoden als auch bei der Formulierung allgemeiner genetischer Prinzipien einen gewaltigen Schritt nach vorn. Entscheidend war die Einführung des Prinzips der diskreten Vererbung, d. h. einer These, nach der die Vererbung nichts Ganzes, Einheitliches ist, sondern in einzelne Elemente zerfällt, gleichsam Atome der Vererbung.[7]

Mendel nahm an, daß jedem Merkmal des Organismus ein materielles Substrat, ein Informationsträger der Merkmale — eine „Erbanlage" entspricht. Diese Anlagen werden in unserer Zeit Gene genannt. Sie werden von den

7 Auf die Idee des atomaren Charakters der Vererbung kam unabhängig von Mendel und später als er auch Ch. Darwin (Ch. Darwin kannte Mendels Arbeiten nicht). In einem Brief an Fritz Müller bemerkte Darwin: „... daß jede Zelle oder jedes Atom von Gewebe eine kleine Knospe abwirft; ... daß der Saft oder das Blut seine ‚organischen Moleküle' einschließt, *welche bereits geformt sind* ..." In einem Brief an Sir Joseph Hooker schreibt er: „Ich glaube daher vollständig, daß jede Zelle *thatsächlich* ein Atom oder Keimchen ihres Inhalts abwirft ... Ich habe den zweifelhaften (von Huxley angeregten) Punkt berührt, in wie weit Atome ... in verschiedene Gebilde entwickelt werden könnten ..."
F. Darwin (Hrsg.), Leben und Briefe von Charles Darwin, in drei Bänden, Bd. III, Stuttgart 1887, S. 44, 80.

Eltern in mathematisch präzisen Kombinationen auf die Nachkommenschaft übertragen. Bei der Verarbeitung eines umfangreichen experimentellen Materials führte Mendel erstmalig mathematische Methoden in die Erforschung der Vererbungsprozesse ein. Damit wurde eine Möglichkeit aufgezeigt, biologische Erscheinungen auf der Grundlage der Gesetze der Wahrscheinlichkeit und der Statistik zu interpretieren, die Biologie mit mathematischer Denkweise zu durchdringen, wodurch die Biologie zu einer exakten Wissenschaft wurde. Mendel entdeckte die Gesetzmäßigkeiten der Übertragung von Erbmerkmalen. Seine Arbeiten wurden zu seiner Zeit jedoch nicht verstanden und nicht gewürdigt. Die Mendelschen Gesetze wurden Anfang des 20. Jahrhunderts von G. de Vries, E. Tschermak und Carl Correns neu entdeckt. Mit ihren Arbeiten beginnt auch die Entwicklung der modernen Genetik, die die Formgestaltung der Tiere und Pflanzen gezielt beeinflußt, die die Medizin auf eine qualitativ neue Stufe hebt. „Das Leben fordert die größtmögliche Ausnutzung der von Mendel aufgestellten Vererbungsgesetze", sagte Ivan P. Pavlov.[8]

Es besteht gegenwärtig kein Zweifel darüber, daß die Merkmalsausbildung des Organismus unter dem Einfluß besonderer chemischer Komplexe in der Zelle, den Genen, gesteuert wird. Die Gene enthalten Informationen, die wie ein Programm, wie ein Plan den gesamten Entstehungsprozeß des Organismus in eine bestimmte Richtung lenken. Die Gene der Keimzelle enthalten die Informationen über alle Eigenschaften des künftigen Organismus. „Die Gene bestimmen, ob wir der Blutgruppe A oder 0 angehören, ob wir normalsichtig geboren werden oder an einer der vielen Arten erblicher Blindheit leiden, ob wir braune, hellbraune oder blaue Augen haben, ob wir bei reichlicher Ernährung zunehmen oder schlank bleiben, ob musikalische Bildung aus uns Meister macht oder ob wir weiterhin nicht in der Lage sind, einen Ton vom anderen zu unterscheiden. Ebenso ist es mit tausend anderen Besonderheiten, die alle zusammen unser physisches und psychisches Wesen ausmachen."[9]

[8] Izvestija, v. 2. November 1935

[9] Ш. Ауэрбах. Генетика в атомном веке. Москва, 1959, стр. 8.

Gelehrte vieler Fachrichtungen — Biologen, Chemiker, Physiker, Mathematiker — richten gegenwärtig ihre Anstrengungen darauf, den Vererbungskode zu dechiffrieren. Bekanntlich besitzen die Gewebezellen Kerne, die aus Chromosomen — fadenförmigen, komplizierten Strukturen — bestehen. Die Chromosomen bestehen aus besonderen Struktureinheiten, den Genen, die ihrerseits komplizierte chemische Komplexe darstellen. Das Gen ist ein Teil der DNS, in der die Erbinformationen als eine Folge von Stickstoffbasen verschlüsselt sind.

Hauptbestandteil der Gene und der Chromosomen insgesamt ist die Desoxyribonukleinsäure (DNS), die hauptsächlich aus den vier Stickstoffbasen Adenin, Guanin, Cytosin und Thymin besteht. Die chemische Zusammensetzung dieser Basen ist gut bekannt, wie die der DNS überhaupt. Untersuchungen haben gezeigt, daß die Zellen aller Organismen die gleiche Struktur und die gleiche chemische Zusammensetzung aufweisen. Die Anzahl und Größe der Chromosomen, die Anzahl der Gene und ihre Anordnungsfolge im Chromosom sowie das Verhältnis der in der DNS enthaltenen Basen innerhalb der Keimzelle stellen den Informationskode für die Haupteigenschaften des künftigen Organismus dar. Dieser Kode ist außerordentlich beständig und wird in unverändertem Zustand von Generation zu Generation übertragen. Die in den Genen eingeschlossenen DNS-Moleküle bestimmen die individuelle Entwicklung des Organismus und bestimmen die Stoffwechselprozesse.

Dieser Einfluß wird nicht unmittelbar, sondern über die Eiweißsynthese realisiert. Eiweiße spielen in der Lebenstätigkeit der Organismen die entscheidende Rolle. Engels hat das Leben bekanntlich als eine Existenzform der Eiweißkörper definiert. Die Eiweiße erfüllen plastische und energetische Funktionen, sie legen die Richtung des Stoffwechsels fest, wie sie für eine entsprechende Art von Organismen bestimmend und charakteristisch ist. Mit den Eiweißen sind sehr wichtige Funktionen und spezifische Charakteristika der lebenden Organismen wie das Wachstum, die Vererbung, die Muskelkontraktion, die Funktion der Sinnesorgane, das Wesen der Erkrankungen u. a. m. verbunden. In den Organismen laufen alle chemischen Prozesse unter dem Einfluß von Biokatalysatoren, den Eiweißfermenten, ab. Eiweißhormone sind Regulatoren für viele Prozesse. Für den Schutzmechanismus der Organismen spielen die Eiweiß-Antikörper eine große Rolle. Die individuelle Entwicklung des Organismus ist somit hauptsächlich durch die Bildung der Eiweiße gekennzeichnet.

Eiweiße sind hochmolekulare Verbindungen aus mehr als 20 verschiedenen Aminosäuren, die durch Peptidbindungen miteinander verknüpft sind. Das Spezifische jedes einzelnen Eiweißes ist nicht nur durch die chemische Zusammensetzung und die Reihenfolge der verschiedenen Aminosäuren in der Peptidkette gekennzeichnet, sondern auch durch die Anordnung dieser Ketten zueinander. Das führt dazu, daß praktisch eine unendliche Menge von Eiweißen mit verschiedenartigen Eigenschaften existiert. Die Bildung der Eiweiße und deren Ausstattung mit verschiedenen, für den Organismus lebensnotwendigen Eigenschaften vollzieht sich unter dem Einfluß der DNS der Gene. Dieser Eiweißbildungsprozeß ist heute schon in bedeutendem Maße bekannt.

Der genetische Kode wird in Form der identischen Reduplikation (Replikation) des DNS-Moleküls von Generation zu Generation übertragen. Dadurch ist die Neubildung eines Stoffwechseltyps gewährleistet, der dem der Eltern ähnlich ist, sowie die Neubildung der mit ihm verbundenen Strukturen, Funktionen und der Morphologie des Organismus. Alle Prozesse in der Zelle verlaufen mit mathematischer Präzision. Dies sichert die Stabilität der Erbmerkmale im Verlauf der historischen Entwicklung der Organismen.

Das genetische Material ist unter dem Einfluß äußerer und innerer Faktoren jedoch Veränderungen unterworfen. Bei Veränderung des Erbkodes der Keimzelle entwickelt sich aus ihr ein Organismus mit neuen Merkmalen. Solche Veränderungen des genetischen Materials werden als Mutationen bezeichnet. Der neue Organismus birgt einen veränderten Erbkode und überträgt ihn der künftigen Generation. Es entsteht ein neuer Zweig von Organismen. Mutationen liegen der Evolution, der historischen Veränderung der Haupteigenschaften und der Struktur der Organismen zugrunde. Mutationen stellen Material für eine natürliche Auslese dar. Unter ihnen wird ausgewählt; es überdauern diejenigen, die jeweils einzeln oder in Wechselwirkung mit anderen eine größere Anpassung der Individuen gewährleisten. Umgekehrt werden Mutationen beseitigt, die zu schädlichen Auswirkungen für den Organismus führen. Verschiedene physikalische und chemische Faktoren, die den Erbkode verändern können und Mutationen hervorrufen, werden als Mutagene bezeichnet.

Im Evolutionsprozeß haben sich die Organismen an ein bestimmtes äußeres Milieu angepaßt, das für alle intrazellularen Prozesse und für die Ausbildung der Merkmale des Organismus entsprechend dem Erbkode zur unerläßlichen Voraussetzung wurde. Schwanken die Umweltbedingungen, so passen sich die Organismen auch dem Schwanken dieser natürlichen Bedingungen an. Das erreichen sie, indem sie sich bestimmte Schutzmittel schaffen (Hüllen, Vorrat an Nahrungsmitteln u. a.) oder durch Regelungsprozesse, die es ihnen gestatten, alle Abweichungen von der Norm zu kompensieren. Deswegen sind gewöhnlich nur starke, in der Natur selten anzutreffende physikalische und chemische Einflüsse dazu in der Lage, Mutationen hervorzurufen.

Zu den physikalischen Ursachen der Mutationen gehört die Temperatur. Außerordentlich hohe oder niedrige Temperaturen rufen Veränderungen in der Bewegung der Moleküle hervor und bewirken eine bestimmte Umordnung in den Genen, was bedeutet, daß der Erbkode sich verändert.

Das genetische Material verändert sich unter dem Einfluß von Strahlung, die über der Norm liegt. Starke mutagene Faktoren sind α-Teilchen, β- und γ-Strahlen, Neutronen und andere ionisierende Strahlungen. Diese Strahlungsformen haben die Eigenschaft, Atome, Moleküle oder Teile von Molekülen in elektrisch geladene Teilchen, in Ionen, zu verwandeln. Bei der Einwirkung von Strahlen auf eine Zelle treten die ionisierten Atome und Moleküle infolge der elektrischen Erregung mit Nachbarmolekülen in Reaktion. Dadurch verändern sich die Moleküle des genetischen Materials, was biologisch sehr bedeutsam ist. Mutationen werden auch durch verschiedene chemische Substanzen, besonders solche wie Yperit, Formaldehyd, Wasserstoffperoxid, Phenole u. a. hervorgerufen.

Es existieren offenbar viele unterschiedliche Substanzen und physikalische Faktoren, die diesen oder jenen Einfluß auf das genetische Material ausüben oder dazu in der Lage sind, Mutationen auszulösen. Auf die Vererbung und die Evolution der Organismen wirkt eine riesige Anzahl unterschiedlicher kosmischer, physikalischer, chemischer und sozialer Faktoren ein. Wie kompliziert und indirekt ihr Einfluß auf die Evolution der Organismen auch sein mag, sie müssen auf biochemische Prozesse einwirken, die sich in einer winzigen Keimzelle abspielen, die mit dem bloßen Auge nicht zu erkennen ist und deren Gene die Merkmalsinformationen des künftigen Organismus enthalten.

Die Ergebnisse der modernen Biologie und aller ihrer Zweige, besonders der Genetik, decken den inneren Entstehungsmechanismus lebender Organismen, die Gesetzmäßigkeiten und Bedingungen für die Bildung und Übertragung von Erbmerkmalen auf.

Die Analyse der Hauptentwicklungsrichtungen der modernen Wissenschaft — der Physik, Chemie und Biologie — zeigt, daß sich der Mensch im Verlaufe der wissenschaftlich-technischen Revolution der Prozesse, die den beobachtbaren physikalisch-chemischen und biologischen Erscheinungen zugrunde liegen, bemächtigt. Auf diese Weise ergibt sich die prinzipielle Möglichkeit, diese Erscheinungen bewußt zu steuern und zu regeln.

Vor der Menschheit offenbart sich der innere Funktions- und Entwicklungsmechanismus der physikalischen, chemischen und biologischen Naturprozesse, und sie erhält so die reale Möglichkeit, diese Prozesse zu steuern und zu regeln. Entwicklung und Funktionsfähigkeit stellen bei jedem beliebigen System einen Wechselwirkungsprozeß zwischen Form und Funktion dar. Aus der Theorie der Steuerungssysteme[10], die in jüngster Zeit entstanden ist, folgt, daß

[10] Siehe: С. В. Яблонский, Основные понятия кибернетики. Порблемы кибернетики, 1959, вып. 2; А. А. Ляпунов, С .В. Яблонский, Теоретические проблемы кибернетики. В: Проблемы кибернетики, 1963, вып. 9.

sich jedes beliebige System in ein Steuerungsobjekt umwandeln läßt, wenn dessen Form (Schema und Koordinaten) und Funktion bekannt sind. Die theoretische und praktische Beherrschung der Form (des Schemas und der Koordinaten) und der Funktion dieses oder jenes Systems stellt die notwendige Voraussetzung dar, die die Steuerung eines Systems tatsächlich ermöglicht. Wir wollen einige Thesen aus der Steuerungstheorie benutzen und zeigen, daß physikalische, chemische und biologische *Naturprozesse* auf Grund der Errungenschaften von Wissenschaft und Technik vor dem Menschen als *Steuerungsobjekte*, als Steuerungssysteme erscheinen.

Ein Schema ist die Erscheinungsform eines Steuerungssystems in seinem Aufbau, seiner Konstruktion und seiner Struktur. Mitunter besteht ein Schema aus Unterschemata, die in hierarchischer Beziehung zueinander stehen. Ein Schema drückt das relativ Beständige in der Form eines Systems aus. Das Schema seinerseits besteht aus Polen und Elementen. Die Pole stellen Organe dar, über die die Verbindung des Steuerungssystems zur Außenwelt hergestellt wird. Gewöhnlich sind dies die „Inputs" und „Outputs". Die Elemente sind die „Elementarbausteine", aus denen das System, seine Einzelheiten bestehen.

Die Koordinaten kennzeichnen die Anordnung der Elemente des Systems zu einem bestimmten Zeitpunkt seiner Funktion. Die Koordinaten fixieren das Veränderliche, das Bewegliche an der Form des Systems; sie bestimmen die Bewegung seiner Elemente.

Die Funktion ist eine Charakteristik, die das Verhalten, die Wirkung des Systems bestimmt. Die Funktion wird in eine innere und in eine äußere aufgeteilt. Die innere Funktion ist das, was ein gegebenes System potentiell leisten kann, sie drückt diese oder jene mögliche Wirkung aus. Die innere Funktion ist der Speicher des Systems. Unter dem Speicher eines Systems versteht man die Informationen, die in den Elementen und deren Anordnung enthalten sind. Die Informationsmenge, die in einem Element enthalten ist, ist eine Operation, ein Elementarteil der Funktion. Beim Ingangsetzen des Systems tritt die äußere Funktion des Systems in Erscheinung. Ein entsprechender Einfluß auf den

„Input“ ist notwendig. Die äußere Funktion ist die Wirkung des Systems selbst, wie sie am „Output“ auftritt. Die Operation hat Doppelcharakter. Ihre allgemeinen Eigenschaften gewährleisten, daß ein gegebenes Element mit einer Anzahl anderer Elemente in Wechselbeziehung tritt und ermöglicht dem System auf diese Weise die Funktion. Die Einzeleigenschaften der Operation garantieren die Haltbarkeit der Bindung zwischen den Elementen sowie die relative Beständigkeit des Systems. Es ist nicht schwer zu erkennen, daß alle Teile des Steuerungssystems — das Schema, die Koordinaten und die Funktion — miteinander in Wechselbeziehung stehen und ein einheitliches Ganzes darstellen.

Wir haben hier den allgemeinen Begriff des Steuerungssystems beschrieben, der einen recht breiten Kreis verschiedener Gegenstände, Prozesse und Systeme der Welt umfaßt. Jeder beliebige Gegenstand, jeder Prozeß, jedes System, dessen (deren) Funktion oder dessen (deren) Entwicklung der Mensch steuert (unmittelbar oder über einen Automaten) stellt ein Steuerungsobjekt dar. Zur Umwandlung eines Gegenstandes, eines Prozesses oder eines Systems in ein Steuerungsobjekt gibt es zwei notwendige und hinreichende Bedingungen: die Kenntnis des Schemas, der Koordinaten und der Funktion des gegebenen Systems und die Beherrschung der Mittel, die auf den „Input“ des Systems einwirken. Die Kenntnis dieser Mittel folgt aus der ersten Bedingung. Ihr Vorhandensein ist durch die materiell-technische Basis der Gesellschaft bedingt.

Nach der sehr allgemeinen Beschreibung einiger Thesen der Theorie von Steuerungssystemen wollen wir untersuchen, ob die gegenwärtige wissenschaftlich-technische Revolution eine Umwandlung der physikalischen, chemischen und biologischen Prozesse in Steuerungsobjekte auch gewährleistet.

Chemische Prozesse. Das Schema ist der Molekülaufbau einer gegebenen Substanz und die Molekülbindung eines gegebenen Stoffes. Das Schema wird gewöhnlich durch chemische Formeln ausgedrückt. Die Grundlage zur Erkennung des Schemas wurde durch die Arbeiten von A. M. Butlerov gelegt. Dieser Bereich der Chemie ist heute gut erforscht. Der Eingang („Input“) ist die chemische Bindung. Sie stellt eine Wechselwirkung dar zwischen den Atomen, auf Grund derer die Vereinigung zu einfachen und komplizierten Substanzen erfolgt. Allein durch Beeinflussung der chemischen Bindung kann man auf eine chemische Verbindung zielgerichtet einwirken. Das Wesen der chemischen Bindung ist durch die Entwicklung der Quantenmechanik aufgeklärt worden. Den Ausgang („Output“) stellen die chemischen Eigenschaften der Verbindungen dar. Als Elemente erscheinen die Atome. Die Eigenschaften der Atome sind für alle chemischen Elemente gut bekannt.

Die Anzahl und die Beschaffenheit der Atome einer gegebenen chemischen Verbindung sowie die Bewegung der Atome bei der Bildung dieser oder jener Verbindung stellen die Koordinaten dar. Die Koordinaten chemischer Verbindungen sind bei der Aufstellung der sogenannten Strukturformeln zu erkennen.

Die Funktion ist die Eigenschaft einer chemischen Verbindung. Die innere Funktion, der „Speicher“, stellt Eigenschaften von Atomen dar, die in eine gegebene Verbindung eingehen, sowie Eigenschaften, die durch die Atombindung entstehen. Die Operationen sind Eigenschaften des Atoms. Die allgemeinen Merkmale der Operation sind diejenigen Seiten der Eigenschaft, die die Wechselwirkung eines gegebenen chemischen Elementes mit bestimmten anderen Elementen gewährleistet. Einzelne Merkmale sind jene Seiten von Eigenschaften, die die Eigenheit eines chemischen Elementes ausmachen und es von allen übrigen unterscheiden. Die äußere Funktion ist die Eigenschaftsäußerung einer gegebenen Verbindung. Im Verlaufe der Entwicklung der modernen Chemie erhält der Mensch Kenntnis über das Schema, die Koordinaten und die Funktion chemischer Prozesse. Zugleich wird auch die zweite Bedingung erfüllt, sofern physikalische und chemische Mittel zur Beeinflussung des „Inputs“, der chemischen Bindung, entdeckt werden. Eine scharfe Trennlinie zwischen physikalischen und chemischen Prozessen zu ziehen ist schwierig.

Physikalische Prozesse. Das Schema sind Elementarteilchensysteme, wie Atome und Kerne. Den „Input“ stellen

Kräfte dar, die die Wechselwirkung der Teilchen gewährleisten. Es sind starke, schwache und elektromagnetische Wechselwirkungen bekannt. Als Elemente erscheinen die Elementarteilchen wie Photonen, Leptonen, Mesonen, Baryonen. Den „Output" stellen die Eigenschaften der Atome und Kerne dar. Die Anzahl und die Beschaffenheit der Elementarteilchen in diesem oder jenem Atom (Kern) sowie die Bewegung dieser Teilchen bei der Bildung oder beim Zerfall der Atome, Kerne und schweren Partikel sind die Koordinaten. Die Koordinaten sind aus den Zerfallformeln erkennbar.

Die Funktion ist die Eigenschaft der Kerne und Atome. Die Eigenschaften der Elementarteilchen und die Eigenschaften, die durch deren Wechselbeziehung entstehen, stellen die innere Funktion, den „Speicher" dar. Die Operation ist eine Eigenschaft des Elementarteilchens. Diese Eigenschaft ist zwiespältig, sie besitzt allgemeine und Einzelmerkmale. Zum Beispiel hat das Photon außer den Einzelmerkmalen seiner Eigenschaften, durch die es sich von den anderen Teilchen unterscheidet (Fehlen der Ladung, Masse gleich Null, Spin gleich Eins u. a.) auch allgemeine, die die Wechselwirkung mit allen geladenen Teilchen gewährleisten. In der äußeren Funktion kommen die Eigenschaften der Kerne und Atome zum Ausdruck.

Im Verlaufe der Entwicklung der modernen Physik werden sukzessive das Schema, die Koordinaten und die Funktion physikalischer Erscheinungen aufgedeckt. Wenngleich vieles noch unbekannt ist, besonders auf dem Gebiete der Funktion, so ist dennoch klar, daß sich die Wissenschaft wie ein gesteuertes System in eine Richtung bewegt, die zur Aufdeckung der physikalischen Prozesse führt.

Auch die zweite Bedingung ist gewährleistet, sofern Wege bekannt sind, um auf die Wechselwirkungskräfte einzuwirken. Technische Mittel für eine solche Einwirkung stellen insbesondere Teilchenbeschleuniger verschiedener Art dar, die in der UdSSR und in einigen ökonomisch hochentwickelten kapitalistischen Ländern entwickelt worden sind.

Biologische Prozesse. Eine Analyse dieser Prozesse (hauptsächlich auf genetischer Ebene) wurde aus der Sicht der

Steuerungstheorie von W. A. Ratner[11] durchgeführt. Aus seiner Arbeit geht die überzeugende Schlußfolgerung hervor, daß im Verlaufe der Entwicklung der modernen Genetik und der angrenzenden Wissenschaften der Mensch biologische Prozesse als Steuerungssysteme beherrscht. Die Erkenntnisse der Biologie, der Chemie, der Physik sowie der Produktion liefern der Menschheit in zunehmendem Maße Mutagene unterschiedlicher Art, die zur gezielten Beeinflussung der „Eingänge" biologischer Systeme notwendig sind.

Damit eröffnet die sich gegenwärtig in der Wissenschaft vollziehende Revolution die Möglichkeit, physikalische, chemische und biologische Prozesse in Steuerungsobjekte zu verwandeln. Diese Prozesse sind nicht nur kompliziert, sie tragen außerdem in großem Maße unbestimmten, statistischen Charakter. Ohne entsprechende technische Mittel ist es im Prinzip unmöglich, sie zu steuern. Die gegenwärtig in unterschiedlicher Ausführungsart entwickelten automatischen Steuerungseinrichtungen stellen solche Mittel dar.

2. *Die Notwendigkeit einer Steuerung und Regelung der Natur in Verbindung mit dem technischen Fortschritt*

Die gegenwärtige wissenschaftlich-technische Revolution bietet nicht nur die Möglichkeit, sondern ruft auch die Notwendigkeit zur Steuerung und Regelung von Naturprozessen hervor. Die Natur stellt nach den Worten von Marx den „*unorganischen Leib* des Menschen" dar, „. . . sowohl insofern sie 1. ein unmittelbares Lebensmittel, als inwiefern sie [2.] die Materie, der Gegenstand und das Werkzeug seiner Lebenstätigkeit ist."[12] Die Behauptung, daß die Natur ein unmittelbares Existenzmittel sei, bedeutet, daß der Mensch mit der Natur lebt und um seiner Existenz willen sich in ständiger Verbindung mit ihr befinden muß.

[11] В. А. Ратнер, Генетические управляющие системы. Новосибирск, 1966.

[12] K. Marx, Ökonomisch-philosophische Manuskripte aus dem Jahre 1844, in: MEW, Ergänzungsband, Schriften bis 1844, 1. Teil, Berlin 1968, S. 516.

Der Mensch entwickelt sich physisch und geistig nur in Wechselwirkung mit der Natur, denn er ist selbst ein Teil von ihr.

Im Entwicklungsprozeß der Tätigkeit verändert sich jedoch die Wechselbeziehung zwischen Mensch und Natur, nimmt neue Formen an.

In den frühen Entwicklungsperioden der Arbeit hatte der Mensch ein natürliches Verhältnis zur Natur. Die hauptsächlichen produktiven Organe waren die natürlichen Organe des Menschen, und die vermittelnde Funktion der Arbeitstätigkeit veränderte dadurch, daß sie sich der Naturkräfte bemächtigte, deren natürlichen Inhalt nicht. Das künstliche Vermittlungsglied zwischen Mensch und Natur war unbedeutend, der Kontakt des Menschen mit der Natur war in der Hauptsache naturgegeben, und die Ergebnisse der menschlichen Tätigkeit kamen in den Naturprozessen nicht mehr zum Ausdruck als die Folgen der Lebenstätigkeit anderer lebender Organismen.

Ein qualitativ neuer Einfluß des Menschen auf die Natur vollzieht sich mit der Entwicklung des Maschinensystems, der Antriebe und besonders mit der Ausdehnung der die Arbeitsfunktion regulierenden Macht über die Naturkräfte. Indem er die Naturprozesse reguliert, reißt der Mensch sie nicht nur aus den naturgegebenen Bindungen heraus, sondern — und das ist die Hauptsache — er stört dadurch, daß er auf ihr Wesen Einfluß nimmt und sie unnatürlichen Funktionsbedingungen aussetzt, das natürliche Gleichgewicht der Naturerscheinungen. Hieraus entstehen die zahlreichen schädlichen Folgen der industriellen Entwicklung, die in der Literatur umfassend beschrieben wurden und werden.

Im Verlaufe der gegenwärtigen wissenschaftlich-technischen Revolution steht dem Menschen eine immer größere Anzahl von Maschinen zur Verfügung, entdeckt er immer wesentlichere Seiten und Zusammenhänge von Naturprozessen. Mit ihrem Beginn vollendet die gegenwärtige wissenschaftlich-technische Revolution das in der vorhergehenden Entwicklungsetappe von Wissenschaft und Technik begonnene Werk — sie verstärkt in gewaltigem Maße die regulierende Funktion. Der Mensch erhält die Möglichkeit, eine immer größere Anzahl unterschiedlicher Prozesse in eine künstliche Wechselwirkung miteinander zu bringen. Damit aber wachsen auch die schädlichen Einflüsse auf die Natur. Die umgestaltende Tätigkeit des Menschen erreicht ein solches Ausmaß, eine solche Breite und Tiefe, daß sie die unmittelbare Grundlage der Existenz des Menschen untergräbt. Die Arbeit hat unter bestimmten sozialen Bedingungen die Tendenz, sich aus einem Mittel, das die Einheit zwischen Mensch und Natur herstellt, in ein Mittel zu verwandeln, die letzteren gegeneinander zu richten. Die Arbeit als Prozeß setzt eine kontinuierliche, stabile Regeneration beider Seiten voraus, die ununterbrochene Erneuerung ihrer Fähigkeit zum Stoffwechsel. Indem er auf die wesentlichen Wechselbeziehungen von Naturprozessen einwirkt, ruft der Mensch Kettenreaktionen unnatürlicher Wechselwirkungen in der Natur hervor und stört dadurch die selbsttätig regenerierenden Prozesse. Der Mensch beseitigt die notwendigen Voraussetzungen zur Realisierung des Stoffwechsels zwischen sich und der Natur und folglich auch der Arbeit selbst. Es besteht die Tendenz, die Natur als unmittelbares Existenzmittel des Menschen, als seinen eigenen „unorganischen Leib" zu zerstören. Es entsteht ein historisch gesetzmäßiger Widerspruch zwischen Mensch und Natur.[13]

In der Arbeit vermittelt und reguliert der Mensch die Naturprozesse, aber dadurch stört er ihren natürlichen Ablauf und entzieht der Vermittlung und Regulierung die Grundlage. Es entsteht die dringende Notwendigkeit, den Inhalt der Arbeit zu verändern.

Die Voraussetzungen für das Entstehen einer neuen Qualität der Arbeitstätigkeit und folglich auch für die Lösung des entstandenen Widerspruchs bilden sich im Entwicklungsprozeß der Arbeit selbst heraus. Wie gezeigt wurde, entstehen durch die Errungenschaften der gegenwärtigen wissenschaftlich-technischen Revolution die materiellen Voraussetzungen, wird die reale Möglichkeit für eine

[13] In der Literatur wird sogar manchmal der Gedanke geäußert, daß „der technische Fortschritt mit der Natur in einen scharfen Widerspruch geraten ist." Siehe: Н. А. Гладков. Научно-технический прогресс и природа., В: Новое время, 1968, № 34, стр. 17.

bewußte Steuerung und Regelung von Naturprozessen geschaffen.

Bisher haben wir die Notwendigkeit betrachtet, Naturprozesse ihrer Reproduktion wegen zu steuern, da die Natur als unmittelbares Lebensmittel für den Menschen dient. Die Natur dient dem Menschen aber als Grundstoff, als Gegenstand und Werkzeug seiner Lebenstätigkeit. Auch von dieser Seite her bedingt die gegenwärtige wissenschaftlich-technische Revolution die Notwendigkeit, Naturprozesse zu steuern und zu regeln.

Betrachten wir das Wesen der grundlegenden Veränderungen in der Tätigkeit des Menschen sowie das Wesen der Umgestaltungen, die sich im Verlaufe der gegenwärtigen wissenschaftlich-technischen Revolution hinsichtlich des Arbeitsgegenstandes, der Maschinen und der Energetik vollziehen.

Die gegenwärtige wissenschaftlich-technische Revolution eröffnet im Grunde genommen eine neue Phase in der Entwicklung der Tätigkeit des Menschen, die auf die Umgestaltung der Natur gerichtet ist. Er nimmt nach vorher aufgestellten Zielen eine grundlegende qualitative Veränderung der Welt in Angriff. Es sei bemerkt, daß sich diese Etappe der menschlichen Tätigkeit vielen Denkern der Vergangenheit darbot. Dies kann man bereits an einigen Äußerungen von Aristoteles erkennen. Er sagte: „Nun gibt es aber jeweils zwei Gewerbe, welche über das Material bestimmen und ein Wissen um das Material involvieren, nämlich einerseits dasjenige Gewerbe, welches (das aus dem Material Herzustellende) in Verwendung nehmen wird; andererseits dasjenige, welches bei der Herstellung die leitende Funktion innehat."[14] Das heißt, die eine Tätigkeit ist auf die Verwendung des Fertigen gerichtet, die andere erzeugt Neues. Aristoteles brachte die produzierenden Künste mit der weiteren Entwicklung der Physik in Zusammenhang.

Sehr entschieden äußerte sich auch Francis Bacon in dieser Hinsicht. Er wies auf zwei Veränderungsstufen der Natur hin. Die erste ist die Änderung der äußeren Form

[14] Aristoteles, Physikvorlesung, a. a. O., S. 37.

auf der Basis bekannter Materialeigenschaften. In der zweiten Stufe kann der Mensch „das aufdecken und hervorbringen, was bisher noch nicht erreicht worden ist.“ Bei einer solchen Tätigkeit kann der Mensch „einem nicht durchsichtigen Stein die Durchsichtigkeit, dem Glas die Haltbarkeit oder einem anorganischen Körper Lebendigkeit geben.“[15]

Bacon nahm an, daß die Entwicklung der Wissenschaften und die Anwendung der durch sie erarbeiteten induktiven Methode ähnliche Aussichten bietet. Auch Descartes brachte die Aussichten auf eine grundlegende Umgestaltung der Natur mit der Entwicklung von Wissenschaft und Technik in Zusammenhang. Er schrieb: „Als ich jedoch in der Physik gewisse allgemeine Begriffe gewonnen hatte und bei deren Anwendung auf einige schwierige Fragen ihre Tragweite und ihre Unterschiede von den bisher angewandten Prinzipien bemerkte, so glaubte ich sie nicht zurückhalten zu dürfen, wenn ich nicht gegen das Gesetz verstoßen wollte, welches uns das allgemeine Beste zu befördern heißt. Denn mittels ihrer kann man zu Erkenntnissen gelangen, die für das Leben höchst nützlich sind, und anstatt jener in den Schulen gelehrten spekulativen Philosophie eine praktische finden, welche nur die Kraft und Wirkungen des Feuers, der Luft, der Gestirne, des Himmels und aller Körper, die uns umgeben, so genau kennen lehrt, wie wir die verschiedenen Thätigkeiten unserer Handwerker lernen, so daß wir jene ebenso wie diese zu allen passenden Zwecken verwenden und uns so zu dem Herrn und Meister der Natur machen können.“[16]

Die Naturgesetze bestimmen den Charakter, das Wesen jener technischen Mittel, mit deren Hilfe der Mensch die Natur umgestaltet. Entsprechend den Naturgesetzen kann es auch eine mechanische und eine chemische Technik geben. Die menschliche Erkenntnis, die von der Erscheinung

[15] F. Bacon, Das neue Organon (Novum organon), Berlin 1962, S. 141.

[16] R. Descartes, Abhandlung über die Methode, richtig zu denken und die Wahrheit in den Wissenschaften zu suchen, in: René Descartes' philosophische Werke, Erste Abteilung, Berlin 1870, S. 70.

zum Wesen fortschreitet, deckte ursprünglich die äußeren Beziehungen und Zusammenhänge zwischen den Gegenständen auf. Solche Zusammenhänge stellen die mechanischen Gesetze dar. In der Entwicklung der Wissenschaft war die Mechanik bekanntlich bis zu Beginn des 20. Jahrhunderts vorherrschend.

Mit dem Erkennen von Naturgesetzen schaffen sich die Menschen auch eine geeignete Technik. Die mechanische Technik bildete sich in der Periode der Herrschaft der mechanischen Wissenschaft heraus. Sie nahm bei der Einwirkung auf den Naturstoff — und das ist für uns das Wesentliche — lediglich eine äußere Veränderung vor, ohne die Natur der zu bearbeitenden Gegenstände zu berühren.

Die mechanische Technik macht das Wesen der ersten Phase des technischen Fortschritts aus. Darauf wies Marx hin. Er betonte, daß „. . . die mechanischen Arbeitsmittel . . . viel entscheidendere Charaktermerkmale einer gesellschaftlichen Produktionsepoche . . .“[17] bieten.

Die chemische Technik entsteht auf der Grundlage der Kenntnis der inneren „chemischen“ Naturgesetze, d. h. auf der Grundlage der Erkenntnisse der modernen Physik, Chemie und Biologie. Bei der Einwirkung auf Naturerscheinungen ruft diese Technik eine grundlegende qualitative Veränderung hervor.

Das Material des Arbeitsgegenstandes und die Einwirkungsmethoden auf diesen machen von den allerältesten Werkzeugen bis zu den Automaten im Verlaufe der technischen Entwicklung große Veränderungen durch. Das Wesen dieser Veränderungen besteht darin, daß der Mensch, der unterschiedliche Einwirkungsmethoden beherrscht, in immer größerem Umfang beabsichtigte Veränderungen an dem Komplex der natürlichen Eigenschaften des anzueignenden Naturstoffes vornimmt. Der Mensch begann neben den reinen Naturmaterialien wie z. B. Steinen und Holz auch Metalle zu benutzen und nimmt dabei diese oder jene Veränderung an dem Komplex ihrer natürlichen Eigenschaften vor.

[17] K. Marx, Das Kapital, Erster Band, in: MEW, Bd. 23, S. 195.

Aber wie groß die Vielfalt der vom Menschen geschaffenen Metallarten auch sei, die Freiheit des Menschen ist in dieser Beziehung außerordentlich eingeschränkt. Der Komplex der Materialeigenschaften des Arbeitsgegenstandes ist im wesentlichen unveränderlich. Metall bleibt Metall. Da der Naturstoff für eine wesentliche Modifikation von Eigenschaften keine Möglichkeit bot, er relativ beständig war und die Tätigkeit des Menschen sich von der Klasse der natürlichen Materialien nicht entfernte, verlief in der ersten Phase des Fortschritts die Entwicklung der Arbeitsmittel als Komplex von Dingen, die zwischen Arbeitsgegenstand und Mensch geschoben wurden, auf der Ebene Arbeitsmittel—Mensch. Das Arbeitsmittel vereinigt sich einerseits mit dem Naturstoff, mit dem Arbeitsgegenstand und andererseits mit den Organen des Menschen. John Desmond Bernal betonte, daß vom Paläolithikum bis in unsere Zeit die hauptsächlichen Bearbeitungsmethoden des Arbeitsgegenstandes keine wesentliche Änderung erfahren haben.

Tatsächlich herrschen bis heute solche altertümlichen Bearbeitungsverfahren von Material wie das Schneiden mit Hilfe eines Meißels, das Pressen und Schmieden, das Schmelzen und Gießen vor. Die Entwicklung der Produktion vollzog sich hauptsächlich durch Veränderungen am Arbeitsmittel, und zwar auf der Seite, die mit den natürlichen Organen des Menschen verbunden ist. Das Wesen dieser Entwicklung besteht in der Übertragung technischer Funktionen von den menschlichen Organen auf technische Mittel. Alle technischen Neuerungen — die Arbeitsmaschine, die Antriebe, die Automatisierung — waren letztlich objektiv auf eine Erhöhung quantitativer Charakteristika bei der Bearbeitung des Materials gerichtet: auf die Erhöhung der Genauigkeit und Geschwindigkeit, auf die Erweiterung des Materialumfanges für eine gleichzeitige Bearbeitung sowie auf die Gewährleistung eines kontinuierlichen Produktionsprozesses.

Die wissenschaftlichen und technischen Errungenschaften unserer Zeit bringen qualitativ neue Verfahren zur Einwirkung des Menschen auf die Naturerscheinungen hervor. Sie dienen dem Zweck, diese umzugestalten und sie den Interessen des Menschen unterzuordnen. Diese neuen

Einwirkungsverfahren sind hauptsächlich mit einer Änderung der qualitativen Charakteristik des zu bearbeitenden Materials und mit der Ausnutzung qualitativ neuer Zustände der Materie verbunden. Das am weitesten verbreitete Einwirkungsverfahren, das die qualitative Charakteristik der Dinge verändert, ist die Chemisierung der Produktionsprozesse. Mit Hilfe verschiedener chemischer Reagenzien wird das zu bearbeitende Material grundlegend verändert.

Der Mensch hatte es im Verlaufe der Entwicklungsgeschichte seiner Tätigkeit mit einem solchen Zustand der Materie wie dem Stoff zu tun. Er wirkte mit Hilfe eines Stoffes auf einen anderen Stoff ein und erreichte sein Ziel. Zu Beginn der zweiten Hälfte des 19. Jahrhunderts setzte durch die Entwicklung der Elektrotechnik in der Produktionstechnik die Ausnutzung eines andern Zustandes der Materie, des Feldes, ein. Das elektromagnetische Feld wird in Elektromotoren und im Funkgerät hauptsächlich als Energieübertragungsmittel genutzt. Gegenwärtig werden feldartige Materiezustände immer mehr als Einwirkungsmittel auf das Material und auf Naturerscheinungen genutzt, zum Beispiel die elektroerosive Bearbeitung von Metallen, die Ausnutzung des optischen Strahles in optischen Quantengeneratoren (Lasertechnik), die Verwendung des Magnetfeldes als Behälter zur Aufbewahrung von Plasma in thermonuklearen Kesseln, die Ausnutzung der magnetischen Anziehungs- und Abstoßungskräfte in der Metallurgie und in der Gießereiindustrie usw. Diese neuen Mittel und Verfahren zur Einwirkung auf den Arbeitsgegenstand ermöglichen es, das Naturmaterial nicht nur äußerlich zu verändern, sondern auch auf dessen inneren Zustand einzuwirken, es qualitativ grundlegend zu verändern.

Die „chemische Technik" bietet dem Menschen die Möglichkeit, auf das Wesen der Stoffe und Prozesse der Natur selbst einzuwirken und sie nach vorher festgelegten Zielen umzugestalten. Es entsteht die Klasse der künstlichen Materialien. Durch Veränderung der Ausgangsverbindungen, der Zusammensetzung und der Molekülfolge, der Synthesebedingungen und der Bedingungen für die anschließende Bearbeitung dieser Materialien kann man ihre

Eigenschaften praktisch unbeschränkt verändern. Es können sowohl leichtentzündliche und explosive Verbindungen als auch nichtbrennbare, wärmebeständige, die Verbrennung nicht fördernde Verbindungen, ferner wasserlösliche Polymere und Stoffe, die Feuchtigkeit praktisch nicht aufnehmende, haltbare, harte und schlagfeste Polymere sowie elastische, biegsame kautschukähnliche Plaste usw. gewonnen werden. Die Polymere bieten im Gegensatz zur Klasse der Naturmaterialien eine praktisch unbegrenzte Variationsmöglichkeit ihrer Eigenschaften. Die Sphäre der Entwicklung der Arbeitsmittel wird auf eine andere Ebene verlagert, dorthin, wo das Arbeitsmittel mit dem Bearbeitungsgegenstand in Verbindung tritt. Das Wesen der neuen Phase in der Entwicklung der Technik besteht in der Wechselwirkung zwischen dem Arbeitsgegenstand und dem Arbeitsmittel, die vom Menschen gesteuert und geregelt wird. Dank der Entwicklung der chemischen Technik verringert sich das für den Menschen bisher Unmögliche ganz erheblich.

Ohne durch eine natürliche Notwendigkeit eingeschränkt zu sein, erhält der Mensch die Möglichkeit, einen breiten Kreis idealer Konstruktionen, zu denen seine schöpferische Phantasie fähig ist, zu materialisieren. Nutzte der Mensch in der ersten Phase der technischen Entwicklung die Natur hauptsächlich in seinem Interesse aus, so wird in der neuen Phase das schöpferische Element in der Tätigkeit des Menschen immer mehr zunehmen. „In der neuen Phase, die jetzt beginnt“, schrieb der bekannte englische Wissenschaftler Bernal, „müssen auch die Gesetze möglicher Kombinationen von geistigen oder materiellen Gegebenheiten entdeckt werden. Wir müssen Kombinationen untersuchen, die nie in der Natur vorkommen, sondern rein menschliche Konstruktionen sind ... Dieser schöpferische Aspekt bedeutete, daß sich die Wissenschaft viel mehr der Kunst nähern und zu dem werden wird, was die Mathematik schon immer, jedoch nur auf einem begrenzten Gebiet, gewesen ist: ein Gebiet der menschlichen Tätigkeit, auf dem ständig neue Kombinationen geschaffen und nicht durch ein Studium der Natur nur entdeckt werden.“[18]

[18] J. D. Bernal, Welt ohne Krieg, Berlin 1960, S. 160.

Der Übergang von der Klasse der natürlichen zu der der künstlichen Materialien; die Einbeziehung eines neuen Zustands der Materie, des Feldes, in die Produktionstätigkeit; die Entwicklung neuer Verfahren zur Einwirkung auf das Material und die Naturerscheinungen; die Veränderung der qualitativen Charakteristika des zu bearbeitenden Materials nach vorher festgelegten Zielen; die Verschiebung des Polygons der technischen Entwicklung aus dem Bereich der Verbindung des Arbeitsmittels mit den natürlichen Organen des Menschen in den Bereich der Wechselwirkung des Arbeitsmittels mit dem Arbeitsgegenstand — all das zeugt zusammengenommen von dem Entstehen einer qualitativ neuen Phase des technischen Fortschritts in unserer Zeit. Der neue Charakter der Technik macht den schöpferischen Aspekt in der umgestaltenden Tätigkeit unumgänglich.

Vom Eintritt der Menschheit in eine neue Phase der technischen Entwicklung und von der Notwendigkeit der Herausbildung des schöpferischen Aspektes der Tätigkeit zeugen nicht nur jene Verschiebungen, die sich hinsichtlich der Einwirkung des Menschen auf die Natur vollziehen, sondern auch die völlig neuen Perspektiven für die Entwicklung von Maschinen.

Betrachten wir vor allem, worin die grundlegende Entwicklungstendenz von Steuerungseinrichtungen besteht.

Für das automatische Arbeiten eines Maschinensystems, das von einem einfachen (determinierten) Steuerungsautomaten gesteuert wird, ist ein äußerst detailliertes Programm mit genau angegebenen Raum-Zeit-Grenzen erforderlich. Die Maschine führt die streng festgelegten Operationen in einer strengen Reihenfolge des vorgegebenen Programms aus. Die logisch aus dieser Automatisierungsstufe hervorgehende folgende Etappe der Regelungsautomaten ermöglicht dem System von Arbeitsmaschinen mehrere Freiheitsgrade.

Eine Werkzeugmaschine kann von ihrer Konstruktion her eine Vielzahl unterschiedlicher Operationen ausführen. Die Maschine oder das Maschinensystem wird in den durch die Freiheitsgrade festgelegten Grenzen das tun, was im Programm vorgegeben ist. Das vorgegebene Programm selbst gleicht hier hinsichtlich des Grades der Genauigkeit und Analogie dem der einfachen Steuerungsautomaten. Das Programm legt die Arbeit der Maschine streng fest, spezialisiert diese Arbeit.

Das sich aus diesen Steuerungseinrichtungen gesetzmäßig entwickelnde selbsteinstellende Steuerungssystem stellt auf dem Wege, der Maschine Selbständigkeit in der Arbeit zu verleihen, einen weiteren Schritt dar. Das betrifft vor allem jenen Faktor, der die Arbeit des Regelungsautomaten streng reglementiert — das Programm selbst. Die selbsteinstellende Einrichtung benötigt kein detailliertes, streng festgelegtes Programm. Bildlich gesprochen, die von einer selbsteinstellenden Einrichtung gesteuerte Maschine braucht nur allgemeine „Weisungen". Die Lösung aller „laufenden Angelegenheiten" zu übernehmen und auszuführen, dazu ist eine solche Maschine selbst in der Lage. Selbstverständlich ist diese Fähigkeit nicht unbegrenzt, sondern hängt vom Freiheitsgrad der ausführenden Organe und von der Vollkommenheit der Steuerungseinrichtung ab.

Eine Maschine, die mit einer selbsteinstellenden Steuerungseinrichtung ausgerüstet ist, analysiert die eintretenden Informationen selbst, vergleicht die Ergebnisse dieser Analyse mit den durch das Programm (den „Weisungen") vorgegebenen allgemeinen Festlegungen und wählt in Abhängigkeit davon den Charakter ihres Verhaltens aus. Sie gibt sich selbst ein Programm für die unmittelbar folgende Handlung vor, das im Handlungsablauf selbst korrigiert wird. Eine auf diese Weise arbeitende Maschine sichert sich im Verlauf des technologischen Prozesses eine relativ große Selbständigkeit in den Handlungen, die einer Anpassung an das umgebende Milieu ähnlich sind. Der Anpassungsprozeß verläuft so, daß die Maschine, indem sie gleichsam die unterschiedlichen Reaktionen auf die äußeren Einwirkungen untersucht, die beste Reaktion nach dem ihr auferlegten Bewertungskriterium (den allgemeinen Instruktionen) auswählt und diese „speichert". Die Aufeinanderfolge dieser Reaktionen bildet das Programm der unmittelbar aufeinanderfolgenden Handlung.

Die grundlegende Entwicklungstendenz der automatischen Maschinen besteht somit darin, daß letztere eine immer größere Handlungsselbständigkeit im Verlauf eines technologischen Prozesses erwerben. Diese Selbständigkeit ist dabei auf die Sicherung eines optimalen Ablaufs des technologischen Prozesses gerichtet.

Betrachtet man die Wechselbeziehung zwischen dem Arbeitsprogramm einer selbsteinstellenden Maschine und einem technologischen Prozeß, so kann man erkennen, daß das Programm das kodierte Analogon des technologischen Prozesses ist. Das Programm von einfachen Steuerungs- und Regelungsautomaten enthält vorher in allen Einzelheiten und in kodierter Form das, was sich am Ende des technologischen Prozesses tatsächlich ergibt. Die ideale Struktur eines Arbeitsproduktes verkörpert das bewußte Ziel des Menschen, das als Gesetz die Methode und den Charakter der Handlungen des Menschen bestimmt und dem er seinen Willen unterordnen muß. Das Ziel des Menschen ist durch die Möglichkeiten seiner Arbeitsmittel und durch die Eigenschaften der Materialien des Arbeitsgegenstandes bestimmt. Das Programm, das der Mensch der Maschine vorgibt, ist eine Beschreibung der menschlichen Vorstellung von dem künftigen Arbeitsprodukt sowie der Wege und Methoden seines Erzeugens.

Das Programm, das der Mensch einer selbsteinstellenden Maschine vorgibt, enthält keine detaillierte Beschreibung des künftigen Arbeitsproduktes, sondern enthält lediglich allgemeine Parameter und Kontrollziffern. Einzelne Programmelemente wie Ausführungsgeschwindigkeit der einzelnen Operationen, deren Wechselbeziehung, Ausführungsgenauigkeit der Operationen usw. präzisiert die Maschine im Verlaufe des technologischen Prozesses selbst. Unter Bedingungen, wo natürliche Materialien das hauptsächliche Bearbeitungsmaterial darstellen, ist der Mensch bei der Auswahl von Eigenschaften und Qualität der Materialien eingeschränkt. Auch die Maschine ist bei der Auswahl einer optimalen Arbeitsweise durch den Komplex der natürlichen Materialeigenschaften, der ihr vom Menschen zur Bearbeitung überlassen wird, eingeschränkt.

Die erste Phase der technischen Entwicklung ist auf dem Gebiet der Steuerung somit dadurch gekennzeichnet, daß die ideale Struktur und die Methoden zur Erzeugung des künftigen Arbeitsproduktes im Kopfe der Menschen oder als kodierte Beschreibung dessen in Form eines Maschinenprogramms durch die Möglichkeiten der natürlichen Materialien relativ streng geregelt sind. Die Verwendung künstlicher Materialien zur Herstellung eines Arbeitsproduktes legt den Grundstein für eine völlig neue Richtung auf diesem Gebiet. Es verändern sich vor allem die Bedingungen, der Charakter und die Gesetzmäßigkeit, nach der sich die Vorstellung des Menschen über ein künftiges Arbeitsprodukt und die Methoden zu dessen Erzeugung herausbildet. Jetzt wird nicht das Material mit dem Komplex seiner natürlichen Eigenschaften bestimmen, was der Mensch aus ihm herstellen kann, sondern umgekehrt. Der Mensch verleiht dem Material solche Eigenschaften, wie sie zur Herstellung des gewünschten Arbeitsproduktes erforderlich sind.

Die Freiheit des Menschen nimmt somit stark zu. Nicht mehr die Eigenschaften der natürlichen Materialien bestimmen die Ziele und Vorstellungen des Menschen, sondern umgekehrt. Der Mensch wandelt den Naturstoff entsprechend dem vorher festgelegten Ziel um. Diese Freiheit des Menschen bezüglich der umzugestaltenden Natur spiegelt sich in der immensen Vergrößerung der Selbständigkeit der Arbeit der Maschinen wider. Unter den Bedingungen der Bearbeitung von natürlichen Materialien war es notwendig, im Arbeitsprogramm der Maschinen bis ins kleinste anzugeben, welches Material verwendet werden soll. In der neuen Entwicklungsphase der Technik, wo künstliche Materialien benutzt werden, wird die Auswahl der erforderlichen Materialien, oder besser, ihres günstigsten Eigenschaftskomplexes, von der Maschine vorgenommen. Das Programm, das vom Menschen einem Produktionskomplex von Maschinen vorgegeben wird, kann das Material nicht angeben. Es kann lediglich die Betriebscharakteristika des künftigen Produktes — die Zuverlässigkeit, die Geschwindigkeit, die Haltbarkeit, die Stabilität bei der Wechselwirkung mit der Umwelt, das Gewicht, die Abmessungen usw. anzeigen. Die Maschine wählt jenen Komplex von Materialeigenschaften aus, der den vorgegebenen Anforderungen an das Produkt in bester Weise entspricht und erarbeitet gleichzeitig auch die optimale Technologie zur

Herstellung dieses Produktes. Der Entwicklung der Selbständigkeit der Maschinen im technologischen Prozeß wird also ein neuer Weg geebnet.

Es muß betont werden, daß die immer größere Selbständigkeit in der Arbeit der Maschine keineswegs bedeutet, daß sich die Maschine der Kontrolle des Menschen entzieht. Die Maschine kann nur arbeiten, wenn sie eine Aufgabe erhalten hat, und die Aufgabe wird vom Menschen gestellt. In den Grenzen des Vorgegebenen ist die Maschine jedoch frei.

Zu einer möglichen Freiheit dieser Art ist es jedoch notwendig, daß der Arbeitsteil, der ausführende Teil der Maschine, einen entsprechenden Komplex von Freiheitsgraden besitzt. Betrachten wir zur Erläuterung dessen die Arbeit irgendeines Mechanismus unter dem Gesichtswinkel der Freiheitsgrade. Jeder beliebige Mechanismus bewegt nach der Energiezufuhr seine Teile und Elemente nicht chaotisch, sondern in einer streng festgelegten Ordnung und Richtung. Erst dadurch kann er eine bestimmte Arbeit ausführen. Alle Bewegungen im Mechanismus — außer jeweils einer — sind in jedem Augenblick der Arbeit begrenzt. Beim Schneiden einer Schere sind z. B. außer der Verschiebung in einer Ebene alle Bewegungen begrenzt. Der Gleitschuh, der an einem Körper entlanggleitet, kann sich nur in einer Richtung bewegen usw. In einem Mechanismus sind z. B. alle Bewegungen gehemmt, außer einer. Von solchen Mechanismen sagt man, daß sie einen Freiheitsgrad besitzen. Es gibt Maschinen, die zwei, drei Freiheitsgrade besitzen. Sie können mehrere Arbeiten ausführen. Dabei müssen, wenn eine Arbeit ausgeführt wird, d. h., wenn ein Freiheitsgrad ausgenutzt wird, alle übrigen aufgehoben werden.

Ein Kübelbagger besitzt z. B. wenigstens drei Freiheitsgrade — die Bewegung der Schaufel in vertikaler Ebene, das Heben und Senken des Auslegers und die Drehung um 360°. Eine solche Maschine kann mehrere Arbeiten ausführen — Abgraben, Heben, Transportieren — und stellt daher gleichsam einen Maschinenkomplex dar, der aus fast den gleichen Teilen besteht. Wenn der Bagger Erdreich abgräbt, so haben wir eine Maschine zum Abgraben vor uns, die aus dem Obergestell, dem Ausleger, dem Kübel, dem Seiltrieb u. a. besteht. Wenn der Bagger Erdreich hebt, haben wir einen Hebemechanismus vor uns, der aus den gleichen Teilen besteht — dem Obergestell, dem Ausleger, dem Seiltrieb usw. Wenn der Bagger das Erdreich transportiert, so haben wir eine dritte Maschine vor uns, die aus denselben Teilen besteht. In diesen drei Maschinen führen ein und dieselben Teile je nach Unterdrückung oder Auftreten bestimmter Freiheitsgrade verschiedene Funktionen aus. So sind, wenn der Bagger abgräbt, die Freiheitsgrade Drehen und Heben gehemmt. Die Umschaltung des Baggers von Abgraben auf Heben bedeutet das Bremsen der Schaufelbewegung und das Wirksamwerden des Freiheitsgrades des Auslegers in vertikaler Ebene. Somit machen wir durch Aufhebung und Ausnutzung der vorhandenen Freiheitsgrade aus ein und denselben Maschinenteilen bald diesen, bald jenen Mechanismus. Das ist eines der allgemeinen Prinzipien des zweckmäßigen Funktionierens von Systemen.

Nach diesem Prinzip arbeitet auch jeder lebende Organismus. Die gesamte Arbeit des Gehirns entsteht durch Erregung und Hemmung der Neuronen. Aus den Körperorganen bildet sich durch Hemmung und Enthemmung der Freiheitsgrade im Gehirn bald der eine, bald ein anderer Mechanismus.

Der menschliche Organismus konnte dadurch, daß er mehr als hundert Freiheitsgrade besitzt, durch Hemmen und Enthemmen der Freiheitsgrade eine Vielzahl unterschiedlicher Mechanismen aus seinen Organen erzeugen.

Zu Beginn der Entwicklung der Arbeit, als die Arbeit hauptsächlich von den natürlichen Organen ausgeführt wurde, verfügte der Mensch somit über Arbeitsmittel, die imstande waren, aus ein und denselben Teilen eine gewaltige, praktisch unendliche Menge unterschiedlicher Mechanismen zu erzeugen. Das Wesen der Schaffung mechanischer Mittel besteht in der ersten Phase der technischen Entwicklung darin, daß der Mensch mit ihnen einen der Mechanismen seines eigenen Körpers neu schuf. Es entwickelte sich eine Vielzahl von Maschinen, die unterschiedliche Funktionen ausführen. Dieser Differenzierungsprozeß führt zum umgekehrten Prozeß, der Synthese technischer Mechanismen zu einer Universalmaschine mit einer Vielzahl von Freiheitsgraden. Auf der Grundlage des Hemmungs- und Enthemmungsprinzips der Freiheitsgrade wird diese Universalmaschine imstande sein, sich in einen beliebigen Mechanismus zu verwandeln, der zur Ausführung eines Programms notwendig ist. Man kann in gewissem Sinne sagen, daß das Ziel des Fortschritts der Maschinen eine Neuschaffung der mechanischen Fähigkeiten des menschlichen Organismus ist. Auf diesem Wege ist es möglich, wirklich universelle Maschinen zu schaffen. Hierauf muß das Hauptaugenmerk der Erfinder, Konstrukteure und der anderen Schöpfer der neuen Technik gerichtet werden.

In der neuen Entwicklungsphase der produktiven Organe des gesellschaftlichen Menschen wird die Anzahl der Freiheitsgrade zum wichtigsten Maßstab des Fortschritts. Beim Studium der technischen Gesetze der Bildung von Freiheitsgraden in biologischen Systemen kann eine Analyse der Arbeitsprinzipien des menschlichen Körpers bedeutenden Nutzen bringen. Dieser im Grunde genommen bionischen Frage widmete der bedeutendste sowjetische Physiologe A. A. Uchtomskij in seiner Lehre von der Dominante große Aufmerksamkeit. In der weiteren Entwicklung der maschinellen Technik werden offenbar biologische Prinzipien zur Bildung der Freiheitsgrade ausgenutzt und Systeme erarbeitet werden, bei denen die Hemmung und Enthemmung der Freiheitsgrade das technische Analogon zur physiologischen Dominante wird.

Welche konkreten Wege und Methoden zur Schaffung der maschinellen Technik auch ausgewählt werden, die Entwicklungstendenz der Maschinen besteht ohne Zweifel darin, daß die technischen Einrichtungen im technologischen Prozeß eine immer größere Freiheit erwerben. Das bedeutet aber, daß an die menschliche Tätigkeit neue Anforderungen gestellt werden. Eine der entscheidenden dabei ist die Notwendigkeit einer bewußten, zweckmäßigen Steuerung und Regulierung des Entwicklungsprozesses der Technik.

Früher wurde die Richtung des Fortschritts der technischen Einrichtungen einerseits durch die Eigenschaften und die Gesetze des Arbeitsgegenstandes, andererseits durch die produktiven Möglichkeiten des Menschen vorherbestimmt. Jetzt löst man sich in gewissem Sinne von der eindeutigen vorherbestimmenden Bedeutung dieser Faktoren. Die Aufgabe, die Entwicklung der Technik zu lenken, wird immer mehr dem Menschen auferlegt. Welche Freiheitsgrade den Maschinen zu geben sind, muß der Konstrukteur entscheiden. Früher existierte diese Aufgabe nicht, da klar war, daß man die Maschine zur Bearbeitung von Material diesen oder jenen vorher bekannten und sowohl streng festgelegten als auch begrenzten Materialeigenschaften anpassen mußte. Diese Eigenschaften dienten als Kriterium zur Auswahl der Freiheitsgrade sowie der Prinzipien und des Wesens der technischen Einrichtungen. Dieses Kriterium wird jetzt sehr unbestimmt. Der Konstrukteur erhält, wenn auch keine grenzenlosen, so doch große und ausgedehnte Möglichkeiten. Er muß sich nach den Zielen richten, die die Gesellschaft dem technischen Fortschritt setzt. Diese Ziele müssen jedoch als Ergebnis einer bewußten Steuerung des wissenschaftlich-technischen Fortschritts formuliert werden.

Analoge Erscheinungen sehen wir auch auf dem Gebiet der Entwicklung der Energetik. Die Energie der unterschiedlichen Bewegungsformen der Materie beherrschend, geht der Mensch in der gegenwärtigen wissenschaftlich-technischen Revolution zur Erkenntnis und Beherrschung einer relativ primären Energieform über, die die ganze Vielfalt der natürlichen Wirklichkeit schuf, zur Beherrschung einer praktisch unerschöpflichen Energiequelle, der Kernfusionsenergie.

Der Fortschritt in der Beherrschung der Energie der Natur wird in der neuen Entwicklungsphase der Technik darin bestehen, daß der Mensch, indem er die Kernenergie und ihre Träger, die Elementarteilchen der Stoffe, ausnutzt, verschiedene Kombinationen der Bewegungsformen der Materie und damit auch neue Energieformen schaffen wird, ebenso wie er jetzt schon neue Materialien künstlich erzeugt.

Der wichtigste Teil des allgemeinen Problems der Steuerung des wissenschaftlich-technischen Fortschritts ist die Steuerung der schöpferischen Tätigkeit.

Im Verlaufe der gegenwärtigen wissenschaftlich-technischen Revolution vollzieht sich im Inhalt der Funktionen des Wissenschaftlers eine bedeutende Wandlung. Wie gezeigt wurde, differenzierte sich im Ergebnis der zweiten technischen Revolution die zweite Funktion des Wissenschaftlers — die Lösung technischer Probleme — und wurde Kollektiven unterschiedlicher Art übertragen. Dem Wissenschaftler blieb die dritte und letzte Funktion — die theoretische Beherrschung des zu erforschenden Materials. Diese Funktion wurde bis vor kurzen isoliert ausgeführt. Die Entwicklung der Wissenschaft seit Anfang des 20. Jahrhunderts verändert die theoretische Beherrschung des zu erforschenden Materials wesentlich.

Genauso wie im Erkenntnisprozeß von der Untersuchung isolierter Erscheinungen und Prozesse zur Untersuchung des Wesens der Erscheinungen in ihrer Wechselbeziehung und wechselseitigen Bedingtheit übergegangen wird, so gehen auch die Wissenschaften selbst von der Differenzierung zur Synthese, zur Vereinigung und gegenseitigen Durchdringung über. Allein aus der alten Wissenschaft Chemie entsteht z. B. eine Vielzahl neuer Grenzwissenschaften. Wir haben hier die Geochemie, die Biogeochemie, die physikalische Chemie, die chemische Physik, die physikalische organische Chemie, die physikalische Biochemie, die elementorganische Chemie, die Chemie der hochmolekularen Verbindungen, die Radiochemie u. a. All diese Wissenschaften sind das Ergebnis der Aufdeckung von Zusammenhängen und Beziehungen zwischen jenen Erscheinungen, die früher von selbständigen Wissenschaften einzeln untersucht wurden. Dasselbe kann man auch über andere Wissenschaften sagen. Dabei muß betont werden, daß allgemeine Zusammenhänge nicht nur zwischen solchen relativ ähnlichen Wissenschaften wie der Physik und Chemie aufgedeckt werden, sondern auch zwischen solchen, die früher überhaupt keinerlei Verbindungen zu haben schienen. Als Beispiel kann hier die Kybernetik dienen, die auf die gemeinsamen Gesetze und Prinzipien der Arbeit von Maschinen, der Tätigkeit des Menschen sowie der Lebenstätigkeit von Organismen und ihrer Gemeinschaften hinweist.

Synthese, gegenseitige Durchdringung der Wissenschaften bedeutet, daß die Beherrschung des theoretischen Materials bei der Erforschung dieses oder jenes Naturprozesses die Einbeziehung einer Vielzahl benachbarter Wissenschaftsbereiche erfordert. Eine individuelle Erfüllung dieser Forderung ist nicht möglich. Im Zusammenhang damit vollzieht sich im Verlaufe der wissenschaftlich-technischen Revolution auch eine Differenzierung der dritten Funktion des Gelehrten — der theoretischen Beherrschung des zu erforschenden Materials. Es entsteht gegenwärtig eine Vielzahl unterschiedlicher wissenschaftlicher Einrichtungen, die einzelne Unterfunktionen dieser Gesamtfunktion erfüllen.

Ebenso wie auf einer bestimmten Stufe der Differenzierung und Synthese der produktiven Organe des gesellschaftlichen Menschen technische Beziehungen entstehen, entsteht bei der Differenzierung und Synthese schöpferischer Organisationen auch eine Koordinierung — eine exakte Übereinstimmung und Zielgerichtetheit der schöpferischen Tätigkeit. Alle schöpferischen Organisationen müssen als ein einheitlicher Organismus arbeiten, ihre Wechselbeziehungen müssen übereinstimmen.

Die Verflechtung der verschiedenen Zweige der Wissenschaft erfordert zur Lösung bestimmter Fragen der technischen Anwendung wissenschaftlicher Erkenntnisse eine koordinierende Tätigkeit der wissenschaftlichen Einrichtungen.

Für die Entwicklung selbsteinstellender Steuerungseinrichtungen zum Beispiel ist eine Wechselbeziehung zwischen den auf den Gebieten der Physik, der Chemie, der Mathematik, der Mechanik, der Biologie, der Physiologie, der Logik, der Linguistik usw. arbeitenden Einrichtungen notwendig. Die wesentliche Wechselbeziehung zwischen einer Vielzahl unterschiedlicher Naturerscheinungen wirft bei der wissenschaftlichen Erarbeitung einer technischen Anwendung für verschiedene Produktionsbereiche einige allgemeine wissenschaftliche Probleme auf. Die Koordinierung der schöpferischen Kräfte setzt voraus, die Lösung dieser allgemeinen Probleme speziellen schöpferischen Organen zu übertragen. So gibt es in der UdSSR das Staatliche Komitee für Wissenschaft und Technik.

Eine organisierte Leitung der schöpferischen Tätigkeit bedeutet auch deren Planung. Die Planung der schöpferischen Tätigkeit ist eine rationelle Organisation der Reihenfolge in der Beherrschung von Naturgesetzen, angefangen bei der fundierten Aufstellung von Hypothesen bis zur Einführung wissenschaftlicher Entdeckungen in die Produktionsprozesse.

Die Planung der schöpferischen Tätigkeit soll nicht nur eine Reihenfolge bei der Ausführung der schöpferischen Funktionen gewährleisten, sondern auch die Ausführung jeder einzelnen von ihnen sowie die schnellste Überführung der wissenschaftlichen Entdeckungen in die Produktion.

Durch die gegenwärtigen wissenschaftlich-technischen Umwälzungen wird die Entwicklung der Technik und der Produktion unmittelbar von den Erkenntnissen der Wissenschaft, der schöpferischen Tätigkeit bestimmt. Der Entwurf eines Planes zur Entwicklung der gesamten Volkswirtschaft muß also letztlich auf dem Entwicklungsplan der Wissenschaft basieren. Die Abschnitte des Planes der wissenschaftlichen Forschungsarbeiten haben ihrerseits für den Entwurf des Volkswirtschaftsplanes unterschiedliche Bedeutung. Der Perspektivplan zur Entwicklung der gesamten Volkswirtschaft muß vor allem auf dem Plan der Erkundungsarbeiten beruhen. Worauf aber beruht der Plan dieser Arbeiten? Erkundungsarbeiten sind ein Tätigkeitsbereich, in dem man vor Unbekanntem steht. Welche Naturgesetze wann entdeckt werden, kann niemand genau sagen. In anderen Bereichen der schöpferischen Tätigkeit — den konstruktiven Entwicklungsarbeiten und der Lösung bereits festgelegter Probleme der Volkswirtschaft — arbeiten die Wissenschaftler mit Material, das schon mehr oder weniger bekannt ist. Diese bekannten Daten stellen für die Planung der Forschungsarbeiten die Ausgangsdaten dar, bestimmen sie doch den Charakter des Kadereinsatzes usw.

Bei den Erkundungsarbeiten, die auf die Klärung von Gesetzmäßigkeiten der Natur gerichtet sind, gibt es solche Ausgangsdaten nicht. Für die Planung der Erkundungsarbeiten ist ein recht fester, wenn auch weniger definierter Rückhalt vorhanden — die objektive Logik des wissenschaftlichen Fortschritts, der Entwicklung der schöpferischen Tätigkeit. Sie gestattet, die Perspektiven der menschlichen Erkenntnis zu erkennen. Wenn die Logik der Entwicklung der Wissenschaft das künftige Bild der Welt auch nur in allgemeinen Zügen aufzeichnen und nur einige Orientierungspunkte geben kann, so ist dies trotzdem eine wissenschaftlich fundierte Stütze für die Perspektivplanung der Entwicklung der Wissenschaft und der gesamten Volkswirtschaft.

Bei der Koordinierung und Planung der Wissenschaft gewinnt die schöpferische Tätigkeit des wissenschaftlichen Leiters von Erkundungsarbeiten eine erstrangige Bedeutung. Der wissenschaftliche Leiter von Erkundungsarbeiten muß über vollendete Kenntnisse in dem Bereich verfügen, in dem er die Forschung leitet; er muß Kenntnisse über die Errungenschaften in allen Nachbarbereichen und über die Logik des wissenschaftlich-technischen Fortschritts besitzen; er muß über außergewöhnliche organisatorische Fähigkeiten verfügen. Akademiemitglied P. L. Kapica betont, daß die Periode der Entwicklung der Wissenschaft angebrochen ist, wo den Wissenschaftsorganisatoren große Bedeutung beigemessen werden muß, und sagt, daß diese Leute „sehr selten anzutreffen sind — es ist dies ein besonderer Typ des menschlichen Talentes. Zur Zeit befindet sich dieser Typ im Stadium des Herauskristallisierens und wird, wie ich annehme, in Zukunft eine entscheidende Rolle spielen.“[19]

Vorbild eines solchen Wissenschaftlertyps war Akademiemitglied I. V. Kurčatov. Er war nicht nur ein hervorragender Wissenschaftler, sondern auch Leiter großartiger theoretischer und experimenteller Forschungen sowie Organisator für die praktische Ausnutzung der wissenschaftlichen Ergebnisse.

Von der gleichen Art war Akademiemitglied S. P. Korolev, der Organisator der grandiosen Arbeiten zur Eroberung des Kosmos.

Die Koordinierung und die Planung als zwei Prinzipien der organisierten Leitung schöpferischer Tätigkeit stehen untereinander in sehr enger Wechselbeziehung. Ihre Ein-

[19] Мир науки, 1960, № 3—4, стр. 3—4.

heit wird durch die Kontinuität der Forschung verwirklicht. Die laufende Planung muß vor allem darauf gerichtet sein, die streng festgelegte Wechselbeziehung zwischen der Entwicklung von Wissenschaft, Technik und Produktion aufrechtzuerhalten.

Für eine harmonische Entwicklung des gesamten Organismus der Volkswirtschaft ist es notwendig, daß sich die Technik schneller entwickelt als die Schwerindustrie wächst und daß die Naturwissenschaften das Entwicklungstempo der Technik überbieten.

Da neue Entdeckungen die Pläne der schöpferischen Arbeit wesentlich verändern können, muß die Kontinuität der Planung eine schnelle Umorientierung der Arbeit aller schöpferisch tätigen Organisationen, ein Überwechseln auf neue Probleme gewährleisten.

Die Analyse der neuen Phase, die sich in der Entwicklung der Technik im Verlaufe der gegenwärtigen wissenschaftlich-technischen Revolution abzeichnet, zeigt somit, daß die Menschheit vor ein völlig neues Problem gestellt wird — die bewußte, wissenschaftlich fundierte Leitung des wissenschaftlich-technischen Fortschritts.

Die Notwendigkeit, in der Periode des Aufbaus des Kommunismus und der gegenwärtigen wissenschaftlich-technischen Revolution Naturprozesse zu steuern, wird auch durch die Aufgaben einer *wissenschaftlichen Leitung der Gesellschaft* hervorgerufen.

Die Wechselbeziehung zwischen der Leitung der Gesellschaft sowie der Steuerung und Regelung von Naturprozessen basiert auf der grundsätzlichen Einheit von Mensch und Natur. Das Leben des Menschen, die historische Entwicklung, die gesellschaftliche Tätigkeit und die Produktionstätigkeit sind von Grund auf mit der Natur verbunden. Diese Verbindung wird über den Produktionsprozeß hergestellt, in den die zweckmäßig gerichteten Naturkräfte einbezogen werden. In dem Maße, wie Naturkräfte in den Produktionsprozeß einbezogen werden, ändert sich das Wesen der Produktionsprozesse, ihre Technologie selbst. Marx betonte, daß die Technologie als Bildungs- und Entwicklungsprozeß der produktiven Organe des gesellschaftlichen Menschen „... das aktive Verhalten des

Menschen zur Natur, den unmittelbaren Produktionsprozeß seines Lebens, damit auch seiner gesellschaftlichen Lebensverhältnisse und der ihnen entquellenden geistigen Vorstellungen"[20] enthüllt. Der Charakter des Verhältnisses der Gesellschaft zur Natur bestimmt neben den Beziehungen der Menschen zueinander in entscheidender Weise das Wesen der jeweiligen ökonomischen Gesellschaftsformation. Das Verhältnis der Menschen zur Natur ist unmittelbar mit den Produktivkräften der Gesellschaft verbunden und tritt mit ihnen als primäres Verhältnis auf, das den Charakter der Beziehungen der Menschen zueinander bestimmt. Es besteht hier jedoch eine sehr enge und rückwirkende Abhängigkeit.

Der Charakter der Produktionsverhältnisse bestimmt in bedeutendem Maße, wie sich der Mensch zur Natur verhält. Je nach der Beherrschung der Naturgesetze durch den Menschen, je nach der Ausdehnung der Macht der Arbeitsfunktionen über die Naturkräfte ändert sich auch das Verhältnis des Menschen zur Natur.

Der Grad der Unterordnung des Menschen unter die Natur ist in den frühen ökonomischen Gesellschaftsformationen unterschiedlich. Die kapitalistische Produktionsweise stellt als erste die Naturwissenschaften in den Dienst des unmittelbaren Produktionsprozesses und unterwirft sich die Naturkräfte erstmalig in großem Umfange. Die progressive Funktion des Kapitalismus besteht darin, obgleich sie sich in einer barbarischen Form der Ausbeutung des Menschen durch den Menschen vollzieht, daß er die Entwicklung der Arbeit fördert, indem er die Macht der vermittelnden und regulierenden Funktionen der menschlichen Tätigkeit über die Naturkräfte ausdehnt.

Die Entwicklung der Tätigkeit zur Regulierung von Naturprozessen bedeutet die Aufdeckung und Ausnutzung von Zusammenhängen zwischen Erscheinungen, Eigenschaften und Gegenständen der Natur. In der Produktion findet dies in der Notwendigkeit seinen Niederschlag, die verschiedenen Prozesse zu koordinieren, die gesellschaft-

[20] K. Marx, Das Kapital, Erster Band, in: MEW, Bd. 23, S. 393, Anm. 89.

liche Arbeit zu leiten. Diese Leitung wird im technologischen Prozeß durch die sogenannten technischen Beziehungen realisiert. Im Bereich der Wirtschaft entsteht sie unter den Bedingungen der vorsozialistischen Formationen spontan.

In dem Maße, wie sich Wissenschaft und Technik entwickeln, werden immer mehr Zusammenhänge und Abhängigkeiten zwischen den Naturerscheinungen entdeckt. Das findet nunmehr seinen Niederschlag in der Notwendigkeit, zwischen den verschiedenen Betrieben, Industrie- und Wirtschaftszweigen Verbindungen herzustellen. Der Kapitalismus war gezwungen, sich in Richtung der Entwicklung von Monopolen zu entwickeln. In der Periode des Monopolkapitalismus wird die Aufgabe, die Produktion eines ganzen Landes und einer Reihe von Ländern zu regulieren, immer dringender. Das ist insbesondere dadurch bedingt, daß in die gesellschaftliche Arbeit solche Naturkräfte einbezogen werden, deren rationelle Ausnutzung nur durch gemeinsame Anstrengungen möglich ist. Die Ausnutzung der allgemeinen Zusammenhänge der Natur, die von der modernen Wissenschaft aufgedeckt werden, machen die Zusammenfassung, die Vereinigung der Kräfte der gesamten menschlichen Gesellschaft erforderlich.

Die Notwendigkeit der Übereinstimmung der Produktionsverhältnisse mit dem Charakter der Produktivkräfte, die Notwendigkeit, die Entwicklung der Gesellschaft entsprechend den in der Produktion angewandten Naturkräften zu steuern, bahnte sich, von sozialen Erschütterungen begleitet, im Verlaufe der gesamten Geschichte der Gesellschaft spontan den Weg.

Eine bewußte Leitung der Entwicklung der Produktionsverhältnisse wird erst im Sozialismus möglich, der auf dem gesellschaftlichen Eigentum an Produktionsmitteln beruht und daher jegliche sozialen Beschränkungen in der Planung und Koordinierung der Entwicklung der Produktivkräfte aufhebt.

Die gegenwärtige wissenschaftlich-technische Revolution verändert den Inhalt der Produktivkräfte wesentlich — in ihr nehmen die Naturkräfte, die von der Wissenschaft in den Produktionsprozeß einbezogen werden und als Agenten der gesellschaftlichen Arbeit auftreten, einen immer größeren Platz ein. In dem Maße also, wie sich die gegenwärtige wissenschaftlich-technische Revolution entfaltet, muß die Entwicklung der Produktivkräfte und durch sie auch der Produktionsverhältnisse in immer stärkerem Maße auf der Steuerung und Regelung der Naturkräfte beruhen.

Die wissenschaftliche Leitung gesellschaftlicher Prozesse, die Leitung des Aufbaus und der Entwicklung des Kommunismus darf nicht nur vom Nutzen für die Gesellschaft und jedes ihrer Mitglieder im gegebenen Augenblick ausgehen, sondern muß unbedingt auch die historische Perspektive berücksichtigen. Die Zukunft der menschlichen Gesellschaft hängt aber in bedeutendem Maße immer davon ab, wie sie sich im gegebenen Augenblick der Natur gegenüber verhält. Beim Entwurf der Aufgaben und Pläne zur gesellschaftlichen Entwicklung ist es erforderlich, das Wirken der Naturgesetze zu berücksichtigen.

Somit setzt eine wissenschaftliche Leitung der Gesellschaft in der Periode des Aufbaus und der Entwicklung des Kommunismus unter den Bedingungen der gegenwärtigen wissenschaftlich-technischen Revolution mit Notwendigkeit eine Steuerung und Regelung der Naturprozesse voraus.

3. *Einige theoretische Aspekte des Problems von Steuerung und Regelung*

Die gegenwärtige wissenschaftlich-technische Revolution übt auf den Inhalt der Arbeit einen wesentlichen Einfluß aus. Die Übertragung der letzten technischen Funktion auf automatische Einrichtungen hat zur Folge, daß die unmittelbare Teilnahme des Menschen am Produktionsprozeß beseitigt wird. Für den Arbeiter ist in der Produktionstätigkeit nach den Worten von Marx jetzt folgendes typisch: „Er tritt neben den Produktionsprozeß, statt sein Hauptagent zu sein.“[21]

[21] K. Marx, Grundrisse der Kritik der Politischen Ökonomie, Berlin 1953, S. 593.

Das Produktionssystem stellt, nachdem es eine Aufgabe erhalten hat, das notwendige Erzeugnis ohne direkte Teilnahme des Menschen her.

Der Produktionstätigkeit des Menschen liegt in den Kulturanfängen der Ackerbau zugrunde. Der „Automatismus" der Natur arbeitete für den Menschen. Mit der Entwicklung des Handwerks, der Manufaktur und der Industrie erfolgt dann eine Aufhebung dieser „automatisierten" Produktion. Auf der höchsten Entwicklungsstufe der Produktionstätigkeit aber kehrt der Mensch erneut zum „Automatismus" der Natur zurück, einer Natur jedoch, die nicht mehr jungfräulich und unberührt ist, sondern die ein produziertes Arbeitsmittel darstellt. Der Mensch bezieht im Verlaufe der gegenwärtigen wissenschaftlich-technischen Revolution mächtige Naturkräfte in den Produktionsprozeß ein. Die Verwirklichung des Stoffwechsels zwischen Mensch und Natur wird in einem bedeutenden Umfang auf natürliche Agenten übertragen. Marx betonte, daß in der höchsten Entwicklungsetappe der automatischen Technik und der Naturwissenschaften sich der Inhalt des Prozesses, der sich zwischen Mensch und Natur vollzieht, wesentlich verändert. Durch die Automaten und die natürlichen Agenten der gesellschaftlichen Arbeit „schiebt" der Arbeiter keinen modifizierten Naturgegenstand (Werkzeug) zwischen sich und den Arbeitsgegenstand, wie das in den früheren Entwicklungsstufen der Arbeit der Fall war, sondern einen Naturprozeß, den er in einen industriellen verwandelt. Und erst jetzt wird die Arbeit frei. Die Arbeit wird von der Notwendigkeit befreit, sich dem maschinellen Rhythmus unterzuordnen, von der Notwendigkeit, sich nach den Naturprozessen zu richten.

Die Verwandlung der natürlichen Prozesse in industrielle, die Beseitigung einer unmittelbaren Teilnahme des Menschen am technologischen Prozeß und die Umwandlung der Produktion in einen objektiv ablaufenden Prozeß verleiht der menschlichen Arbeit einen qualitativ neuen Inhalt.

Die Sklaven-, Fron- und Lohnarbeit als Formen der Arbeit hemmen ganz entscheidend die Entwicklung des Menschen in der Arbeit, die die Äußerung seiner menschlichen Qualitäten darstellt. Allein die freie Arbeit ist Marx zufolge volle „Selbstverwirklichung des Individuums", „Vergegenständlichung des Subjekts", „Äußerung realer Freiheit". Die freie Arbeit erfährt ihre Entwicklung erst nach der sozialistischen Revolution, unter den Bedingungen der gesellschaftlichen Formation des Kommunismus. Sie gründet sich auf die Einsicht und auf das Verständnis jedes einzelnen, daß die Arbeit für die gesamte Gesellschaft notwendig ist. Die freie Arbeit ist ein Lebensbedürfnis des Menschen.

Diese historischen Formen der Arbeit entsprechen im großen und ganzen den Hauptetappen der Entwicklung der Arbeit als Tätigkeit zur Regelung und Steuerung der Naturkräfte.

Die Geschichte der Entwicklung der Arbeit ist ein Prozeß, in dessen Verlauf die Arbeitsfunktionen zunehmend Macht über die Naturkräfte gewinnen. Der Mensch kam von der Unterordnung unter die Natur und von der zweckmäßigen Anpassung an sie Schritt für Schritt los und konnte, indem er die ersten Ergebnisse der entstandenen Wissenschaft ausnutzte, die Naturkräfte der vermittelnden Funktion seiner Arbeitstätigkeit unterordnen. In der Entwicklung der Arbeit vollzog sich ein Sprung, denn der Mensch begann, sich Naturkräfte bewußt zu unterwerfen. Durch die Ergebnisse von Wissenschaft und Technik wurden weitere Veränderungen im Inhalt der Arbeit herbeigeführt. Die Entwicklung des Maschinensystems, verschiedener Antriebe und das Eindringen der Erkenntnis in das Wesen einiger Erscheinungen erlaubte es dem Menschen, seine Arbeit auf ein bedeutend höheres Niveau zu heben. Auch einer anderen Funktion, der regulierenden Funktion der Arbeitstätigkeit, wurden Naturkräfte untergeordnet. Der Mensch erhielt die Möglichkeit, die Funktionsprozesse vieler natürlicher Systeme zu regeln. Obwohl dies dem Menschen eine gewaltige Macht über die Natur garantiert, ist dies noch nicht der Endpunkt in der Entwicklung der Arbeit.

Die Kontrollfunktion dehnt sich auf dieser Stufe noch nicht auf Naturprozesse aus, und das gibt der Arbeit noch keine Möglichkeit, ihr wirkliches Wesen (als Arbeit) zu enthüllen. Die konsequente Übertragung technischer Funktionen von den Organen des Menschen auf technische Mittel bedeutete weder eine Verarmung des Menschen noch eine Befreiung von der Arbeit überhaupt, sondern eine komplizierte und widersprüchliche Entwicklung der ganzen Mannigfaltigkeit des Menschen sowie das Herausheben des wahrhaft Menschlichen in seiner Tätigkeit. Die Entwicklung der Arbeit ist ein Absonderungsprozeß des Menschen von der Natur. Die Arbeitsmaschinen, die Antriebe, alle möglichen Steuerungseinrichtungen bekommen vom Menschen das Nichtmenschliche, das Natürliche übertragen, dessen Träger der Mensch war und auch jetzt in erheblichem Maße noch ist. Der Mensch übertrug technische Funktionen den Maschinen und dehnte dabei gleichzeitig die Arbeitsfunktionen auf Naturkräfte aus. Indem er zwischen sich und die Natur technische Mittel „schob", entfernte er sich nicht von der Natur, sondern näherte sich ihr auch, das aber bereits nicht mehr nur als Teil der Natur, sondern auch als deren Gebieter, wobei er die Technik als Organe der Macht des menschlichen Willens über die Natur ausnutzt. Jedoch begrenzen die Sklaven-, Fron- und Lohnarbeit als Formen der Arbeit die Möglichkeiten zu ihrer Entwicklung, als Tätigkeit zur Steuerung und Regelung der Naturkräfte. Allein die historisch höchste Form der Arbeit — die freie Arbeit — erschließt alle Möglichkeiten zu ihrer Entwicklung. Die freie Arbeit entsteht als Ergebnis der Entwicklung zweier wechselseitig miteinander verbundener Prozesse: einerseits der sozialistischen Umgestaltungen und des Aufbaus des Kommunismus, andererseits der Entwicklung der Wissenschaft als Produktivkraft, ihrer Verbreitung unter den Werktätigen.

Unter Hinweis auf die freie Arbeit sagte Marx: „Die Arbeit der materiellen Produktion kann diesen Charakter nur erhalten, dadurch daß 1) ihr gesellschaftlicher Charakter gesetzt ist, 2) daß sie wissenschaftlichen Charakters, zugleich allgemeine Arbeit ist, nicht Anstrengung des Menschen als bestimmt dressierter Naturkraft, sondern als Subjekt, das in dem Produktionsprozeß nicht in bloß natürlicher, naturwüchsiger Form, sondern als alle Naturkräfte regelnde Tätigkeit erscheint."[22]

[22] K. Marx, Grundrisse der Kritik der Politischen Ökonomie, a. a. O., S. 505.

Die erste Bedingung der freien Arbeit, auf die Marx hinweist, nämlich ihr gesellschaftlicher Charakter, d. h. Arbeit auf der Grundlage von gesellschaftlichem Eigentum an Produktionsmitteln, wird im Ergebnis der sozialistischen Umgestaltungen der Gesellschaft erzielt. Die zweite Bedingung, der wissenschaftliche Charakter der Arbeit, die Umwandlung der Arbeit in eine Tätigkeit, die auf die gesamten Naturkräfte gerichtet ist, wird im Verlauf der gegenwärtigen wissenschaftlich-technischen Revolution unter sozialistischen Bedingungen erfüllt.

Die Form der freien Arbeit gestattet es, in vollem Umfange alle potentiellen Möglichkeiten der Arbeit freizulegen; es zeigen sich voll ihre regulierende und kontrollierende Funktion.

Erst die gegenwärtige wissenschaftlich-technische Revolution, die die Möglichkeit eröffnet, Naturprozesse zu steuern und zu regeln, schafft die Voraussetzungen, auch die dritte und letzte Funktion der menschlichen Arbeit auf Naturkräfte auszudehnen. Die modernen Errungenschaften von Wissenschaft und Technik gestatten es, die Naturprozesse zu kontrollieren. In der langen Periode seiner Geschichte führte der Mensch einen Kampf mit der Natur, bis er die Macht der vermittelnden Funktion der Arbeit auf die Naturkräfte ausdehnte. Die Ausdehnung der Macht der regulierenden Funktion bedeutete, daß der Mensch auch begann, mit der Natur in Wechselwirkung zu treten. Die Ausdehnung der Macht der Kontrollfunktion kennzeichnet den Beginn der Steuerung von Naturprozessen. In den frühen Entwicklungsetappen wird das Wesen des Arbeitsprozesses nicht aufgedeckt, wie auch die Gesetze der gesellschaftlichen Entwicklung, der Ausbeutungsmechanismus usw. nicht sofort entdeckt werden. Erst in einer höheren Entwicklungsetappe der menschlichen Tätigkeit, als die Naturkräfte ebenfalls beherrscht und unter Kontrolle gebracht werden, wird das wahre Wesen und die Bedeutung der Arbeit, die in der Steuerung und Regelung der Naturprozesse besteht, entdeckt. Und erst jetzt wird klar, daß die gesamte Entwicklungsgeschichte der Arbeit ein Prozeß zur Herausbildung dieser Steuer- und Regeltätigkeit ist und daß die einzelnen historischen Abschnitte der

Ausdehnung der Arbeitsfunktionen auf die Naturkräfte die qualitativen Sprünge dieses Prozesses darstellen.

Der Mensch sonderte sich allmählich von der Natur ab, brach die unmittelbaren natürlichen Bindungen zu ihr ab und erwarb in seiner Tätigkeit eine relative Selbständigkeit. Die Umwandlung der Produktion in einen objektiv ablaufenden Prozeß, die Ausdehnung seiner Macht über die Naturkräfte, die Ausdehnung der Kontrollfunktion der Arbeit, die Befreiung von der sozialen Ausbeutung — das sind die notwendigen und miteinander in Wechselwirkung stehenden Bedingungen dafür, daß die Menschheit den Weg ihrer wahrhaft menschlichen Geschichte geht.

Die Bedeutung der menschlichen Tätigkeit für die Natur, die Rolle des Menschen für die geologischen, biologischen, physikalisch-chemischen Prozesse der Erde interessierte die Wissenschaftler von jeher. Einen Versuch, dieses Problem theoretisch zu untersuchen, unternahm erstmals in der Geschichte der Wissenschaft V. I. Vernadskij. Er betrachtete die gesellschaftliche Produktionstätigkeit als eine höhere Erscheinungsform der belebten Materie und das Leben selbst als einen kosmischen Prozeß. Als eine neue Wissenschaft, die Geochemie, entstand, richtete Vernadskij mit jedem Erzeugnis sein Augenmerk auf die geochemische Tätigkeit des Menschen. Er sammelte ein ungeheures Faktenmaterial, das über einen langen Zeitraum hinweg die geochemische Tätigkeit des Menschen zeigt. Auf Grund dieses Materials schlußfolgerte Vernadskij, daß die geochemische Einwirkung des Menschen, der sich über den Ackerbau der belebten, assimilierenden Materie bemächtigte, in den letzten zehn- bis zwölftausend Jahren ungewöhnlich intensiv und mannigfaltig war; es ist ein immer deutlicherer Einfluß des Bewußtseins und des kollektiven Verstandes des Menschen auf die geochemischen Prozesse zu beobachten.

Bei der Analyse der Geschichte der Erde, der Geschichte der menschlichen Gesellschaft, des Verlaufs der geochemischen Tätigkeit des Menschen gelangte Vernadskij zu dem Schluß, daß diese Tätigkeit mit Beginn des 20. Jahrhunderts in eine neue Etappe eintritt. Diese neue Etappe ist nach Vernadskij durch einige charakteristische Merkmale gekennzeichnet. Wesentliche Veränderungen vollziehen sich vor allem in der geochemischen Tätigkeit des Menschen selbst. Er erhält die Möglichkeit, durch seine Arbeit und seine Ideen den Bereich seines Lebens umzugestalten, und zwar grundlegend umzugestalten im Vergleich zu dem, was früher war. Vernadskij zufolge gewinnt der Mensch eine solche Möglichkeit durch die Beherrschung der Atomenergie. Unmittelbar nach der Entdeckung der Radioaktivität hob Vernadskij hervor, daß die Menschheit in das neue Zeitalter der Strahlen- und Atomenergie eintritt, die die Wärmeenergie, die elektrische Energie und alle Energieformen, über die der Mensch bisher verfügte, tausend- und millionenfach übertrifft. Die menschliche Tätigkeit zur grundlegenden Umgestaltung der Erde kommt nach Vernadskij insbesondere darin zum Ausdruck, daß der Mensch künstliche Materialien schafft, daß neue Tier- und Pflanzenarten vom Menschen geschaffen werden, daß der Mensch bestrebt ist, die Grenzen des Planeten zu überschreiten und in den kosmischen Raum zu gelangen.

Die belebte Materie, auch die Menschheit, trat im Verlauf der Geschichte als geologische Kraft spontan in Erscheinung. In unserer Zeit begreift die belebte Materie in ihrer höchsten Blüte — in der vereinten Menschheit — ihre geologische Rolle und kann den spontanen Prozeß in einen bewußten umwandeln. Jenen Bereich der Natur, den die freie, vereinte Menschheit vernünftig und bewußt grundlegend umgestaltet, bezeichnet Vernadskij als Noosphäre. Die Noosphäre ist nicht alles, was vom Menschen geschaffen worden ist. Sie stellt im allgemeinen keine „zweite Natur" dar, sondern den Teil der Natur, diejenige Sphäre, die der Mensch vernünftig umgestaltete, die er nach einem vorher erdachten Plan veränderte. Die Noosphäre ist die vom menschlichen Verstand durchdrungene Natur. In ihr ist die bewußte geologische Tätigkeit der Menschheit verkörpert.

Die Entwicklung der Noosphäre als eine bewußt und zielgerichtet umgestaltete Sphäre des Planeten, als ein vernünftig organisierter Bereich des Kosmos, brachte Vernadskij mit den entsprechenden sozialen, gesellschaftlich-ökonomischen Veränderungen in Zusammenhang, da die Gesellschaft, die soziale Ordnung, ein Element der Biosphäre und der belebten Materie des Planeten, ein Teil des Kosmos ist. Auch in der vernünftigen und bewußten Steuerung des Lebens der Menschen äußert sich die Bildung der Noosphäre.

Vernadskij unterstreicht wiederholt, daß die Menschheit durch ihre Produktionstätigkeit auf die Natur einwirkt. Um zu untersuchen, wie der Mensch die Noosphäre erzeugt, ist es daher notwendig, sich hauptsächlich einer Analyse der Produktion zuzuwenden. Im Zusammenhang damit wies Vernadskij auf die Notwendigkeit hin, die objektiven Gesetzmäßigkeiten des wissenschaftlich-technischen Fortschritts zu erforschen.

Vernadskij legte mit seiner Lehre von der Noosphäre somit die Grundlagen zu einer Theorie der Einwirkung des Menschen auf die Natur.

* *
*

In den letzten Jahren wird das Problem der Steuerung und Regelung von Naturprozessen, des bewußten Verhältnisses des Menschen zur Natur von vielen Seiten her untersucht.[23] Viele Wissenschaftler weisen auf die Notwendigkeit hin, eine spezielle Wissenschaft, ein Wissensgebiet zu schaffen, das die Grundgesetze der Wechselwirkung zwischen Mensch und Natur erarbeitet. Die Wechselwirkung mit der Natur kann erst dann zweckmäßig sein, wenn sie mit dem Leitungsprozeß der Gesellschaft in Übereinstimmung gebracht ist.

In den letzten Jahren wurden auch Probleme der wissenschaftlichen Leitung der Gesellschaft bearbeitet.[24] Dabei werden unterschiedliche Prinzipien zur Leitung der Gesellschaft erarbeitet, oft aber nicht berücksichtigt, wie notwendig eine Steuerung und Regelung des Umgestaltungsprozesses der Natur ist.

[23] Взаимодействие наук при изучении Земли. Москва 1963; Природа и общество. Москва 1968; Е. Т. Фаддеев, Некоторые философские проблемы освоения космоса. В: Диалектический материализм и вопросы естествознания. Москва 1964 и др.

[24] В. Г. Афанасьев, Научное управление обществом. Москва, 1968; Научное управление обществом, вып. 1. Москва, 1967; вып. 2, Москва, 1968.

Die Wissenschaft von der Leitung der Gesellschaft und die Theorie von der Wechselwirkung zwischen Natur und Gesellschaft stellen dem Wesen nach zwei Richtungen einer einheitlichen allgemeinen Theorie der menschlichen Tätigkeit dar: Sie soll Probleme der „Bearbeitung der Menschen durch den Menschen“ und der „Bearbeitung der Natur durch den Menschen“ behandeln. Gegenstand und Aufgaben einer allgemeinen Theorie der menschlichen Tätigkeit bilden die Erforschung von Gesetzmäßigkeiten des Verhältnisses zwischen Mensch und Natur sowie die Ausarbeitung allgemeiner Methoden für eine optimale, auf die Umgestaltung der Natur und auf die eigene Entwicklung gerichtete Tätigkeit der Gesellschaft.

Die menschliche Gesellschaft stellt eine der Bewegungsformen der Materie dar. Ihre Wechselwirkung mit allen Bewegungsformen der Materie muß viel Gemeinsames mit der Wechselwirkung zwischen den anderen Bewegungsformen der Materie haben.

Versuchen wir, einige Züge aufzudecken, die der Wechselbeziehung zwischen der Gesellschaft und der gesamten Natur sowie der Wechselbeziehung zwischen der belebten und unbelebten Natur gemeinsam sind.

Die belebte Natur, die biologische Bewegungsform der Materie, übt, nachdem sie von der anorganischen Natur gesetzmäßig hervorgebracht wurde, einen gewaltigen Einfluß auf letztere aus. Um abzuschätzen, von welcher Relevanz, von welchem Ausmaß die Rolle der Organismen für den Planeten ist, genügt es zu sagen, daß viele weit verbreitete Gesteinsschichten der Gebirge und Mineralien (Kalksteine, fossile Brennstoffe u. a.) biogenen Ursprungs sind. Die Zusammensetzung unserer Atmosphäre und Hydrosphäre ist in erheblichem Maße ein Werk des Lebens: Gerade die belebte Materie spielt bei der Ausbildung und Aufrechterhaltung des spezifischen Kreislaufes der Stoffe, der beeindruckenden dynamischen Gleichgewichte im erdnahen, von der Tätigkeit der Organismen erfaßten Bereich des Planeten die Rolle des hauptsächlichen steuernden und organisierenden Faktors.[25]

[25] Ю. П. Трусов, Понятие о ноосфере. В: Природа и общество. Москва, 1968., стр. 37.

Die belebte Natur steuert und regelt sich selbst und gewährleistet dabei die Reproduktion ihrer Existenz- und Entwicklungsbedingungen. Die Erforschung der Gesetze einer solchen Steuerung und Regelung und deren Ausnutzung in der menschlichen Tätigkeit ist ein bionisches Problem besonderer Art. Betrachtet man die Tätigkeit der belebten Natur in bezug auf die anorganische Natur in idealisierter Form, so kann man folgendes bemerken: Die gesamte belebte Natur teilt sich in drei funktionelle Systeme oder Gruppen auf: Die Pflanzen stellen aus dem Kohlenstoff der Luft, dem Wasser und den Mineralstoffen des Bodens ein organisches Primärprodukt her, sie sind die *Produzenten.* Die Tiere ernähren sich von den Pflanzen, sie sind die *Konsumenten.* Die Bakterien zerlegen die organische Substanz, die von den Pflanzen und Tieren erzeugt wurde, und geben dem Boden die zur Ernährung der Pflanzen notwendigen Stoffe zurück, sie sind die *Reduzenten.* So wird der Stoffwechsel zwischen der belebten und der unbelebten Natur realisiert. Keines der funktionellen Systeme dieser Gruppen kann ohne die beiden übrigen existieren.

Selbst die Pflanzen, die die Stoffe zu ihrer Ernährung unmittelbar aus der unbelebten Natur beziehen, könnten ohne Tiere und Bakterien nicht existieren, denn sie würden in den von ihnen produzierten Stoffen, dem Sauerstoff und ihren Abprodukten, den Blättern und dem Holz abgestorbener Bäume, ersticken. Hieraus folgt, daß die selbsttätige Steuerung, die die Reproduktion der Existenz- und Entwicklungsbedingungen der belebten Natur gewährleistet, in drei Funktionen eingeteilt ist, in die Produzenten-, Konsumenten- und Reduzentenfunktion. Daraus folgt aber auch, daß die Wechselbeziehung zwischen dem Produzieren, Konsumieren und Reduzieren ein Grundgesetz des Stoffwechsels zwischen der belebten und unbelebten Natur ist. Da der Mensch ebenfalls mit der Natur in einem Stoffwechsel steht, ist die Frage berechtigt, ob dieses Gesetz eine Beziehung zur menschlichen Tätigkeit hat.

Ein Vergleich der Arbeit, der menschlichen Tätigkeit, mit den Wirkungen der belebten Natur wurde von Engels angestellt. Er hob hervor, daß die Pflanzen die Sonnenenergie konzentrieren, sie ansammeln, während sie die Tiere verzehren und verbrauchen. „Ferner: was der Mensch absichtlich durch Arbeit, das tut die Pflanze unbewußt ... Durch die Arbeit ... bringt es der Mensch also fertig, die natürlichen Funktionen des Energie verzehrenden Tiers mit denen der Energie aufsammelnden Pflanze zu vereinigen.“[26]

Historisch treten diese Funktionen der menschlichen Gesellschaft als zwei Entwicklungsstufen der Produktionstätigkeit in Erscheinung. In der Frühperiode war der Hauptproduktionszweig der Ackerbau. Damals befaßte sich der Mensch in seiner Arbeit hauptsächlich mit der Energieaufspeicherung in den Pflanzen. Engels bemerkt, daß die „... Energieaufspeicherung durch Arbeit eigentlich nur im *Feldbau* vor sich geht ....“[27]

In der frühen Periode der Arbeitstätigkeit führte die Menschheit eine Produzentenfunktion aus. Der Boden ist das natürliche Produktionsinstrument. In der Periode, als der Ackerbau der vorherrschende Produktionszweig war, bestand das Verhältnis des Menschen zur Natur darin, daß die Menschen sich der Natur unterordneten. Danach bricht eine neue Periode in der Entwicklung der Arbeit an, indem der Mensch auf der Grundlage der Entwicklung der Wissenschaft und der maschinellen Technik die Macht der Vermittlungs- und in der Folgezeit auch der Regulierungsfunktionen der Arbeit über die Naturkräfte ausdehnt. Die Industrie, mit der er die Naturkräfte vermittelt und reguliert, nimmt in der Produktionstätigkeit einen immer bedeutenderen Platz ein. Hinsichtlich der Form der Beziehung zur Natur gleicht der Mensch dem Tier — er verteilt die Energie. Der Mensch hat natürlich auch vor der Entwicklung der Industrie die auf der Erde aufgespeicherte Sonnenenergie verbraucht, z. B. bei der Nutzung des Feuers. Dieser Verbrauch ist jedoch mit dem der Industrie nicht zu vergleichen. In der industriellen Tätigkeit führt der Mensch eine Konsumentenfunktion aus.

[26] F. Engels, Brief an Karl Marx vom 19. Dezember 1882, in: MEW, Bd. 35, Berlin 1967, S. 134/135.

[27] Ebenda, S. 136.

Wir sehen somit, daß die menschliche Tätigkeit zum Grundgesetz des Stoffwechsels zwischen der belebten und der anorganischen Natur in einer direkten Beziehung steht. Die Arbeit entwickelt sich gemäß dem Wirken dieses Gesetzes. Die hauptsächlichen Seiten dieses Gesetzes zeigen sich in den Hauptentwicklungsetappen der menschlichen Tätigkeit. Die Arbeit ordnet sich in dem Maße, wie sie sich entwickelt, immer mehr diesem Gesetz unter. Die dritte Funktion des Stoffwechsels mit der Natur — die Reduzentenfunktion — hat die Menschheit bis heute nicht erfüllt. Um diese Seite im Verhältnis der menschlichen Arbeit zum Grundgesetz des Stoffwechsels zwischen der belebten und der unbelebten Natur aufzuklären, vergleichen wir sie mit den Entwicklungstendenzen der Arbeit, die sich im Verlaufe der gegenwärtigen wissenschaftlich-technischen Revolution herausbilden.

Die gegenwärtige wissenschaftlich-technische Revolution erfordert, wie gezeigt wurde, eine Steuerung und Regelung der Naturprozesse, d. h. eine Ausdehnung der Macht der Kontrollfunktion der Arbeit über die Naturkräfte. Das Wesen der Reduzentenfunktion besteht darin, den Kreislauf der Stoffe zwischen der belebten und der unbelebten Natur zu schließen. Sie ist einerseits darauf gerichtet, die belebte Natur von schädlichen Produkten der Lebenstätigkeit zu befreien, andererseits darauf, die aus der unbelebten Natur bezogenen Stoffe zu ergänzen. Die Reduzentenfunktion stellt eine Rückkopplung zwischen der belebten und der unbelebten Natur her und spielt bei der selbsttätigen Steuerung der belebten Natur eine entscheidende Rolle. Wenn die Produzenten die Produktion darstellen, die Konsumenten den Verbrauch und die Verausgabung des Produzierten, so stellen die Reduzenten die Steuerung von Produktion und Verbrauch dar. Die erstaunliche Anpassungsfähigkeit von Bakterien und anderen Mikroorganismen, die eine Reduzentenfunktion ausüben, stellt gewissermaßen eine Selbsteinstellung dar, die ein optimales Funktionieren der belebten Natur garantiert.

Die Reduzentenfunktion ist ihrem Wesen nach folglich eine Steuerungsfunktion, d. h. sie fällt dem Inhalt nach mit der Kontrollfunktion der menschlichen Arbeit zusammen.

Auch die Kontrollfunktion der Arbeit muß ihrerseits im Stoffwechselprozeß des Menschen mit der Natur Reduzentencharakter haben.

Die Kontrollfunktion muß den Stoffwechselkreislauf zwischen Mensch und Natur schließen. Die Errichtung der Macht dieser Arbeitsfunktion über die Naturkräfte verwandelt die gesellschaftliche Arbeit in einen Prozeß der selbsttätigen Steuerung, der die Reproduktion ihrer Funktions- und Entwicklungsbedingungen gewährleistet. Vor der gegenwärtigen wissenschaftlich-technischen Revolution bezog sich der Begriff Reproduktion nur auf die Arbeitskraft, die Maschinen, die Gebäude u. a. Die modernen Errungenschaften von Wissenschaft und Technik beziehen die Kräfte, Erscheinungen und Prozesse der Natur in die Produktion ein und gestatten es, sie der Kontrolle der gesellschaftlichen Arbeit zu unterwerfen. Die Natur muß daher in dem Begriff „Reproduktion“ enthalten sein, und die Gesellschaft muß für die Reproduktion der Natur in gleicher Weise sorgen wie für die Reproduktion der Arbeitskraft, der Maschinen u. a. Die Kontrollfunktion der Arbeit muß in dieser Hinsicht von entscheidender Bedeutung sein.

Die Arbeitstätigkeit als ein Prozeß, der sich zwischen Mensch und Natur vollzieht und der dem Grundgesetz des Stoffwechsels zwischen Mensch und Natur unterliegt, stellt somit Wechselbeziehungen zwischen den verschiedenen Seiten der menschlichen Tätigkeit dar. Mit anderen Worten, es sind Wechselbeziehungen zwischen der Macht der Vermittlungs-, Regelungs- und Kontrollfunktion der Arbeit über die Naturkräfte. Die Gesellschaft kann ein zweckmäßiges Verhältnis zur Natur nicht aufrechterhalten, wenn sie dieses Gesetz nicht beachtet. Was ist dazu notwendig? Wie aus der Formulierung des Gesetzes zu ersehen ist, sind dazu zwei objektive Voraussetzungen, Bedingungen, erforderlich: erstens die Macht aller drei Funktionen der Arbeit über die Naturkräfte; zweitens die Wechselbeziehung zwischen diesen „machtausübenden“ Funktionen. Im historischen Entwicklungsprozeß der Gesellschaft werden diese Bedingungen geschaffen.

Die erste Bedingung bildet sich in dem Maße heraus, wie im Zusammenhang mit der Entwicklung von Wissenschaft und Technik die Macht über die Naturkräfte sukzessiv, von einer Arbeitsfunktion nach der anderen, hergestellt wird. Diese erste Bedingung, diese Voraussetzung, ist erst im Verlaufe der gegenwärtigen wissenschaftlich-technischen Revolution abgeschlossen. In der belebten Natur wird die Wechselbeziehung zwischen Produzenten, Konsumenten und Reduzenten eingehalten. Für die Gesellschaft bedeutet dies im Prinzip das gleiche, nämlich — die Wechselbeziehungen zwischen allen funktionellen und produzierenden Gruppen von Betrieben und Menschen zu beachten, die Vermittlungs-, Regelungs- und Kontrollfunktionen der gesellschaftlichen Arbeit ausführen.

Die zweite Bedingung bildet sich ebenfalls im historischen Entwicklungsprozeß der Produktion — von den Einzelbetrieben bis zu den großen Monopolen — heraus, wird jedoch erst im Prozeß des Aufbaus des Kommunismus vollendet. Erst die Beseitigung der Ausbeutung des Menschen durch den Menschen, die Herstellung des gesellschaftlichen Eigentums an den Produktionsmitteln schafft die sozialen Voraussetzungen für eine ungehinderte Wechselbeziehung aller Zweige der Produktionstätigkeit der Gesellschaft, für eine wissenschaftliche Leitung der gesellschaftlichen Entwicklung.

Wird die Macht über die Naturkräfte dank der gegenwärtigen wissenschaftlich-technischen Revolution hergestellt, so erfolgt die Herstellung der Wechselbeziehungen zwischen allen Funktionen der gesellschaftlichen Arbeit durch eine Umgestaltung der Gesellschaft auf kommunistischer Grundlage.

Die Einhaltung des Grundgesetzes über den Stoffwechsel zwischen Gesellschaft und Natur ist nur durch eine Vereinigung der Steuerung und Regelung der Naturkräfte und der wissenschaftlichen Leitung der Gesellschaft möglich. Nur bei Einhaltung des Grundgesetzes über den Stoffwechsel wird eine solche Leitung und Steuerung der Gesellschaft erreicht, durch die eine Reproduktion ihrer Existenz- und weiteren Entwicklungsbedingungen gewährleistet ist.

Das Wirken des Grundgesetzes über den Stoffwechsel zwischen Gesellschaft und Natur stellt auch den Hauptforschungsgegenstand der allgemeinen Theorie der menschlichen Tätigkeit dar.

4. *Natürliche und soziale Prozesse, die der Steuerung und Regelung von Naturprozessen zugrunde liegen*

Ein unrationelles Verhältnis des Menschen zur Natur führt dazu, daß das Fundament der Arbeit selbst und folglich auch die Existenz der Gesellschaft untergraben wird. Eine Gesellschaft, die die Ausbeutung des Menschen durch den Menschen beseitigt, d. h., die sozial frei wird, jedoch die Naturkräfte nicht steuert und regelt, ist keine wahrhaft freie Gesellschaft. Die Schaffung der materiell-technischen Basis des Kommunismus, die Durchsetzung der wissenschaftlich-technischen Revolution in der Periode des Aufbaus des Kommunismus sind nicht nur notwendig, um die materiellen Voraussetzungen zur Bedürfnisbefriedigung aller Mitglieder der Gesellschaft zu schaffen. Die gegenwärtige wissenschaftlich-technische Revolution stellt unter den Bedingungen des Aufbaus des Kommunismus eine neue Etappe in der Entwicklung einer freien Gesellschaft, in der Erringung der gesellschaftlichen Freiheit dar.

Nur die Gesellschaft ist frei, die eine solche selbsttätige Steuerung und Regelung garantiert, welche ihr die Reproduktion ihrer Existenz- und Entwicklungsbedingungen gewährleistet, d. h., die das Grundgesetz des Stoffwechsels zwischen sich und der Natur beachtet.

Als er vom Verhältnis des Menschen zur Natur als einer äußeren, natürlichen Notwendigkeit sprach, hob Marx hervor: „Die Freiheit in diesem Gebiet kann nur darin bestehn, daß der vergesellschaftete Mensch, die assoziierten Produzenten, diesen ihren Stoffwechsel mit der Natur rationell regeln, unter ihre gemeinschaftliche Kontrolle bringen, statt von ihm als von einer blinden Macht beherrscht zu werden; ihn mit dem geringsten Kraftaufwand und unter den ihrer menschlichen Natur würdigsten und adäquatesten Bedingungen vollziehn. Aber es bleibt dies immer ein Reich der Notwendigkeit. Jenseits desselben beginnt die menschliche Kraftentwicklung, die sich als Selbstzweck gilt, das wahre Reich der Freiheit, das aber nur auf jenem Reich der Notwendigkeit als seiner Basis aufblühn kann. Die Verkürzung des Arbeitstags ist die Grundbedingung."[28] In dieser Äußerung sind unserer Ansicht nach die Hauptbedingungen, Methoden und Ziele der menschlichen Tätigkeit entsprechend der Forderung des Grundgesetzes über den Stoffwechsel zwischen Gesellschaft und Natur formuliert.

Zu den Bedingungen gehört der Hinweis darauf, wie die Gesellschaft sein muß. Marx hebt zwei Bedingungen hervor: Erstens. Der Mensch muß vergesellschaftet sein, d. h. im Kollektivgeist erzogen sein, frei sein von Gefühlen, die für den Ausbeuter charakteristisch sind; er muß so sein, daß er die gesellschaftlichen Interessen höher stellt als die persönlichen usw. Zweitens. Die Produzenten müssen assoziiert sein, d. h. auf der Basis des gesellschaftlichen Eigentums in der gesellschaftlichen Produktion vereint sein und als Produzenten in Wechselbeziehung stehen, im Prozeß der Arbeitstätigkeit kooperieren. Diese Bedingungen werden durch die sozialistischen Umgestaltungen und durch die Erziehung des neuen Menschen garantiert.

Die Methoden, derer sich die Gesellschaft bei der Wechselwirkung mit der Natur bedient, stellen die Gesamtheit der Verfahren, Mittel, Wege, Charakteristika, Merkmale und Besonderheiten der menschlichen Arbeitstätigkeit dar. Sie sind objektiv, da sie aus dem Grundgesetz des Stoffwechsels zwischen Mensch und Natur resultieren.

Die Methoden kann man bedingt in zwei Gruppen unterteilen: Methoden, die auf dem Verhältnis zur Natur beruhen, und Methoden einer freien Leitung der Gesellschaft bei einem rationellen Verhältnis zur Natur.

Zur ersten Gruppe gehören die Methoden der menschlichen Tätigkeit, die darauf gerichtet sind, die Herrschaft blinder Naturkräfte zu beseitigen und die Macht der Regelungs- und Kontrollfunktionen der menschlichen Arbeit über die Naturkräfte zu errichten. In diesen Methoden

[28] K. Marx, Das Kapital, Dritter Band, in: MEW, Bd. 25, Berlin 1970, S. 828.

kommt jene Tätigkeit des Menschen zum Ausdruck, welche die Reproduktion der Natur als der Grundlage des menschlichen Lebens unter den Bedingungen einer wahren Freiheit gewährleistet.

Die Methoden der zweiten Gruppe umfassen die Tätigkeit, welche die Reproduktion der geistigen Welt des Menschen sichert.

Hierzu zählen drei Methoden. Die erste ist ein minimaler Kraftaufwand im Stoffwechselprozeß mit der Natur. Diese Methode bedeutet, die Gesellschaft so zu leiten, daß nicht nur der wirtschaftlichste Einsatz ihrer Produktionsmöglichkeiten garantiert ist, sondern auch eine maximale Einbeziehung von Naturkräften in die gesellschaftliche Arbeit. Die zweite Methode besteht darin, die Gesellschaft so zu leiten, daß der Stoffwechselprozeß mit der Natur dem menschlichen Wesen maximal entspricht und die Entwicklung wahrhaft menschlicher Qualitäten, Bedürfnisse und Fähigkeiten fördert. Diese Methode bedeutet, die Naturkräfte so zu steuern und zu regeln, daß durch sie der Mensch gefördert wird, daß seine schöpferischen Begabungen an den Tag gebracht werden, daß eine Vorwärtsbewegung „von der Natur zum Menschen" erfolgt. Die dritte Methode weist die umgekehrte Tendenz auf, „vom Menschen zur Natur". Sie weist auf die Notwendigkeit hin, die Natur so umzugestalten, daß sie dem Wesen des Menschen entspricht, ihr adäquat ist.

Die Erfüllung der erwähnten Bedingungen und Methoden muß eine freie Entwicklung der Gesellschaft gewährleisten.

Das Reich der Freiheit beginnt erst dort, wo der Mensch die Möglichkeit erhält, die Entwicklung der Gesellschaft und der Naturkräfte zu leiten und zu regeln sowie zu kontrollieren. Der Mensch erlangt unter diesen Bedingungen die Möglichkeit, die Tätigkeit auf sich selbst zu lenken, auf die Entwicklung seiner menschlichen Wesenskräfte. Diese Entwicklung ist auch Selbstzweck. Die gegenwärtige wissenschaftlich-technische Revolution schafft die materiellen Voraussetzungen für eine Umwandlung der gesellschaftlichen Entwicklung in ihren eigentlichen Zweck, leitet damit unter den Bedingungen des Kommunismus eine neue Etappe in der Kulturrevolution ein.

Der wissenschaftlich-technische Fortschritt rief im Ergebnis der ersten und zweiten technischen Revolution eine stürmische Entwicklung der Produktivkräfte hervor. Diese letzteren rufen, nachdem sie in Widerspruch mit den Produktionsverhältnissen geraten sind, die Notwendigkeit einer sozialistischen Revolution hervor. Die sozialistischen Umgestaltungen führen eine Kulturrevolution herbei. In der Periode der Entwicklung des Sozialismus bedeutete die Kulturrevolution, daß sich hauptsächlich auf dem Gebiet der Bildung und der Entwicklung der Wissenschaft grundlegende Veränderungen vollzogen. Bildung und wissenschaftlicher Fortschritt spielten bei der Schaffung der materiellen Voraussetzungen für den Übergang zum Aufbau des Kommunismus und für die Entfaltung der gegenwärtigen wissenschaftlich-technischen Revolution eine äußerst wichtige Rolle. Letztere wiederum spielt bei der Schaffung der materiell-technischen Basis des Kommunismus die entscheidende Rolle und leitet eine neue Etappe in der Kulturrevolution ein.

Marx bemerkt, daß das Reich der Freiheit nur auf der Basis des Stoffwechsels mit der Natur als einer objektiven Notwendigkeit erblühen kann. Die Ziele der gesellschaftlichen Selbstvervollkommnung müssen daher in Übereinstimmung und Wechselbeziehung mit dem Prozeß stehen, der sich zwischen Mensch und Natur vollzieht, ferner mit der Tätigkeit entsprechend dem Erfordernis des Grundgesetzes über den Stoffwechsel. Die Gesellschaft kann selbst auf der höchsten Entwicklungsstufe ihrer Freiheit keine Ziele anstreben, die diesem Gesetz widersprechen würden, da dies die bewußte Zerstörung ihrer Existenzgrundlage bedeuten würde.

Die Herstellung der Macht der Vermittlungs-, Regelungs- sowie der Kontrollfunktion der Arbeitstätigkeit über die Naturkräfte stellen die Etappen, die Entwicklungsstufen der Arbeit dar. Auf der höchsten Entwicklungsstufe der Arbeit haben alle drei Funktionen die gleiche Bedeutung. Im Stoffwechselprozeß mit der Natur vermittelt, regelt und kontrolliert die Menschheit den Stoff und die Kräfte der Natur. Diese Funktionen treten jetzt als unterschiedliche Methoden der Arbeitstätigkeit auf. In den Methoden zur Regelung und Kontrolle der Naturkräfte kommt auch der Freiheitsgrad des Menschen bezüglich der Natur zum Ausdruck oder, mit anderen Worten, der Grad der Steuerung und Regelung von Naturprozessen. Diese Prozesse in der Natur stellen die objektive Grundlage der Steuerungstätigkeit des Menschen dar. Sie sind durch die natürlichen Steuerungsmöglichkeiten der einen Objekte durch andere, durch einen hierarchischen Aufbau sowie durch Verbots- und Wachstumsprinzipien von Steuerungsmöglichkeiten gekennzeichnet. Der objektive Charakter solcher Prozesse in der Natur, der selbst erst die Möglichkeit schafft, Naturprozesse zu steuern, bedingt auch die Grenzen der Anwendbarkeit ihrer Wechselbeziehungen.

Solange der Mensch die Eigenschaften und Gesetze von Objekten nicht beherrscht, deren natürliche Struktur tiefgreifender und umfassender ist als eine gegebene, wird seine Steuer- und Regeltätigkeit bezüglich dieser Strukturen allein auf die Wechselwirkung der Naturkräfte, auf das Richten einer Kraft auf eine andere, auf die zweckmäßige Kombination dieser Wechselwirkung usw. beschränkt sein, d. h. Steuerung und Regelung sind auf die erste Methode beschränkt. Der Mensch kann, indem er die Beziehung der Elemente des Systems zielgerichtet verändert, zwar dessen Funktionieren, jedoch nicht dessen Entwicklung steuern. Dieses Funktionieren stellt eine Bewegung innerhalb der Grenzen des Systems, innerhalb den Grenzen einer gegebenen Qualität dar. Es bedeutet die Veränderung einzelner Eigenschaften. Bei Aufhebung der Steuerungseinwirkung kann das funktionierende System unter natürlichen Bedingungen spontan in den Ausgangszustand zurückkehren.

Würde das Verbotsprinzip nicht existieren, so könnte der Mensch, indem er die Eigenschaften und Objekte einer gegebenen Struktur kombiniert, die Objekte einer niederen Struktur ändern und die Entwicklung der Objekte der gegebenen Struktur auf Grund der hierarchischen Unterordnung steuern. In einem solchen Falle könnte der Mensch sich nur nach einer Methode richten, der Kontrolle. Das Verbotsprinzip existiert jedoch und legt im voraus fest, was die menschliche Tätigkeit bei natürlichen Strukturen, die sich in einer gegebenen Entwicklungsetappe des Wissens und der Praxis als die tiefgründigsten erweisen, notwendigerweise nur als Steuerung vermag, bei höheren Strukturen hingegen auch als Kontrolle. In der Entwicklungsgeschichte der Arbeit gibt es eine ganze Periode, in der die Menschheit die Naturkräfte mit Hilfe nur einer einzigen Methode steuert, eben der Steuerung. Dies ist die Periode von der Erfindung der Arbeitsmaschinen bis zur gegenwärtigen wissenschaftlich-technischen Revolution. Die Menschen steuerten mit Hilfe unterschiedlicher technischer Einrichtungen und Ausrüstungen die Wechselwirkung der Naturkräfte und erreichten ihre Produktionsziele.

Die gegenwärtige wissenschaftlich-technische Revolution eröffnet weitaus größere Möglichkeiten, auch die Regelung bei der Steuerung von Naturprozessen anzuwenden, da immer mehr unterschiedliche Eigenschaften der Gegenstände und damit auch von der Natur nicht realisierte Möglichkeiten einer Wechselwirkung zwischen ihnen zutage treten. Indem er die Wechselwirkung elektrischer, magnetischer und mechanischer Eigenschaften der natürlichen Objekte regelt, erzeugt der Mensch verschiedene elektrotechnische Einrichtungen; indem er die Wechselwirkung elektrischer und magnetischer Eigenschaften regelt, vollbringt er zahlreiche funkelektronische Wunder. Dadurch, daß er sich der Regelung bedient, leitet der Mensch gewaltige Energieströme über Entfernungen von mehreren Tausend Kilometern. Durch die Regelung der Wechselwirkung zwischen den physikalischen Kräften versucht der Mensch, im Magnetfeld Plasma aufzubewahren, schickt er Raketen, Raumschiffe und ganze Raumstationen in den Kosmos. Der Mensch regelt chemische Prozesse und erzeugt Materialien mit vorher festgelegten Eigenschaften, synthetisiert neue chemische Elemente, erzeugt neue Elementarteilchen, produziert verschiedene Antibiotica, Fermente, Bakterienpräparate, Vitamine und viele andere Erzeugnisse der chemischen Technologie. Die Regelung ist somit gegenwärtig die Hauptmethode in der Produktionstätigkeit, um Naturprozesse zielgerichtet zu steuern.

Im Verlaufe der gegenwärtigen wissenschaftlich-technischen Revolution entsteht gleichzeitig auch eine qualitativ neue Methode, die Kontrolle. Sie beruht auf solchen Besonderheiten von Steuerung und Regelung der Natur wie der hierarchischen Unterordnung der Steuer- und Regelmöglichkeit von Objekten und Strukturen sowie dem Prinzip des Wachstums dieser Möglichkeiten. Die Kontrolle ist darauf gerichtet, die Entwicklung von natürlichen Erscheinungen, Prozessen, Gegenständen und Systemen zu steuern und zu regeln. Die Entwicklung zu steuern und zu regeln bedeutet, durch Einwirkung auf Objekte niederer Strukturen zielgerichtete Prozesse zur Veränderung der Objekte höherer Strukturen herbeizuführen. Die Objekte der niederen Strukturen haben gegenüber den Objekten höherer Strukturen eine Vielzahl von Steuer- und Regelmöglichkeiten. Alle Möglichkeiten werden im Verlaufe der Entwicklung der Materie nicht realisiert. Wenn man die notwendigen und hinreichenden Bedingungen für diese oder jene Möglichkeit schafft, die potentiell in den Objekten der niederen Strukturen enthalten sind, so bedeutet ihre Realisierung die Entstehung und Entwicklung qualitativ neuer Erscheinungen, Dinge und Prozesse höherer Strukturen. Indem er solche Bedingungen zielgerichtet herbeiführt, steuert und regelt der Mensch die Entwicklung von Naturprozessen.

Die auf diese Weise entstandenen Stoffe und Prozesse stellen kein künstlich geschaffenes Werk des Menschen dar (wie z. B. ein Hammer, ein Flugzeug, ein Satellit), sondern sind ein Erzeugnis der Natur selbst, jedoch nach einem Programm, nach Auftrag des Menschen. Dies ist ein Naturprozeß, der sich unter Kontrolle des Menschen vollzieht.

Man kann nicht sagen, daß die Kontrolle der Entwicklung eine absolut neue Erscheinung in der menschlichen Tätigkeit ist, die ausschließlich erst im Ergebnis der gegenwärtigen wissenschaftlich-technischen Revolution entsteht. Der Mensch kontrollierte auch früher Naturprozesse. Eine solche Kontrolle der Naturprozesse ist jedoch lediglich der Keim jener Kontrollmethode der menschlichen Tätigkeit, die sich augenblicklich als ein wesentliches Resultat der gegenwärtigen wissenschaftlich-technischen Revolution herausbildet.

Die Ergebnisse auf dem Gebiet der Physik und Chemie, d. h. die Erforschung der Strukturen, die den biologischen

Prozessen zugrunde liegen, bieten die reale Möglichkeit, bewußt und zielgerichtet die Lebensprozesse zu steuern, schaffen für den Menschen die Voraussetzungen wie Akademiemitglied N. P. Dubinin sagt, „. . . um die Leitung der neuen Geschichte des Lebens selbst zu übernehmen.“[29]

Worin besteht diese Möglichkeit? Die Ausnutzung physikalischer und chemischer Methoden leitet eine neue Phase in der Züchtung ein. Die Züchtung als eine Tätigkeit zur Schaffung und Verbesserung von Kulturpflanzen und domestizierten Tieren ist ebenso alt wie die gesamte Kultur der Menschheit, denn man begann sie seit den ersten Schritten der Zivilisation anzuwenden. Die Züchtung stellte jedoch in jener Form, wie sie bis unlängst existierte, eine Vielzahl unterschiedlicher Methoden dar, um den menschlichen Interessen entsprechend die besten Pflanzen- und Tierarten aus der Vielfalt, die die Natur bot, auszuwählen. Unter dem Einfluß natürlicher Mutagene entstehen in der Natur Mutationen, die sowohl zur Bildung „guter“ als auch „schlechter“ Arten führen. Die Züchter wählen die besten aus und vermehren sie. Künstliche Kreuzungen beliebiger Arten schaffen für eine Auswahl der besten Individuen lediglich eine größere Vielfalt und sprengen somit nicht den Rahmen der traditionellen Züchtung. Eine solche Züchtung beruht auf unmittelbaren Beobachtungen, auf dem Studium der äußeren Seite biologischer Prozesse.

Die moderne Wissenschaft ist in das Wesen der biologischen Prozesse eingedrungen. Es wird nicht nur der Kode der Erbmerkmale aufgedeckt, sondern es wird auch bekannt, mit welchen Mitteln man auf den Vererbungskode einwirken kann, um die gewünschten Merkmale des Organismus herbeizuführen.

Die Erforschung und Erprobung physikalischer und chemischer Mutagene schreitet gegenwärtig schnell voran.[30]

[29] Н. П. Дубинин, Эволюция популяций и радиация. Москва 1966, стр. 705.

[30] Eine experimentelle Begründung der Möglichkeit, mittels Strahlung auf den genetischen Kode zielgerichtet einzuwirken, wurde von sowjetischen Wissenschaftlern gegeben: Г. А. Надсон, Г. С. Филиппов, О влиянии рентгеновских лучей на половой процесс и образование мутантов у низших грибов. В: Вестник рентгенологии и радиологии, 1925,

Solche Quellen für ionisierte Strahlungen wie die schnellen Thermoneutronen der Kernreaktoren, die Gammastrahlen u. a., aber auch verschiedene chemische Reagenzien werden einer umfassenden biologischen Nutzung zugänglich. Gegenwärtig entwickelt sich eine neue Richtung der Genetik — die experimentelle Veränderung der Erbeigenschaften der Organismen.[31]

Das Studium der physikalisch-chemischen und biologischen Grundlagen der Vererbung führt, wie Akademiemitglied N. N. Semenov bemerkt, vor allem zur Verwirklichung „des Traumes der Menschheit — der künstlichen Schaffung von Leben aus nicht Lebendem. Ferner bedeutet dies neue, gewaltige Möglichkeiten zur Steuerung der Vererbung ... und damit zur schnellen Züchtung neuer Arten, wer weiß, vielleicht auch Tieren."[32]

Auf diese Weise werden die Voraussetzungen für eine qualitativ neue Züchtung geschaffen, die nicht nur aus der Gesamtheit der von der Natur geschaffenen Organismen auswählt, sondern hauptsächlich Organismen mit vorher festgelegten Eigenschaften künstlich erzeugt. Die neuen Organismen wiederum werden ähnliche Nachkommen haben und dadurch einen neuen Zweig der Evolution bilden. Die Ergebnisse der modernen Wissenschaft eröffnen somit ganz reale Perspektiven, riesige Mengen organischer Formen zu erzeugen, die in ihrer Veränderlichkeit gesteuert werden können, die Evolution des Lebens aufder Erde damit selbst zu steuern und die Entwicklung von Flora und Fauna zu kontrollieren.

№ 3. Im Jahre 1927 wurde die Veränderung der Vererbung unter dem Einfluß von Röntgenstrahlen von H. J. Muller an Taufliegen und im Jahre 1928 von L. J. Stadler am Mais festgestellt. Diese drei Arbeiten leiteten die Epoche der künstlichen Gewinnung gerichteter Mutationen ein. Die Quelle für die Arbeiten zur Anwendung chemischer Mutagene ist eine Entdeckung des sowjetischen Gelehrten J. A. Rapoport aus dem Jahre 1943 (Журнал общей биологии, 1943, № 4).

[31] Siehe: Н. П. Дубинин, Я. П. Глембоцкий, Генетика популяций и селекция. Москва, 1967.

[32] Н. Н. Семенов. О соотношении химии и биологии. В: Вопросы философии, 1959, № 10, стр. 97.

Die Steuerung und Regelung biologischer Prozesse kann der Mensch auch auf sich selbst ausdehnen. Im Verlauf seiner gesamten Geschichte litt der Mensch an erblichen Krankheiten verschiedener Art.[33] Hierdurch erhöhte sich durch den Umstand, daß in der biologischen Entwicklung des Menschen keine natürliche Auslese mehr erfolgte, historisch die Anzahl der Menschen, die für erbliche Krankheiten empfänglich ist. Dies ist sogar auch der Fall, wenn man den Einfluß der verschiedenen Mutagene unberücksichtigt läßt. Insoweit die Ursachen für Erbkrankheiten bekannt werden, entsteht für die Menschheit die Notwendigkeit, diese Krankheiten nicht einfach zu heilen, sondern bewußt in den Vererbungsprozeß einzugreifen und Schritte zu unternehmen, das Menschengeschlecht zielgerichtet zu verbessern.

Auch im Bereich der physikalischen Prozesse eröffnen sich Perspektiven für die Anwendung der Kontrollmethode.

Es wurde bereits darauf hingewiesen, daß die Menschheit sich im Verlaufe der gegenwärtigen wissenschaftlich-technischen Revolution einer relativ primären Energieform, der Kernfusion, bemächtigt. Das bedeutet aber, daß der Mensch die Möglichkeit erhält, solche strukturierten Systeme zu steuern, deren Bildung und Funktion sich letztlich durch Kernreaktionen vollzieht, und zwar die Bildung von Kernen, Atomen, Molekülen, Eiweißen, lebenden Organismen sowie verschiedene Gebilde aus diesen strukturierten Systemen.

Die Schaffung künstlicher Materialien und chemischer Elemente, die in der Natur nicht existieren, gibt zu der Meinung Anlaß, daß die Evolution von den ursprünglichen Elementarteilchen über Kerne, Atome, Moleküle, Eiweiße zu den höheren Tieren nicht die einzig mögliche Entwicklungslinie der Materie im Sonnensystem und insbesondere auf der Erde darstellt. Die Partikel, aus denen sich das Sonnensystem und damit auch die Erde gebildet hat, enthielten nicht eine determinierte Vorherbestimmtheit jener

[33] Gegenwärtig sind etwa 100 Erbkrankheiten untersucht, siehe: С. Давиденков, В. Эфроимсон. Наследственность человека. В: Большая медицинская энциклопедия, т. 19, стр. 1058—1064.

physikalisch-chemischen und biologischen Prozesse, die wir auf unserem Planeten beobachten. Die „irdische“ Variante der Entwicklung der Materie ist eine der Spielarten in der Wirkung statistischer Naturgesetze. Es sind auch andere Varianten möglich.

Indem er die relativ primäre Energieform beherrscht, erhält der Mensch die Möglichkeit, die Entwicklung der Materie in bestimmten Bereichen des Universums nach einem vorausbedachten Weg zu steuern. Das Problem der Nutzung der relativ primären Energieform zur Steuerung physikalisch-chemischer Naturprozesse wirft eine Vielzahl allgemeiner theoretischer und philosophischer Fragen auf, insbesondere die Frage nach der Umwandlungsrichtung von Elementarteilchen und verschiedenen Energieformen. Das Problem der Umwandlungsrichtung der Energieformen wurde erstmals von dem bekannten Physiker O. D. Chvol'son aufgeworfen. Eines seiner Prinzipien über Energieumwandlungen lautet: „In der Energieumwandlung existiert eine besondere Art Gerichtetheit“.[34] Er erweitert diese Frage und lehnt das Postulat über die Entropie von Clausius ab, betrachtet es aber in allgemeinerer Form. Er spricht von der Umwandlungsrichtung der Prozesse und Systeme.[35]

Die Erforschung der Umwandlungsrichtung der Energie darf man von der Untersuchung der Entwicklung eines Stoffes nicht trennen. Letzteres ist in bedeutendem Maße bereits durchgeführt. Die Tabelle von D. I. Mendeleev ist bekanntlich die Darstellung einer allmählichen Entwicklung eines Stoffes auf der Ebene des Atomsystems.

Von B. M. Kedrov wurde der Versuch unternommen, einen „genetischen Zusammenhang zwischen den Elementarteilchen“ herzustellen. Seiner Meinung nach ist die Masse die Grundlage einer Klassifikation der Elementarteilchen als allgemeinste und fundamentale Eigenschaft der „elementaren“ Teilchen und zugleich als Argument, das fortwährend und monoton wächst: „Die ständige Vergrö-

[34] O. D. Chvol'son, Lehrbuch der Physik, Bd. I, Braunschweig 1902, S. 130.

[35] O. D. Chvol'son, Lehrbuch der Physik, Bd. III, a. a. O., S. 487ff.

ßerung der Teilchenmasse stellt eine quantitative Veränderung von der Art dar, die qualitative Veränderungen in der Natur und im Zustand der Elementarteilchen nach sich ziehen."[36] B. M. Kedrov führt „vier Hauptformen von Elementarteilchen an, deren verschiedene Zustände die gesamten heute bekannten Teilchen darstellen.[37] Solche Formen, solche Teilchengruppen sind die Photonen, die Leptonen (Elektron, Neutrino), die Mesonen (π-Mesonen, K-Mesonen, Antimesonen), Baryonen (Nuklonen, Hyperonen, Antibaryonen). Die Reihenfolge, in der sie hier aufgezählt sind, drückt laut B. M. Kedrov den „genetischen Zusammenhang" zwischen ihnen aus. Jede Gruppe von Elementarteilchen stellt eine qualitativ neue Stufe dieser Entwicklung dar.

Leider wurden diese Gedanken B. M. Kedrovs nicht weiterentwickelt. In der Literatur wird zur Zeit das Problem der Evolution des Universums erörtert und bearbeitet. Dabei erscheint die Frage der ursprünglichen physikalischen Ausgangsformen, aus denen sich der sichtbare Teil des Universums gebildet hat, als Hauptfrage. Das Programm von Werner Heisenberg besteht bekanntlich in dem Versuch, die Elementarteilchen als komplizierte Effekte eines universellen Feldes, als Ergebnis starker Wechselwirkungen zu erzielen.

Es wird auch versucht, die Vier-Fermionen-Wechselwirkung der Baryonen als Grundlage zu nehmen.[38] Nach Ja. B. Zel'dovič bestand das Universum in einem frühen Entwicklungsstadium aus Protonen, Elektronen und Neutrinos.[39] Es gibt eine Theorie, nach der die primäre Materie aus Protonen und Elektronen bestand. In der weiteren Entwicklung traten die Neutronen in Erscheinung und danach auch der gewaltige Neutrinostrom. Es tauchte die Hypothese auf, daß ganz am Anfang ein Teilchen existierte, das „Universal", welches dann in zwei Teilchen geteilt wird,

[36] Б. М. Кедров, О классификации элементарных частиц по массе. В: Философские вопросы современной физики. Москва, 1958, стр. 502.
[37] Ebenda, S. 507.
[38] М. А. Марков, нейтрино, там же, стр. 38.
[39] Атомная энергия, 1963, т. 14, вып. 1.

in das „Kosmon“ und „Antikosmon“. Es wird auch die Rolle schwacher Wechselwirkungen bei der Entwicklung des Universums erörtert, denn sie spielen in den Anfangsetappen der Kernfusionsprozesse der Sterne eine wichtige Rolle. Es werden Hypothesen geäußert, wonach ein bedeutender Teil der Materie in Form von Neutrinostrahlung existiert (oder in der Vergangenheit existierte, und es wird angenommen, daß das Universum ursprünglich aus einer Neutrinowolke entstanden ist.[40]

Es erscheint uns bemerkenswert, daß die grundlegenden Forschungen der modernen Wissenschaft auf die Beherrschung der Ausgangsursachen materieller Prozesse in der Welt gerichtet sind. Früher oder später werden Ketten von folgerichtigen Abhängigkeiten zwischen den Energieformen und ihren stofflichen Trägern aufgedeckt werden. Durch die Beherrschung des relativ primären Zustandes von Stoff und Energie erhält der Mensch prinzipiell die Möglichkeit, eine Kettenreaktion in der Entwicklung materieller Systeme „in Gang zu setzen“. Dadurch werden nach dem Plan des Menschen und unter seiner Kontrolle künstlich und zielgerichtet neue Varianten der natürlichen Entwicklung der Materie hervorgebracht.

Die Regelung tritt als Teil der Kontrolle auf, sie sind jedoch beide von eigenständiger Bedeutung. Regelung und Kontrolle bilden die Grundzüge der menschlichen Tätigkeit. Solange die Herrschaft der Kontrolltätigkeit über die Naturkräfte nicht hergestellt ist, ist der Mensch in seiner Freiheit eingeschränkt, paßt er sich den natürlichen Parametern an. Unter diesen Bedingungen kann die materielle Produktion für eine allseitige Entwicklung des Menschen nicht die Grundlage bilden. Im Verlaufe der gegenwärtigen wissenschaftlich-technischen Revolution bemächtigt sich die Menschheit der Tiefenstrukturen der Materie und deckt eine praktisch unendliche Menge von Regelmöglichkeiten der Strukturobjekte auf. Diese Möglichkeiten werden zum Gegenstand der Regelungs- und Kontrolltätigkeit. Daher schafft nur die Produktion, deren Inhalt die Regelung und Kontrolle von Naturprozessen bildet, die materiellen

[40] М. А. Марков, Нейтрино, там же, стр. 141.

Grundlagen für eine vollständige Enthüllung der schöpferischen Begabungen des Menschen, nur diese Produktion orientiert sich, indem sie die Natur umgestaltet und gleichzeitig den Menschen reproduziert, auf ihn als ihr eigentliches Ziel.

Die Entwicklung der Produktion, die den Menschen zum Ziel hat, durchläuft zu Beginn der eigentlichen Geschichte der Menschheit einen Zyklus vollständiger Negation. Marx bemerkt, daß der Mensch im Altertum, wie sehr er in nationaler, religiöser und politischer Beziehung auch eingeschränkt sein möge, dennoch als Ziel der Produktion auftritt. Tatsächlich beschränkt sich dieses Ziel natürlich auf die Versorgung des „Staates der besten Bürger". In der bürgerlichen Gesellschaft kehrt sich dieses Ziel um, „die Produktion tritt als Ziel des Menschen auf". Die volle Hervorkehrung des inneren Wesens des Menschen äußert sich als totale Zerstörung, „der eigentliche Zweck wird einem völlig fremden Ziel geopfert". Obgleich sich die bürgerliche Gesellschaft die Produktion von materiellem Reichtum zum Ziel setzt, ist sie doch arm, da sie den Menschen zerstört.

Wahren Reichtum schafft der Mensch nur, wenn er die Naturkräfte und seine eigene Entwicklung regelt. „In fact aber, wenn die bornierte bürgerliche Form abgestreift wird, was ist der Reichtum anders, als die im universellen Austausch erzeugte Universalität der Bedürfnisse, Fähigkeiten, Genüsse, Produktivkräfte etc. der Individuen? Die volle Entwicklung der menschlichen Herrschaft über die Naturkräfte, die der sogenannten Natur sowohl, wie seiner eignen Natur?"[41] Unter diesen Bedingungen wird der Mensch zum Ziel der Produktion.

[41] K. Marx, Grundrisse der Kritik der Politischen Ökonomie, a. a. O., S. 387.

Fünftes Kapitel

Die sozialökonomischen Bedingungen der gegenwärtigen wissenschaftlich-technischen Revolution

Der wissenschaftlich-technische Fortschritt ist eine gesellschaftliche Erscheinung. Daher ist sein Tempo, sind die evolutionären oder revolutionären Umgestaltungen durch die gesellschaftlichen und sozialökonomischen Verhältnisse bedingt. Die naturwissenschaftlichen Erkenntnisse schaffen die theoretischen Voraussetzungen für eine Revolution des technischen Fortschritts, sie kann aber über einen langen Zeitraum hinweg nicht stattfinden, wenn die notwendigen sozialökonomischen Bedingungen nicht vorhanden sind. Die früheren technischen Revolutionen, die mit der Erfindung von Arbeits- und Antriebsmaschinen sowie mit der Entstehung der Wissenschaft verbunden sind, machten ihrem Wesen nach kapitalistische Verhältnisse erforderlich. Die feudalen Verhältnisse konnten prinzipiell nicht als sozialökonomische Basis für die Entwicklung der maschinellen Technik dienen. Die Erfindung der Arbeits- und Antriebsmaschinen war die Antwort auf die Ansprüche der kapitalistischen Verhältnisse, die im Schoße des Feudalismus entstanden sind. Die Entstehung und Entwicklung der technischen Revolutionen vollzog sich in den verschiedenen Ländern in dem Maße, wie der Kapitalismus heranreifte.

Die gegenwärtige wissenschaftlich-technische Revolution stellt ihrem Wesen nach den Abschluß der Entwicklung der maschinellen Technik dar. Marx hob bekanntlich hervor, daß die maschinelle Produktion im automatischen Maschinensystem ihre entwickeltste Gestalt annimmt.[1] Die gegenwärtige wissenschaftlich-technische Revolution kann

[1] K. Marx, Das Kapital, Erster Band, in: MEW, Bd. 23, S. 402.

sowohl unter den Bedingungen des Sozialismus als auch des Kapitalismus entstehen und sich entwickeln, und dies geschieht auch. Die gegenwärtige wissenschaftlich-technische Revolution, die, wie dem auch sei, alle Länder der Welt erfaßt, verläuft in einer Epoche, deren Hauptinhalt der Übergang vom Kapitalismus zum Sozialismus darstellt.

Die gesellschaftlichen Verhältnisse einer Epoche üben wesentlichen Einfluß aus auf den Charakter der Triebkräfte der wissenschaftlich-technischen Revolution sowohl im allgemein menschlichen Bereich als auch in den verschiedenen Gesellschaftssystemen, ferner auf die konkreten Bedingungen und Beweggründe des Beginns der wissenschaftlich-technischen Umgestaltungen in diesem oder jenem Lande, auf die sozialökonomische Rolle der wissenschaftlich-technischen Revolution in den verschiedenen Ländern sowie auf die sozialen Folgen der Anwendung der Errungenschaften von Wissenschaft und Technik.

Die naturwissenschaftlichen und die technischen Voraussetzungen der gegenwärtigen wissenschaftlich-technischen Revolution entstanden noch Ende des 19. und besonders zu Beginn des 20. Jahrhunderts, als sich die neueste Revolution in den Naturwissenschaften vollzog. Die wissenschaftlichen und technischen Voraussetzungen allein sind aber für die Entwicklung einer solchen gesellschaftlichen Erscheinung wie der wissenschaftlich-technischen Revolution unzureichend. Es müssen die notwendigen sozialökonomischen Voraussetzungen entstehen. Die gegenwärtige wissenschaftlich-technische Revolution begann Ende des zweiten Weltkrieges und hauptsächlich in der Nachkriegsperiode ihre sozialökonomische Bedeutung in der Welt klar und deutlich zum Ausdruck zu bringen.

Analysiert man die Ansprüche, die die wissenschaftlich-technische Revolution bei ihrer Entwicklung an die gesellschaftlichen Verhältnisse stellt, so sind zumindest folgende notwendigen Faktoren hervorzuheben: 1) das Vorhandensein einer maschinellen Produktion im Lande, die die Ergebnisse der vergangenen technischen Revolutionen ausnutzt (die gegenwärtige wissenschaftlich-technische Revolution kann sich nur auf der Basis einer hochentwickelten maschinellen Produktion entfalten); 2) die Konzentration der gesellschaftlichen Produktionsressourcen (Produktion, wissenschaftliches Forschungspotential, Finanzen u. a.) erfordert zur Ausführung der modernen Forschungs- und konstruktiven Entwicklungsarbeiten gewaltige Summen; es sind Institute und Laboratorien mit einem zahlreichen wissenschaftlichen, Ingenieur-, Produktions- und anderem Personal erforderlich; 3) die Planmäßigkeit der Produktion, denn Entwurf und Herstellung moderner Technik erfordern eine enge Wechselbeziehung zwischen zahlreichen wissenschaftlichen Einrichtungen, Einrichtungen für konstruktive Entwicklung und spezialisierte Betriebe (die Bereitstellung gewaltiger Summen für langfristige Aufträge setzt auch eine planmäßige Verbindung zu den Märkten voraus, um Ausgangsmaterialien wie Rohstoffe, Ergänzungskomponenten u. a. zu erhalten; Sicherung von Absatzmärkten); 4) das Vorhandensein sozialökonomischer Stimuli für einen raschen wissenschaftlich-technischen Fortschritt.

Ergibt sich bei Vorhandensein der naturwissenschaftlichen Voraussetzungen in diesem oder jenem Lande die Gesamtheit dieser Bedingungen, so beginnt die wissenschaftlich-technische Revolution. Diese Bedingungen entstehen und bilden sich im Kapitalismus und Sozialismus auf verschiedene Weise.

In der kapitalistischen Gesellschaft sind infolge der für sie charakteristischen Eigenschaften die Bedingungen für die gegenwärtige wissenschaftlich-technische Revolution ungleichmäßig und in ausschließlich widersprüchlicher Weise entstanden. Die industriell entwickelten kapitalistischen Länder erreichten Ende des 19. und Anfang des 20. Jahrhunderts eine hochentwickelte maschinelle Produktion. Unter dem Einfluß der Entwicklung der Produktivkräfte vollziehen sich auch in der kapitalistischen Wirtschaft Veränderungen — der Kapitalismus tritt in das Stadium des Imperialismus ein. Es setzt ein schneller Konzentrationsprozeß der Produktion ein, es vollzieht sich eine Verschmelzung des Industriekapitals mit dem Bankkapital und die Errichtung der Herrschaft der Industrieoligarchie. „Die Folge ist ein gigantischer Fortschritt in der Vergesellschaftung der Produktion“, sagt Lenin. „Im besonderen wird auch der Prozeß der technischen Erfindungen und

Vervollkommnungen vergesellschaftet ... Die qualifizierten Arbeitskräfte werden monopolisiert, die besten Ingenieure angestellt...."[2]

Während der Entwicklung des monopolistischen Kapitalismus entstehen und entwickeln sich einige Formen der Planmäßigkeit der Produktion. Engels, der die Veränderungen, die in der kapitalistischen Wirtschaft vor sich gingen, aufmerksam verfolgte, betonte: „Und wenn wir von den Aktiengesellschaften übergehn zu den Trusts, die ganze Industriezweige beherrschen und monopolisieren, so hört da nicht nur die *Privatproduktion* auf, sondern auch die *Planlosigkeit.*"[3]

Die Monopole erhalten die Möglichkeit, die Produktion in den Grenzen ihrer Betriebe zu planen, eine annähernde Erfassung aller Rohstoffquellen in einem gegebenen Land, in einer Reihe von Ländern und im Weltmaßstab vorzunehmen sowie annähernd den Marktumfang zu erfassen. Im Entwicklungsprozeß des Monopolkapitalismus entstehen somit solche Voraussetzungen für die gegenwärtige wissenschaftlich-technische Revolution wie eine hochentwickelte maschinelle Produktion, die Konzentration der gesellschaftlichen Produktionsmittel, und es ergeben sich einige Formen der Planmäßigkeit der Produktion. Diese Voraussetzungen begannen lange vor dem zweiten Weltkrieg zu entstehen, die gegenwärtige wissenschaftlich-technische Revolution vollzog sich in der kapitalistischen Welt jedoch nicht. Es fehlte der Stimulus dazu. Der Monopolkapitalismus hemmte vielmehr in zunehmendem Maße den wissenschaftlich-technischen Fortschritt. Dies folgt aus dem Wesen des Kapitalismus selbst.

Das treibende Motiv und das entscheidende Ziel des Produktionsprozesses stellt unter den Bedingungen des Monopolkapitalismus nicht einfach der Profit, sondern der Extraprofit dar. Der technische Fortschritt ist unter den Bedingungen der Herrschaft der Monopole auf das Erzielen von Maximalprofit gerichtet, er wird für den Profit einer

[2] V. I. Lenin, Der Imperialismus als höchstes Stadium des Kapitalismus, in: Werke, Bd. 22, Berlin 1970, S. 209.

[3] F. Engels, Zur Kritik des sozialdemokratischen Programmentwurfs 1891, in: MEW, Bd. 22, 1970 S. 232.

Handvoll von Monopolisten ausgenutzt. Die Methoden zur Erlangung von Extraprofit unterscheiden sich ihrem Wesen nach nicht von den Methoden der Profitproduktion. Es ist dies letztlich die Ausbeutung der Werktätigen. In der Epoche des Monopolkapitalismus entstehen jedoch neue Erscheinungen in der kapitalistischen Wirtschaft, die auf die Entwicklung der Produktivkräfte einen entscheidenden Einfluß ausüben. Im vormonopolistischen Kapitalismus konzentrierte sich das Eigentum in den Händen des einzelnen Unternehmers. Dieser Eigentümer hatte ebenfalls die Möglichkeit, Extraprofit, d. h. einen höheren Profit als andere Unternehmer zu erzielen. Dazu mußte er die Arbeitsproduktivität erhöhen und die Produktionskosten senken, was durch die Einführung neuer technischer Erfindungen und die Verstärkung der Ausbeutung der Werktätigen erreicht wurde. Diesen Extraprofit erzielte der Kapitalist der vormonopolistischen Periode so lange, bis auch die anderen Privateigentümer eines gegebenen Produktionszweiges analoge Maßnahmen durchführten.

Der Erzielung monopolistischen Extraprofits liegt eine andere Form des kapitalistischen Eigentums zugrunde, das monopolistische Eigentum. Es erlaubt den Extraprofit nicht nur durch die Einführung von neuer Technik und Technologie sowie durch eine verstärkte Ausbeutung der Werktätigen in den Monopolbetrieben zu erzielen, sondern auch durch die Aneignung von Mehrwert, der in nichtmonopolisierten Betrieben, darunter auch von kleinen Warenproduzenten sowohl im gegebenen Land als auch in anderen Ländern, besonders in den Kolonien, produziert wird. Monopolistischen Extraprofit kann man sowohl durch die Einführung der neuesten Errungenschaften von Wissenschaft und Technik in die Produktion als auch durch Ausplünderung anderer, weniger starker Betriebe, schwächer entwickelter Staaten und Kolonien und mittels unterschiedlicher ökonomischer und politischer Machenschaften erlangen.

Hieraus folgen zwei widersprüchliche Tendenzen des wissenschaftlich-technischen Fortschritts in der Epoche des Imperialismus, die von Lenin aufgedeckt wurden. Durch die gewaltige Konzentration des Kapitals besitzen die

Monopole, die von der Jagd nach Extraprofit getrieben werden, einerseits die Möglichkeit, Wissenschaft und Technik beschleunigt zu entwickeln, eine rasche Umrüstung der technischen Basis zu realisieren und die Produktion auf eine höhere Stufe zu heben. Andererseits gilt: „In dem Maße, wie Monopolpreise, sei es auch nur vorübergehend, eingeführt werden, verschwindet bis zu einem gewissen Grade der Antrieb zum technischen und folglich auch zu jedem anderen Fortschritt, zur Vorwärtsbewegung; und insofern entsteht die *ökonomische* Möglichkeit, den technischen Fortschritt künstlich aufzuhalten."[4]

Diese Tendenzen finden sich sowohl in der Tätigkeit der einzelnen Monopole, in der Entwicklung der Produktionszweige, in der Wirtschaft dieses oder jenes kapitalistischen Landes als auch in dieser oder jenen Entwicklungsperiode des Monopolkapitalismus insgesamt. In dem Jahrzehnt vor dem zweiten Weltkrieg waren Verzögerung und Behinderung die vorherrschende Tendenz im wissenschaftlich-technischen Fortschritt der kapitalistischen Länder. Die Monopole nutzten ihre Macht aus, um den wissenschaftlich-technischen Fortschritt aufzuhalten und bereicherten sich hauptsächlich durch ihre Monopolstellung auf dem Markt. Dies ist aus der Entwicklung und Nutzung von Patenten zu ersehen. Die amerikanische Firma „United Shoe Machinery Corporation" zum Beispiel kaufte in ihrem Bestreben, ihre Vormachtstellung bei der Herstellung und dem Verkauf von Maschinen für die Schuhindustrie zu erhalten, in dem Zeitraum von 1930 bis 1947 4172 Patente auf und realisierte nur 373 davon.[5] Oder ein anderes Beispiel: In dem Beschluß eines Distriktgerichtes der USA aus dem Jahre 1942 in der Angelegenheit der Gesellschaft „Hartford Empire" wurde hervorgehoben, daß sich diese Gesellschaft 317 Patente verschaffte, von denen viele Konkurrenzcharakter trugen. In vielen Fällen wurden die erworbenen Patente zu den Akten gelegt, um die Herstellung von Erzeugnissen nach den neuen Patenten einzustellen.

[4] V. I. Lenin, Der Imperialismus als höchstes Stadium des Kapitalismus, in: Werke, Bd. 22, S. 281.

[5] Монополистический капитал США после второй мировой войны. Москва 1958, стр. 82.

Dies wurde mit dem Ziel durchgeführt, die Konkurrenz zu beseitigen. Die Herrschaft der Monopole wirkte sich nachteilig auf den wissenschaftlich-technischen Fortschritt der Vorkriegsperiode aus. Davon zeugt die Verringerung der Anzahl der in den großen kapitalistischen Ländern im Vorkriegsjahrzehnt erteilten Patente.[6]

	1930	1940
Österreich	4900	1940
Großbritannien	20765	11453
Deutschland	26737	14647
USA	45226	42323

Es liegt im Wesen des modernen Kapitalismus, daß die gegenwärtige wissenschaftlich-technische Revolution nur im Zusammenhang mit dem Weltkrieg beginnen konnte und begonnen hat. Darin kam mit außerordentlicher Klarheit der Fäulnischarakter des Monopolkapitalismus zum Ausdruck. Der Krieg schuf für die gegenwärtige wissenschaftlich-technische Revolution jene Voraussetzung, die ihr im Kapitalismus zur Entwicklung fehlte — den sozialökonomischen Stimulus.

Der Krieg führte zu einem ungeheuren Anwachsen der Rüstungsaufträge, und die Furcht vor der militärischen und ökonomischen Macht der in Konkurrenz stehenden imperialistischen Länder zwang die kapitalistischen Länder, bei der Vervollkommnung der Kriegstechnik und der Mittel zu ihrer Produktion die am raschesten zum Ziel führenden Wege ausfindig zu machen. Der Krieg konzentrierte den Konkurrenzkampf der kapitalistischen Länder auf die Produktion von Kriegstechnik. Gerade im militärischen Bereich erfuhren die neuesten wissenschaftlich-technischen Richtungen, die das Hauptglied der gegenwärtigen wissenschaftlich-technischen Revolution darstellen, ihre Entwicklung, und man begann mit ihrer Anwendung. Die theoretischen Grundlagen der Kybernetik wurden Wiener zufolge erstmalig zu Kriegszwecken ausgearbeitet. Bereits vor dem Kriege formulierte Wiener die Haupt-

[6] Тенденции развития внутреннего и зарубежного патентования в капиталистических старнах. Москва 1965, стр. 100.

anforderungen an logische Maschinen und schlug vor, sie möglicherweise im Falle eines Krieges einzusetzen. „Bei Kriegsbeginn richteten das deutsche Luftwaffenpotential und die defensive Lage Englands die Aufmerksamkeit vieler Wissenschaftler auf die Entwicklung der Flugabwehrartillerie."[7] Auch bei Untersuchungen zur Steuerung des Artilleriefeuers wurden Grundthesen der Kybernetik ausgearbeitet.

Die erste digitale Rechenmaschine, der unmittelbare Vorläufer der modernen Rechentechnik, wurde im Jahre 1944 für Kriegszwecke von der Harvard-Universität und der Firma IBM gemeinsam entwickelt.[8] Die Vervollkommnung der Kriegstechnik und insbesondere die Schaffung aller möglichen Steuerungseinrichtungen bei der Artillerie, der Luftwaffe und der Marine hatten die Entwicklung vieler Bereiche von Wissenschaft und Technik zur Folge. Die Kerntechnik entwickelte sich in den kapitalistischen Ländern zwecks Herstellung von Atomwaffen. Unter dem Einfluß militärischer Bedürfnisse begann sich die wissenschaftliche Erforschung und die Herstellung von synthetischem Kautschuk stark zu entwickeln.

Der theoretische und praktische Nachweis für die Möglichkeit der Herstellung von synthetischem Kautschuk wurde bekanntlich erstmalig in der Sowjetunion lange vor dem Kriege geführt. 1932 begann das Jaroslavsker Werk ihn zu produzieren. Die kapitalistischen Länder aber begannen mit einer umfassenden Produktion erst während des Krieges. Da der Kautschuk zu einem strategischen Erzeugnis wurde, betrieb in den USA der Staat die Produktion. „Während des zweiten Weltkrieges gab der Staat gewaltige Summen für die Erfindung und danach für den Bau von Werken für synthetischen Kautschuk aus."[9] Die Weltproduktion an synthetischem Kautschuk erreichte im Jahre 1946 ungefähr 1 Mill. t pro Jahr.[10] Die wissenschaftlichen und experimentellen Untersuchungen auf dem Gebiet des

[7] N. Wiener: Kybernetik. Regelung und Nachrichtenübertragung . . ., a. a. O., S. 30.

[8] Computer and Automation, 1963, 1, S. 23.

[9] Современные циклы и кризисы. Москва 1967, стр. 151.

[10] Bol'šaja Sovetskaja Ėnciklopedija, т. 20, стр. 400.

synthetischen Kautschuks spielten für die Entwicklung der Chemie der Kunststoffe eine gewaltige Rolle.

Der Krieg stimulierte die Entwicklung von Wissenschaft und Technik dadurch, daß er eine rasch wachsende Massenproduktion von Waffen verschiedenster Art erforderte. Dies führte zu einer Vervollkommnung der Automatisierung der Produktionsprozesse in den Rüstungsbetrieben.

Eine intensive Anwendung der Errungenschaften von Wissenschaft und Technik in der Produktion unter den Bedingungen des Krieges war auch dadurch bedingt, daß der Krieg einen bedeutenden Teil der aktiven Arbeitskraft in die unproduktive Sphäre umlenkte.

Der Krieg übte auch durch die Beschleunigung der Entwicklungsprozesse des staatsmonopolistischen Kapitalismus einen Einfluß auf die Entwicklung der gegenwärtigen wissenschaftlich-technischen Revolution aus. Der Krieg gab einen gewaltigen Anstoß zur Verschmelzung der Monopole mit dem Staat.

Dies gab den Monopolen die Möglichkeit, die staatlichen Bereitstellungen zur Erteilung von Kriegsaufträgen aktiv auszunutzen. Der Staat „übernahm einen großen Teil des Aufwandes für wissenschaftliche Forschungsarbeiten, was in der gesamten Geschichte des Kapitalismus einmalig ist."[11] Stieg der Anteil des Bruttosozialproduktes, der in den USA für Forschung und Entwicklung aufgewandt wurde, in den Jahren 1931 bis 1940 von 0,22 auf 0,28 Prozent, so erreichte er in der Periode von 1940 bis 1951 0,70 Prozent.[12]

Das treibende Motiv, der Beweggrund für die wissenschaftlich-technische Revolution in den USA, ist auch in der Nachkriegsperiode das Wettrüsten. So machten innerhalb von 10 Jahren — von 1954 bis 1963 — die wissenschaftlichen Forschungsarbeiten, die im Auftrage des Kriegsministeriums der USA durchgeführt wurden, 91 Prozent aller Staatsausgaben für wissenschaftliche Forschungsarbeiten aus.[13]

[11] Современные циклы и кризисы, там же, стр. 150.

[12] Эффективность научных исследований. Москва 1968, стр. 254.

[13] Statistical Abstract of the United States, Washington 1963, S. 544.

Die Militarisierung der Produktion, die Ausnutzung der neuesten Errungenschaften von Wissenschaft und Technik für militärische Zwecke durch die Monopole ist auch in den anderen kapitalistischen Ländern — in Westeuropa und in Japan — die wichtigste Triebkraft. In diesen Ländern sind jedoch auch andere Faktoren von nicht geringer Bedeutung. Ein solcher Faktor ist die Konkurrenz mit den USA. Der zweite Weltkrieg beeinflußte die Verteilung der ökonomischen Hauptkräfte der wissenschaftlich-technischen Revolution in der kapitalistischen Welt. Der Weltkrieg brachte den amerikanischen Monopolen bekanntlich ungeheure Profite ein. Dies gab ihnen die Möglichkeit, die Bereitstellungen für wissenschaftliche Forschungsarbeiten zu erhöhen und unter den kapitalistischen Ländern zu den Pionieren der gegenwärtigen wissenschaftlich-technischen Revolution zu werden. Ende des Krieges und in der Nachkriegsperiode befanden sich die imperialistischen Mächte auf dem Gebiet der Wissenschaft, der Technik, der Organisationserfahrung und der Entwicklung wissenschaftlicher Forschungs- und konstruktiver Entwicklungsarbeiten in einer ungleichen Lage. Auf seiten der USA waren offensichtliche Vorteile zu verzeichnen. Das Gesetz der ungleichmäßigen Entwicklung der kapitalistischen Länder in der Epoche des Imperialismus kam hierin u. a. zum Ausdruck. Die wissenschaftlich-technischen Vorteile der USA, die das Ergebnis der Profite im zweiten Weltkrieg darstellten, wurde als eines der Mittel ausgenutzt, mit dem der amerikanische Imperialismus zur Weltherrschaft strebte. Das Streben nach Weltherrschaft stellte dabei einen Hauptstimulus für die Entwicklung der gegenwärtigen wissenschaftlich-technischen Revolution in den USA dar. Nicht zufällig nahm in der Nachkriegsperiode der Staat die Hauptsorge für die Entwicklung von Wissenschaft und Technik auf sich. Er ordnete fast die gesamte wissenschaftliche Forschungsarbeit im Lande militärischen Zwecken unter. Als Beweis dafür führen wir Auszüge aus offiziellen Dokumenten der USA an.

Im Bericht der National Science Foundation über die Tätigkeit der Bundesregierung auf dem Gebiete der Finanzierung von Forschung und Entwicklung in den Finanzjahren 1962 bis 1964 wird gesagt:

„Die Bundesprogramme für Forschung und Entwicklung spiegeln im Verlaufe der drei Jahre, die von diesem Bericht erfaßt werden, in bedeutendem Maße die Ziele der nationalen Sicherheit und der Außenpolitik wider, die seit dem zweiten Weltkrieg proklamiert wurden. Das Kapital, das vom Bund in Forschung und Entwicklung sowie in Forschungsausrüstungen investiert wurde, konzentrierte sich auf die Bereiche der Rüstung, des Kosmos und der Atomenergie ...
Die am reichlichsten finanzierte Tätigkeit im Bereich der Forschung und Entwicklung kommt aus den Militärprogrammen der Regierung ... Die drei oben beschriebenen Programme verschlangen in den drei Jahren jährlich etwa 90 Prozent der Bundesausgaben und der Verpflichtungen für Forschung und Entwicklung sowie für Forschungsausrüstungen."[14]

In dem analogen Bericht für das Jahr 1964 wird gesagt: „Die Konzentration der Bundestmittel für Forschung und Entwicklung in den Programmen des Verteidigungsministeriums, der Atomenergiekommission und der Nationalen Büros für Aeronautik und Weltraumforschung oder der Vorläufer dieser Agenturen stellt die Fortsetzung einer Tendenz dar, die sich bereits 1943 herausgebilde hatte."[15]

Der verstorbene Präsident der USA, John F. Kennedy, charakterisierte die Stellung des Staates in den wissenschaftlich-technischen Forschungen sowie die Ziele der Regierung auf diesem Gebiet, indem er im Januar 1963 im Wirtschaftsbericht an den Kongreß schrieb: „Die Bundesregierung stellt bereits die Hauptquelle für die finanzielle Unterstützung von Forschung und Entwicklung in den Vereinigten Staaten dar. Ein großer Teil der Mittel, die jetzt für Forschungen aufgewandt werden, kommt über das Verteidigungsministerium, das Nationale Büro für Aeronautik und Weltraumforschung und die Atomenergiekommission den speziellen Kontrahenten zu. Die Aktivität des Landes auf dem Gebiet der Verteidigung, des Kosmos

[14] Federal Funds for Research, Development and other Scientific Activities, Bd. XII, Washington 1964, S. 4–6.
[15] Federal Funds for Research ..., Bd. XIV, 1965, S. 2.

und der Atomenergie verschlingt ungefähr 2/3 der qualifizierten Kader, die fähig sind, die Grenzen unserer wissenschaftlichen und technischen Kenntnisse zu erweitern. Diese Formen der Aktivität üben auch auf die Richtung und den Inhalt der wissenschaftlichen und der Ingenieurausbildung einen starken Einfluß aus."[16] Die Entfaltung der gegenwärtigen wissenschaftlich-technischen Revolution vollzieht sich in der kapitalistischen Welt in der Nachkriegsperiode unter dem Vorzeichen eines erbitterten Konkurrenzkampfes zwischen den USA einerseits, die bestrebt sind, die kapitalistischen Länder zu beherrschen, und den Ländern Westeuropas und Japans andererseits, die nach Unabhängigkeit von den USA streben. Zwischen allen kapitalistischen Ländern und Monopolvereinigungen findet ihrerseits ebenfalls ein Konkurrenzkampf statt, der auf den gegenwärtigen wissenschaftlich-technischen Fortschritt im Kapitalismus einen widersprüchlichen Einfluß ausübt.

Eine Betrachtung der sozialökonomischen Probleme der gegenwärtigen wissenschaftlich-technischen Revolution und insbesondere des Konkurrenzkampfes der kapitalistischen Mächte auf dem Gebiet von Wissenschaft und Technik ist ohne Aufklärung jener Veränderungen im Verhältnis der einzelnen Produktionszweige, die diese Revolution hervorruft, unmöglich. Wie oben gezeigt wurde, führen die modernen Errungenschaften von Wissenschaft und Technik zu einer bisher nicht gekannten Wechselbeziehung aller Bereiche der menschlichen Tätigkeit. Spezialisierung und Integration der Produktionsprozesse nehmen gewaltige Ausmaße an. Diese Wechselbeziehungen bedeuten jedoch nicht, daß für alle Produktionszweige völlig gleichberechtigte Abhängigkeiten hergestellt werden.

Im Verlaufe der gegenwärtigen wissenschaftlich-technischen Revolution sind neue Industriezweige entstanden wie die Kerntechnik, die Herstellung von Kunststoffen, die industrielle Mikrobiologie u. a. Sie erfuhren eine gewaltige Entwicklung. Sie sind in der Wirtschaft der industriell entwickelten Länder von immer größerer Bedeutung. Aus

[16] Economic Report of the President, Washington 1963, S. 25.

dem Wesen der gegenwärtigen wissenschaftlich-technischen Revolution folgt, daß in dem Maße, wie sich Wissenschaft und Technik entwickeln, jene Produktionszweige zunehmende Bedeutung erlangen, die Steuerungsmittel entwikkeln und herstellen.

Eine Schöpfung der gegenwärtigen wissenschaftlich-technischen Revolution, die in ihrer Entwicklung immer mehr eine führende Stellung einnimmt, ist die funkelektronische Industrie (FEI). Die funkelektronische Industrie schafft die neuesten Mittel für die Automatisierung von Produktionsprozessen in allen Wirtschaftsbereichen. Die FEI erzeugt Mittel für den Rundfunk, das Fernsehen, den Funkbetrieb, die Funkortung, die Radioastronomie, die Funkvermessung; sie entwickelt die Lasertechnik, die für nahezu alle Arbeitsprozesse eine Revolutionierung verspricht. Die FEI liefert die Basis zur Schaffung von Elementarteilchenbeschleunigern und Mitteln zur Steuerung von Kernprozessen, der Einsatz von Erzeugnissen der FEI enthüllt fortschrittliche Verfahren im Bereich der chemischen Technologie, der Metallurgie, der Holzverarbeitung, der Textilien, der Nahrungsmittel; der Einsatz funkelektronischer Einrichtungen bestimmt in bedeutendem Maße das Niveau medizinischer Geräte.

Die Funkelektronik ist eines der wichtigsten Mittel, um die erfolgreiche Eroberung des Kosmos durch den Menschen zu gewährleisten. „Die Funkelektronik“, sagt A. L. Minc, „ist ein Wissensbereich, der gegenwärtig den allgemeinen wissenschaftlich-technischen Fortschritt bestimmt.“[17] Die größte Bedeutung der Funkelektronik für die Entwicklung einer modernen Wirtschaft besteht darin, daß sie Rechenanlagen entwickelt und herstellt. Rechenanlagen steuern Maschinen und Produktionskomplexe, leisten bei der Leitung der Wirtschaftstätigkeit, insbesondere bei der Auswahl eines optimalen Systems der Leitung, der Produktionsplanung, der Arbeitskraft, des Handels, der Investitionslenkung usw. eine unersetzliche Hilfe. Der Einsatz von Rechenanlagen bewirkt einen Fortschritt im Bereich der wissenschaftlichen Forschungen, Rechenanlagen rufen

[17] А. Л. Минц, Радиоэлектроника. Москва 1963, стр. 5.

eine Revolutionierung in der Ausbildung hervor usw. Überhaupt, Rechenanlagen — das ist Informationsverarbeitung, ohne die das Leben einer modernen Gesellschaft undenkbar ist. Die elektronische Rechentechnik gewinnt gewissermaßen als Kriterium für das wissenschaftlich-technische Entwicklungsniveau in diesem oder jenem Lande immer mehr an Bedeutung. „Ebenso wie die Gesamtleistung der Elektrizitätswerke und anderer Kraftanlagen das Energiepotential eines Landes bestimmt, so bestimmt die Gesamtleistung der elektronischen Digitalrechner und anderer kybernetischer Anlagen sein informationell-intellektuelles Potential", sagt V. I. Gluškov.[18]

Die begonnene umfassende Einführung von Mitteln der Funkelektronik in alle Zweige der Wirtschaft erinnert in ihrer Bedeutung an die Anfangsperiode des industriemäßigen Einsatzes der Elektrotechnik. Ebenso wie das Entwicklungstempo der elektrotechnischen Industrie, die, wie Lenin hervorhob, zum typischsten Zweig für die neuesten Fortschritte der Technik wurde[19], seinerzeit das Entwicklungstempo einer Reihe anderer Zweige bestimmte, so setzte Mitte unseres Jahrhunderts ein verstärkter Einfluß der funkelektronischen Industrie ein.

Wie in Wirtschaftskreisen kapitalistischer Länder die Bedeutung der Rechentechnik eingeschätzt wird, ist aus den folgenden Äußerungen ersichtlich.

Einer der Leiter einer Filiale der Firma „Univac" behauptet, daß die Rechenmaschine Basiselement der Gesellschaft werden muß. Kann ein Land im Augenblick keine Rechenanlagen herstellen, so muß es künftig zum Import dieser Maschinen übergehen. Das Mißverhältnis in der Technologie wird sich vergrößern und kann nie aufgehoben werden. Die Zeitschrift „Business Week" kommentiert diese Äußerung und unterstreicht, daß die Rechenmaschinen und die Fähigkeit, sie effektiv zu nutzen, zu einem entscheidenden Faktor für die Ermittlung der Kraft einer Nation geworden sind. Sie verweist dabei auf den entscheiden-

[18] Pravda, v. 14. Oktober 1962.

[19] V. I. Lenin, Der Imperialismus als höchstes Stadium des Kapitalismus, in: Werke, Bd. 22, S. 250.

den Einfluß der Rechentechnik auf die Industrie, die Wissenschaft, den Staatsapparat, das Nachrichtenwesen und die Ausbildung.[20]

Die funkelektronische Industrie gehört zu dem Wirtschaftsbereich der kapitalistischen Länder, der sich am schnellsten entwickelt. Der Umsatz der funkelektronischen Industrie wächst zwei- bis dreimal schneller als das Bruttosozialprodukt.

In den Ländern des Gemeinsamen Marktes (EWG) beträgt der jährliche Zuwachs der funkelektronischen Industrie 15 bis 20 Prozent, während das Bruttosozialprodukt jährlich um 5 bis 10 Prozent steigt. In den USA beträgt der Zuwachs der funkelektronischen Industrie 8 Prozent, und das Bruttosozialprodukt vergrößert sich jährlich um etwas weniger als 3 Prozent.[21] Die Aufwendungen für die Entwicklung funkelektronischer Geräte sind in den USA für das Finanzjahr 1969 durch den Haushaltsplan auf 1,67 Milliarden Dollar festgelegt worden. Das ist um 310 Millionen Dollar mehr als im Finanzjahr zuvor.[22] Von den Patenten, die in den USA für Erfindungen erteilt werden, kommt 1/5 auf die Funkelektronik. Es wird die Vermutung geäußert, daß der Bedarf an rechentechnischen Mitteln bis 1980 ein solches Niveau erreichen wird, daß 5 Prozent des Bruttosozialproduktes in den entwickelten Industrieländern für elektronische Datenverarbeitungsanlagen und Software aufgewandt werden.[23]

In einem der Berichte der Rechtskommission der USA, in dem die Verteilung der Patente, die den Gesellschaften im Zeitraum von 1939 bis 1955 erteilt wurden, analysiert wird, wird gezeigt, daß unter den Monopolriesen, die die größte Anzahl von Patenten erhielten, der erste Platz den Gesellschaften der Elektro- und der funkelektronischen Industrie gehört: „General Electric Company“ (10757 Patente), „American Telephone and Telegraph Company“

[20] Business Week, Chicago, 1966, Nr. 19, S. 110.

[21] Радиоэлектронная промышленность в Европе. Сравнительные исследования 14 фирм. Москва 1963, стр. 27.

[22] Electronic News, 1968, Nr. 639, S. 133.

[23] Computer and Automation, 1968, Nr. 7, S. 32.

(8539), „Radio Corporation of America" (7894), „Westinghouse Electric Corporation" (7567).[24]

Die Fäden aller Veränderungen führen in der gegenwärtigen wissenschaftlich-technischen Revolution zur Funkelektronik, insbesondere zur Rechentechnik. Die Entwicklung der Funkelektronik stellt in der gegenwärtigen wissenschaftlich-technischen Revolution ein entscheidendes Glied dar. Unter den Bedingungen der kapitalistischen Gesellschaft bedeutet das, daß derjenige, der die funkelektronische Industrie beherrscht, die Schlüssel zur gegenwärtigen wissenschaftlich-technischen Revolution und folglich zur gesamten Wirtschaft in den Händen hält. Deswegen ist die FEI in der kapitalistischen Welt ein Feld, wo in unverhohlener und offener Form die sozialen Widersprüche der gegenwärtigen wissenschaftlich-technischen Revolution in Erscheinung treten, wo sich nicht nur die Existenzdramen von Privatfirmen und Monopolverbänden, sondern auch von Staaten und ganzen Kontinenten abspielen. In diesem Drama treten die USA, Japan, England, Frankreich und die BRD als Hauptagenten auf. Die Verhältnisse, die unter den Bedingungen der gegenwärtigen wissenschaftlich-technischen Revolution in der kapitalistischen Welt entstehen, die Politik, die die USA bezüglich der westeuropäischen Länder auf dem Gebiet des wissenschaftlich-technischen Fortschritts treiben, erhielten eine recht treffende Kennzeichnung — technologische Kolonisation. F. Speranza sagte: „Wie die Fakten zeigen, sind die amerikanischen Monopole, indem sie die berüchtigten Übereinkünfte über wissenschaftlich-technische Zusammenarbeit abschließen, nicht nur bestrebt, Kontrollpakete der europäischen Betriebe zu erwerben, sondern auch eine technologische Kolonisation des kapitalistischen Europa durchzuführen."[25]

Die ökonomische Basis der technologischen Kolonisation der westeuropäischen Länder durch die Vereinigten Staaten von Amerika stellt eine ungeheure Konzentration des Kapi-

[24] Distribution of Patents Ussed to Corporations (1939—1955), Washington 1957, S. 19f.

[25] Учение В. И. Ленина об империализме и современность. Москва 1967, стр. 114.

tals, der Produktion und des wissenschaftlichen Forschungspotentials in den Händen einer kleinen Gruppe amerikanischer Firmen dar. Von den 20 größten Elektrofirmen der kapitalistischen Welt haben 4 amerikanische Firmen („General Electric", „Western Electric", „Westinghouse Electric" „IBM") ein zweimal größeres Jahresabsatzvolumen als alle übrigen 16 zusammen.[26]

Auf dem Weltmarkt nehmen die amerikanischen Firmen bezüglich elektronischer Anlagen gegenwärtig eine führende Position ein. Ihr Anteil an der Gesamtproduktion beträgt 90 Prozent. Unter den amerikanischen Firmen, die Rechenanlagen herstellen, liegt die Firma IBM an erster Stelle. Sie beherrscht 64 Prozent des amerikanischen Außenmarktes.[27] Der Park an Rechenmaschinen vieler westeuropäischer Länder besteht zu 60 bis 70 Prozent aus Maschinen, die von dieser amerikanischen Firma hergestellt wurden.[28]

Die Konzentration des Kapitals in den Händen der Monopole bietet die Möglichkeit, gewaltige Mittel für die Entwicklung der wissenschaftlichen Forschungsarbeit, für die Organisation der Erfindertätigkeit und für eine schnelle Einführung wissenschaftlich-technischer Errungenschaften in die Produktion bereitzustellen. All dies ermöglicht es den stärkeren Firmen, die schwachen sich einzuverleiben. Zum Beispiel erfordert eine der fortschrittlichen Richtungen in der Entwicklung von Rechenmaschinen — die mehrschichtige gedruckte Schaltung — sehr hohe Aufwendungen zu ihrer Entwicklung. In den USA besitzen von den 300 Firmen, die gedruckte Schaltungen herstellen, nur wenige ausreichende Mittel zur Produktion mehrschichtiger gedruckter Schaltungen.[29]

Die Nachfrage indessen wächst unaufhörlich. Das schafft die Voraussetzungen für eine Konzentration der Produktion, für die Einverleibung, Angliederung und „Verschmelzung" der Firmen. In einer jährlichen Übersicht führt die Zeitung „Electronic News" von 100 amerikanischen Fir-

[26] Svetove hospodarstvi, 1967, Nr. 139.
[27] Interavia Air Letter, 1968, Nr. 66, S. 2—3.
[28] Datamation, 1967, Nr. 12, S. 25.
[29] Electronic News, 1968, Nr. 644, S. 54.

men, die funkelektronische Erzeugnisse herstellen, eine lange Liste derjenigen Firmen an, die der Konkurrenz nicht standhielten und sich mit anderen, stärkeren Firmen „liiert“ haben. Die Zeitung betont, daß drei Firmen — „IBM“, „Radio Corporation of America“ und „General Electric“ — an der Spitze der funkelektronischen Industrie der USA stehen.[30]

Die Konzentration des Kapitals in den Händen weniger Firmen und die Verstärkung ihrer Herrschaft auf dem Weltmarkt und auf dem Gebiet des wissenschaftlich-technischen Fortschritts ist dadurch bedingt, daß die Durchführung wissenschaftlicher Forschungsarbeiten eine sehr kostspielige Maßnahme darstellt. Bei weitem nicht jede Firma kann sich dies leisten. Die wissenschaftlichen Forschungen sind daher in den Händen der Firmen konzentriert, die über entsprechend große Fonds verfügen und teure Aufträge ausführen können. In den USA werden 63 Prozent der für wissenschaftliche Forschungs- und konstruktive Entwicklungsarbeiten in der Industrie bewilligten Gelder für Programme ausgegeben. Die Summe der Ausgaben hierfür übersteigt 100 Millionen Dollar. Wie die Zeitschrift „Business Management“ bemerkt, kann sich keine der westeuropäischen Firmen derart kostspielige Programme leisten.[31] Die europäischen Firmen bleiben in der absoluten und relativen Höhe der Ausgaben für wissenschaftliche Forschungsarbeiten wesentlich hinter den amerikanischen zurück. Die Ausgaben für diese Zwecke betrugen im Jahre 1964 in den USA 3,4 Prozent des Bruttosozialproduktes verglichen mit 1,5 Prozent in den Ländern Westeuropas.

Vergleicht man die absoluten Größen der Aufwendungen, so ist der Unterschied noch auffallender: Die Kapitalinvestitionen in der Wissenschaft belaufen sich jetzt in den USA auf 24 Milliarden Dollar pro Jahr. In allen Ländern Westeuropas zusammen betragen sie 6 Milliarden Dollar, d. h. nur ein Viertel der USA.[32] Nach Ansicht von Fachleuten stellt ein derartiges Verhältnis der Ausgaben einen der Hauptgründe für das „Abwandern der Hirne“ in die

[30] Electronic News, 1968, Nr. 644, S. 1—79.
[31] Business Management, 1968, Nr. 5, S. 12.
[32] Учение В. И. Ленина об империализме и современность, там же, стр. 141.

USA dar, wodurch die Länder Westeuropas jährlich etwa 2000 Wissenschaftler und Ingenieure verlieren.

Zu den Faktoren, die es den großen Monopolen erlauben, eine technologische Kolonisation durchzuführen, den wissenschaftlich-technischen Fortschritt zu kontrollieren und ihn je nach Bedarf zu fördern oder zu hemmen, gehört neben der Konzentration des Kapitals und der Unterwerfung der wissenschaftlichen Forschungen auch das Patentrecht.

In der Periode des Monopolkapitalismus wurde das Patentsystem in den Händen der Monopole zum wichtigsten Mittel für den Erwerb von Extraprofiten. Da das Monopol außerordentlich komplizierte Operationen ausführt und dabei auch staatliche Einrichtungen heranzieht, kann es über das Patentsystem bedeutenden Einfluß auf den wissenschaftlich-technischen Fortschritt, auf die Festlegung der Preise, die Aufteilung der Märkte, die Unterwerfung anderer Firmen, die Ruinierung der Konkurrenten usw. ausüben. Zur Verfolgung ihrer eigennützigen Interessen üben die Monopole Druck auf die staatliche Gesetzgebung aus, die für das ausschließliche Recht zur Nutzung einer Erfindung überaus lange Zeiträume festsetzt. So wird in Artikel 154 des „Patentgesetzes der Vereinigten Staaten von Amerika“ (vom 19. 7. 1952) gesagt: „Jedes Patent muß einen Hinweis enthalten, daß dem Patentinhaber, seinen Erben oder Rechtsnachfolgern für einen Zeitraum von 17 Jahren das Recht eingeräumt wird, andere Personen an der Herstellung, Nutzung oder am Verkauf der Erfindung zu hindern.“[33] Das französische „Patentgesetz für Erfindungen“ setzt die Gültigkeitsdauer eines Patentes auf 20 Jahre fest und weist auf das ausschließliche Recht des Autors hin, „die genannte Entdeckung oder Erfindung zum eigenen Vorteil zu nutzen.“[34] Es sei bemerkt, daß in Frankreich jetzt ein Patentgesetz gilt, das bereits im Jahre 1844 angenommen wurde; die zwanzigjährige Gültigkeitsdauer der Patente wurde durch eine gesetzliche Verordnung im Jahre 1939 festgelegt. In der Annahme dieses Gesetzes

[33] Патентное законодательство капиталистических стран. Москва 1959, стр. 184.
[34] Ebenda, S. 243, 249.

kam zum Ausdruck, daß es in der Periode nach der Krise von 1928 bis 1933 für die Monopole von Bedeutung war, sich so lange wie möglich das Recht über die Nutzung der neuesten Errungenschaften zu bewahren, um dem Konkurrenzkampf standzuhalten.

Ebensolche langen Laufzeiten für Patente sind auch in anderen kapitalistischen Ländern festgelegt worden: in England 16 Jahre, in der BRD 18, in Belgien 20 und in der Schweiz 18 Jahre. In dem Bestreben, alle Mittel zur Beeinflussung des Wirtschaftslebens in ihren Händen zu konzentrieren, erwerben die Monopole die Patente, dieses „intellektuelle Eigentum", wie sie von der Schweizerischen Gesetzgebung bezeichnet werden, auf verschiedenen Wegen. Als ein Beispiel für das Anwachsen ökonomischer Macht auf der Basis der Jagd nach Erfindungen kann der Konzern „Dupont" dienen, bei dem von 30 sehr wichtigen Erzeugnissen, die im Zeitraum von 1920 bis 1960 auf den Markt gebracht wurden, nur 13 in den eigenen Laboratorien entstanden sind. Kunstseide, synthetisches Ammonium, Zellophan, Polyäthylen, Plexiglas, Neopren u. a. wurden „woanders" gewonnen.[35]

Beim Erwerb von Patenten findet ebenso wie auch in anderen Tätigkeitsbereichen der Monopole zwischen den verschiedenen Firmen und Monopolvereinigungen ein erbitterter Kampf statt. In den kapitalistischen Ländern, besonders in den USA, gibt es sogar spezielle Büros und Organisationen von Geschäftemachern, die auf der Grundlage prognostischer Einschätzungen der künftigen Tendenzen in Wissenschaft und Technik eine vermutete Entdekkung im Patentbüro beantragen. Für den Fall, daß der Antrag auf eine tatsächliche Erfindung zutrifft, erhält derjenige das Recht über sie, der zuerst den Antrag eingereicht hat. Um in der Angelegenheit größeren Erfolg zu haben, üben die großen Monopole Druck auf die Verwaltung des Patentbüros aus, damit die Erfindung breit, verschwommen und unbestimmt im Antrag beschrieben werden kann. Zur

[35] Siehe: И. Д. Иванов: Патентная система современного капитализма. Экономика и организация. В: Соревнование двух систем. Новые явления в экономике капитализма. Москва 1967, стр. 264.

Beilegung ihrer Streitigkeiten werden die Justizbehörden herangezogen.

Die Monopole unterwerfen sich auch die erfinderischen Ideen der Arbeiter und Angestellten und kaufen sie samt ihren Ideen und Projekten auf. Bei der Einstellung unterschreibt der Angestellte oder Arbeiter eine Verpflichtung, alle seine Erfindungen dem Betrieb unentgeltlich zur Verfügung zu stellen. In der Verpflichtung, die von den in den Betrieben der „American Telephone and Telegraph Company" Eingestellten unterschrieben wird, heißt es im einzelnen: „In Anbetracht meiner Dienstanstellung bei der „American Telephone and Telegraph Company" ... verpflichte ich (Vor- und Familienname) mich für den Betrag von einem Dollar, der mir von der Gesellschaft gezahlt wurde, ihr ohne jedes Entgelt, aber zu ihren Gunsten ohne Ausnahme alle Erfindungen aus dem Bereich der Telephonie oder an Apparaten und Geräten, die zur Anwendung in den erwähnten oder mit ihnen in Verbindung stehenden Bereichen der Technik stehen, zu überlassen, die von mir während meines Dienstes bei der genannten Gesellschaft gemacht wurden, und ebenso die Patente, die solche schützen. Ich verpflichte mich, auch alle genannten Erfindungen, die von mir im Verlaufe meines Dienstes bei dieser Gesellschaft künftig gemacht werden können, abzutreten."[36]

Der Arbeiter oder Angestellte büßt, indem er dem Monopol seine Arbeitskraft verkauft, somit auch seine schöpferischen Ideen ein. Ein solches Verhältnis zu Erfindern aus den Reihen der Werktätigen äußert sich zweifellos unheilvoll auf ihre schöpferischen Interessen. Der ehemalige Präsident der Amerikanischen Patentrechtvereinigung, F. Muller, hob hervor, daß sich in den letzten 25 Jahren in der Psychologie des Einzelerfinders grundlegende Veränderungen vollzogen haben. Sie haben begonnen, weit weniger Initiative zur praktischen Verwirklichung ihrer Projekte zu entwickeln. „Besonders ist dies am Beispiel derjenigen Kategorie von Menschen zu bemerken", unterstreicht er, „die früher bereit waren, Tage, Wochen und

[36] Zitiert nach: М. М. Богуславский, Буржуазное патентное право и советское изобретательское право. Москва 1961, стр. 26.

Monate aufzuwenden, die eine unerschöpfliche Energie entwickelten und zur Verwirklichung ihrer Ideen ihren letzten Penny hergaben."[37]

Das Patent schließt dadurch, daß es das Eigentumsrecht über eine Erfindung gewährt, den freien Zugang konkurrierender Kapitale zu der patentierten Neuerung aus, schränkt die Verbreitung technischer Neuerungen ein und verlängert die Zeiträume für die Aufrechterhaltung bester Produktionsbedingungen in den Betrieben der Patentinhaber. Eine besondere Bedeutung erlangte das Recht des Privateigentums an wissenschaftlich-technischen Errungenschaften in der Periode der gegenwärtigen wissenschaftlich-technischen Revolution, als die Anwendung der Wissenschaft zum wichtigsten Entwicklungsfaktor der Produktion wurde. Die gegenwärtige wissenschaftlich-technische Revolution verkürzt erheblich die Zeiträume für den moralischen Verschleiß einer technischen Ausrüstung. Nach Ansicht des Präsidenten des Amerikanischen Verbandes der Werkzeugmaschinenbauer betrug der Zeitraum für den moralischen Verschleiß bei Werkzeugmaschinen des Jahrganges 1940 im Durchschnitt 10 Jahre, bei Werkzeugmaschinen des Jahrganges 1950 8 Jahre und bei Werkzeugmaschinen des Baujahres 1960 5 Jahre.[38] Die einschneidende Verringerung der Zeiträume für den moralischen Verschleiß einer Ausrüstung stellt für den Konkurrenzkampf einen zusätzlichen Stimulus dar, denn die Konkurrenzfähigkeit einer Firma hängt von der Neuheit und Vollkommenheit ihrer Ausrüstung ab.

Unter diesen Bedingungen „würden einige Firmen anfangen, für die Produktion und den Absatz einer neuen Ware oder für die Einführung eines neuen technologischen Prozesses Geld auszugeben, ohne dafür ein Patent zu bekommen und damit zu garantieren, daß der Produktionsaufwand durch den Handelserlös oder das Lizenzgebühr gedeckt werden."[39] Das Patentsystem ist unter den Bedingungen des modernen Kapitalismus das wichtigste Mittel zur technologischen Kolonisation. Dies ist hauptsächlich

[37] Ebenda, S. 16.
[38] Steel. The Metal Working Weekly, 1960, Nr. 6, S. 31.
[39] The Times Review of Industry, 1961, Nr. 5, S. 17.

durch den Verkauf von Lizenzen bedingt. Bekanntlich geht beim Verkauf eines Patentes das Eigentumsrecht über die Erfindung vollkommen und unwiderruflich an den Käufer über. Beim Verkauf einer Lizenz behält der Patentinhaber (Lizenzgeber) jedoch das Eigentumsrecht über die Erfindung und gestattet dem Käufer (Lizenznehmer), dieses Recht lediglich in bestimmten Grenzen zu nutzen. Ökonomisch ist dies gleichbedeutend mit einer Verpachtung der Erfindung wie ein Vermögen, und zwar in den Schranken, wie sie im Lizenzabkommen vereinbart wurden. In der kapitalistischen Welt sind gegenwärtig etwa 40000 Lizenzvereinbarungen getroffen worden, der Löwenanteil davon gehört den USA. Wenn der Umsatz im Zahlungsverkehr mit Lizenzen in der Welt 1,5 Milliarden Dollar im Jahr beträgt, so betragen allein die Reineinnahmen der amerikanischen Monopole 600 Millionen Dollar.[40]

Eine wichtige Quelle für den Erwerb von Patenten durch die Monopole ist die Ausführung von Rüstungsaufträgen. Der Staat nutzt dabei das Patentsystem als ein Mittel, die Monopole an der Ausführung dieser Aufträge zu interessieren. Der amerikanische Staat ist ein bedeutender Patentinhaber (gegenwärtig etwa 14000). Die Monopole, die Staatsaufträge ausführen, erhalten dazu entweder Patente oder Lizenzen. In den Jahren 1952 bis 1963 erhielten die großen Monopole der USA vom Staat 4000 Patente und 11000 Lizenzen.

Die ungeheure Konzentration des Kapitals, die Unterordnung des Staates unter die Monopole, die Unterordnung der Wissenschaft und der technischen Errungenschaften unter ihre Macht, die Konzentration einer gewaltigen Menge von Patenten in ihren Händen erlaubt es den größten Monopolen, die auf Extraprofite versessen sind, neben anderen Faktoren, den wissenschaftlich-technischen Fortschritt unter den Bedingungen des modernen Kapitalismus wesentlich zu beeinflussen. Nachdem sie die materiellen, intellektuellen und organisatorischen Faktoren des Fortschritts in Wissenschaft und Technik in ihren Händen konzentriert

[40] Siehe: И. Д. Иванов, Патентная система . . ., там же, стр. 260.

haben, verfügen die Monopole über sie und lassen sich dabei von der Jagd nach Extraprofit leiten.

Gestalten sich die ökonomischen und politischen Bedingungen so, daß nur durch die Anwendung der neuesten Errungenschaften von Wissenschaft und Technik Extraprofit erzielt werden kann, so nutzen die Monopole ihre Schlüsselpositionen in Wissenschaft und Technik und fördern schnell deren Entwicklung und Ausnutzung. Kann jedoch umgekehrt Extraprofit auch ohne die Ausnutzung der neuesten Errungenschaften von Wissenschaft und Technik erzielt werden, durch Betrug, Ausplünderung, Erpressung, Abenteuer, Aggression, Unterjochung der Völker usw., dann lehnen die Monopole jeglichen wissenschaftlich-technischen Fortschritt ab.

In der Welt des modernen Kapitalismus gestalten sich die ökonomischen und politischen Bedingungen oft so, daß Extraprofit und ein Sieg im Konkurrenzkampf nur durch bewußtes, künstliches Aufhalten des Fortschrittes von Wissenschaft und Technik erreicht werden können. Es werden dann ungeheure Geldmittel verausgabt, ein ganzer Apparat zur Beeinflussung der wissenschaftlichen Forschungseinrichtungen und der Wissenschaftler in Gang gesetzt, es wird das Patentsystem dazu ausgenutzt, um die Forschungsarbeit zu hemmen sowie eine Erfindung und die Einführung neuer technischer Errungenschaften nicht zuzulassen. Dies bezieht sich dabei nicht nur auf das Handeln der Monopole im Innern des Landes, sondern auch in der internationalen Arena.

Es ist ein spezifisches ökonomisches Merkmal der Entwicklungsländer, daß in den meisten von ihnen durch die Herrschaft der imperialistischen Staaten und durch die langjährige koloniale Ausbeutung die nationale Wirtschaft rückständig und unterentwickelt ist, daß die landwirtschaftliche Produktion an alte Traditionen gebunden und die Industrie schwach entwickelt sind, ferner daß der innere und äußere Markt unterentwickelt und kaum organisiert ist. Nach dem Zerfall des imperialistischen Kolonialsystems trat die nationale Befreiungsrevolution in den entstandenen jungen Staaten in eine neue Etappe ihrer Entwicklung, deren Hauptinhalt der Kampf um tiefgreifende soziale Veränderungen, um ökonomische Unabhängigkeit und um die nationale Wiedergeburt bildet.

Welche Möglichkeiten zur Entfaltung der gegenwärtigen wissenschaftlich-technischen Revolution in den Entwicklungsländern gibt es überhaupt?

Es ist eine der unheilvollen Folgen der jahrhundertelangen Herrschaft der imperialistischen Mächte in Asien, Afrika und Lateinamerika, daß es in den befreiten Ländern gegenwärtig keine hinreichenden Voraussetzungen für eine Entfaltung der wissenschaftlich-technischen Revolution gibt. Die Nutzung der neuesten Errungenschaften von Wissenschaft und Technik setzt das Vorhandensein einer hochentwickelten maschinellen Produktion voraus. Indessen ist der überwiegende Teil der Bevölkerung in den Entwicklungsländern in einer Teilnaturalwirtschaft beschäftigt. In den Ländern Asiens und Afrikas sind 70 bis 90 Prozent der gesamten erwerbstätigen Bevölkerung in der Landwirtschaft beschäftigt, in Lateinamerika 60 bis 80 Prozent. Vom Stand der industriellen Produktion zeugen die folgenden Angaben: Beträgt in den hochentwickelten Ländern die Produktion an industriellen Erzeugnissen pro Kopf der Bevölkerung 420 Dollar, so beträgt sie in den Entwicklungsländern 25 Dollar. Die Entwicklungsländer verbrauchen an Metallen pro Kopf der Bevölkerung 20- bis 30mal weniger als die hochindustrialisierten kapitalistischen Länder.[41] In Indien wurden 1958 beispielsweise 2,6 Millionen Handwebstühle gezählt, wobei ein großer Teil davon primitive Maschinen sind.[42] In den Entwicklungsländern herrscht gegenwärtig die Heimindustrie, die handwerkliche und manufakturmäßige manuelle Produktion vor. Auf dem Gebiet der maschinellen Produktion verfügen die Entwicklungsländer somit noch nicht über die notwendigen Bedingungen zur Entfaltung der gegenwärtigen wissenschaftlich-technischen Revolution. Eine der Hauptaufgaben, die jetzt von den Entwicklungsländern gelöst werden, ist daher die Industrialisierung — der Aufbau einer eigenen Industrieproduktion.

[41] Международная жизнь, 1968, № 11, стр. 103.

[42] С. А. Кузьмин, Развивающиеся страны: занятость и капиталовложения. Москва 1965. стр. 26.

Die Konzentration der gesellschaftlichen Produktionsressourcen als notwendige Voraussetzung für die Entfaltung der wissenschaftlich-technischen Revolution ist in den Ländern Asiens, Afrikas und Lateinamerikas gegenwärtig ebenfalls unzureichend entwickelt. Eine der Schwierigkeiten, vor denen die jungen Staaten bei der Lösung des Industrialisierungsproblems stehen, ist die Erschließung von Geldmitteln aus dem Inneren, die Lösung des Akkumulationsproblems. Die landwirtschaftliche Produktion, die in diesen Ländern vorherrscht, erfolgt mit einer niedrigen Arbeitsproduktivität, die nicht imstande ist, die notwendige Akkumulation zu gewährleisten. Der Konzentrationsprozeß der gesellschaftlichen Produktionsressourcen trifft in den Entwicklungsländern auf eine Reihe spezifischer Schwierigkeiten. Das liegt daran, daß die Arbeit der Betriebe, die mit einer modernen Ausrüstung versehen sind, nur bei einem bestimmten Produktionsumfang, bei einer bestimmten Produktivität ökonomisch rentabel wird. Das optimale Produktionsvolumen für ein modernes Automobilwerk z. B. gestattet die Produktion von nicht weniger als 600000 Personenkraftwagen oder 120000–130000 Lastkraftwagen pro Jahr, die Kapazität moderner Hüttenwerke darf nicht weniger als 1 Million t pro Jahr betragen usw. Nur wenige Entwicklungsländer verfügen über ausreichend Arbeitskräfte- und Materialressourcen und über die Aufnahmefähigkeit des Binnenmarktes, um solche modernen Betriebe unterhalten zu können. Die imperialistische Politik der Teilung der Völker in den afrikanischen, asiatischen und lateinamerikanischen Ländern führte dazu, daß von den 112 Ländern der Welt, die heute von der UNO als Entwicklungsländer bezeichnet werden, 91 Länder weniger als 15 Millionen Einwohner aufweisen, davon 65 Länder weniger als 5 Millionen Einwohner. Die Isoliertheit und Abgeschiedenheit der Entwicklungsländer vergrößern den Mangel an materiellen und finanziellen Ressourcen, an qualifizierten Kadern, sie halten den Industrialisierungsprozeß auf und hemmen die Schaffung der Voraussetzungen für die Entwicklung der gegenwärtigen wissenschaftlich-technischen Revolution in den Ländern Asiens, Afrikas und Lateinamerikas.

Eine wichtige Voraussetzung, die zur allseitigen Nutzung der Errungenschaften der modernen Wissenschaft und Technik notwendig ist, ist die Planung der Wirtschaft. Viele Entwicklungsländer stehen bereits nicht mehr vor der Entscheidung: spontane Entwicklung oder Planung der Wirtschaft; viele von ihnen wählen letztere. Grundlage der Planung ist der staatliche Sektor in der Wirtschaft. In der überwiegenden Mehrheit der Entwicklungsländer stellt er jedoch nicht die führende Wirtschaftsform dar. Außerdem führen in jenen Ländern, die den kapitalistischen Weg gehen, die Planungsmaßnahmen nicht über den Rahmen eines staatskapitalistischen Unternehmertums hinaus, und die vom Staat bestätigten Pläne tragen keinen weisenden, sondern lediglich empfehlenden Charakter.

In den Ländern, die den sozialistischen Entwicklungsweg gewählt haben, wandelt sich die Planung allmählich in eine zentrale Leitung der Wirtschaftsprozesse um, in eine bewußte Ermittlung der Proportionen zwischen den einzelnen Elementen und Gliedern der gesellschaftlichen Produktion. Die Planung kann in der weiteren Entwicklung eine wichtige Voraussetzung für die Entfaltung wissenschaftlich-technischer Umgestaltungen werden.

Das Vorhandensein sozialökonomischer Stimuli für einen raschen wissenschaftlich-technischen Fortschritt hängt in den Entwicklungsländern von vielen Faktoren ab, insbesondere vom Verhältnis des staatlichen und privaten Sektors in der Wirtschaft, von der politischen Orientierung der Führungskräfte und von der Wahl des Weges zur weiteren Entwicklung des Landes.

Die Entwicklungsländer verfügen nicht über die notwendigen Voraussetzungen zur Entfaltung der gegenwärtigen wissenschaftlich-technischen Revolution. Diese Länder haben faktisch selbst das Niveau der vorangegangenen technischen Revolution noch nicht erreicht. Die Existenz hochentwickelter Industriestaaten in der Welt jedoch, die auf dem Wege der gegenwärtigen wissenschaftlich-technischen Revolution weit vorangekommen sind, stellt für die Entwicklungsländer eine der objektiven Voraussetzungen dar, sich der gesamten maschinellen Technik, einschließlich der vollkommensten, zu bemächtigen. Unter den Bedingungen des modernen Kapitalismus wird die wissenschaftlich-technische Revolution jedoch zur Stärkung der Herrschaft der großen Monopole ausgenutzt, zur Schaffung einer besonderen Form der Abhängigkeit — der technologischen Kolonisation.

Völlig anders sind die Entwicklungswege und die Rolle der gegenwärtigen wissenschaftlich-technischen Revolution unter den Bedingungen des Sozialismus.

Die Entstehung sozialistischer Produktionsverhältnisse schuf für die Entfaltung der gegenwärtigen wissenschaftlich-technischen Revolution solche notwendigen Voraussetzungen wie die Konzentration der gesellschaftlichen Produktionsressourcen, die Planmäßigkeit der Produktion sowie die sozialökonomischen Stimuli für einen schnellen wissenschaftlich-technischen Fortschritt. Eine Voraussetzung fehlte allerdings in der UdSSR zu Beginn — die hochentwickelte maschinelle Produktion.

Die industrielle Umwälzung im vorrevolutionären Rußland fand in den Hauptzügen Ende des 19. Jahrhunderts ihren Abschluß.[43] Es vollzog sich ein Übergang von der manufakturmäßigen zur fabrikmäßigen Produktion. Wenn von der industriellen Umwälzung die Rede ist, so darf man jedoch die Aufmerksamkeit nicht nur auf die Technik und die Produktion an sich richten, sondern auf die Wirtschaft insgesamt, insbesondere auf den Umfang, in dem die Zweige der Volkswirtschaft und die Wirtschaftsgebiete des Landes von der Umwälzung erfaßt werden, sowie auf den Grad der Einbeziehung der in der Volkswirtschaft tätigen Bevölkerung in die neue Form der Produktionstätigkeit u. a. Der Kapitalismus bringt es infolge der für ihn charakteristischen Eigenschaften zu keiner absoluten Vollendung der industriellen oder wissenschaftlich-technischen Revolution, er

[43] Bezüglich der Frage des Beginns der industriellen Umwälzung in Rußland existieren in unserer Literatur unterschiedliche Standpunkte. S. G. Strumilin datiert den Beginn auf das Jahr 1830 und das Ende auf das Jahr 1860. Die Autoren des Buches, Die gegenwärtige wissenschaftlich-technische Revolution. Eine historische Untersuchung, Berlin 1972, bemerken, daß die industrielle Umwälzung in Rußland nach der Beendigung des Krimkrieges, ungefähr 1861, begonnen habe und in den 90er Jahren des 19. Jahrhunderts beendet gewesen sei (Ebenda, S. 102).

ist nicht imstande dazu. Neben der neuesten Ausrüstung wird die billige Handarbeit genutzt, hochentwickelte Industrien existieren neben Wirtschaftsbereichen, die an den alten Gewohnheiten festhalten. Die kapitalistischen Industriestaaten warfen durch ihre Herrschaft die Kolonien in ihrer Entwicklung um Jahrhunderte zurück.

Das zaristische Rußland stellte in dieser Beziehung keine Ausnahme dar. Die Großindustrie nahm im Gesamtsystem der Volkswirtschaft Rußlands einen unbedeutenden Platz ein. Im Jahre 1913 kamen auf die gesamte Industrie, das Bauwesen, das Verkehrs- und Nachrichtenwesen insgesamt 11 Prozent der in der Volkswirtschaft tätigen Bevölkerung und auf die Land- und Forstwirtschaft 75 Prozent.[44] Außerdem war die industrielle Produktion in einigen Industriezentren wie Moskau, Petersburg, Ivanovo-Voznesenk, im Ural, im Donbass und in Baku konzentriert. Die Bevölkerung in den gewaltigen Räumen Sibiriens, Mittelasiens, Transkaukasiens, Kasachstans und Belorußlands war hauptsächlich mit nichtindustriellen Tätigkeiten beschäftigt. Bei einigen Völkern im Süden des Landes herrschten bis zur sozialistischen Revolution feudale und sogar gentile Verhältnisse. Daher erfaßte die Industrialisierung nicht die gesamte Volkswirtschaft des Landes, obwohl sich auch in der Produktion Rußlands eine industrielle Umwälzung vollzog. Darin kam insbesondere die Ungleichmäßigkeit in der Entwicklung der kapitalistischen Produktion, vor allem die Kolonialpolitik der zaristischen Regierung in bezug auf die nationalen Minderheiten zum Ausdruck. Rußland blieb in technisch-ökonomischer Beziehung weit hinter den entwickelten kapitalistischen Ländern zurück, es blieb hauptsächlich ein Agrarland. Dies veranlaßte die Bolschewiki, nach dem Sieg der sozialistischen Revolution die Industrialisierung als die erste und grundlegende Aufgabe zum Aufbau einer neuen Gesellschaft voranzutreiben. Wie Lenin hervor hob, entsteht die Notwendigkeit der Industrialisierung in den industriell unzureichend entwickelten Ländern sofort nach dem Übergang der Macht in die Hände der Ar-

[44] Siehe: Построение фундамента социалистической экономики СССР, Москва 1960, стр. 78.

beiterklasse. Die Industrialisierung bildet für diese Länder ein Merkmal, das für eine bestimmte historische Etappe ihrer Entwicklung — für die Übergangsperiode vom Kapitalismus zum Sozialismus — charakteristisch ist.

„Es besteht kein Zweifel", sagte Lenin, „daß der Übergang vom Kapitalismus zum Sozialismus in verschiedenen Formen denkbar ist, je nach dem, ob wir im Lande bereits überwiegend großkapitalistische Verhältnisse haben oder ob der Kleinbetrieb überwiegt ... Hätten wir einen Staat, in dem die Großindustrie überwiegt oder sagen wir sogar, nicht überwiegt, aber sehr stark entwickelt ist..., so wäre ein direkter Übergang zum Kommunismus möglich. Andernfalls ist der Übergang zum Kommunismus ökonomisch unmöglich."[45]

Die Leninsche These von der Notwendigkeit einer raschen Entwicklung der maschinellen Großindustrie als einziges Mittel, mit dem die proletarische Revolution das Land aus der wirtschaftlichen Rückständigkeit herausreißen kann, ist bereits am Vorabend der Oktoberrevolution erstmalig von ihm formuliert worden. In der Arbeit „Die drohende Katastrophe und wie man sie bekämpfen soll" zeigte Lenin, daß es nur möglich ist, die fortschrittlichen Länder in wirtschaftlicher Hinsicht einzuholen und zu überholen, wenn man die neuesten Errungenschaften der Technik und Kultur ausnutzt.[46] Geschieht das nicht, so droht dem Land unvermeidlich eine Katastrophe. Lenin zeigte, daß es unter den Bedingungen, die nach der Februarrevolution 1917 entstanden waren, unmöglich war, aus der katastrophalen Lage herauszukommen. Die bestehenden sozialen Verhältnisse wurden somit zur Bremse, zum Hindernis des wissenschaftlich-technischen und kulturellen Fortschritts. Um diesem Fortschritt den Weg zu bahnen, war es notwendig, die sozialen Verhältnisse zu verändern, d. h. die sozialistische Revolution durchzuführen. Die sozialistische Revolution und der Aufbau einer sozialistischen Gesellschaft verhalten sich bezüglich der Industrie, der Wissenschaft, der Technik und der Kultur nicht passiv und ebnen nicht

[45] V. I. Lenin, Der X. Parteitag der KPR (B), in: Werke, Bd. 32, Berlin 1961, S. 237.

[46] V. I. Lenin, Werke, Bd. 25, Berlin 1970, S. 375.

schlechthin den Weg zu deren Entwicklung, sondern erfordern im Gegenteil deren rasche Entwicklung und setzen entsprechende industrielle, wissenschaftlich-technische und kulturelle revolutionäre Umgestaltungen voraus.

Als Lenin im Mai 1918 auf dem I. Allrussischen Sowjetkongreß der Volkswirtschaft mit einer Rede auftrat, betonte er, „... daß nur der Sozialismus die Wissenschaft von ihren bürgerlichen Fesseln, von ihrer Unterjochung durch das Kapital, von ihrer sklavischen Bindung an die Interessen schmutziger kapitalistischer Gewinnsucht befreien werde."[47]

Die These Lenins von der Notwendigkeit einer raschen industriellen, wissenschaftlich-technischen und kulturellen Entwicklung stellt einen Bestandteil der Leninschen Theorie der sozialistischen Revolution, der Lehre vom Aufbau des Sozialismus dar.

Die Entwicklung der Industrie, der Wissenschaft, der Technik und der Kultur nach dem Sieg der sozialistischen Revolution war keine einfache Fortführung der Prozesse im vorrevolutionären Rußland. Der Industrialisierungsprozeß in der UdSSR bedeutete die Schaffung der materiell-technischen Basis des Sozialismus. Dieser sozialökonomische Inhalt der Industrialisierung verlieh der industriellen, wissenschaftlich-technischen und kulturellen Entwicklung einen völlig anderen Charakter.

Die industrielle Entwicklung der kapitalistischen Länder beginnt mit der Leichtindustrie. Das ist durch das Ziel der Produktion bedingt. Betriebe der Leichtindustrie können im Vergleich zu denen der Schwerindustrie in kürzeren Zeiträumen geschaffen werden, sie erfordern geringere Kapitalinvestitionen, und der Kapitalumschlag vollzieht sich bei ihnen rascher. Folglich ist auch die Profitrate höher. Eine umfassende Entwicklung der Leichtindustrie vollzieht sich nicht nur zu Beginn der industriellen Revolution, sondern auch noch lange danach. In England, wo die industrielle Revolution Anfang des 19. Jahrhunderts abgeschlossen war, betrug der Anteil der Produktion von Produktionsmitteln noch im Jahre 1851 11,4 Prozent, die Produktion von

[47] V. I. Lenin, Werke, Bd. 27, Berlin 1960, S. 407/408.

Konsumgütern (Lebensmittel, Textilwaren, Konfektionsbekleidung, Schuhe, Lederwaren, Möbel u. a.) dagegen 51 Prozent.[48] Den gleichen Weg nahm auch die industrielle Entwicklung Rußlands.

Die sozialistische Produktion hatte ein völlig anderes Ziel — die Festigung und Entwicklung der sozialistischen Produktionsverhältnisse, die Hebung des Volkswohlstandes, die Entwicklung der Volkswirtschaft der Unionsrepubliken und damit die Schaffung der materiellen Grundlage zur Lösung der nationalen Frage, die wirtschaftliche Unabhängigkeit des Sowjetstaates von den kapitalistischen Ländern sowie seine Verteidigungsfähigkeit. Diese Ziele kann man nur durch die Entwicklung der Großindustrie erreichen. „Die maschinelle Großindustrie und ihre Übertragung auf die Landwirtschaft", schrieb Lenin in der Grußbotschaft an den VIII. Gesamtrussischen elektrotechnischen Kongreß, „ist die einzige ökonomische Grundlage für den Sozialismus, die einzige Grundlage für den erfolgreichen Kampf um die Befreiung der Menschheit vom Joch des Kapitals . . .".[49]

Lenin zeigte, daß die technische Basis für die moderne maschinelle Großproduktion die Elektrifizierung des ganzen Landes darstellt. Er wies darauf hin, daß es notwendig ist, „die Wirtschaft des Landes, auch die Landwirtschaft, auf eine neue technische Grundlage, auf die technische Grundlage der modernen Großproduktion, zu stellen. Eine solche Grundlage bildet nur die Elektrizität."[50]

Lenin stellte die bekannte Formel auf: „*Kommunismus — das ist Sowjetmacht plus Elektrifizierung des ganzen Landes*"[51], die mit mathematischer Präzision die These von der Vereinigung der Vorzüge der neuen Gesellschaftsordnung mit den Errungenschaften des wissenschaftlich-technischen Fortschritts formulierte.

[48] Siehe: Построение фундамента социалистической экономики в СССР, там же, стр. 83.

[49] V. I. Lenin, Werke, Bd. 33, Berlin 1971, S. 29.

[50] V. I. Lenin, VIII. Gesamtrussischer Sowjetkongreß. Bericht über die Tätigkeit des Rats der Volkskommissare, 22. Dezember, in: Werke, Bd. 31, Berlin 1969, S. 513.

[51] Ebenda.

Die sozialen Bedingungen des Sozialismus, die Entwicklung der maschinellen Großindustrie und die Elektrifizierung des ganzen Landes übten einen entscheidenden Einfluß auf den Charakter und die Besonderheiten des wissenschaftlich-technischen Fortschritts in der UdSSR aus.

Die Naturgesetze, die von der Wissenschaft erkannt werden, sind objektiv und hängen nicht von der sozialen Ordnung der Gesellschaft ab. Die Entwicklung der Wissenschaft jedoch, der Fortschritt der Technik sind dadurch, daß sie zu einer gesellschaftlichen Erscheinung werden, in mehrfacher Hinsicht dem Einfluß der sozialen Ordnung unterworfen: in der Hauptsache der Wirkung des ökonomischen Grundgesetzes dieser oder jener sozialökonomischen Formation. Das ökonomische Grundgesetz des Sozialismus — die möglichst vollständige Befriedigung der ständig steigenden Bedürfnisse und die allseitige Entwicklung aller Mitglieder der Gesellschaft, was durch eine ununterbrochene Erweiterung und Vervollkommnung der Produktion auf der Basis der fortgeschrittensten Technik gewährleistet wird — bestimmt auch einige Besonderheiten des wissenschaftlich-technischen Fortschritts im Sozialismus.

Eine grundlegende Besonderheit des wissenschaftlich-technischen Fortschritts im Sozialismus bildet die Planmäßigkeit. Es ist bezeichnend, daß einer der ersten Pläne, die für den Aufbau des Sozialismus von gewaltiger Bedeutung waren, der Plan zur Entwicklung von Wissenschaft und Technik war. In der Zeit zwischen dem 18. und 25. April 1918 schrieb Lenin den „Planentwurf für die wissenschaftlich-technischen Arbeiten“ — ein hervorragendes Dokument, das ein breites Programm zur Entwicklung der Wissenschaft, der Technik und der Produktivkräfte Rußlands für viele Jahre im voraus enthält. Der planmäßige Charakter der Entwicklung von Wissenschaft und Technik bietet die Möglichkeit, die Lösung von Aufgaben aller Glieder der theoretischen und Erkundungsarbeiten miteinander zu verknüpfen, angewandte Disziplinen zu entwickeln, Experimente und konstruktive Entwicklungsarbeiten durchzuführen sowie neue Errungenschaften der Technik in alle Zweige der Volkswirtschaft einzuführen. Die Planung von Wissenschaft und Technik erlaubt optimale Einsatzformen und -methoden von wissenschaftlichen und Ingenieurkadern, bietet die Möglichkeit der günstigsten Verteilung der materiellen Ressourcen für den gesamten wissenschaftlich-technischen und produktionsmäßigen Fortschritt und eröffnet Wege, um sukzessive und rechtzeitig den neuen wissenschaftlichen Nachwuchs heranzubilden.

Die wichtigste Besonderheit des wissenschaftlich-technischen Fortschritts im Sozialismus besteht darin, daß die Entwicklung von Wissenschaft und Technik eine gesamtstaatliche Aufgabe ist. Dies garantiert den Wissenschaftlern und den wissenschaftlichen Forschungseinrichtungen die notwendigen Bedingungen für eine fruchtbringende Arbeit. Der Sowjetstaat sparte selbst in den für das Land schwersten Jahren nicht mit Mitteln, um ein breites Netz von wissenschaftlichen Forschungseinrichtungen zu organisieren, grundlegende und angewandte Richtungen der Wissenschaft und eine experimentelle Basis der wissenschaftlichen Forschungen zu entwickeln sowie Kader auszubilden.

Die Planmäßigkeit und die Entwicklung der Wissenschaft als eine gesamtstaatliche Aufgabe hatten ein weiteres wichtiges Merkmal des wissenschaftlich-technischen Fortschritts im Sozialismus zur Folge: spezielle staatliche Organe, die die Entwicklung der Wissenschaft und Technik im gesamten Land leiten. Im Jahre 1921 wurde die Hauptverwaltung für wissenschaftliche und kunstwissenschaftliche Institutionen in unserem Lande gegründet — die „Glavnauka". Bei der Festlegung der Aufgaben von „Glavnauka" schrieb A. V. Lunačarski: „Es muß in erster Linie angestrebt werden, daß die wissenschaftlichen Forschungen mit den Aufgaben des sozialistischen Aufbaus verknüpft werden. Diese Aufgabe legten Wladimir Iljitsch und das Zentralkomitee für Eure Verwaltung fest".[52] Gegenwärtig ist in der UdSSR ein staatliches System zur Koordinierung und Leitung der Wissenschaft geschaffen worden. Das ZK der KPdSU und der Ministerrat der UdSSR legten die Aufgaben des Staatlichen Komitees beim Ministerrat der UdSSR zur Koordinierung der wissenschaft-

[52] А. В. Кольцов, Ленин и становление Академии наук как центра Советской науки. Ленинград 1969, стр. 223.

lichen Forschungsarbeiten wie folgt fest: gesamtstaatliche Kontrolle über die Verwirklichung der wichtigsten wissenschaftlichen Forschungen durch alle Ministerien, Behörden und Organisationen; operative Maßnahmen zur schnellen Einführung der Errungenschaften von Wissenschaft und Technik in die Volkswirtschaft; Unterbreitung von Vorschlägen zu den wichtigsten wissenschaftlich-technischen Problemen, die von großer volkswirtschaftlicher Bedeutung sind, sowie zu Fragen, die im Zusammenhang mit neuen wissenschaftlichen Entdeckungen und Erfindungen entstehen; Unterbreitung von Vorschlägen zur Versorgung wissenschaftlicher Forschungseinrichtungen mit einmaligen Ausrüstungen, Apparaturen und Geräten; das Studium und die Verallgemeinerung von Ergebnissen in Wissenschaft und Technik, um diese Ergebnisse in der Volkswirtschaft der UdSSR zu nutzen, sowie die Koordinierung der internationalen Beziehungen zwischen den Ministerien, Behörden und wissenschaftlichen Forschungseinrichtungen zu Fragen von Wissenschaft und Technik; die Leitung der wissenschaftlich-technischen Information im Lande.[53]

Ein nicht wegzudenkendes Merkmal der Entwicklung der Wissenschaft im Sozialismus stellt deren organische Verbindung zur Technik, zur Produktion, zur Volkswirtschaft dar, d. h., die Wissenschaft steht mit der Praxis in Wechselbeziehung — mit der gesellschaftlichen Produktionstätigkeit und der historischen Tätigkeit der Menschen. Die Wissenschaft steht in ihrer gesamthistorischen Entwicklung natürlich in Wechselbeziehung mit der Praxis, und das ist eines der notwendigen Prinzipien ihrer Entwicklung. Unter den Bedingungen einer antagonistischen Gesellschaft wird dieser Zusammenhang aber spontan hergestellt, er ist in gesellschaftlichem Maßstab unorganisiert und geht unter dem Einfluß von Konkurrenz und Profitstreben nicht selten verloren. Eine allseitige, bewußte Beziehung zwischen Wissenschaft und gesellschaftlicher Praxis wird nur im Sozialismus hergestellt.

Eine Verflechtung der Wissenschaft mit der Technik, der Produktion und dem Wirtschaftsleben, die im gesamtstaatlichen Maßstab planmäßig und bewußt vorgenommen

[53] Siehe: Pravda, v. 12. April 1961.

wird, wirkt sich fruchtbringend auf den wissenschaftlich-technischen Fortschritt aus: Die Forschungen und technischen Entwicklungen erhalten ein streng markiertes Ziel; die Forschung und Entwicklung kann in planmäßiger Folge kontrolliert und spezifiziert werden; die ständige Verbindung mit der Praxis sichert der Wissenschaft einen kontinuierlichen Zugang neuer Aufgaben und bildet die Grundlage zur Entstehung neuer Probleme und Ideen.

Ein charakteristisches Merkmal des wissenschaftlich-technischen Fortschritts im Sozialismus ist die gleichmäßige Entwicklung aller Richtungen von Wissenschaft und Technik sowie aller Produktionszweige. Unter den Bedingungen des Kapitalismus erfahren die „lukrativen" Richtungen des wissenschaftlich-technischen Fortschritts eine vorrangige Entwicklung, insbesondere diejenigen, die mit der Militärtechnik verbunden sind. Die sozialistische Gesellschaft entwickelt entsprechend dem ökonomischen Grundgesetz des Sozialismus alle gesellschaftlich notwendigen Richtungen des Fortschritts in Wissenschaft und Technik planmäßig und proportional.

Eine kontinuierlich verlaufende Entwicklung von Wissenschaft und Technik ist eine wichtige Besonderheit des wissenschaftlich-technischen Fortschritts, die von der sozialistischen Ordnung hervorgebracht wird. Die kapitalistische Produktion wird periodisch von Wirtschaftskrisen erschüttert und hält die Entwicklung von Wissenschaft und Technik nicht selten lange Zeit hindurch auf. Der Sozialismus befreit die Produktion für immer von Krisen jeglicher Art, von Stockungen, vom Verharren an der gleichen Stelle und gibt der Entwicklung von Produktion, Wissenschaft und Technik unbegrenzten Raum.

Die Ergebnisse des wissenschaftlich-technischen Fortschritts, der Produktion, nützen der gesamten Gesellschaft. Jedes Mitglied der Gesellschaft bietet daher alle Kräfte für die Entwicklung von Wissenschaft, Technik und Produktion auf. Dies kommt besonders in der Entwicklung des Erfindungswesens und der Rationalisierung klar zum Ausdruck.

Die technischen Mittel sind auf jedem beliebigen Entwicklungsniveau in der einen oder anderen Form immer auch mit dem Menschen, den Arbeitskollektiven verbunden, denn letzten Endes setzen erst die Menschen die Technik in Bewegung.

In der Produktionstechnik ist stets das System „Mensch — technische Anlage“ wirksam. Die Grundelemente dieses Systems müssen einander angepaßt werden. Auf Kosten welchen Elementes — des Menschen oder der technischen Anlage — wird diese Anpassung realisiert? Die Art der Lösung dieser Frage hängt von der sozialen Ordnung der Gesellschaft ab, wird vom ökonomischen Grundgesetz der gegebenen ökonomischen Gesellschaftsformation diktiert. Wie Marx zeigte, wird der Arbeiter unter den Bedingungen der bürgerlichen Gesellschaft der technischen Anlage angepaßt. Die technischen Einrichtungen, die Technologie der Produktion, die technischen Beziehungen werden so ausgearbeitet, daß ein Maximum an Energie aus dem Werktätigen herausgepreßt wird. Die Manufaktur und die kapitalistische maschinelle Produktion verunstalten den Werktätigen physisch und zerstören ihn geistig.

Der wissenschaftlich-technische Fortschritt erlangt im Sozialismus eine humanistische Zielsetzung. Die sozialistische Gesellschaft stellte sich bereits mit den ersten Volkswirtschaftsplänen die Aufgabe, Wissenschaft, Technik und Produktion in einer solchen Richtung zu entwickeln, die die Entwicklung des Menschen maximal förderte.

Das Programm der KPdSU weist auf diese Besonderheit des wissenschaftlich-technischen Fortschritts deutlich hin: „Automatisierung und Vollmechanisierung sind die materielle Grundlage, auf der die sozialistische Arbeit sich allmählich in kommunistische Arbeit umwandelt. Der technische Fortschritt wird eine wesentlich höhere Produktionskultur, eine viel bessere fachliche Schulung und Allgemeinbildung aller Werktätigen verlangen. Die sich fortwährend entwickelnde neue Technik wird dazu benutzt werden, die Arbeitsverhältnisse des sowjetischen Menschen radikal zu verbessern und zu erleichtern, den Arbeitstag zu verkürzen, eine gesunde, vernünftige Lebensführung zu sichern, die schwere körperliche Arbeit und dann auch jede ungelernte Arbeit abzuschaffen.“[54]

[54] Programm und Statut der Kommunistischen Partei der Sowjetunion, Berlin 1961, S. 63.

Die Verbindung einer raschen Entwicklung von Wissenschaft und Technik mit rationellen Beziehungen zur Natur, mit einer Erhaltung von Flora und Fauna ist eine grundlegende Besonderheit des wissenschaftlich-technischen Fortschritts im Sozialismus.

Die Industrialisierungspläne der UdSSR gründeten sich auf dem festen Fundament der Entwicklung von Wissenschaft und Technik. Wir brauchen, führte Lenin aus, „... umfangreiche Pläne ..., die nicht der Phantasie entsprungen, sondern technisch untermauert und wissenschaftlich vorbereitet sind ...“.[55] Eine tiefgehende wissenschaftliche Begründung der Volkswirtschaftspläne stellte zu Beginn der Entwicklung der sowjetischen Wissenschaft spezielle Aufgaben — die umfassende Durchführung grundlegender, auf die Entdeckung neuer Naturgesetze gerichteter Untersuchungen. Nur solche allseitigen Untersuchungen im Grenzbereich der menschlichen Erkenntnis konnten für die perspektivische Planung der Industrialisierung der UdSSR eine sichere Grundlage bilden.

Die Notwendigkeit grundlegender Erkundungsarbeiten war insbesondere dadurch bedingt, daß die ökonomische Basis des Sozialismus allein die maschinelle Großindustrie und die Elektrifizierung des ganzen Landes bildet. Die Schaffung einer maschinellen Großindustrie, die Erfüllung der grandiosen Elektrifizierungspläne waren ohne die Entwicklung solch grundlegender Wissenschaftsdisziplinen wie der Physik, der Chemie, der Biologie, der Mathematik und der technischen Disziplinen wie Elektrotechnik, Funktechnik, Maschinenkunde, Metallkunde u. a. unmöglich. Gerade diese Wissenschaften erfuhren in den wissenschaftlichen Forschungsinstituten, die bereits in den ersten Jahren nach der Oktoberrevolution gegründet wurden, eine breite Entwicklung.[56]

In den 20er bis 30er Jahren wurden durch diese Besonderheit der sowjetischen Wissenschaft im Industrialisierungs-

[55] V. I. Lenin, Bericht über die Arbeit des Gesamtrussischen Zentralexekutivkomitees und des Rats der Volkskommissare auf der ersten Tagung des Gesamtrussischen ZEK der VII. Wahlperiode, 2. Febr. 1920, in: Werke, Bd. 30, Berlin 1969, S. 325.

[56] Октябрь и научный прогресс, кн. 1 и 2. Москва 1967.

prozeß wissenschaftliche und technische Ergebnisse erzielt, die für die Entfaltung der gegenwärtigen wissenschaftlich-technischen Revolution in der UdSSR den Grundstein legten.[57]

Wie bereits hervorgehoben wurde, stellt in der gegenwärtigen wissenschaftlich-technischen Revolution die Automatisierung den Kern der revolutionären Veränderungen in der Produktionstechnik dar.

Der Grundstein für eine kontinuierliche, konsequente Entwicklung der Automatisierung der Produktionsprozesse wurde in den Jahren der Industrialisierung gelegt. Ende der 20er bis Anfang der 30er Jahre wurde die Teilautomatisierung von Produktionsprozessen und Operationen breit angewendet. In den Jahren des ersten Fünfjahrplanes (1929 bis 1932) waren unter den für die Massenfließfertigung arbeitenden Maschinen 13,2 Prozent Automaten und Halbautomaten eingesetzt.[58] Ende der 30er Jahre wurden auch automatische Taktstraßen geschaffen und in der Produktion eingesetzt.[59]

In den 20er und 30er Jahren wurde auch begonnen, die theoretischen Grundlagen für die Automatisierung von Produktionsprozessen auszuarbeiten. Grundlegende Arbeiten auf diesem Gebiet wurden von I. I. Artobolevskij, V. V. Dobrovol'skij, V. S. Kulebakin und V. I. Dikušin durchgeführt. Ein besonders großes Verdienst A. A. Andronovs, der erstmalig eine mathematische Begründung der Eigenschwingungsvorgänge gab, ist die Lösung einer Reihe wichtiger nichtlinearer Aufgaben aus der theoretischen Funktechnik, der Regelungstheorie u. a. Um alle Forschungen zur Automatisierungstheorie zu konzentrieren, gründete das Präsidium der Akademie der Wissenschaften der UdSSR am 10. Juni 1934 eine Kommission für Automatisierung und Fernmeldetechnik unter dem Vorsitz

[57] Siehe: Ю. С. Мелещенко, С. В. Шухардин, Ленин и научно-технический прогресс. Ленинград 1969, стр. 292—296.

[58] П. И. Лященко, история народного хозяйства СССР, т. III, Москва 1956, стр. 282.

[59] Пути развития техники в СССР, Москва 1967, стр. 224—231.

von Akademiemitglied A. A. Černyšev. Die bedeutendsten Wissenschaftler, die der Kommission angehörten, leisteten selbst grundlegende Arbeiten, die es später erlaubten, die Automatisierung der Produktion auf theoretischer Grundlage zu entwickeln.

Ein wichtiges Funktionsprinzip der modernen automatischen Anlagen ist die Rückkopplung. Die Rückkopplungstheorie wurde in der UdSSR erstmals 1923 in Arbeiten zur Theorie der Verstärker und der Fotoelemente des sowjetischen Funktechnikers B. L. Rozing formuliert.[60] Die Ausarbeitung der Rückkopplungstheorie in der Funktechnik spielte bei der Einführung dieses Prinzips in die Theorie und Praxis der Automatisierung eine wesentliche Rolle.

Die Automatisierung von Produktionsprozessen als eines wesentlichen Merkmals der gegenwärtigen wissenschaftlich-technischen Revolution beginnt somit in der UdSSR in den 20er bis 30er Jahren.

In dieser Periode aber gelangte man im Verlaufe der Industrialisierung, die die Entwicklung der Grundlagenwissenschaften förderte, zu wissenschaftlichen Erkenntnissen, die den Grundstein zu jenen Veränderungen in der Wissenschaft selbst legten, die für die gegenwärtige wissenschaftlich-technische Revolution charakteristisch sind.

Eine der Hauptrichtungen der gegenwärtigen wissenschaftlich-technischen Revolution ist die Beherrschung der Kernenergie. Der Grundstein zu einer kontinuierlichen, konsequenten Entwicklung wissenschaftlich-technischer Arbeiten, die unmittelbar zu einer praktischen Nutzung der Kernenergie führten, wurde ebenfalls in der Industrialisierungsperiode, in den Jahren der ersten Fünfjahrpläne gelegt. Dank der großen Aufmerksamkeit, die der sowjetische Staat der Wissenschaft und dem schnellen Wachstum von Technik und Industrie widmete, nahm die sowjetische Kernphysik bereits in der ersten Hälfte der 30er Jahre einen der ersten Plätze in der Welt ein. In diesem Bereich der Wissenschaft wurden von sowjetischen Wissenschaftlern Entdeckungen gemacht, die für die Entwicklung

[60] Б. Л. Розинг, Генерирующий элемент. В: Электросвязь, 1929, № 10.

der Kerntechnik von erstrangiger Bedeutung waren: Die Entdeckung und Entwicklung der Theorie der verzweigten Kettenreaktionen von Stoffen durch N. N. Semenov; von A. A. Vlasov und L. D. Landau sind die Grundlagen einer Theorie des vollständig ionisierten Plasmas gelegt worden; im Radiuminstitut der Akademie der Wissenschaften der UdSSR (Leningrad) wurde das erste Zyklotron Europas zur Gewinnung künstlich beschleunigter Teilchen in Betrieb genommen; im Leningrader physikalisch-technischen Institut wurde ein Impulsbeschleuniger gebaut; Ja. B. Zel'dovič und Ju. B. Chariton entwickelten eine Theorie und gaben die Berechnung für die Kettenreaktion der Spaltung von Uran-235 an, nachdem sie die Möglichkeit gezeigt hatten, eine Kettenreaktion durchzuführen, bei der man die Freisetzung von ungeheurer Energie erwarten konnte; Ende 1940 arbeiteten I. V. Kurčatov und Ju. B. Chariton einen genauen Plan zur Durchführung von Kernspaltungen aus und schlugen vor, einen Kernreaktor zu bauen. Der Krieg unterbrach diese Arbeiten. Erst nach 1942 wurden die Forschungen auf dem Gebiet der Kernphysik wieder aufgenommen. Der Krieg und die Schaffung der Atombombe in den USA aber zwang die sowjetischen Wissenschaftler, sich mit der Entwicklung der Atom- und dann der Wasserstoffwaffe zu befassen.

Noch während des Krieges wurden in der UdSSR Arbeiten zur Erforschung der Atomenergie für friedliche Zwecke durchgeführt. 1948 waren die ersten Entwicklungen industriell verwertbarer Atomkraftwerke abgeschlossen worden. Das erste Atomkraftwerk der Welt für friedliche Zwecke begann im Jahre 1954 bei Moskau zu arbeiten. Es begann die Epoche der industriellen Nutzung der Atomenergie.

Auf dem Gebiet der Chemie, insbesondere der Chemie der hochmolekularen Verbindungen, der Polymeren, die die theoretische Grundlage für die Herstellung von Kunststoffen mit vorher festgelegten Eigenschaften darstellt, hatte die sowjetische Wissenschaft in den Jahren der ersten Fünfjahrpläne ebenfalls bedeutende Erfolge zu verzeichnen. Akademiemitglied V. A. Kargin betonte, daß Ende der 30er Jahre grundlegende Vorstellungen über die Synthese polymerer Stoffe entstanden. In diesen Jahren wurden auch wichtige polymere Stoffe entwickelt, deren Herstellung von der Industrie begonnen wurde. Jetzt werden sie produziert. Es erschienen Polystyrol, Polyvinylchlorid, die Polyamide und Polyester, die Polyacrylate und organisches Glas. In den 30er Jahren wurde eine industrielle Großproduktion für synthetischen Kautschuk geschaffen. Es wurden siliziumorganische Polymere entdeckt, die in den Molekülketten Silizium-, Sauerstoff- und Kohlenstoffatome enthalten. Man kann sagen, daß in den 40er Jahren schon fast alle Polymere bekannt waren, die von der Großindustrie hergestellt werden.

In den Jahren der Industrialisierung wurden im Zuge der allgemeinen Entwicklung der sowjetischen Wissenschaft sehr wichtige Arbeiten durchgeführt und grundlegende Entdeckungen in der Biologie, insbesondere in der Genetik gemacht. Dank der Arbeiten von N. I. Vavilov, N. K. Kol'cov und deren Schüler und Mitarbeiter nahm die sowjetische Genetik in den 20er bis 30er Jahren einen führenden Platz in der Welt ein.

1926 wurden in den Aufsätzen von S. S. Četverikov Grundlagen für die gesamte moderne Populationsgenetik gelegt; im Jahre 1927 führte N. P. Dubinin wichtige Untersuchungen zum stufenweisen Allelomorphismus durch, indem er Röntgenstrahlen zur Erzeugung von Mutationen in einem bestimmten Gen benutzte; ferner hat er eine Theorie des äußerst komplizierten Baus eines Gens formuliert; 1927 zeigt G. D. Karpečenko die Rolle der Verdopplung der Chromosomenzahl an sterilen Hybriden. Diese Arbeit deckte die Natur der Allopolyploide und ihre Rolle bei der Entstehung der Pflanzenarten und der Steuerung der Vererbung auf; 1925 veröffentlichten G. A. Nadson und G. S. Filippov eine Arbeit über ihre Entdeckung der mutagenen Wirkung von Radiumstrahlen in Versuchen mit Hefen; 1928 bis 1934 begannen L. N. Delone und A. A. Sapegin erste Untersuchungen zur Pflanzenzüchtung mittels Bestrahlung am Beispiel des Weizens. Der Grundstein zu solchen ungeheuren Errungenschaften der Genetik, die eine sehr wichtige Richtung der gegenwärtigen wissenschaftlich-technischen Revolution spielen, wurde somit noch in den ersten Jahrzehnten nach der Oktoberrevolution gelegt.

Aus dem Dargelegten ergibt sich insgesamt der Schluß, daß sich die gegenwärtige wissenschaftlich-technische Revolution in der UdSSR bereits in den Jahren der ersten Fünfjahrpläne, im Verlaufe der Industrialisierung des Landes zu entfalten begann. Das war durch den Charakter der sozialistischen gesellschaftlichen Verhältnisse, durch die Besonderheiten des wissenschaftlich-technischen Fortschritts im Sozialismus bedingt.

Die kapitalistische Produktion, die von Widersprüchen zerrissen wird und Ende der 20er bis Anfang der 30er Jahre in eine nie dagewesene Krise geriet, konnte die Ergebnisse des wissenschaftlich-technischen Fortschritts nicht allseitig ausnutzen. In der UdSSR dagegen vollzog sich die Schaffung der materiell-technischen Basis des Sozialismus unter Ausnutzung aller modernen Errungenschaften von Wissenschaft und Technik des eigenen Landes sowie der übrigen Welt.

Bei der Industrialisierung wurden seinerzeit die Ergebnisse der neuesten Revolution in den Naturwissenschaften, die sich Ende des 19. und Anfang des 20. Jahrhunderts vollzog, weitestgehend praktisch angewandt.

Die Industrialisierung schließt aus gesamthistorischer Sicht des wissenschaftlich-technischen Fortschritts den Übergang zur maschinellen Fabrikproduktion ab, und es beginnt nunmehr der Übergang zur komplexen automatischen Produktion.

Der Krieg fügte der Entwicklung der Wissenschaft wie auch der gesamten Volkswirtschaft der UdSSR ungeheuren Schaden zu. Obwohl die Entfaltung der gegenwärtigen wissenschaftlich-technischen Revolution während des Krieges und in der Nachkriegsperiode des Wiederaufbaus der Volkswirtschaft nicht unterbrochen wurde, war sie doch ganz erheblich behindert. Erst Ende der 40er und Anfang der 50er Jahre setzte eine stürmische Entwicklung der wissenschaftlich-technischen Revolution in unserem Lande ein: Das erste Atomkraftwerk der Welt wurde in Betrieb genommen, automatisch arbeitende Werke wurden geschaffen, der erste künstliche Erdtrabant wurde gestartet, ein Mensch wurde erstmals in den Kosmos geschickt. Es begann eine neue Etappe der gegenwärtigen wissenschaftlich-technischen Revolution in der UdSSR.

Die Anfangsetappe der gegenwärtigen wissenschaftlich-technischen Revolution, die sich von den 20er und 30er Jahren bis zum Ende der 40er Jahre hinzog, war dadurch charakterisiert, daß sie unter den Bedingungen der Schaffung der materiell-technischen Basis des Sozialismus, unter den Bedingungen der Industrialisierung verlief, deren Hauptaufgabe darin bestand, den Übergang zur maschinellen Fabrikproduktion abzuschließen. Inhaltlich ist diese Etappe im Bereich der Produktionstechnik durch eine teilweise Ausnutzung jener technischen Errungenschaften gekennzeichnet, die für die gegenwärtige wissenschaftlich-technische Revolution charakteristisch sind. Im Bereich der Wissenschaft zeigte sich, daß die Forschungen, die zur gegenwärtigen wissenschaftlich-technischen Revolution eine direkte Beziehung haben, teilweise in der Produktionspraxis angewandt und in einzelnen Zweigen wie der Automatisierung, der chemischen Technologie und der landwirtschaftlichen Züchtung eingeführt wurden. Vom Charakter der schöpferischen Tätigkeit her war diese Etappe dadurch gekennzeichnet, daß die Bemühungen der schöpferisch Tätigen aus den verschiedenen Bereichen von Wissenschaft und Technik nicht koordiniert waren. Die Chemiker arbeiteten mit den Physikern schlecht zusammen, Biologen wurden nur von einigen Instituten beschäftigt, sie wandten sich der Physik und der Chemie zu usw.

Die neue Etappe der gegenwärtigen wissenschaftlich-technischen Revolution ist vor allem dadurch gekennzeichnet, daß sie unter den Bedingungen des Aufbaus der kommunistischen Gesellschaft, der Schaffung der materiell-technischen Basis des Kommunismus verläuft. Der wissenschaftlich-technische Fortschritt wird unter diesen Bedingungen prinzipiell durch die gleichen Besonderheiten gekennzeichnet wie auch in der Periode der Schaffung der materiell-technischen Basis des Sozialismus; diese Besonderheiten erfahren jedoch eine weitere Entwicklung. Wesentlich neu ist, daß eine rasche Entwicklung von Wissenschaft und Technik das Hauptmittel zur Schaffung der materiell-technischen Basis des Kommunismus darstellt. Die wissenschaftlich-technische Revolution entfaltet sich systematisch und allseitig, sie wird zur Sache aller Werktätigen.

Die gegenwärtige Etappe der wissenschaftlich-technischen Revolution ist weiterhin dadurch charakterisiert, daß sie unter den Bedingungen der Entwicklung des sozialistischen Weltsystems verläuft.

Es wurde bereits betont, daß der Kapitalismus die gegenwärtige wissenschaftlich-technische Revolution in den Beziehungen zwischen den Ländern zur technologischen Kolonisation ausnutzt.

Der Sozialismus, das sozialistische Weltsystem entwickelt einen neuen Typ von Beziehungen zwischen den Völkern und Ländern auf allen Gebieten des gesellschaftlichen Lebens, auch im wissenschaftlich-technischen Bereich. Der neue Typ der Beziehungen im Bereich von Wissenschaft und Technik gründet sich auf Freundschaft und gegenseitige kameradschaftliche Hilfe. Dem Inhalt nach sind diese Beziehungen auf die Erforschung und Lösung von Problemen gerichtet, an denen die ganze Menschheit interessiert ist — der Kampf für den Frieden, die friedliche Nutzung des Weltraumes, die Reinerhaltung der Atmosphäre, der Schutz der Biosphäre, die Erschließung der Weltmeere u. a.; ferner die Lösung von Problemen, die für die sozialistischen Länder von gegenseitigem Vorteil sind — die Schaffung von Energieverbundsystemen, Erdölleitungen usw.

Der neue Typ der Beziehungen übt auf den wissenschaftlich-technischen Fortschritt einen positiven Einfluß in der Weise aus, daß bei der Entwicklung und Ausführung kostspieliger Projekte über den Rat für gegenseitige Wirtschaftshilfe rasch die notwendigen materiellen Mittel beschafft werden; bei der Lösung komplizierter wissenschaftlicher und technischer Probleme werden auf der Grundlage der Freundschaft und der gegenseitigen Hilfe die Anstrengungen von Wissenschaftlern und wissenschaftlicher Forschungskollektive verschiedener Länder des Sozialismus zusammengefaßt; es erfolgt eine internationale Spezialisierung und Kooperation der Produktion und der wissenschaftlichen Forschungstätigkeit der sozialistischen Länder.

Der gegenwärtige wissenschaftlich-technische Fortschritt beeinflußt alle Seiten der Gesellschaft, er wird zur Basis für die Entwicklung der Zivilisation. Wissenschaft und Technik nehmen einen immer wichtigeren Platz in den

Beziehungen zwischen den Ländern ein. Der wissenschaftlich-technische Fortschritt wird immer mehr zur Grundlage des internationalen Lebens, es bildet sich eine neue Sphäre heraus, die wissenschaftlich-technische Sphäre der internationalen Beziehungen.

Die neue Etappe der gegenwärtigen wissenschaftlich-technischen Revolution ist in der UdSSR durch den sich fortwährend erweiternden und beschleunigenden praktischen Einsatz der neuesten Errungenschaften von Wissenschaft und Technik charakterisiert. Vom Charakter der schöpferischen Tätigkeit her ist die neue Etappe durch eine zunehmende Integration der verschiedenen Richtungen und Fachgebiete gekennzeichnet.

In dem Maße, wie die materiell-technische Basis des Kommunismus geschaffen wird, geht die wissenschaftlich-technische Revolution in die Tiefe und in die Breite. Es werden immer neue Naturgesetze entdeckt, immer vollkommenere technische Einrichtungen geschaffen, und diese neuesten Errungenschaften erfassen ständig alle Tätigkeitsbereiche der Gesellschaft. Der Kommunismus bietet für die vollständige und allseitige Entwicklung der gegenwärtigen wissenschaftlich-technischen Revolution alle notwendigen Voraussetzungen. Erst der Kommunismus rüstet den Menschen mit der vollkommensten Technik aus, bringt die Herrschaft des Menschen über die Natur auf einen Höchststand und bietet die Möglichkeit, die spontanen Kräfte der Natur immer besser und vollständiger zu steuern. Der Kommunismus stellt die höchste Organisationsform des gesellschaftlichen Lebens dar. Alle Produktionszellen, alle selbständigen Betriebe und Vereinigungen werden harmonisch zu einer gemeinsamen, planmäßig organisierten Wirtschaft, zu einem einheitlichen Rhythmus der gesellschaftlichen Arbeit zusammengeschlossen.

Die Tätigkeit des Menschen zur Regelung und Steuerung der Natur ist kein Selbstzweck. Das objektive Ziel ist die Selbstverwirklichung des Menschen. Seine umgestaltende Tätigkeit ist die Art und Weise sowie die Äußerung dieser seiner Selbstverwirklichung. Sie kennzeichnet zutiefst das Wesen des wissenschaftlich-technischen Fortschritts.

Die gegenwärtige wissenschaftlich-technische Revolution stellt im Zusammenhang mit der Entwicklung der gesellschaftlich-ökonomischen Formation des Kommunismus den Übergang der Menschheit von ihrer Vorgeschichte zur eigentlichen Geschichte der Menschheit dar.

Nachwort des verantwortlichen Redakteurs

Die gegenwärtige wissenschaftlich-technische Revolution ist historisch gesetzmäßig mit unserer Epoche verbunden, deren Hauptinhalt der Übergang der Menschheit vom Kapitalismus zum Sozialismus, zum Kommunismus ist. Diese Revolution kennzeichnet einen radikalen Umschwung in der Wissenschaft, in der Technik und im Produktionsprozeß selbst. Das Studium des Wesens und des Charakters der gegenwärtigen wissenschaftlich-technischen Revolution, ihres historischen Platzes sowie der grundlegenden Richtungen ist daher nicht nur von theoretischem, sondern auch von großem praktischen Interesse. Sie berührt alle Seiten des Lebens der Menschen und ist mit den Interessen und dem Schicksal der menschlichen Gesellschaft verbunden. Dies erfordert tiefgründige wissenschaftliche Untersuchungen, die auf das Studium der unterschiedlichen Erscheinungen dieser Revolution, auf ihre sozialen und wirtschaftlichen Folgen gerichtet sind.

In letzter Zeit sind sowohl in der UdSSR als auch im Ausland viele Arbeiten erschienen, in denen der Prozeß der gegenwärtigen wissenschaftlich-technischen Revolution unter verschiedenen Aspekten betrachtet wird. Es zeigt sich jedoch, daß bis jetzt viele Fragen umstritten bleiben und daß sie zahlreiche Diskussionen auslösen. Unter den Bedingungen eines heftigen ideologischen Kampfes werden die Probleme der wissenschaftlich-technischen Revolution heute immer mehr zum Gegenstand der Auseinandersetzung der marxistischen mit der bürgerlichen Ideologie. Das macht es erforderlich, einerseits die wichtigsten Probleme der gegenwärtigen wissenschaftlich-technischen Revolution auf der Grundlage eines genauen Studiums der realen Prozesse zu untersuchen, die sich in der Gesellschaft vollziehen, und andererseits die vorhandenen Konzeptionen des wissenschaftlich-technischen Fortschritts in den kapitalistischen Ländern vom Standpunkt der marxistisch-leninistischen Lehre allseitig zu analysieren.

In dem Buch von G. S. Gudožnik ist der Versuch unternommen worden, die wichtigsten Seiten und Richtungen der Entwicklung des wissenschaftlich-technischen Fortschritts aufzudecken und einen breiten Kreis von Fragen zu betrachten, die mit der Wissenschaft und der Technik unserer Zeit verbunden sind. Der Autor beleuchtete einige Streitfragen und Probleme vom Standpunkt der marxistisch-leninistischen Philosophie, zeigt die gesellschaftliche und historische Notwendigkeit jener durchgreifenden Umwälzungen, die die wissenschaftlich-technische Revolution mit sich bringt.

Es muß jedoch bemerkt werden, daß dem Autor nicht alles gleichermaßen gelungen ist. Einige Fragen wurden von ihm lediglich aufgeworfen, andere bleiben noch immer umstritten. Einige vom Autor vorgebrachte Behauptungen bedürfen ergänzender Untersuchungen. Uns scheint, daß die Notwendigkeit einer funktionellen Betrachtungsweise des Wesens der wissenschaftlich-technischen Revolution im Buch richtig akzentuiert ist. Gleichzeitig geriet der Autor bei der Ausarbeitung eines neuen Begriffsapparates in Schwierigkeiten und konnte beispielsweise solche Begriffe wie „Funktion“, „Operation“ und „Prozeß“ nicht klarstellen.

Leider behandelt der Autor die Frage nach der chronologischen Einordnung der gegenwärtigen wissenschaftlich-technischen Revolution nicht. Ohne eine wissenschaftlich begründete Periodisierung der historischen Prozesse und Erscheinungen aber ist es bekanntlich schwer, eine erschöpfende Antwort auf das Wesen und den Charakter der genannten Prozesse und Erscheinungen zu geben. Wir müssen natürlich betonen, daß diese Frage in der Literatur im allgemeinen schwach behandelt worden ist. Außerdem stellte der Autor sich nicht das Ziel, sie zu untersuchen.

Wir sind überzeugt, daß weitere Diskussionen und schöpferische Erörterungen es erlauben, an eine richtige Lösung vieler Fragen der gegenwärtigen wissenschaftlich-technischen Revolution heranzukommen.

Professor S. V. Šuchardin

Personenregister

Sachregister

FSC
www.fsc.org
MIX
Papier | Fördert
gute Waldnutzung
FSC® C083411

Kolibri 360 GmbH
Ferdinand-Jühlke-Straße 7
99095 Erfurt, Deutschland
produktsicherheit@kolibri360.de